Analysis and Environmental Behavior of Chiral Pesticides

国家科学技术学术著作出版基金资助出版

手性农药分析与环境行为

周志强　王　鹏　刘东晖　著

高等教育出版社·北京

内容简介

　　手性农药的分离分析及环境行为研究是目前国际上相关研究领域的热门话题。手性农药对映异构体在非手性环境下，几乎具有完全相同的化学性质和物理性质，但是在生物体的手性环境下，生物活性、毒性及代谢行为等方面却表现出极大的差异。本书详细描述了手性的基本概念、手性农药的特性、对映异构体的拆分方法及手性拆分原理，另外介绍了手性农药在各种环境基质中的残留分析方法，在植物、动物、水、土壤中的选择性环境行为，以及立体选择性降解代谢机制。

　　本书共分五章，第1章介绍了手性农药的分离分析及环境行为的概述性知识，第2章为手性农药对映异构体分离方法，第3~5章分别介绍了多类手性农药对映异构体的残留分析方法及其在环境中的降解代谢行为。本书是作者研究团队多年来的研究成果，可作为从事环境科学、植物保护等领域的科研机构、农药生产企业、农药登记管理机构的参考用书，对于农药生产、登记、使用单位及农药科研机构都具有重要意义。

图书在版编目（CIP）数据

手性农药分析与环境行为 / 周志强，王鹏，刘东晖著. -- 北京：高等教育出版社，2019.6
ISBN 978-7-04-051854-2

Ⅰ. ①手⋯ Ⅱ. ①周⋯ ②王⋯ ③刘⋯ Ⅲ. ①不对称有机合成-农药分析 Ⅳ. ①TQ450.7

中国版本图书馆CIP数据核字（2019）第081468号

策划编辑	柳丽丽	责任编辑	柳丽丽	封面设计	李小璐	版式设计	童 丹
插图绘制	于 博	责任校对	刘娟娟	责任印制	耿 轩		

出版发行	高等教育出版社	网　　址	http://www.hep.edu.cn
社　　址	北京市西城区德外大街4号		http://www.hep.com.cn
邮政编码	100120	网上订购	http://www.hepmall.com.cn
印　　刷	北京市白帆印务有限公司		http://www.hepmall.com
开　　本	787 mm×1092 mm　1/16		http://www.hepmall.cn
印　　张	23.5		
字　　数	590千字	版　　次	2019年6月第1版
购书热线	010-58581118	印　　次	2019年6月第1次印刷
咨询电话	400-810-0598	定　　价	198.00元

本书如有缺页、倒页、脱页等质量问题，请到所购图书销售部门联系调换
版权所有　侵权必究
物 料 号　51854-00

SHOUXING NONGYAO FENXI YU HUANJING XINGWEI

前　　言

　　手性是自然界的普遍现象,指物体和镜像不能重叠的特性。20世纪90年代以来,世界范围内兴起手性研究的热潮,手性问题已经受到化学、生命科学、现代医学、药物学和材料科学等众多领域科研工作者的广泛关注。由于生物体内的氨基酸、蛋白质、糖类、核酸、酶等都具有手性,对映异构体在生物体内通常会表现出不同的毒性毒理、生物活性及降解代谢等行为,有时甚至表现出截然相反的生理效应。如在医药领域,反应停(thalidomide)事件引起了人们对手性的普遍关注,其 R 体是镇静剂,而 S 体则是致畸剂,其使用曾导致大量海豹体畸形儿的出生。

　　手性农药是农药分子结构中具有手性中心的一类农药,在农药市场的比例逐年增高。手性农药对映异构体往往具有不同的生物活性,其毒性、毒理、代谢及降解等环境行为常常存在很大差异。部分手性农药的环境高毒性是由非靶标活性的对映异构体造成的,而真正起作用或靶标活性更高的对映异构体的环境负面影响要相对小得多。进入土壤、水及生物体内的手性农药由于受到微生物、生物酶及生物体内手性环境的影响,对映异构体在分布、降解及代谢上往往表现出很大的差异,有时还会发生对映异构体的构型转化。另外有些手性农药的降解或代谢产物也是手性的,而且这些手性代谢产物比起原体来说具有更高的环境毒性,同时手性代谢产物异构体间的进一步降解和代谢也可能有差异。目前在研究绝大多数手性农药的毒性、毒理及残留等环境行为时,是把手性农药的外消旋体当作一种农药来对待,并没有考虑对映异构体间的环境行为差异,也没有考虑到其降解或代谢的手性产物的环境行为,因此现在有关手性农药的环境评价数据可能存在问题。系统开展手性农药环境行为研究对相关基础理论的发展、准确评价手性农药的环境行为、指导手性农药生产、建立和完善手性农药登记管理制度具有重要意义。

　　本书共包括5章内容,第1章介绍了手性及手性农药相关的基本概念和研究现状,包括手性知识的基本介绍、手性农药对映异构体的特性及环境行为、手性化合物的拆分方法、对映异构体的标识与测定方法,本章内容对于从事手性分离分析及手性农药环境行为相关工作的起步者掌握基本理论和概念尤为重要;第2章介绍了多种手性农药的拆分方法,包括详细的仪器及拆分条件,读者可根据所在实验室的条件,选择书中所介绍的方法对手性农药对映异构体进行分离分析;第3章介绍了手性农药在环境中的立体选择性,主要包括土壤和水环境基质;第4章为手性农药在动物体内的立体选择性代谢行为,如家兔、大鼠、蚯蚓等;第5章为手性农药在植物体内的立体选择性降解行为,所研究的植物主要包括各种蔬菜、水果、杂草、粮食作物等。根据第3~5章的内容,可以了解手性农药对映异构体在环境基质、植物、动物体内的选择性降解代谢特性,结合毒性、生物活性数据,可以对农药在对映异构体水平上进行风险评估,可以更准确地评价相关手性农药的环境风险。书中大部分数据为本课题组的研究结果,多数以学术论文所要求的形式体现。

从着手撰稿到完成整部书稿历时多年,期间不断加入新的研究结果并完善,由于作者水平有限,书中错误和纰漏在所难免,恳请读者谅解,并希望提出宝贵意见。

感谢国家科学技术学术著作出版基金的资助,感谢国家自然科学基金重点项目(21337005)的资助。

周志强

2017 年 5 月 10 日

目 录

第1章 概述 ……………………………………………………………………… (1)
1.1 手性的概念 ……………………………………………………………… (1)
1.2 手性农药(chiral pesticide) …………………………………………… (2)
1.3 对映体的分离方法 ……………………………………………………… (7)
    1.3.1 直接结晶法 ……………………………………………………… (8)
    1.3.2 化学拆分法 ……………………………………………………… (8)
    1.3.3 生物拆分法 ……………………………………………………… (9)
    1.3.4 萃取拆分法 ……………………………………………………… (9)
    1.3.5 膜拆分法 ………………………………………………………… (9)
    1.3.6 色谱拆分法 ……………………………………………………… (10)
    1.3.7 高效液相色谱手性固定相法 …………………………………… (15)
    1.3.8 常见商品化的手性色谱柱 ……………………………………… (18)
1.4 对映体的标识及测定 …………………………………………………… (22)
    1.4.1 对映体的标识方法 ……………………………………………… (22)
    1.4.2 手性化合物对映体的构型测定方法 …………………………… (22)
    1.4.3 手性农药对映体标识 …………………………………………… (23)
1.5 手性农药的环境行为 …………………………………………………… (24)
    1.5.1 评价手性农药对映体混合物比例的指标 ……………………… (24)
    1.5.2 手性农药对映体在环境中的行为差异 ………………………… (25)
    1.5.3 手性农药在环境中的降解动力学 ……………………………… (26)
参考文献 ……………………………………………………………………… (27)

第2章 手性农药对映体拆分方法 …………………………………………… (32)
2.1 有机磷类杀虫剂 ………………………………………………………… (33)
    2.1.1 巴毒磷 …………………………………………………………… (33)
    2.1.2 苯线磷 …………………………………………………………… (34)
    2.1.3 吡唑硫磷 ………………………………………………………… (38)
    2.1.4 丙溴磷 …………………………………………………………… (41)

目 录

- 2.1.5 稻丰散 …………………………………………………………（43）
- 2.1.6 敌百虫 …………………………………………………………（44）
- 2.1.7 地虫硫磷 ………………………………………………………（44）
- 2.1.8 二溴磷 …………………………………………………………（45）
- 2.1.9 丰索磷 …………………………………………………………（47）
- 2.1.10 甲胺磷 …………………………………………………………（48）
- 2.1.11 甲丙硫磷 ………………………………………………………（51）
- 2.1.12 甲基异柳磷 ……………………………………………………（52）
- 2.1.13 氯亚胺硫磷 ……………………………………………………（52）
- 2.1.14 马拉硫磷 ………………………………………………………（54）
- 2.1.15 蔬果磷 …………………………………………………………（58）
- 2.1.16 水胺硫磷 ………………………………………………………（59）
- 2.1.17 四氯乙磷 ………………………………………………………（64）
- 2.1.18 蚊蝇醚 …………………………………………………………（64）
- 2.1.19 异柳磷 …………………………………………………………（66）
- 2.1.20 育畜磷 …………………………………………………………（67）
- 2.2 拟除虫菊酯类杀虫剂 ……………………………………………（71）
  - 2.2.1 胺菊酯 …………………………………………………………（71）
  - 2.2.2 苄氯菊酯 ………………………………………………………（71）
  - 2.2.3 氟胺氰菊酯 ……………………………………………………（72）
  - 2.2.4 氟氯氰菊酯 ……………………………………………………（73）
  - 2.2.5 高效氯氟氰菊酯 ………………………………………………（74）
  - 2.2.6 高效氯氰菊酯 …………………………………………………（76）
  - 2.2.7 环戊烯丙菊酯 …………………………………………………（78）
  - 2.2.8 甲氰菊酯 ………………………………………………………（80）
  - 2.2.9 氯菊酯 …………………………………………………………（81）
  - 2.2.10 氯氰菊酯 ………………………………………………………（83）
  - 2.2.11 顺式氯氰菊酯 …………………………………………………（85）
  - 2.2.12 反式氯氰菊酯 …………………………………………………（87）
  - 2.2.13 氰戊菊酯 ………………………………………………………（90）
  - 2.2.14 顺式联苯菊酯 …………………………………………………（92）
- 2.3 有机氯类杀虫剂 …………………………………………………（94）
  - 2.3.1 o,p'-DDD …………………………………………………（94）
  - 2.3.2 o,p'-DDT …………………………………………………（94）
  - 2.3.3 环氧七氯 ………………………………………………………（95）
  - 2.3.4 α-六六六 ………………………………………………（96）
  - 2.3.5 七氯 ……………………………………………………………（97）
  - 2.3.6 顺式氯丹 ………………………………………………………（98）

2.3.7　反式氯丹 …………………………………………………………………（ 99 ）
2.4　其他杀虫杀螨剂 ………………………………………………………………（101）
2.4.1　吡丙醚 ……………………………………………………………………（101）
2.4.2　丁虫腈 ……………………………………………………………………（104）
2.4.3　丁氟螨酯 …………………………………………………………………（106）
2.4.4　氟虫腈 ……………………………………………………………………（107）
2.4.5　噻螨酮 ……………………………………………………………………（113）
2.4.6　乙虫腈 ……………………………………………………………………（115）
2.5　手性杀菌剂 ……………………………………………………………………（116）
2.5.1　苯霜灵 ……………………………………………………………………（116）
2.5.2　苄氯三唑醇 ………………………………………………………………（124）
2.5.3　丙环唑 ……………………………………………………………………（124）
2.5.4　啶菌𫇭唑 …………………………………………………………………（126）
2.5.5　多效唑 ……………………………………………………………………（128）
2.5.6　粉唑醇 ……………………………………………………………………（130）
2.5.7　氟环唑 ……………………………………………………………………（133）
2.5.8　己唑醇 ……………………………………………………………………（135）
2.5.9　甲霜灵 ……………………………………………………………………（140）
2.5.10　腈苯唑 ……………………………………………………………………（146）
2.5.11　腈菌唑 ……………………………………………………………………（148）
2.5.12　联苯三唑醇 ………………………………………………………………（152）
2.5.13　灭菌唑 ……………………………………………………………………（154）
2.5.14　三唑酮 ……………………………………………………………………（155）
2.5.15　戊唑醇 ……………………………………………………………………（158）
2.5.16　烯唑醇 ……………………………………………………………………（164）
2.5.17　烯效唑 ……………………………………………………………………（169）
2.5.18　乙烯菌核利 ………………………………………………………………（174）
2.5.19　抑霉唑 ……………………………………………………………………（176）
2.5.20　抑芽唑 ……………………………………………………………………（180）
2.6　手性除草剂 ……………………………………………………………………（181）
2.6.1　吡氟禾草灵 ………………………………………………………………（181）
2.6.2　敌草胺 ……………………………………………………………………（183）
2.6.3　𫇭唑禾草灵 ………………………………………………………………（187）
2.6.4　氟草烟异辛酯 ……………………………………………………………（193）
2.6.5　弗丁酰草胺 ………………………………………………………………（196）
2.6.6　禾草灵 ……………………………………………………………………（197）
2.6.7　甲草胺 ……………………………………………………………………（200）
2.6.8　喹禾灵 ……………………………………………………………………（202）

2.6.9	乳氟禾草灵	（207）
2.6.10	乙草胺	（214）
2.6.11	乙氧呋草黄	（215）
2.6.12	唑草酮	（220）

参考文献 （223）

第3章 手性农药对映体在环境中的残留行为 （226）

3.1 前言 （226）
- 3.1.1 手性农药在土壤中的立体选择性行为 （226）
- 3.1.2 手性农药在水体中立体选择性行为 （228）
- 3.1.3 手性农药作为气-土、气-水交换示踪物的研究 （228）

3.2 手性农药在环境中的选择性残留行为研究实例 （229）
- 3.2.1 苯霜灵在土壤中的立体选择性降解 （229）
- 3.2.2 吡氟氯禾灵对映体在土壤中的选择性降解 （234）
- 3.2.3 丙溴磷对映体在土壤中的选择性降解 （237）
- 3.2.4 2,4-滴丙酸在安大略湖中的对映体选择性残留 （237）
- 3.2.5 噁唑禾草灵对映体在土壤中的选择性降解 （238）
- 3.2.6 氟虫腈对映体在土壤中的选择性降解 （241）
- 3.2.7 氟醚唑对映体在土壤中的立体选择性降解行为 （243）
- 3.2.8 禾草灵对映体在土壤中的立体选择性残留行为 （244）
- 3.2.9 己唑醇对映体在土壤中的降解 （248）
- 3.2.10 α-六六六在土壤中的降解 （249）
- 3.2.11 马拉硫磷对映体在土壤中的选择性行为 （250）
- 3.2.12 马拉硫磷对映体在水体中的降解 （252）
- 3.2.13 三种咪唑啉酮类除草剂在土壤中的立体选择性降解 （253）
- 3.2.14 水胺硫磷对映体在土壤中的选择性降解 （254）
- 3.2.15 乳氟禾草灵对映体在土壤中立体选择性降解行为 （256）
- 3.2.16 三唑酮对映体在土壤中的降解 （261）
- 3.2.17 顺式氯氰菊酯对映体在土壤中的立体选择性降解行为 （263）
- 3.2.18 戊唑醇对映体在土壤中的降解 （269）
- 3.2.19 异丙甲草胺在安大略湖中的残留和对映体比例 （270）
- 3.2.20 氯丹在美国室内空气的对映体分布 （271）

参考文献 （273）

第4章 手性农药在动物体中的立体选择性行为 （277）

4.1 前言 （277）
- 4.1.1 药物动力学立体选择性 （277）
- 4.1.2 手性农药在动物体内的立体选择性行为研究进展 （280）

4.2 典型手性农药对映体在动物体内体外代谢行为研究实例 （281）
- 4.2.1 α-六六六对映体在小鼠体内的立体选择性行为 （281）

4.2.2	α-六六六对映体在鹌鹑体内的立体选择性行为	(282)
4.2.3	α-六六六对映体在泥鳅体内的立体选择性行为	(282)
4.2.4	α-六六六对映体在蚯蚓体内的立体选择性行为	(283)
4.2.5	α-六六六对映体在鸡体内的降解与分布	(285)
4.2.6	顺式氯氰菊酯对映体在蚯蚓体内的立体选择性行为	(286)
4.2.7	反式氯氰菊酯对映体在家兔体内的立体选择性行为	(287)
4.2.8	反式氯氰菊酯对映体在大鼠体内的立体选择性行为	(290)
4.2.9	氟虫腈对映体在大鼠体内的立体选择性行为	(293)
4.2.10	氟虫腈对映体在蚯蚓体内的立体选择性行为	(296)
4.2.11	氟虫腈对映体在颤蚓体内的立体选择性富集	(298)
4.2.12	水胺硫磷对映体在颤蚓体内的立体选择性富集	(299)
4.2.13	苯霜灵对映体在家兔体内的立体选择性行为	(299)
4.2.14	苯霜灵对映体在家兔肝微粒体中的立体选择性降解	(301)
4.2.15	苯霜灵对映体在虹鳟鱼体内的立体选择性行为	(302)
4.2.16	苯霜灵对映体在虹鳟鱼体外肝微粒体中的降解	(303)
4.2.17	苯霜灵对映体在蚯蚓体内的立体选择性行为	(304)
4.2.18	苯霜灵对映体在大鼠肝微粒体中的降解	(305)
4.2.19	甲霜灵对映体在家兔体内的立体选择性行为	(306)
4.2.20	甲霜灵对映体在家兔肝微粒体中的选择性降解	(308)
4.2.21	甲霜灵对映体在大鼠体内的立体选择性行为	(308)
4.2.22	甲霜灵对映体在大鼠肝微粒体中的立体选择性降解	(310)
4.2.23	甲霜灵对映体在蚯蚓体内的立体选择性行为	(310)
4.2.24	甲霜灵对映体在颤蚓体内的选择性累积效应	(312)
4.2.25	粉唑醇对映体在家兔体内的立体选择性行为	(313)
4.2.26	己唑醇对映体在家兔体内的立体选择性行为	(315)
4.2.27	己唑醇对映体在蚯蚓体内的立体选择性行为	(318)
4.2.28	己唑醇对映体在鼠肝微粒体中的立体选择性降解	(319)
4.2.29	戊唑醇对映体在家兔体内的立体选择性行为	(320)
4.2.30	烯唑醇对映体在家兔体内的立体选择性行为	(322)
4.2.31	三唑酮对映体在颤蚓体内的立体选择性富集代谢	(325)
4.2.32	噁唑禾草灵及其代谢物噁唑禾草灵酸对映体在家兔体内的立体选择性行为	(326)
4.2.33	噁唑禾草灵及噁唑禾草灵酸对映体在家兔肝微粒体中的降解	(328)
4.2.34	乳氟禾草灵对映体在大鼠肝细胞中的立体选择性行为	(328)
4.2.35	禾草灵对映体在泥鳅肝微粒体中降解	(329)
4.2.36	乙氧呋草黄对映体在家兔体内的立体选择性行为	(330)
4.2.37	乙氧呋草黄对映体在家兔肝微粒体中的代谢研究	(332)
4.2.38	乙氧呋草黄对映体在蚯蚓体内的立体选择性行为	(332)

4.2.39	乙氧呋草黄对映体在大鼠肝微粒体中的立体选择性代谢	(334)
4.2.40	喹禾灵在大鼠体内的立体选择性代谢	(335)

参考文献 ······ (337)

第5章 手性农药在植物体中的选择性降解行为 ······ (339)

5.1 前言 ······ (339)

5.2 几种典型手性农药对映体在植物体内选择性降解研究实例 ······ (340)

5.2.1	苯霜灵对映体在葡萄中的立体选择性降解行为	(340)
5.2.2	苯霜灵对映体在辣椒中的立体选择性降解行为	(342)
5.2.3	苯霜灵对映体在烟草中的立体选择性降解行为	(343)
5.2.4	苯霜灵对映体在甜菜中的立体选择性降解行为	(345)
5.2.5	苯霜灵对映体在番茄中的立体选择性降解行为	(346)
5.2.6	苯霜灵对映体在黄瓜叶片中的立体选择性降解行为	(348)
5.2.7	苯霜灵对映体在草地早熟禾体内的立体选择性降解行为	(348)
5.2.8	氟虫腈对映体在白菜中的立体选择性降解行为	(349)
5.2.9	禾草灵对映体在白菜中的立体选择性降解行为	(350)
5.2.10	禾草灵对映体在油菜中的立体选择性降解行为	(352)
5.2.11	腈菌唑对映体在草莓(果实)中的立体选择性降解行为	(354)
5.2.12	腈菌唑对映体在黄瓜中的立体选择性降解行为	(355)
5.2.13	腈苯唑对映体在草莓(果实)中的立体选择性降解行为	(356)
5.2.14	己唑醇对映体在番茄中的立体选择性降解行为	(357)
5.2.15	己唑醇对映体在辣椒中的立体选择性降解行为	(357)
5.2.16	马拉硫磷对映体在水稻中的立体选择性降解行为	(358)
5.2.17	马拉硫磷对映体在油菜中的立体选择性降解行为	(359)
5.2.18	马拉硫磷对映体在甜菜中的立体选择性降解行为	(360)
5.2.19	乙氧呋草黄对映体在甜菜中的立体选择性降解行为	(361)
5.2.20	敌草胺对映体在甘蓝中的立体选择性降解行为	(362)

参考文献 ······ (363)

第1章 概　　述

1.1　手性的概念

手性(chiral)是指物体和镜像不能重叠的特性,又被称为手征性。手性现象具有普遍性和重要性,与生命的起源有重要的关系,是自然界的普遍特征。如自然界中组成蛋白质的20种氨基酸都是L构型的(除甘氨酸不具有手性碳原子外);而构成糖类、核酸、淀粉及纤维素中的糖单元都为D构型;蛋白质和DNA的螺旋构象均为右旋的。天然存在的手性化合物通常以单一对映异构体形式存在,如(+)-乳酸、(+)-酒石酸、(-)-薄荷醇、(-)-苹果酸、(+)-樟脑、(-)-咖啡碱等。

一个分子,如果不能与其镜像叠合,即分子本身与其镜像不同,则此分子称手性分子。手性分子的原子在空间的排列上具有实物与镜像不能重叠的特性。分子式相同,但由于原子在空间的排列顺序不同而使两种异构体互为实物与镜像而不能完全重叠的现象叫对映异构现象,手性分子都具有对映异构现象。互为实物与镜像的关系,而不能完全重叠的异构体,称为对映异构体(enantiomer),简称对映体。等物质的量的对映体混合物叫作外消旋体(racemate)。

一对对映体在非手性环境下具有几乎完全相同的物理化学性质,但在手性环境下则表现出不同的性质,如旋光性及在手性试剂、手性催化剂、手性溶剂等手性条件下的化学反应等,尤其是在生物体内这个手性环境下,对映体通常会表现出不同的毒性毒理、生物活性及降解代谢等行为,有时甚至表现出截然相反的生理效应。生物体有区别外来化合物立体异构体的性质,正因如此,在应用手性医药、农药、营养物质等化合物时并非所有的对映体都表现出目标活性,有的异构体会无效甚至具有其他副作用。如在医药领域,反应停事件引起了人们对手性的普遍关注,其R体是镇静剂,而S体则是致畸剂,其使用导致了大量畸形儿的出生;氧氟沙星S体体外抗菌活性是R体的8~128倍[1];具有血管收缩作用的肾上腺素,R体是S体活性的12~20倍[2];氯胺酮S体有麻醉或镇痛作用,而R体有兴奋中枢的作用;乙胺丁醇的(S,S)体具有抗结核菌作用,而(R,R)体可导致失明;四咪唑的两种对映体分别具有驱虫和抗抑郁的作用[3]。在农药领域,对映体在防除病、虫、草、鼠害时往往表现出不同的生物活性,一种具有高靶标活性,而另一种却是低效或无效的,甚至起到相反的作用[4],如丙烯菊酯(1R,3R)-反式αS异构体具有高杀虫活性,而对映体(1S,3S)-反式αR异构体活性只有其1/200;芳香基丙酸类除草剂的大部分手性品种都是R体有效,S体低效或无效[5];多效唑的杀菌活性(2R,3R)体大于(2S,3S)体,而植物生长调节活性则是(2S,3S)体大于(2R,3R)体;烯效唑及其类似物烯唑醇在植物生长调节作用方面均以S体强,而杀菌活性方面R体强。手性农药对映体在残留、代谢、降解等环境行为方面也有较大的差别,具有对映体选择性残留的特性,在高等动物体内的毒性、代谢、分布等也不同,所以关注手性农药对映体特性对提高药效、保护环境及保障人类健康具有重要意义。手性在食品添加剂、化肥、香料、功能材料领域如液晶、非线性光学材料、导电高分子等领域也占有重要的地位。

正是鉴于对映体这一特殊的性质,且与人类健康有着密切的关系,从1992年起,国际上一些医药、农药的管理机构要求定量检测手性对映体,并需进行单一对映体的药效试验,这对于进行更为可靠的农药残留风险评估,最大限度地缓解、控制环境污染,保障人类健康具有重要意义。

1.2 手性农药(chiral pesticide)

目前商品化的农药有650余种,超过25%具有手性[6,7],其中已商品化的手性农药却为数不多,且主要为拟除虫菊酯类杀虫剂[8,9]。手性农药对映体的生物活性主要有以下几种情况[10]:

(1) 一种对映体高效而另一种无活性或活性低,如戊唑醇、抗倒胺、噻螨酮、草铵膦。

(2) 两种对映体活性稍有差别(几倍至10倍以内),如保松噻、丙硫磷、甲霜灵、稻瘟酯、溴丁酰草胺、萘氧丙草胺、杀鼠灵等。

(3) 两种对映体具有相等的活性,如三唑酮,这种情况非常少,在此种情况下不需要生产和使用光学纯的单一异构体。

(4) 对映体的活性类型不同,如烯效唑、氰戊菊酯、苯硫磷、异丙甲草灵、多效唑、丙环唑等。

目前关于手性农药对映体的相关信息的研究还比较少,表1-1中列举了一些手性农药对映体生物活性的相关信息。相关的研究主要集中于菊酯类杀虫剂、芳氧丙酸类除草剂、三唑类杀菌剂或植物生长调节剂和有机磷农药。

拟除虫菊酯类杀虫剂绝大多数都具有手性,对映体活性差别较大。环丙烷羧酸除虫菊酯类杀虫剂如烯丙菊酯、四溴菊酯,结构中心必须有($1R$)构型,如第一个人工合成并投入工业化生产的拟除虫菊酯类杀虫剂——丙烯菊酯,化学结构中有3个手性碳原子,共有8种异构体(isomer),($1R,3R$)-反式αS菊酸酯有高杀虫活性,而对映体($1S,3S$)-反式αR活性只有它的1/200。非环丙烷羧酸除虫菊酯类除虫剂,如高氰戊菊酯、氟氰戊菊酯及氟胺氰菊酯,以酸部分为S体,醇部分也是S体的($2S,\alpha S$)具有高活性,而其对映体($2R,\alpha R$)几乎没有活性。芳氧丙酸类的除草剂或植物生长调节剂由于丙酸酯α位被芳氧基取代,而具有手性中心,手性品种也非常多,活性主要集中在R体,S体几乎没有活性。有机磷类手性农药的手性既可来源于不对称磷原子,也可来源于不对称碳原子,因此手性品种非常多(约60种)。其他手性农药如甲霜灵、异丙甲草胺、敌草胺等的研究也较多,已有光学纯产品生产。咪唑啉酮类除草剂(咪草酸、咪唑烟酸、咪唑喹啉酸、咪唑乙盐酸)很多品种都具有手性,而关于其对映体的研究却非常少。

表 1-1　手性农药对映体的生物活性一览表[11-13]

农药名称	对映体的生物活性
2,4-滴丙酸	只有 R 体有效
2-甲-4-氯丙酸	R 体高效
2,4,5-涕丙酸	R 体高效
喹禾灵	R 体高效
吡氟禾草灵	除草活性 R 体>S 体,在土壤中 S 体转化为 R 体[14]
禾草灵	R 对橡树根有抑制作用,而 S 体几乎没有[15]
噁唑禾草灵	R 体高效
氟吡甲禾灵	R 体高效
喔草酯	R 体高效
炔草酯	R 体高效
喹禾糠酯	R 体高效
吡啶氧基苯氧丙酸酯	R 体具有芽后除草活性,R 体与 S 体的芽前除草活性差别不大,主要因为 S 体在土壤中可转化为 R 体
核萘氧丙草胺	R 体高效
三唑醇	$(1S,2R)$ 体的杀菌作用最强>$(1R,2R)$ 体>$(1R,2S)$ 体>$(1S,2S)$ 体
三唑酮	两对映体没有生物活性差别
烯效唑	S 体植物生长调节作用强,而杀菌活性方面 R 体强
己唑醇	R 体是活性体,对花生褐斑病菌、番茄早疫病菌、油菜菌核病菌、苹果轮斑病菌、甜菜褐斑病菌抗菌活性(-)体大于(+)体[16]
戊唑醇	S 体杀菌活性较强 对花生褐斑病菌、番茄早疫病菌、油菜菌核病菌、苹果轮斑病菌、甜菜褐斑病菌抗菌活性(-)体大于(+)体[16]
粉唑醇	对花生褐斑病菌、番茄早疫病菌、油菜菌核病菌、苹果轮斑病菌、甜菜褐斑病菌(+)体优于(-)体[16]
烯唑醇	在植物生长调节作用方面 S 体强,而在杀菌活性方面 R 体强
丙环唑	对植物的抑制生长作用 $2R$ 体比 $2S$ 体强
苄氯三唑醇	$(2R,3R)$ 为活性体
乙环唑	$(2S,4R)$ 为活性体
多效唑	杀菌活性$(2R,3R)$体>$(2S,3S)$体,植物生长调节活性$(2S,3S)$>$(2R,3R)$体[17]
四氟硅唑	R 体活性比 S 体高[18]

续表

农药名称	对映体的生物活性
水杨硫磷	对蚊、黏虫、小鼠的活性是(+)体>(-)体,而对蝇的活性为(-)体>(+)体,离体乙酰胆碱酯酶的抑制活性(+)体>(-)体[19]
稻丰散	杀蚊子、黏虫活性(+)体>(-)体 杀家蝇活性(-)体>(+)体[20]
苯硫磷	对鸡、小鼠的毒性 R 体>S 体,而对鸡的麻痹作用 S 体>R 体[21]
苯腈磷	杀虫活性 R 体是 S 体的 20 倍,对小鼠的毒性相差不大
苯腈氧磷	生物活性 R 体>S 体,降解速率 S 体>R 体
异柳磷	杀虫活性(+)体>(-)体
乙基马拉硫磷	(+)体>(-)体活性
马拉氧磷	(+)体>(-)体活性
蔬果磷	杀虫活性 S 体>R 体
草铵膦	只有 S 体有除草活性
EPPP (C_2H_5O, $HC\equiv COH_2S$, 苯基取代的膦酸酯)	杀虫活性 R 体>S 体(约 2 倍)
i-C_3H_7O, CH_3, F 取代的膦酸酯	对胆碱酯酶抑制活性(-)体>(+)体 4 200 倍
O-甲基-S-甲基-S-对硝基苯基硫赶磷酸酯	对大白鼠的毒性(-)体是(+)体的 5 倍
EPP (C_2H_5, 苯基, O-对硝基苯基膦酸酯)	对 AchE 抑制活性:(+)体>(-)体,对牛胰 α-胰凝乳蛋白酶抑制活性:(-)体>(+)体
IPP ((CH_3)$_2$CH, 苯基, O-对硝基苯基膦酸酯)	AchE 抑制活性:(+)体>(-)体,对牛胰 α-胰凝乳蛋白酶抑制活性:(-)体>(+)体
内吸磷及其类似物	AchE 抑制活性(+)体>(-)体
O-乙基-S-2-(乙硫基)乙基硫赶乙基膦酸酯	杀虫活性(-)体>(+)体 6~10 倍,对胆碱酯酶抑制活性(-)体>(+)体约 20 倍
O-仲丁基-S-2-(乙硫基)乙基硫赶乙基膦酸酯	对家蝇和蚊子的毒性,手性碳原子影响不大,P 原子的 S 体活性高于 R 体

续表

农药名称	对映体的生物活性
O-甲基-S-甲基-O-对硝基苯基硫赶磷酸酯	(-)体活性高于(+)体
O-甲基-O-邻氯对氯苯基硫逐异丙胺基磷酸酯	对羊茅的生长抑制作用(-)体比(+)体高24倍
地虫硫磷	杀虫活性 R 体>S 体,小鼠毒性 R 体>S 体,体内代谢 S 体>R 体,植物根部吸收 S 体>R 体,植物代谢 R 体>S 体[22]
地虫氧磷	杀虫活性 S 体>R 体,小鼠毒性 S 体>R 体
溴苯磷及其氧化物	对家蝇毒性 R 体>S 体,对小鼠毒性相差不大,对鸡延迟神经毒性 S 体>R 体
脱溴苯磷	对家蝇毒性,R 体>S 体,对小鼠 R 体≥S 体
脱溴苯磷氧化物	毒性,对家蝇 R 体>S 体,对小鼠 R 体>S 体
甲胺磷和乙酰甲胺磷	蝇和蟑螂代谢 R 体>S 体
丙溴磷	杀虫和小鼠的毒性,R 体>S 体,对乙酰胆碱酯酶 S 体>R 体[23]
$\begin{matrix} C_2H_5O & O \\ & \backslash\!\!\!/ \\ & P \\ C_3H_7S & CH_3 \end{matrix}$	急性毒性大鼠 R 体>S 体约5倍
草特磷	植物生长调节活性,(-)体>24倍(+)体
双丙氨膦	除草活性 S 体>R 体
丙硫磷	R 体药效比 S 体高5倍
甲丙硫磷	S 体是 R 体药效的6~9倍
地虫磷	S 体毒力>R 体
苯腈磷	(-)体毒力>(+)体
噻唑磷	(-)体毒力是(+)体的30倍
苯线磷	杀虫活性(+)体>(-)体 (+)体对水蚤毒性及对胆碱酯酶的抑制作用都高于(-)体,(+)体在土壤中降解快[24]
丙苯磷亚砜	S 体对蟑螂成虫的药效是 R 体的两倍,R 体对牛血清胆碱酯酶和离体蟑螂胆碱酯酶抑制活性为 S 体的3倍左右[25]。(-)对映体对胆碱酯酶的毒性是(+)对映体的34倍[26]。
烯丙菊酯	(1R,3R)反式菊酯 S 菊醇酯活性最高
氟氰戊菊酯	(αS,S)和(αR,S)体高效
甲氰菊酯	S 体高效

续表

农药名称	对映体的生物活性
溴氰菊酯	(1R,3R)顺式(酸)S(醇)酯的活性最高
戊酸氰醚菊酯	S(酸)-S(醇)酯活性高
乙氰菊酯	(αS-RS)体高效
氯菊酯	1R顺式体和1R反式体有活性
联苯菊酯	z-cis-1RS体高效 对大型溞的毒性1R顺式体是1S顺式体的15~38倍[27]
氯氰菊酯	(1R,3R)顺式(酸)-(S)醇活性最高
氟氯氰菊酯	1R-顺式-αS和1R-反式-αS有活性
氟丙菊酯	z-cis-1R-αS体高效
高效氯氟氰菊酯	z-cis-1R-αS和z-cis-1S-3R体高效
氟胺氰菊酯	S体高效
四溴菊酯	αS-cis-1R体高效
胺菊酯	以(1R,3R)反式酯活性最高
甲氰菊酯	R(酸)-S(醇)活性最强
二氯苯醚菊酯	1R顺式酯比1R反式酯活性高2倍
氰戊菊酯	(2S,αS)体有杀虫活性,而(2S,αR)却有较强的叶子白化药害
乙羧氟草醚	R体高效
异丙甲草胺	(αS,1'S)除草活性最强
敌草胺	R体高效
麦草氟异丙酯	S体生物活性高于R体
敌草强	R体高效
乙氧呋草黄	对高粱和黄瓜鲜重的抑制作用,(+)体活性明显高于(-)体,对小麦生长的抑制活性两种对映体表现一致[28]
炔草酯	R体高效
卡草胺	R体高效
氰氟草酯	R体高效
1,2,3,4-四氢萘甲酸	(-)体有植物生长调节活性,而(+)体无活性
抗倒胺	只有S体具有植物生长调节剂的作用
氟乳醚	R体高效
丁苯吗啉	cis-R体高效
甲霜灵	R体是活性体,在体内R体是S体的3倍,在体外是1 000多倍

续表

农药名称	对映体的生物活性
苯霜灵	R 体是活性体
稻瘟酯	S 体对麦角甾醇的抑制比 R 体强 4 倍,对稻恶苗病的活性强 30 倍
吗啉类杀菌剂	S 体对小麦白粉病及叶锈病效力比 R 体高
Trifopmethyl	R 体高效
o,p'-DDT	$(-)$体对老鼠、人的雌激素干扰活性强[29]
5-咪唑甲酸酯	R 体活性高于 S 体
氟虫腈	S 体对人畜安全,对狗蚤防治效果好于 R 体,R,S 体对家蝇、棉红蜻、谷象的毒性相差不大[30,31]
噻螨酮	$(4R,5R)$是活性体,其对映体基本无活性
保松噻	S 体的杀虫活性高,两对映体对小鼠的急性毒性无差别
咪唑硫杀菌剂	$(-)$体对小白鼠的毒性比$(+)$体高 2 倍
间位取代对硝基二苯醚和吡唑苯基醚化合物	R 体对离体原卟啉原氧化酶抑制活性比 S 体高 10~44 倍;对双子叶植物 R 体芽前活性好,而 S 体无活性;对单子叶植物都有芽前活性,但只有 R 体有苗后活性[32]
苯酞二苯醚化合物 DPEIII	对原卟啉原氧化酶的抑制活性 S 体明显高于 R 体[33]
杀鼠灵	S 体活性强
戊唑醇	S-戊唑醇的大鼠肝细胞毒性强

1.3 对映体的分离方法

目前市售的绝大多数医药、农药等是以消旋体形式生产和使用的,随着对手性化合物认识的不断深入,目前对单一手性物质如医药、农药、香料等的需求量越来越大,对其光学纯度的要求也越来越高,对映体分离已成为一个亟待解决的问题。建立有效的对映体分离、分析方法对研究药物的生理活性、毒理、检测手性药物的光学纯度、控制手性药物质量及其环境行为研究等具有十分重要的意义。对映体的物理化学性质在非手性环境下几乎完全相同,如熔点、沸点、密度、化学反应、溶解度等,这使得手性对映体的分离很难实现,被认为是相关研究领域的难点问题。许多研究如单一对映体的生物活性、毒性毒理、代谢分布、残留降解、环境行为等均因无合适的分离分析方法而搁置。因此合成及制备单一对映体已成为国内外学术界研究的热点。如何进行手性拆分并提供单一的手性化合物,从而控制药品质量及进行其他研究,也日益成为人们关注的重大课题。

用于获得手性化合物单一对映体的方法可大体划分为合成法和外消旋体拆分法,合成法又可分为手性源合成法和不对称合成法,手性源合成法是指以手性物质为原料合成其他手性化合物,如以 L-乳酸合成精喹禾灵、芳氧丙酸类除草剂;以光学纯的苹果酸合成马拉硫磷对映体及以扁桃酸合成稻丰散[34]。但由于天然手性物质的种类有限,以其作为手性源去合成单一异构体的化合物种类也很有限,另外该法的合成路线步骤繁多,使得产物成本较高[35]。不对称合成法是指在催化剂或酶的作用下合成得到活性单一对映体化合物的方法,应用较为广泛,但仍有一些局限性,如合成化合物的种类还很有限,光学纯度也不够高。合成法可实现手性化合物单一异构体的大规模生产。

外消旋体拆分法因其容易实现、操作相对简单、成本较低而得到了广泛应用,大约有65%的非天然手性药物是由外消旋体或中间产物拆分得到的。外消旋体拆分法主要有直接结晶法、化学拆分法、生物拆分法、萃取拆分法、膜拆分法、色谱拆分法,其中色谱拆分法的应用最为广泛。

1.3.1 直接结晶法

直接结晶法是最早使用的一种对映体拆分方法,是利用两种对映体分别以结晶体的形式析出的特性,两种对映体的结晶可以人工分离,从而实现拆分的目的。直接结晶主要有三种方法。

(1) 晶体机械分离拆分法。两种对映体分别析出的宏观晶体足够大,可以借助工具人工分离。这是一种古老的拆分法,即利用对映体分子形成的结晶形状不同进行拆分。两种对映体形成两种互为对映的结晶,它们的结晶形状可用肉眼加以区别,就能用人工给予分离。第一个外消旋体拆分的例子是由 Pasteur Louis 用手工分离方法完成的,他依靠精确的实验技巧制成酒石酸钠结晶,并仔细地观察到酒石酸钠中存在的互为对映体的结晶形状,然后成功地用镊子在放大镜下,将两种对映体分离开来,达到了拆分的目的。但外消旋体很少能形成可辨别的互为镜像的晶体混合物,这种拆分方法局限性很大。

(2) 接种晶体析解法。在一个外消旋混合物的热饱和溶液中加入纯对映体之一的晶种,然后冷却,则同种的对映体将附在晶体上析出,滤去晶体后,母液重新加热,并补加外消旋体使之达到饱和,然后加入另一种对映体的晶种,冷却使另一对映体析出。这样交替进行,可方便地获得大量纯对映体结晶。在没有纯对映体晶体的情况下,有时用结构相似的其他手性化合物(有时甚至非手性化合物)作晶体,也能获得成功。

(3) 手性溶剂结晶法。利用外消旋体的两种对映体与手性溶剂的溶剂化作用力的差异,用化学惰性的光学活性化合物作溶剂进行结晶。

直接结晶法可应用于大规模的生产,但应用范围有限,且步骤烦琐,故实际应用很少。

1.3.2 化学拆分法

化学拆分法根据原理可分为两种:

(1) 生成非对映体的拆分方法。手性试剂与手性化合物的两对映体发生反应,生成稳定的非对映体,由于生成的非对映体的不同物理性质如溶解度、蒸气压、吸收系统等而实现分离。将拆分的非对映体分别复原,就可得到光学纯的单一异构体。一般拆分碱性手性化合物用酸性的手性拆分剂,拆分酸性对映体用碱性手性拆分剂。常用的手性拆分剂有溴化樟脑磺酸、S-1-苯基-2-(4-甲苯基)-乙胺、S-α-苯乙胺、R-α-苯乙胺、马钱子碱、奎尼定、(+)-辛可宁、酒石酸等。

(2) 动力学拆分法。两对映体与一个手性试剂反应,过渡态具有非对映体的关系,两者的能量不同,反应速率就有差别,用适量的手性拆分剂与外消旋体作用,反应速率快的对映体先反应,剩下反应慢的对映体,从而达到拆分的目的。

1.3.3 生物拆分法

生物拆分法主要利用一些微生物、菌类、酶等能选择性地作用于对映体中的某一异构体而对另一异构体则不起作用的性质,从而起到拆分作用。主要有两种途径。① 酶催化不对称合成;② 外消旋体的不对称酶拆分。用生物酶拆解外消旋体,比化学拆分法有明显的优越性:酶催化反应具有高度的立体专一性,得到的产物旋光纯度高,适用于作各种生物活性和药理实验;副反应少,产率高,产品分离提纯简单;酶催化的反应大多在温和的条件下进行,温度通常不超过0~50 ℃,pH 接近中性,没有设备腐蚀问题,生产安全性也高;酶无毒,易降解,不会造成环境污染,适于大规模生产。但由于酶本身稳定性差、与底物的专一性强、无法重复利用,使得该法的广泛应用受到了很大的限制。

1.3.4 萃取拆分法

萃取拆分法是指利用对映体在两互不相溶相中溶解度的差异进行拆分的方法,拆分原理是萃取剂与手性化合物两对映体的亲和作用力或化学作用的差异。与传统的非手性溶剂萃取相比,两互相接触的液相至少有一相要有旋光性。根据拆分体系的不同,可以分为:

(1) 亲和萃取拆分体系。在亲和萃取拆分体系中,外消旋体和拆分剂之间至少分别有两个作用点,这样一对外消旋体由于构型上的差异,与拆分剂间形成的非对映体配合物稳定性便不同,其物理性质也就有差异,对映体与拆分剂间的作用点越多,这种差异就越大,从而使对映体得以萃取拆分[36]。

(2) 配位萃取拆分体系。该法是以手性试剂为配体与中心离子(多数为过渡元素的离子)形成的配合物作手性萃取剂,可与对映体分别形成稳定性不同的配合物,导致在两相中的溶解度不同,实现对映体的分离[37];

(3) 非对映体的萃取体系。利用手性试剂将对映体转化为非对映体,根据非对映体理化性质的差异实现对映体的拆分。萃取拆分法的优点是操作简单、连续、高效、廉价、设备简单,并可实现大规模的对映体生产,生产过程易实现自动化,拆分体系的选择是该技术的关键。

1.3.5 膜拆分法

膜拆分法是利用膜进行对映体拆分的一种方法,由于其具有低能耗、稳定性强、易于连续操作等优点,是大规模进行手性拆分中比较有潜力的方法之一[38-40]。根据膜的类型分为液体膜拆分法和手性固定膜拆分法,液体膜传输速度快,但稳定性较差,包括支撑液膜、乳化液膜和厚体液膜。① 支撑液膜。在支撑液膜中,具有手性选择能力的载体溶解于一定的液体溶剂之中,通过与某种对映体特异性的结合,将其从上相运输到下相,从而实现手性分离。在支撑液膜中,环糊精、酒石酸的衍生物、冠醚等都是常用的特异载体。但支撑液膜的稳定性较差,其工业应用一直受到很大限制。② 乳化液膜。乳化液膜是一种复乳,内相和外相相溶而与膜相不溶,膜相可通过加入表面活性剂、萃取剂、溶剂或其他添加剂控制液膜的稳定性、渗透性和选择性。③ 厚体液膜。膜相借助不可混溶性与其他相分开。

手性固定膜拆分法原理是对映体间亲和性的差异,稳定性好,但同时实现高选择性和高通量比较困难。手性固定膜有:① 选择扩散型手性固定膜。扩散性选择形成的原因是一种对映体比另一种对映体在固定膜中更容易扩散。其形式一般有:a. 由带选择性并能自身支撑的高聚物组成,包括带有大型手性侧链基团的聚合物及具有手性主链的聚合物;b. 由不能自身支撑但具有选择性的高聚物涂抹在非选择性的支持层表面组成扩散选择性固定膜一般都不带有特殊的手性选择剂。② 选择吸附型手性固定膜。主要是利用嵌在聚合物母体中的手性选择剂来进行手性拆分的。其手性拆分是基于待分离物与手性选择剂之间特殊的分子间作用。通常一种异构体被较多地选择性吸附在手性选择剂上,而另一种异构体则较多地游离在聚合物母体之中。吸附性选择固定膜的制备方法大致分为两类,一种采用了分析分离中常用的手性选择剂,包括环糊精、冠醚等。膜拆分技术具有生产连续化、适合不同的生产规模、操作简单等特点。

1.3.6 色谱拆分法

随着色谱理论和现代分离技术的不断发展,色谱与分离科学在手性化合物分离分析领域的应用越来越受到重视。由于色谱拆分法与直接结晶拆分法、化学拆分法和生物拆分法等传统手性拆分方法相比,具有简单快速,可靠性好,准确度、精确度高,应用范围广等优点,而且能得到高纯度的单一异构体,其应用除了进行微量样品的分离分析测定,还具有发展成实验室和工业规模的对映体分离制备的巨大潜力。近年来,手性色谱法分离技术得到了迅猛的发展,已成为当今手性化合物分离分析的一种主要工具[41]。

色谱法拆分手性化合物的方法可分为间接分离法和直接分离法。两种方法都是以现代色谱分离技术为基础引入不对称中心,不同的是间接法是将其引入分子内,而直接法则引入分子间。引入手性环境使对映体间呈现理化特性的差异是色谱手性拆分的基础。

(1) 间接分离法

间接分离法又叫手性衍生试剂法(chiral derivation reagent,CDR)。用手性衍生试剂先将一对对映体转化成色谱上可分离的非对映体,然后利用非对映体物化性质的不同加以分离,因此是对手性衍生物的非手性分离,即利用一般的色谱固定相就可将得到的衍生物分离。可用于手性衍生的试剂很多,常见的有异硫氰酸酯和异氰酸酯类,酰氯和磺酰氯类,氨基酸类等,一般要求它们必须是高纯度手性试剂,分子上有易于反应的基团,反应条件温和,操作方便。

该方法的优点是:① 分离时可用价廉、柱效高的非手性柱,对于选择性差的对映体可提高分离效果;② 可选用具有各种发色团或较强荧光发射基团的衍生化试剂,提高检测灵敏度。但其不足之处是:① 对映体必须含有能与手性试剂反应的基团;② 衍生化反应使分离时间延长、操作复杂,容易造成组分的损失,衍生反应有杂质的干扰,且容易造成消旋化等;③ 对衍生化试剂的纯度、储存和反应过程中的稳定性要求较高;④ 要求两种对映体的衍生化反应迅速且反应速率一致;⑤ 生成的非对映体应当容易分解为原来的对映体。因此,分析工作者往往更喜欢采用直接分离法,间接分离法逐渐被直接分离法所取代。

(2) 直接分离法

直接分离法包括手性流动相法(chiral mobile phase,CMP)和手性固定相法(chiral stationary phase,CSP)。直接分离法原理为待分离的对映体与色谱中的手性选择剂可逆地形成非对映异构配合物,由于它们之间稳定性不同引起保留时间差异,从而达到分离目的。手性选择剂既可以是手性固定相,又可以是流动相中的手性添加剂。直接分离法中要求必须有主体分子能够识别对映体,是基于一个主体分子与被分析对映体通过不同的相互作用力形成稳定性不同的暂时复合物非对映体,暂时复合物是通过非共价键结合,如氢键、静电、范德华力、偶极、π-π 相互作用及包结作用等,主体与对映体结合的自由能不同导致对映体的分离。通常使用的手性选择剂包括单/多糖、大环抗生素、合成聚合材料、π 供体/π 受体系统、生物碱、冠醚、配体交换、各种蛋白质等。

手性流动相法是将手性环境引入色谱的流动相中,即在流动相中加入手性试剂,也称手性添加剂法。通过对映体与加到流动相中的手性物质分子形成一对非对映体复合物,通过非对映体复合物的稳定性、在流动相中溶剂化作用或所形成的复合物与固定相的键合等差异而得到分离。手性流动相法的优点是在分析过程中较少发生消旋化,添加剂选择的范围较宽,纯对映体易从柱后洗脱中回收。然而这种方法也有很多不足之处,系统平衡时间较长,添加剂消耗较大,有些手性添加剂价格过高,手性添加剂的去除和检测方式对手性添加剂选择范围的限制,都影响手性流动相法的应用。

手性固定相法是基于样品与键合到载体表面的手性选择剂(又称手性识别剂)间形成暂时的非对映体配合物的能量差或稳定性不同而达到手性分离。由于手性固定相法的流动相组成简单,操作方便,重现性好,容量大,应用范围广,更适合制备级色谱的应用,因此当用高效液相色谱法对手性化合物进行拆分时,常选用手性固定相法。

色谱法主要包括高效液相色谱法(high performance liquid chromatography,HPLC)、气相色谱法(gas chromatography,GC)、超临界流体色谱法(supercritical fluid chromatography,SFC)、毛细管电泳法(capillary electrophoresis,CE)、纸色谱法(paper chromatography,PC)、薄层色谱法(thin layer chromatography,TLC)、毛细管电色谱法(capillary electro chromatography,CEC)、模拟移动床色谱法(simulated moving bed,SMB)和高效膜色谱法(high performance membrane chromatography,HPMC)等。特别是高效液相色谱手性固定相法已成为当今手性化合物分离分析的一种主要工具。

1.3.6.1 高效液相色谱法

高效液相色谱法(HPLC)是目前分离、分析手性化合物对映体所广泛使用的方法,在过去的 20 多年中,色谱手性分离,尤其是高效液相色谱的直接拆分方法发展迅速,已成为分析药物、天然产物、农用化学品的最有效的方法,不仅可用于手性化合物的分析,也可用于光学纯异构体的制备。

高效液相色谱法同样也分为直接法和间接法,无论何种方法都是通过引入不对称原子或创造手性环境使光学活性对映体间呈现出物理化学特异性的差异并以此作为高效液相色谱手性拆分对映体分子的理论基础。间接法可分为两种方式:① 用手性衍生化试剂将对映体衍生化,并用非手性固定相将其分离;② 将对映体用非手性试剂衍生化后用手性固定相进行拆分。直接法也有两种方式:手性固定相法和流动相添加剂法。流动相添加剂法是将手性选择剂添加到流动相中,在非手性固定相上进行分离,按其添加剂类型或分离原理主要有[42]:① 形成手性包合非对映体复合物。常用的添加剂有环糊精和手性冠醚,固定相有 ODS、CN、C_8、苯基、硅胶等;② 形成配体交换非对映体复合物。手性金属配合剂加入高效液相色谱流动相中,形成的三元非对映体配合物,由于结构稳定性和能量的差异,与固定相发生立体选择性吸引或排斥反应,从而使对映体得以分离。常用的手性配合试剂为 L-脯氨酸、L-苯丙氨酸等氨基酸及其衍生物,配位金属通常有 Cu^{2+}、Zn^{2+}、Ni^{2+}、Cd^{2+} 等;③ 依靠离子对作用形成非对映体。在低极性的有机流动相中,对映体分子与手性离子对试剂之间产生的静电、氢键或疏水性作用是拆分的主要作用力,常用的手性反离子有奎宁、奎尼丁、10-樟脑磺酸等;④ 形成动态液体手性固定相。将手性选择剂如甲基化环糊精、(2R,3R)-双-正丁基酒石酸等吸附于固体载体表面上,使固定相表面手性化,形成动态的手性固定相。或者将表面活性剂如胆酸盐加到流动相中,形成由非胶束溶剂化手性固定相和胶束吸附于 ODS 等固定相上组成的非均态手性固定相;⑤ 蛋白质复合物。手性氢键试剂、手性诱导吸附等。

手性试剂衍生化法操作烦琐,后处理复杂,而手性流动相添加剂法除了操作烦琐之外,具有检出限有限、流动相无法循环使用等特点,因此,目前高效液相色谱手性拆分方法中手性固定相法是最广泛使用的方法,具有简单、快速、可用于分析也可用于制备等优点。高效液相色谱手性固定相法的分离机理是[43]:两种对映体与手性固定相发生作用,生成暂时复合物的稳定性不同,当流动相经过时,稳定性差的对映体被洗脱,优先流出色谱柱,从而达到对映体的分离。设计和发展有高选择性的手性固定相是高效液相色谱技术的关键,在过去的 30 多年时间里,很多研究集中于手性固定相的制备,现已制备了大量的手性固定相,其中商品化的已经有 100 多种,主要有以下几类:① 小分子键合手性固定相(Pirkle 型),如 Pirkle-I A、Whelk-O 1 型等;② 多糖类手性固定相,如纤维素、淀粉等衍生物;③ 蛋白质类手性固定相,常用的有牛血清白蛋白、人血清白蛋白、α1-酸糖蛋白、抗生物素蛋白、核黄素蛋白、卵类黏肮、纤维素水解酶、胃蛋白酶、胰蛋白酶、溶菌酶、α-胰凝乳蛋白酶等;④ 大环手性固定相,如环糊精、手性冠醚等;⑤ 配体交换手性固定相,拆分机理为对映体与金属配合物形成配体稳定性不同;⑥ 糖肽类手性固定相,如万古霉素、利福霉素 B、瑞斯西丁素 A、卡那薇素等;⑦ 手性聚合物和分子印迹手性固定相等。

1.3.6.2 气相色谱法

气相色谱法(GC)是最早用于手性分离的色谱方法,在对映体拆分领域应用也十分广泛。这种灵敏的方法不受痕量杂质影响,快捷而又便于操作。它的拆分机理是基于分子缔合可能导致充分的手性识别,因而实现对映体拆分。它使用含有高纯对映体拆分辅助剂的手性固定相,要分析的对映体与固定相发生快速和可逆的相互作用,其分离度取决于分析样品与固定相的相互作用强弱。

气相色谱中用于分离对映体的手性固定相主要有以下几类[44]:

(1)氨基酸衍生物。主要分离机理是氢键作用,该类固定相的氢键作用是对映体分离的主要作用力。

(2)手性金属配合物。分离机理是配位作用,是通过对映体分子中的活性部位,如双键和杂原子等,与金属配位化合物中的金属离子建立配位平衡,由于对映体的配位能力不同,经多次配位与交换以后,就可以达到对映体的分离,金属离子通常有铜、锌、锰、钴、镍等。

(3)手性环糊精衍生物。它们为手性分离开辟了一个新的途径,是应用最为广泛的一种手性固定相。国内外有很多报道使用环糊精(cyclodextrin,CD)的各种衍生物作为毛细管气相色谱固定液,用以分离各种光学异构体。Sand 等于 1961 年首先把环糊精衍生物用作填充柱气相色谱的固定液[45],1982 年捷克的 Smolkova 对环糊精用作填充柱色谱固定相做了综合报道[46],但直到 1987 年才开始把环糊精及其衍生物作为毛细管气相色谱固定相。Schurig 把全甲基化的

β-环糊精和 OV-1701 混合起来涂渍在毛细管柱上,在 50～80 ℃柱温下分离光学异构体[47]。1988 年后 Konig 系统地研究了环糊精的各种衍生物作毛细管气相色谱固定液,用于分离各种光学异构体[48,49]。我国也开展了很多相关研究,万宏等于 1991 年报道了他们首次用全戊基化的 β-环糊精作为毛细管气相色谱固定液分离 6 种对映体的结果[50]。此外,傅若农等在这方面也做了大量研究[51]。

(4) 冠醚。近年来一些冠醚修饰型手性固定液和环糊精-冠醚毛细管气相色谱手性固定相也被开发出来应用于气相色谱手性固定相。

气相色谱具有高效、分析速度快、灵敏度高、选择性好、操作简单、费用低及样品用量少、检测限较低、使用线性范围宽的通用检测器、可与光谱或分光仪器联机、可多柱操作等优点,缺点是受对映体挥发性的限制,不能分析热不稳定化合物及在高温下有立体化学变化的化合物,有时柱温高会引起手性固定相的消旋化,导致对映体选择性降低,手性固定相的温度范围也有限,高温下容易失去手性拆分能力,且气相色谱制备比较困难。

1.3.6.3 毛细管电泳法[52-54]

Jorgeson 和 Lukacs 将色谱理论和电泳技术相结合,于 20 世纪 80 年代初发展了高效毛细管电泳技术。毛细管电泳(CE)是以毛细管为分离通道,以高压直流电场为驱动力的液相分离技术,利用由液体介质中被分析物的分子质量、电荷和淌度差异引起的电场作用下不同的迁移速度而得以分离。毛细管电泳有 6 种分离模式:毛细管区带电泳、胶束电动毛细管色谱、毛细管凝胶电泳、毛细管等速电泳、毛细管等电聚焦和毛细管电色谱。毛细管区带电泳和胶束电动毛细管色谱是毛细管电泳技术进行手性拆分最常用的分离模式,只需在背景电解质中添加手性选择剂,构建手性环境,即可进行手性拆分。该分析法与气相色谱和高效液相色谱相比,毛细管电泳具有超高效、快速、简便、分离体系易更换、介质和样品用量极小、分离条件易优化等特点,在手性对映体拆分领域得到了广泛的应用,拆分了大量的手性化合物。由于毛细管电泳的高效性,手性化合物即使在很低的选择性下也能得到很好的分离。

毛细管电泳的手性拆分机理包括主-客体作用、配位作用、相分配、离子交换等,常用的手性选择剂有环糊精及其衍生物、大环抗生素、氨基酸-金属配合物(对映体与配合物作用稳定常数的差异是分离的基础)、手性冠醚、蛋白质(常用牛血清蛋白、人血清蛋白、α-酸糖蛋白、卵黏蛋白、纤维素酶,由于具有电荷,在电泳中可移动,分析物无论离子性或中性都可以与蛋白质形成复合物)、手性杯芳烃、非环寡糖和多糖(如葡聚糖、右旋糖苷、糊精、二乙基氨基乙基右旋糖苷等)、表面活性剂(拆分机理基于溶质在表面与胶束之间进行的偶极作用及胶束中心的疏水作用的差异,包括十二烷基-L-丙氨酸、SDS、胆汁酸类等)等。在毛细管电泳技术中,多以环糊精做手性选择剂,由于不同的环糊精包结物的形成使得对映体具有不同的迁移速度,而得以分离。由于介质的用量非常小,可以使用昂贵的手性选择剂。近些年使用胶束电动毛细管色谱进行对映体分离较为流行,既可分析带电荷化合物,也可分析中性物质,使用手性的胶束可实现对映体的手性拆分,在胶束电动毛细管色谱中离子表面活性剂作为假固定相形成离子胶束,胶束和分析物作用,使得被分析物具有不同的迁移速度,除了离子的表面活性剂外,其他表面活性剂也被使用(电动色谱),如环糊精、皂角苷、洋地黄皂苷、氨基酸衍生物、烷基衍生物、酒石酸衍生物、类固醇糖、聚合物等[55-58]。

1.3.6.4 超临界流体色谱法[59]

超临界流体色谱法(SFC)是以超临界流体为流动相的色谱过程,超临界流体既具有类似气体的低黏度,还兼有液体的高密度,扩散系数介于气液之间。正是由于流动相的这些特性使得超临界流体色谱成为一种快速、高效、操作条件易于变换的分离手段,可分析高沸点、低挥发性样品。超临界流体色谱法是手性拆分的一个重要方法,在手性分离方面与高效液相色谱和气相色谱相互补充,并具有独特的优越性,几乎所有的高效液相色谱和气相色谱所用的手性选择剂都可用于超临界流体色谱,具有简便、快速、高效、拆分范围广的优点,适用于拆分与制备,并且扩大了温度的使用范围。由于超临界流体色谱结合了高效液相色谱和气相色谱两者的特长,因而在食品、药物、农药、香料和聚合物等的手性分离方面有良好的应用前景和巨大潜力。广泛使用的超临界流体色谱流动相为二氧化碳(CO_2),CO_2与多种有机溶剂相比对环境更加安全,黏度小、流速快,增加了被分析物的分散系数,洗脱液的强度可通过控制流动相的压力和流量来调节,可通过加入有机的改性剂来调节极性,通常使用二元或三元的流动相体系。超临界流体色谱的操作参数有流动相的组成、压力、温度、流量。① 流动相的组成,几乎所有的超临界流体色谱条件变化都涉及极性改性剂或添加剂,极性改性剂可影响保留和分离,因为改性剂既影响到手性固定相也对分析物产生影响,在超临界流体色谱中,一般甲醇有较好的分离效果;② 压力,压力对保留的影响大于选择性,对于很多分析物,增加压力,选择性降低,但也偶尔有分离度随压力增大而增加的情况;③ 温度,选择性通常会随温度的增加而下降,所以温度一般在临界温度以下;④ 流量,一般为 0.5~5 mL/min,在大多数情况下,增加流量对分离的减小程度不大。超临界流体色谱当参数改变后,其系统的平衡非常快,缩短了分离条件的优化时间。

超临界流体色谱正处于迅速发展的阶段,各种参数(温度、压力、流动相及其组成)对立体选择性及分离效率的影响机制尚不完全清楚,而且需要在高压下操作,对设备和技术上的要求较高,因此限制了在手性分离上的应用。随着超临界流体色谱理论和技术的完善,以及研制出适合超临界流体色谱的手性固定相,它将在手性物质分离、分析和制备等方面发挥重大作用。

1.3.6.5 纸色谱法和薄层色谱法

纸色谱法(PC)和薄层色谱法(TLC)是常规色谱分析中一个很常见的方法,设备简单,操作方便,所以在早期的手性拆分中已有应用。如在环糊精为固定相的薄层色谱上拆分几种丹磺酸基氨基酸;在聚酰胺薄膜上,分离辛可宁、辛可尼丁及硝基苯胺的位置异构体。但是这两种方法的分离效率低,应用范围有限,所以在现代手性拆分中很少用到。

1.2.6.6 毛细管电色谱法

近年兴起的毛细管电色谱法(CEC)将高效液相色谱和毛细管电泳有机地结合起来,在分离选择性和柱效等方面显示了它们单独使用时所不能达到的优势。目前,国际上关于毛细管电色谱手性拆分的研究尚处于起步阶段,其面临的主要问题是信噪比低,基线噪声高,难以选择合适的流动相提高分离度,另外操作和柱制备方面的困难也限制了它的应用。

1.3.6.7 模拟移动床色谱法

为了克服通常液相制备色谱不能连续操作及大量溶剂浪费等弱点,19 世纪 60 年代提出了模拟移动床色谱法(SMB)。所谓模拟移动床色谱法就是在色谱分离中模拟出固定相和流动相相对于进样口的循环流动,这样两种具有不同保留值的组分就会被固定相和流动相分别带向进样口两边,从而得到分离。为达到这一目的,模拟移动床色谱法由许多较短的色谱柱首尾相连而成。在手性制备领域中,模拟移动床色谱法显示了它的应用前景。

1.3.6.8 高效膜色谱法

高效膜色谱法(HPMC)是在高效液相色谱和膜分离技术的基础上,对分离单元的材料和结构进行改进的色谱分离方法。它结合了高效液相色谱选择性强、分离速度快和膜分离技术样品容量大、操作压力低的优点,已经发展成为色谱分离的一个重要分支。但是膜分离技术用于对映体的手性拆分的研究工作才刚刚起步,主要应用于疏水性氨基酸,如苯丙氨酸、色氨酸等的超滤或渗透手性拆分上。

1.3.7 高效液相色谱手性固定相法

高效液相色谱手性固定相法是将手性环境直接引入到高效液相色谱柱的固定相上,当对映体分子流经色谱柱时,不同的构型使得它们与固定相之间的作用力不同,从而使保留时间产生差异,两对映体得到拆分。在手性拆分领域,高效液相色谱手性固定相法以其高效、快速、操作方便等优点,已经成为目前发展最快、应用最广的一种方法。

利用高效液相色谱手性固定相法,手性化合物不需要非对映异构化,可以直接分离。它既不像气相色谱法可能使被分离溶质高温构型发生变化,也不像毛细管区带电泳法破坏生物活性,该方法不但可以得到高光学纯度的两种对映体,而且柱容量高,具有发展成实验室和工业规模对映体制备分离的巨大潜力。另外,高效液相色谱具有多种检测器,除了常用的紫外可见光检测器或示差折光指数检测器,还可使用专门检测手性物质的旋光检测器或圆二色检测器。

目前,商品化的液相色谱手性固定相已经有上百种,一般可分为以下几类:刷型(或称为Pirkle型)手性固定相、多糖及其衍生物类手性固定相、蛋白质类手性固定相、大环类手性固定相。其中,Pirkle型手性固定相、多糖及其衍生物类手性固定相的应用较为广泛。

1.3.7.1 刷型(brush)手性固定相

刷型手性固定相也称Pirkle型手性固定相。这类固定相一般是通过一定长度的间隔臂连接单分子层的手性分子到硅胶载体上。对于硅胶基质的刷型手性固定相,小分子的手性分子与硅羟基相连,在硅胶的表面形成一均匀的单分子层,类似于"刷子"。其化学结构特点是在手性中心附近含有下列官能团:① 在手性中心附近有 π-酸性(带吸电子取代基)或 π-碱性(带给电子取代基)的芳香基团;② 在手性中心附近有能形成氢键的原子或官能团;③ 在手性中心附近有能发生偶极-偶极相互作用的极性键或官能团;④ 在手性中心附近有能提供立体排斥、范德华相互作用或构型控制的非极性大基团。

Pirkle型手性固定相的主要拆分理论是基于"三点相互作用"分离理论。Pirkle[60]等在深入研究手性固定相及手性色谱立体识别机理的过程中发展了Dalgliesh[61]的观点,再一次阐述了"三点作用"的分离理论:手性识别要求手性固定相和对映体之间至少有三个同时存在的作用力,这些作用力中至少有一个依赖于立体化学。也就是说,用其中的另一对映体(不做任何构象改变)来替代后,至少有一个作用力不复存在或明显改变其性质。

刷型手性固定相对芳香类、氨基酸及其衍生物、有机磷类、羧酸有很好的拆分效果。其特点是柱效和柱容量高,可用于对映体的分析和制备,此外由于手性选择剂是相对分子质量小的化合物,所以这类手性固定相的最大优点是手性拆分机理研究的比较清楚,通过计算机模拟等,可预测对映体洗脱顺序、构型等。还可针对欲拆分的外消旋体化合物的结构特征,设计合成有拆分能力的手性固定相。

1.3.7.2 多糖及其衍生物类手性固定相

多糖及其衍生物类手性固定相作为色谱的手性选择剂被广泛使用。自然的多糖如纤维素或淀粉是具有确定结构的天然光活性聚合物,最早被用作色谱手性拆分的手性选择剂,其中被广泛用作手性固定相的纤维素和直链淀粉分别是葡萄糖以 β-1,4-糖苷键和 α-1,4-糖苷键相连的聚合物,由于葡萄糖单元的手性,每个聚合物链均具有沿着纤维素主链存在的一个螺旋形的沟槽[62]。

纤维素的手性拆分能力最早是在纸色谱上分离氨基酸时被发现的,其本身的手性识别能力较差。第一个作为手性固定相使用的多糖衍生物是纤维素三乙酯,是 1973 年 Hesse 和 Hagel 首先制备的,可用于拆分芳香族和脂肪族的一些化合物。后来由 Okamoto 等将其涂敷于硅胶上,表现出了与其本身完全不同的拆分特性。随后,Okamoto 又制备了一系列的纤维素苯酯和氨基甲酸酯的衍生物,涂敷于氨丙基硅胶载体上制得了大量的手性固定相,在纤维素的苯酯类衍生物中,纤维素-三(4-甲基苯酯)(Chiralcel OJ)具有较高的选择性,纤维素的氨基甲酸酯手性固定相中纤维素-三(3,5-二甲基苯基氨基甲酸酯)(Chiralcel OD)具有非常好的立体选择性,直链淀粉-三(3,5-二甲基苯基氨基甲酸酯)(Chiralcel AD)也具有较好的对映体分离能力。多种多糖衍生物手性固定相大多都已商品化,如名称为 Chiralcel OD、OC、OF、OG、CTA、OA、OJ、OK 和 Chiralpak AD、AR、AS 的手性色谱柱,其固定相都为涂敷型的多糖类衍生物手性固定相。

由于多糖类衍生物手性固定相结构复杂,对其手性拆分机理并没有很好地研究清楚,但依据目前的研究一般认为手性拆分是基于两对映体与手性固定相的氢键、疏水作用力、偶极作用及电荷转移复合物的形成。

多糖及其衍生物类手性固定相(涂敷型)一般由多糖与苯酰氯或苯基异氰酸酯反应,生成相应的苯酯核氨基甲酸酯,溶解于溶剂中,涂敷到氨丙基硅胶上,该涂敷型的多糖衍生物手性固定相可使用烃/醇、烃/醚流动相,或使用反相的极性溶剂,但多糖的衍生物易溶于一些极性溶剂中,由于溶解性问题,限制其使用其他的溶剂如氯仿、四氢呋喃、吡啶等,否则会导致溶解或溶胀。所以后来又发展了键合多糖手性固定相,可以使用多种有机溶剂。键合类的多糖手性固定相发现其手性选择能力比相应的涂敷型固定相差,但由于其具有更广泛的溶剂使用范围,仍具有一定的应用价值[63]。

1.3.7.3 蛋白质类手性固定相

蛋白质类手性固定相是一类由手性基团(L-氨基酸)组成的高分子聚合物,可识别对映体在蛋白质的结合位点而达到手性分离。蛋白质类本身具有手性,与手性化合物可形成多种分子间的相互作用,在手性拆分领域显示出较高的活性。Stewart 和 Doherty 首次将牛血清白蛋白键合到琼脂糖上并在其上成功地拆分了 D/L-色氨酸;其后有人将 α-酸性糖蛋白和牛血清白蛋白化学键合到硅胶载体粒子上用于高效液相色谱手性拆分[64]。目前已经报道的被用作高效液相色谱手性分离的蛋白质有牛血清白蛋白、人血清白蛋白、其他的血清白蛋白、糖蛋白、酶和卵铁传递蛋白、β-乳球蛋白等。蛋白质类手性固定相分离主要依赖于疏水相互作用和极性相互作用。其优点在于可使用水性的流动相(反相),样品不需要衍生化,缺点是柱容量低、固定相耐用性差、拆分机理研究仍未十分清楚,主要用于分析的目的,而不适合手性对映体的制备。

1.3.7.4 大环类手性固定相

大环类手性固定相包括经修饰的环糊精、手性冠醚和大环糖肽抗生素类作为手性选择剂的固定相。

(1) 环糊精类手性固定相

环糊精是由吡喃型葡萄糖通过1,4-糖苷键构成的环状低聚体,呈中空的圆台结构,含有6~8个葡萄糖单元,分为 α-、β-和 γ-环糊精。该类固定相的手性识别主要来自环内腔对芳烃或脂肪烃类侧链的包容作用,以及环外壳上的羟基与药物对映体分子发生的氢键作用。环糊精及其衍生物在手性领域(GC,HPLC,CE)表现出很好的应用价值,在手性气相色谱中多使用环糊精的衍生物,环糊精的衍生化通常为全烷基化、部分烷基化、部分酰基化或羟基烷基化。在目前商品化的气相色谱手性色谱柱中,绝大多数以环糊精衍生物为手性固定相。在液相色谱中,通常是将环糊精及其衍生物作为手性流动相添加剂使用。但也有一些研究报道将其键合到硅胶等基质上制备成手性固定相[65]。在毛细管电泳中将环糊精或其衍生物添加到运行液中直接拆分对映体也有应用,表现出较好的手性拆分能力。

(2) 冠醚类手性固定相

冠醚源化合物有亲水性内腔和亲脂性外壳,可键合在硅胶或聚苯乙烯基质上制成手性固定相,根据主-客作用原理,用于含有能够质子化的伯胺功能团的药物对映体的分离,尤其是氨基酸及其衍生物的分离。最常用的冠醚类固定相是18-冠-6,已由 Daicel 公司商品化生产。

(3) 大环糖肽抗生素类手性固定相[66-67]

大环糖肽抗生素类手性固定相是通过将大环抗生素键合到硅胶上制成的新型手性固定相。该类固定相对包括氨基酸、多肽、β-羟基羧酸及胺类化合物在内的许多手性化合物都具有良好的对映体识别能力。用作手性固定相的大环糖肽抗生素主要有柄状霉菌素类(ansamycins)、糖肽类、多肽抗生素类,其中应用最为广泛并且已经商品化的有万古霉素(vancomycin)、瑞斯西丁素 A(risoletin A)和替考拉宁(teicoplanin)。糖肽类及其衍生物的键合固定相可以在正相、反相及极性的有机相模式下拆分各种对映体。大环抗生素具有多个手性中心,多个官能团及特定的三维空间结构,它的手性识别机理综合了环糊精、蛋白质、多糖的性质。

1.3.7.5 配体交换型手性固定相[68,69]

配体交换型手性固定相通常以光活性氨基酸或其衍生物为手性配体,可键合或涂敷到载体上制备成手性固定相,在拆分过程中,手性配体、中心金属离子(通常使用 Cu^{2+},Ni^{2+})与被分离对映体形成非对映体配合物。手性配体交换手性固定相是拆分氨基酸、羟基酸、二胺及其衍生物、生物体小分子对映体的一种有效方法,不需衍生化。目前手性配体多选择光学活性氨基酸或哌可酸,涂渍或键合到硅胶载体上制备手性固定相。具有刚性环状结构的脯氨酸、羟脯氨酸作为手性配体的应用较多。手性配体交换色谱固定相拆分机理是手性配体金属配合物与手性对映体形成的多元配合物的热力学稳定性差异和动力学的可逆性,除配位作用外,其他的作用如氢键、偶极、疏水等作用亦对分离有影响。

1.3.7.6 分子印迹聚合物手性固定相[70]

分子印迹聚合物是一类新的手性固定相,具有确定的对映体空间构型空穴和功能基在空穴中精确排列的刚性结构,在制备过程中是将功能单体在模板分子(手性印迹分子对映体)的存在下交联聚合,然后将模板分子洗脱去除而制得的聚合物。这种聚合物具有与目标手性分子对映体互补结构的空穴,在分子的识别中有专一的识别性,具有机械强度大、耐高温、高压、耐酸、碱及有机溶剂的特点。手性分子印迹聚合物的合成主要有三个步骤:① 使烙印对映体分子(模板)和单体间产生非共价键的相互作用,形成复合物;② 加入交联剂,在手性对映体模板-单体复合物周围发生聚合反应;③ 洗脱除去聚合物中的模板分子,就得到了对映体分子印迹聚合物。这种合成的手性分子印迹聚合物对印迹对映体具有"记忆"功能,具有强保留,后出峰,而另一对映体由于不是"钥匙-锁"的关系,保留相对弱,先流出,从而达到对映体分离的目的。

1.3.8 常见商品化的手性色谱柱

多种类型的手性色谱柱已商品化,具体见表 1-2。在众多的品种中,多糖类手性色谱柱,如以纤维素和淀粉衍生物为手性固定相的手性色谱柱,应用十分广泛,拆分范围广,因而品种类型最多。在气相手性色谱柱中,其固定相绝大多数都是环糊精的衍生物,很多品种对温度的要求比较严格,操作温度不能过高,因而在很多方面限制其使用。

表 1-2 常见商品化手性色谱柱

商品名称	手性固定相	供应商	色谱柱类型
Chiralcel CA-1	纤维素三乙酯(微晶)	Daicel	HPLC
Chiralcel OA	纤维素三乙酯	Daicel	HPLC
Chiralcel OB	纤维素三苯甲酯	Daicel	HPLC
Chiralcel OC	纤维素-三(苯基氨基甲酸酯)	Daicel	HPLC
Chiralcel OD	纤维素-三(3,5-二甲基苯基氨基甲酸酯)	Daicel	HPLC
Chiralcel OD-R	纤维素-三(3,5-二甲基苯基氨基甲酸酯)	Daicel	HPLC
Chiralcel OE	纤维素三(苄基醚)	Daicel	HPLC
Chiralcel OF	纤维素-三(4-氯苯基氨基甲酸酯)	Daicel	HPLC
Chiralcel OG	纤维素-三(4-甲基苯基氨基甲酸酯)	Daicel	HPLC
Chiralcel OJ	纤维素-三(4-甲基苯甲酸酯)	Daicel	HPLC
Chiralcel OK	纤维素-三(肉桂酸酯)	Daicel	HPLC
Chiralpak AD	直链淀粉-三(3,5-二甲基苯基氨基甲酸酯)	Daicel	HPLC
Chiralpak AGP	$\alpha 1$-酸性糖蛋白	Daicel	HPLC
Chiralpak AS	直链淀粉-三((S)-1-苯乙基氨基甲酸酯)	Daicel	HPLC
Chiralpak AZ-RH	直链淀粉-三(3-氯-4-甲苯基氨基甲酸酯)	Daicel	HPLC
Chiralpak OX-H	纤维素-三(4-氯-3-甲基苯基氨基甲酸酯)	Daicel	HPLC
Chiralpak IA	键合直链淀粉-三(3,5-二甲基苯基氨基甲酸酯)	Daicel	HPLC
Chiralpak IB	键合纤维素-三(3,5-二甲基苯基氨基甲酸酯)	Daicel	HPLC
Chiralpak IC	键合纤维素-三(3,5-二氯苯基氨基甲酸酯)	Daicel	HPLC
Chiralpak ID	键合直链淀粉-3,3-二氯苯基氨基甲酸酯	Daicel	HPLC

续表

商品名称	手性固定相	供应商	色谱柱类型
Chiralpak IE	键合直链淀粉-三(3,5-二氯苯基氨基甲酸酯)	Daicel	HPLC
Chiralpak IF	键合直链淀粉-三(3-氯-4-甲基苯基氨基甲酸酯)	Daicel	HPLC
Chiralpak WH	硅胶表面涂敷或键合有氨基酸衍生物	Daicel	HPLC
Chiralpak MA(+)	硅胶表面涂敷或键合有氨基酸衍生物	Daicel	HPLC
Chiralpak QD-AX	硅胶表面共价键合有 O-9-(叔丁酯氨基甲酰)奎纳定	Daicel	HPLC
Chiralpak QN-AX	硅胶表面共价键合有 O-9-(叔丁酯氨基甲酰)奎宁	Daicel	HPLC
Crownpak CR(+)/CR(−)	硅胶表面涂敷有手性冠醚	Daicel	HPLC
Chiralpak OT(+)/OP(+)	硅胶表面涂敷有聚甲基丙烯酸酯手性多聚物	Daicel	HPLC
Cellulose triacetate	纤维素三乙酯	Merck	HPLC
Cellulose Cel-AC-40XF	纤维素三乙酯	Macherey-Nagel	HPLC
Kromasil CHI-DMB	O,O'-二(3,5-二甲基苯甲酰)N,N'-二烯丙基酒石酸二酰胺	Kromasil	HPLC
Kromasil CHI-TBB	O,O'-二(4-特丁基苯甲酰)-N,N'-二烯丙基酒石酸二酰胺形成网状聚合物	Kromasil	HPLC
Kromasil AmyCoat	直链淀粉-三(3,5-二甲基苯基氨基甲酸酯)	Kromasil	HPLC
Kromasil CelluCoat	纤维素衍生物(三[3,5-二甲基苯基氨基甲酸酯])	Kromasil	HPLC
(R,R)Whelk-O1	硅胶表面共价键合手性识别的基团	Regis	HPLC
(S,S)Whelk-O1	硅胶表面共价键合手性识别的基团,为(R,R)Whelk-O1 的对映体	Regis	HPLC
OA-5000	青霉胺涂敷在 ODS 硅胶表面	SCAS	HPLC
OA-6000	酒石酸衍生物涂敷在 ODS 硅胶表面	SCAS	HPLC
SUMICHIRAL OA-2500-I	(R)-1-萘氨基乙酸和 3,5-二硝基苯甲酸	SCAS	HPLC
Lux Cellulose-1	纤维素-三(3,5-二甲基苯基氨基甲酸酯)	Phenomenex	HPLC

续表

商品名称	手性固定相	供应商	色谱柱类型
Lux Cellulose-2	纤维素-三(3-氯-4-甲基苯基氨基甲酸酯)	Phenomenex	HPLC
Lux Amylose-2	直链淀粉-三(5-氯-2-甲基苯基氨基甲酸酯)	Phenomenex	HPLC
Chirex 3001	(R)-苯基甘氨酸和 3,5-二硝基苯甲酸以酰胺连接	Phenomenex	HPLC
Chirex 3005	(R)-1-萘基甘氨酸和 3,5-二硝基苯甲酸以酰胺连接	Phenomenex	HPLC
Chirex 3010	(S)-缬氨酸和 3,5-二硝基苯胺以脲连接	Phenomenex	HPLC
Chirex 3126	(D)-青霉胺配位体交换	Phenomenex	HPLC
Ultron ES-OVM	卵黏蛋白	Shinwa	HPLC
Ultron ES-PEPSIN	蛋白酶	Shinwa	HPLC
Ultron ES-BSA	牛血清白蛋白	Shinwa	HPLC
Ultron ES-CD	β-环糊精	Shinwa	HPLC
Ultron ES-PHCD	β-环糊精苯基氨基甲酸酯衍生物	Shinwa	HPLC
ORpak CD	α-、β-和 γ-环糊精衍生物	SHODEX	HPLC
ORpak CRX-853	L-氨基酸衍生物	SHODEX	HPLC
AFpak ABA-894	牛血清白蛋白	SHODEX	HPLC
RC-AD	硅胶表面涂敷有直链淀粉三(5-氯-2-甲基苯基氨基甲酸酯)	研创手性科技	HPLC
RC-OD	硅胶表面涂敷有纤维素 3,5-二甲基苯基氨基甲酸酯	研创手性科技	HPLC
RC-IC	硅胶表面键合有纤维素 3,5-二甲基苯基氨基甲酸酯	研创手性科技	HPLC
BSA	牛血清蛋白	研创手性科技	HPLC
HSA	人血清白蛋白	研创手性科技	HPLC
AGP	核酸糖蛋白	研创手性科技	HPLC
SCDP	单键合苯基氨基甲酸酯化 β-环糊精	研创手性科技	HPLC
MCDP	多键合苯基氨基甲酸酯化 β-环糊精	研创手性科技	HPLC
Astec CHIROBIOTIC V	键合万古霉素	Supelco	HPLC
Astec CHIROBIOTIC T	键合替考拉宁	Supelco	HPLC
Astec CHIROBIOTIC R	键合瑞斯托菌素 A	Supelco	HPLC
BGB-172	20%叔丁基二甲基氯硅烷-β-环糊精溶解于 BGB-15	BGB	GC

续表

商品名称	手性固定相	供应商	色谱柱类型
BGB-173	50% 2,3-二乙酰基-6-叔丁基二甲基氯硅烷-α-环糊精溶解于BGB-1701	BGB	GC
BGB-174	50% 2,3-二乙酰基-6-叔丁基二甲基氯硅烷-β-环糊精溶解于BGB-1701	BGB	GC
BGB-175	50% 2,3-二乙酰基-6-叔丁基二甲基氯硅烷-γ-环糊精溶解于BGB-1701	BGB	GC
BGB-176	20% 2,3-二甲基-6-叔丁基二甲基氯硅烷-β-环糊精溶解于BGB-15	BGB	GC
BGB-178	20% 2,3-二乙基-6-叔丁基二甲基氯硅烷-β-环糊精溶解于BGB-15	BGB	GC
CycloSil-B	30%七-(2,3-二-O-甲基-6-O-叔丁基二甲基硅基)-β-环糊精溶解于DB-1701	Agilent	GC
HP-Chiralβ	(35%-苯基)-甲基聚硅氧烷中加入β-环糊精	Agilent	GC
CP-Chirasil-DEX CB	β-环糊精直接键合到二甲基硅氧烷上	Varian	GC
α-DEX 120	20%过甲基化α-环糊精溶解于SPB-35	Supelco	GC
β-DEX-110	10%过甲基化β-环糊精溶解于SPB-35	Supelco	GC
β-DEX-120	20%过甲基化β-环糊精溶解于SPB-35	Supelco	GC
γ-DEX 120	20%过甲基化γ-环糊精溶解于SPB-35	Supelco	GC
β-DEX 225	25% 2,3-二-O-乙酰基-6-O-TBDMS-β-环糊精溶解于SPB-20	Supelco	GC
γ-DEX 225	25% 2,3-二-O-乙酰基-6-O-TBDMS-γ-环糊精溶解于SPB-20	Supelco	GC
α-DEX-325	25% 2,3-二-O-甲基-6-O-TBDMS-α-环糊精溶解于SPB-20	Supelco	GC
β-DEX-325	25% 2,3-二-O-甲基-6-O-TBDMS-β-环糊精溶解于SPB-20	Supelco	GC
γ-DEX-325	25% 2,3-二-O-甲基-6-O-TBDMS-γ-环糊精溶解于SPB-20	Supelco	GC
Astec CHIRALDEX B-DM	键合2,6-二-O-甲基-6-叔丁基甲基硅烷的β-环糊精衍生物固定相	Supelco	GC
Astec CHIRALDEX G-TA	键合2,6-二-O-戊基-3-三氟乙酰盐的γ-环糊精衍生物固定相	Supelco	GC
Astec CHIRALDEX G-DP	键合2,3-二-O-丙酰基-6-叔丁基甲基硅烷的γ-环糊精衍生物固定相	Supelco	GC

1.4 对映体的标识及测定

1.4.1 对映体的标识方法

标识对映体的符号通常有 R 和 S, D 和 L, (+) 和 (-) (旋光性或圆二色性)。与不对称中心相连的四个基团,将最小的一个基团位于观察者的对面,按顺序规则,如果原子序数由高到低是顺时针方向的,则用 R(Rectus) 表示,为 R 构型,如果为逆时针方向,则为 S 构型, R 和 S 可以表明手性对映体的绝对构型, D/L 表示方法是以甘油醛为标准,人为定义一种构型为 D 构型(—OH 在手性碳原子的右边),一种为 L 构型(—OH 在手性碳原子的左边),把其他旋光性化合物与甘油醛关联起来,从而确定构型, D 和 L 标识方法具有相对性,不能表示绝对构型[71]。以甘油醛为标准来确定对映体的构型,旋光性和圆二色性都是依据异构体对光的活性产生的差异,可用于标识对映体。旋光性是指当一束平面偏振光通过旋光物质时,其振动面会发生旋转的现象[72],平面偏振光可以分解为两束振幅相等、传播速度和传播方向相同的右旋圆偏振光和左旋圆偏振光,当二者通过旋光物质时,由于传播速度不再相同,因而叠加产生的平面偏振光其振动面就会发生旋转。依据此原理可以进行光学活性化合物的确定。偏振面被旋转的方向有右旋(顺时针)和左旋(逆时针)的区别,使偏振面向右旋转的对映体称为右旋体,用 (+) 表示,反之,使偏振面向左旋转的对映体称为左旋体,用 (-) 表示。

当平面偏振光通过旋光活性物质时,该物质对平面偏振光所分解成的右旋和左旋圆偏振光吸收不同,从而产生圆二色性[73],这种圆二色性可用吸收系数的差值来表示 $\Delta\varepsilon$, $\Delta\varepsilon = \varepsilon_r - \varepsilon_l$ 定义为对右旋光的吸收系数减左旋光的吸收系数。圆二色性使得左右旋圆偏振光经过介质后,振幅发生改变,而不再相同,叠加后不是圆偏振光,而是椭圆偏振光。圆二色性与波长有关,以波长扫描得到圆二色光谱,测量的是对右、左旋光吸收的差值,可能为正,也可能为负。

由于在进行圆二色光谱检测的时候所需要的样品量都比较大,而通常大量光学纯的样品并不易得,所以开发出与高效液相色谱联机使用的检测器,可以在线直接测量手性色谱柱所分离的微量单一对映体的构型。目前圆二色光谱检测器已是一种应用非常广泛的确定手性化合物构型的手段[74-77]。

旋光性和圆二色性没有一定的相关性,但都用 (+) 或 (-) 符号来表示,在旋光性中, (+) 表示光活性化合物呈右旋光性, (-) 表示光活性化合物呈左旋光性,而在圆二色性中, (+) 表示光活性物质对右旋光的吸收大于对左旋光的吸收。在本书中,若没有特别指出, (+) 表示右旋光性或右旋体, (-) 表示左旋光性或左旋体。

1.4.2 手性化合物对映体的构型测定方法

目前手性化合物构型的测定方法可以归纳为四类:(1) 有机合成法;(2) 基于手性试剂化学反应和核磁共振的 mosher 法;(3) X 射线单晶衍射法;(4) 光谱学方法。

(1) 有机合成法

有机合成法是最早的确定手性分子绝对构型的方法。将目标分子进行反合成分析，从初始已知绝对构型的化合物开始，通过手性控制的有机化学反应，将其转化为目标化合物。有机合成法是一种烦琐复杂的手性分子构型确证方法。

（2）基于手性试剂化学反应和核磁共振的 mosher 法[78]

应用核磁共振法测定绝对构型，主要是测定 R 和 S 手性试剂与待测底物反应后的产物的 ^{1}H 或 ^{13}C 核磁共振化学位移，得到化学位移差值（$\Delta\delta$），通过与模型比较来推测底物手性中心的绝对构型。mosher 法是最常用的一种方法，以使用手性试剂 α-甲氧基-α-三氟甲基-2-苯基乙酸（MTPA）法最为常用。这种方法涉及将手性醇（或胺）转化为相应的 MTPA 酯（或酰胺），然后对它们进行核磁共振分析，于是手性醇（或胺）的绝对构型可以用 mosher 法得以确认。由于现代高场核磁和二维技术的发展，有机分子中质子化学位移的归属变得容易，因此 mosher 方法应用比较广泛。

（3）X 射线单晶衍射法

在手性分子的绝对构型测定中，X 射线衍射法大概是应用得最广泛、最为直观、容易被接受的方法。普通的 X 射线衍射法仅能确定化合物的相对构型，但是如果分子中含有重原子或在被测分子中引入重原子（如 Br），就可以用 X 射线衍射来测定该含有重原子手性分子的绝对构型。有时引入重原子非常困难，因此重原子法限制了 X 射线衍射法的应用。对于不含重原子的分子，通过引入另一个已知绝对构型的手性单元，将已知手性单元作为参照，也可以用 X 射线衍射法来测定绝对构型。

（4）光谱学方法

在光谱学方法中，应用最广泛的是旋光（optical rotation，OR）和圆二色（circular dichroism，CD）光谱仪，这两种手段普遍已开发应用于高效液相色谱的检测器，可对微量异构体进行鉴定。

1.4.3 手性农药对映体标识

在对映体水平上研究手性农药首要的任务是确定对映体信息，对映体标识错误会导致错误的结论。色谱法是研究手性农药对映体的主要分析手段，一对对映体若得到拆分，在色谱图呈现两个色谱峰，而对这两个色谱峰所代表的对映体信息需要进行确定。目前已知对映体信息的手性农药品种并不多，一般通过立体选择性合成或色谱法制备得到一定量的单一对映体，进而进行对映体表征；也有利用液相色谱在线旋光或圆二色检测器确定对映体信息测定，后者操作简单，但无法得到以 R 或 S 表征的绝对构型信息。

在以往的研究工作中，不同的研究者用不同的方式（R/S，D/L，旋光和圆二色信号等）对所分离开的对映体进行表征，有的以 D/L 方式标注，有的以 R/S 形式标注，还有的以+/-表示的旋光或圆二色信息标注，而它们之间并没有一定的关联，而是相互独立。因此容易造成手性农药对映体表述的混乱。以杀菌剂苯霜灵为例来说明本书中对手性农药对映体的表述方式。苯霜灵具有两种对映体，可以表述成 R-苯霜灵和 S-苯霜灵，在有上下文的情况下，简单地说，也可以直接表述成 R 体或 S 体；用旋光的方式可表述成（+）-苯霜灵（代表右旋体）和（-）-苯霜灵（代表左旋体），在有上下文的情况下，也可直接表述成（+）体或右旋体和（-）体或左旋体。已有的研究结果表明，苯霜灵 R 体具有左旋光特性，而 S 体具有右旋光特性，有时为了让信息更加详尽，同时使用两种标识方式，即 R-(-)-苯霜灵和 S-(+)-苯霜灵。圆二色的标注符号与旋光标注符号

(+/−)相同,但在没有注明的情况下(+)-苯霜灵代表苯霜灵的右旋体,而不是圆二色信息。以圆二色信号进行标注时会有特别说明。

1.5 手性农药的环境行为

1.5.1 评价手性农药对映体混合物比例的指标

手性农药单种对映体在混合物中所占比例,一般以 ER 值(enantiomeric ratio,对映体比例)、ee 值(eantiomer excess,对映体过剩)、ES 值(enantiomeric selectivity,对映体选择性)、c.p.(chromatographic purity,对映体纯度)或 EF 值(enantiomer fraction,对映体分数)表示。

1.5.1.1 ER 值(对映体比例)

ER 值表征手性分子中对映体的比值大小,由色谱的峰面积比值直接得到。ER 的定义如方程(1-1)所示:

$$ER = R/S \tag{1-1}$$

其中:R 和 S 分别代表 R 体和 S 体。在环境化学中,ER 值基本上都是用右旋和左旋对映体的比值来表示。通常情况下,ER 值为 1。但当手性物质进入生态环境,被生物体代谢后,其 ER 值不再为 1,ER 值的范围为 0 到无穷大。

1.5.1.2 ee 值(对映体过剩)

ee 值用来表示一种对映体相对于另一种对映体的过剩,其定义如方程(1-2)所示:

$$ee = (R-S)/(R+S) \tag{1-2}$$

ee 的大小可以从 0(ee = 0 即外消旋体)到 1(ee = 1 即为光学纯对映体)。

1.5.1.3 c.p.(对映体纯度)

c.p. 用来表示外消旋体中某一对映体的纯度,其定义如方程(1-3)所示:

$$c.p. = R/(R+S) \tag{1-3}$$

1.5.1.4 ES 值(对映体选择性)

对 ES 值的定义如方程(1-4)所示:

$$ES = (k_1 - k_2)/(k_1 + k_2) \tag{1-4}$$

当手性农药对映体降解基本符合一级动力学时,k_1 和 k_2 分别为单一对映体的降解速率常数。ES 的范围在 0 到 1 之间,ES 值越大,表明对映体选择性越明显。ES 值为 0 则表明两种对映体降解速率相同,没有对映体选择性,ES 值为 1 则表明只有一种对映体有降解,具有绝对选择性。

1.5.1.5 EF 值(对映体分数)

对 EF 值的定义如方程(1-5)所示:

$$EF = E_1/(E_1 + E_2) \tag{1-5}$$

在不知对映体流出顺序的情况下,E_1 和 E_2 分别表示为第一个出峰的对映体与第二个出峰的对映体的量。有文献报道,用 EF 值测定对映体混合物比例比 ER 值更具表征力和准确性。因为 ER 值的变化范围是从 0 到无穷大,当 ER 值达到无穷大时,其不好表征;而且它在大于 1 和小于 1 两个方向变化的单位值也是不相同的。而 EF 值的变化范围在 0~1.0,EF = 0.5 表示外消旋体。它在大于 0.5 和小于 0.5 两个方向变化的单位是相同的。同时由于误差的存在,ER 值与 EF 值之间的转换计算也是不准确的。鉴于此,环境中手性化合物偏离外消旋体的程度常以 EF 值来描述。

1.5.1.6 ER 值与 ee 值及 EF 值之间关系

方程(1-6)、(1-7)和(1-8)给出了 ER 和 ee 及 EF 之间的关系:

$$ER = (1+ee)/(1-ee) \quad (1-6)$$

$$ee = (ER-1)/(ER+1) \quad (1-7)$$

$$EF = ER/(ER+1) \quad (1-8)$$

1.5.2 手性农药对映体在环境中的行为差异

由于化合物手性中心的存在和生物体自身的手性特征,从分子水平分析农药与生物体相互作用时,生物体对农药分子各手性异构体的识别能力以及不同靶标对不同手性异构体的匹配性关系都存在差异,这使得异构体之间表现出不同的生物活性。

手性农药异构体之间生物活性的关系有以下六种形式[79]:① 异构体间活性不一致但互相补充;② 所有异构体的作用机理及活性都完全一致;③ 作用原理相同,但活性高低不同;④ 多种异构体中的其中几种具有相同的活性;⑤ 异构体间作用原理完全不同;⑥ 只有其中一种异构体具有完全生物活性。

关于手性农药对映体生物活性及环境毒理的研究主要集中于菊酯类杀虫剂、苯氧羧酸类除草剂、三唑类杀菌剂或植物生长调节剂及有机磷农药。这些农药分子大都具有一个或多个手性中心,大量研究表明其生物活性多集中在单种对映体上。

农药的环境行为是指农药进入环境后,在环境中迁移转化过程中的各种表现,包括物理行为、化学行为与生物效应等三个方面[80]。物理行为是指农药在环境中的移动性,以及其迁移扩散规律,主要包括农药的挥发作用、土壤吸附作用及淋溶作用等。化学行为则是指农药在环境中的残留、降解及代谢过程。农药的残留性主要取决于降解性能,但也与农药的移动性有一定关系。农药的降解分为生物降解和非生物降解两大类。在生物酶的作用下,农药在动植物内或微生物体内外的降解属生物降解;而农药在环境中受光、热及化学因子作用下引起的降解现象称为非生物降解,包括水解、光降解、化学降解等。农药在环境中的降解方法有多种,主要有氧化作用、还原作用、水解作用、裂解作用等。生物效应是指农药对各种非靶标生物的毒性及其在生物体内的富集作用。生物富集作用是指农药从环境中进入生物体内蓄积,进而在食物链中相互传递和富集的能力。

进入环境的农药被土壤颗粒和有机质吸附、随地表径流横向流动或向深层淋溶、向大气中挥发、扩散、被作物吸收、发生光解、水解或被土壤中微生物降解等一系列过程。手性农药在环境中迁移转化过程中其对映体会因各种环境作用而在吸收、运输、降解及转化等方面产生差异,从而产生不同的环境行为特性。这种手性农药对映体比例发生变化的过程称为立体选择性行为。目前研究发现非生物过程(光降解和水解)不会造成对映体选择性,但是在有手性催化剂存在或者参与过程的手性化合物的某种对映体单体过量时非生物过程也会导致对映体比例产生变化。

在对映体水平上研究手性农药的环境行为和生态效应可以对手性农药对映体的生态风险性做出更准确的评价,从而为研制和开发高效、低毒、低残留的新型农药提供实验和理论依据。同时,手性物质对映体的生物降解研究,对生物工程处理技术和有机物污染的生物恢复技术也有重要意义,手性环境问题的研究有助于更高效的污染物修复技术的创新与发展。此外,应用立体选择性分析方法获取有关数据,可以区分微生物过程(几乎都有对映体选择性)和非酶促过程(几乎都没有对映体选择性,如水解、光解、沉降、挥发等),因而手性物质有望成为环境示踪物用于研究全球污染物的循环变化。然而,在研究手性农药的环境行为及生态效应时,以前的研究往往不区分对映体的差异,几乎都把它们当作纯的单一化合物来对待,因此不能真实准确地反映手性农药的环境行为。由此可见,在对映体水平上进行手性农药的环境行为研究具有十分重要的理论和实际意义。

目前,手性农药对映体的立体选择性环境行为研究主要集中在土壤、水体、动物体、植物体、微生物降解及作为环境示踪物等几个方面,其中天然水体和土壤中微生物的选择性降解是环境样品中手性农药的主要降解途径。

1.5.3 手性农药在环境中的降解动力学

对农药降解起决定作用的应为农药本身的化学分子结构,其次还受环境(如温度、光照、土壤中有机质含量、黏土含量、微生物、含水量及 pH 等)、施药浓度、施药次数及施药方法等诸多因素的共同影响。当外部环境条件变化较大时,农药残留量降解过程具有变速、振荡衰减等动态特征,因而农药降解过程是一个非常复杂的动态过程。选用适当的动力学模型来表达农药在环境中动态降解过程,对分析和预测农药在环境中的行为有着十分重要的意义,一方面可以反映农药在土壤中的变化和降解规律,另一方面可以预测农药中可能存在的浓度,为防止农药污染提供依据。目前,国内外在农药残留量描述的研究中,多以 Hamaker 提出的一级动力学模型来描述[81]。一级动力学模型从总体上描述了农药降解的一般规律,在农药降解模型领域有着重要的影响。但一级动力学模型没有或没有完全体现环境因素对降解的胁迫作用,只能描述降解速率为时间的单调递减函数情况,过于理想化、简单化,因此在应用上受到一定限制。

简单讲,农药的降解动态过程应属于总量随时间消解这一类问题。在这一过程中,由于受环境等诸多因素胁迫,降解曲线并非完全像一级动力学模型所描述的呈简单的线性或指数变化,有的也会呈凹凸有致的变化,降解速率表现为"慢—逐渐加快—逐渐减慢"的非单调变化,其降解曲线就像许多科学工作者所观察和描述的倒 S 形曲线,一级动力学模型对此无法描述和解释。为此提出了一些其他的模型,如朱建等[82,83]提出了多项式模型,这类模型能反映降解曲线的凹凸变化,而且拟合精度也大大提高。还有从分析影响农药降解的诸多因素出发,分解一级动力学模型中的降解速率常数,改进一级动力学模型提出的机理假定与有关参数经验相互拟合模型。另外还有基于时间序列的降解动态模型和综合考虑影响农药降解的内在客观因素和外部环境因素[84,85],由系统动力学原理导出的描述农药残留动态的阻滞动力学模型等。由于影响土壤中农药降解的因子众多,农药在土壤中的降解是十分复杂的,无论哪种模型都有其使用范围,因此都不能有效地评价或量化自然条件下各种环境因子对农药降解的影响。

在某些环境条件下,一些手性农药的构型是不稳定的,可能发生对映体间的转化。由此可看出,手性农药在环境中的降解是十分复杂的,环境条件的改变,不仅影响对映体的降解速率及降解优先顺序,而且对对映体的稳定性也可能产生影响。

手性农药由于含有两种或多种对映体,其在环境中的降解动力学必然比只有一种结构的非手性农药复杂。对此,Müller 等人将手性污染物在环境中的降解分为有对映体转化和没有对映体转化两种情况[86-88]。对于前一种情况,手性污染物总的浓度就是两种对映体各自浓度之和,由此可以看出,如前面所描述那些非手性农药的动力学模型对单一异构体来说是适用的,这也是当前对手性农药进行包括微生物降解在内的环境行为研究常用的动力学处理方法。而当对映体之间存在转化时,动力学处理则复杂得多。根据假定的 MCPP 转化模型推出了动力学模型,见下式:

$$d[R]/dt = -k_R[R] - k_{RS}[R] + k_{SR}[S] \quad (1-9)$$

$$d[S]/dt = -k_S[S] - k_{SR}[S] + k_{RS}[R] \quad (1-10)$$

式中:k_R、k_S 分别为 R 体和 S 体降解速率常数,k_{RS} 是 R 体转化为 S 体的速率常数,k_{SR} 是 S 体转化为 R 体的速率常数,$[R]$ 与 $[S]$ 分别为 R 体与 S 体在降解过程中的浓度。

有必要指出的是,Müller 等人所做的动力学处理只是针对特定的手性农药在特定的降解过程中得到的,其普遍性尚待考察。而且,其动力学处理是在假设的对映体转化模型上得出的。因此,手性农药的降解动力学仍有待于进一步深入地研究与探讨。

参 考 文 献

[1] 罗明可,林娴,罗格莲. 手性药物及其色谱拆分技术进展[J]. 海峡药学,2004,16(3):126-128.

[2] 梁舒萍. 手性化合物的生物活性与制取方法[J]. 佛山科学技术学院学报,1998,16(4):59-64.

[3] 于平. 手性化合物研究进展[J]. 化工进展,2002,21(9):635-638.

[4] 向小莉,袁黎明. 手性化合物[J]. 化学教育,2003,24(5):3-6.

[5] 尹国,刘振华,曾姗姗,等. 手性异构体拆分方法的研究进展[J]. 中国药物化学杂志,2001,11(1):57-60.

[6] 郑卓. 手性农药与手性技术(一)[J]. 精细与专用化学品,2001,9(23):3-6.

[7] Liu W. P., Gan J., Schlenk D., et al. Enantioselectivity in environmental safety of current chiral insecticides[J]. Proceedings of the National Academy of Sciences of the United States of America,2005,102(3):701-706.

[8] 蒋木庚,杨红,杨春龙,等. 21 世纪手性农药发展展望[J]. 世界农药,2001,23(4):14-16.

[9] 游静,劳文剑,王国俊. 高效毛细管电泳对农药手性拆分的进展[J]. 分析测试技术与仪器,2001,7(2):100-104.

[10] 徐逸楣. 光学活性农药开发的现状与展望(上)[J]. 世界农药,1998,20(1):6-16.

[11] 徐逸楣. 光学活性农药开发的现状与展望(下)[J]. 世界农药,1998,20(2):21-32.

[12] Tombo G M R,Bellus D. Chirality and crop protection[J]. Angewandte Chemie International Edition,1991,30(10):1193-1215.

[13] Kurihara N,Miyamoto J,Paulson G D,et al. Chirality in synthetic agrochemicals:bioactivity and safety considerations[J]. Pure and Applied Chemistry,1997,69:2007-2025.

[14] Cartwright D. The synthesisv,stability and biological activity of the enantiomers of pyridyloxyphenoxy proprionates[J]. Brighton Crop Protection Conference Weeds,1989,2:707-716.

[15] Shimabukuro R H,Hoffer B L. Enantiomers of diclofop-methyl and their role in herbicide mechanism of action[J]. Pesticide Biochemistry and Physiology,1995,51(1):68-82.

[16] 杨丽萍,李树正,李煜昶,等. 三种三唑类杀菌剂对映体生物活性的研究[J]. 农药学学报,2002,4(2):

67-70.

[17] Sugavanam B. Diastereoisomers and enantiomers of pacloburazol:their preparation and biological actibity[J]. Pesticide Science,1984,15:296-302.

[18] Gozzo F,Carelli A,Carzaniga R,et al. Stereoselective interaction of tetraconazole with 14 α-demethylase in Fungi[J]. Pesticide Biochemistry and physiology,1995,53:10-22.

[19] 杨光富,袁继伟,刘钊杰. 合成农用化学品的手性-生物活性及安全性的思考[J]. 世界农药,1999,21(2):1-12.

[20] Ohkawa H,Mikami N,Kasamatsu K,et al. Stereo-selectivity in toxicity and acetyl cholin esterase inhibition by the optical isomers of papthion and papoxon[J]. Agricultural and Biological Chemistry,1976,40:1857-1861.

[21] Nomeir A A,Dauterman W C. Studies on the optical isomers of EPN and EPNO[J]. Pesticide Biochemistry and Physiology,1979,10(2):121-127.

[22] Lee P W,Allahyari R,Fukuto T R. Studies on the chiral isomers of fonofos and fonofos oxon(organophosphorus insecticide) I. Toxicity and antiesterase activities[J]. Pesticide Biochemistry and Physiology,1978,8(2):146-157.

[23] Casida J E,Leader H. Resolution and biological activity of the chiral isomers of O-(4-bromo-2-chlorophenyl) O-ethyl S-propyl phosphorothioate(profenofos insecticides)[J]. Journal of Agricultural & Food Chemistry,1982,30(3):546-551.

[24] Wang Y S,Tai K T,Ye J H. Separation,bioactivity and dissipation of enantiomers of the organophosphorus insecticide fenamiphos[J]. Ecotoxicology and Environmental Safety,2004,57:346-353.

[25] Miyazak A,Nakamura T,Marumo S. Stereoselectivity in metabolic sulfoxidation of propaphos and biological activity of chiral prophos sulfoxide[J]. Pesticide Biochemistry and Physiology,1989,33(1):11-15.

[26] Wing K D,Glickman A H,Casida J E. Oxidative bioactivation of S-alkyl phosphorothiolate pesticides:stereospecificity of profenofos insecticide activation[J]. Science,1983,219(4580):63-65.

[27] Li Z Y,Zhang Z C,Zhou Q,et al. Stereo- and enantioselective determination of pesticides in soil by using achiral and chiral liquid chromatography in combination with matrix solid-phase dispersion[J]. Journal of AOAC International,2003,86(3):521-528.

[28] 王萍. 手性农药乙氧呋草黄对映体在生物体和环境中的活性及立体选择性行为的研究[D]. 北京:中国农业大学,2005.

[29] Hoekstra P F,Burnison B K,Neheli T,et al. Enantiomer-specific activity of o,p'-DDT with the human estrogen receptor[J]. Toxicology Letters,2001,125(1-3):75-81.

[30] 柏再苏. 氟虫腈对映体的分离及药效[J]. 世界农药,2004,26(1):14-15.

[31] 叶萱. 氟虫腈对映体的杀虫活性[J]. 世界农药,2004,26(3):28-29.

[32] Nandihalli U B,Duke M V,Ashmore J W,et al. Enantioselectivity of protoporphyrinogen oxidase-inhibiting herbicides[J]. Pesticide Science,1994,40:265-277.

[33] Hallahan B J,Camilleri P,Smith A,et al. Mode of action studies on a chiral diphenyl ether peroxidizing herbicide. Correlation between differential inhibition of protoporphyrinogen IX oxidase activity and induction of tetrapyrrole accumulation by the enantiomers[J]. Plant Physiology,1992,100(3):1211-1216.

[34] 蒋木庚,杨春龙,王鸣华,等. 手性有机磷农药的研究与展望[J]. 世界农药,2000,22(2):16-21.

[35] 任国宾,詹予忠,郭士岭. 手性拆分技术进展[J]. 河南化工,2002,(1):1-3.

[36] 彭霞辉,黄可龙,焦飞鹏,等. L-酒石酸辛酯萃取拆分普萘洛尔对映体[J]. 中南大学学报,2005,36(6):983-987.

[37] 赵平,吴海君,高丽红,等. 外消旋苯丙氨酸的配位萃取拆分[J]. 华东理工大学学报,2002,28(3):228-231.

[38] 谢锐,褚良银,曲剑波. 手性拆分膜的研究与应用新进展[J]. 现代化工,2004,24(4):15-18.

[39] 李爽,张凤宝,张国亮. 膜法分离手性异构体研究的进展[J]. 膜科学与技术,2005,25(2):85-90.

[40] Keurentjes J T F, Nabuurs L J W M, Vegter E A. Liquid membrane technology for the separation of racemic mixtures[J]. Journal of Membrane Science, 1996, 113(2):354-360.

[41] Zhang Y, Wu D R, Wang-Iverson D B, et al. Enantioselective chromatography in drug discovery[J]. Drug Discovery Today, 2005, 10(8):571-577.

[42] 卢航,马云,刘惠君,等. 手性污染物的色谱分离与分析[J]. 浙江大学学报,2002,28(5):585-590.

[43] 梁会珺,彭彩虹. 手性拆分技术的研究进展[J]. 精细石油化工,2004,(6):65-69.

[44] Schurig V. Separation of enantiomers by gas chromatography[J]. Journal of Chromatography A, 2001, 906(1):275-299.

[45] Sand D M, Schlenk H. Acylated cyclodextrins as polar stationary phases for gas chromatography[J]. Analytical Chemistry, 1961, 33(11):1624-1630.

[46] Smolkova E, Kralova H, Krysl S, et al. Study of the properties of cyclodextrins as stationary phases in gas chromatography[J]. Journal of Chromatography A, 1982, 241(1):3-8.

[47] Schurig V, Nowomny H P. Separation of enantiomers on diluted permethylated β-cyclodextrin by high-resolution gas chromatography[J]. Journal of Chromatogrphy A, 1988, 441(1):155-163.

[48] Konig W A, Benecke I, Sievers S. New results in the gas chromatographic separation of enantiomers of hydroxyacids and carbohydrates[J]. Journal of Chromatography A, 1981, 217:71-76.

[49] Konig W A. Optically active reference compounds for environmental analysis obtained by preparative enantioselective gas chromatography[J]. Angewandte Chemie International Edition in English, 1994, 33(20):2085-2087.

[50] 万宏,董运宇,欧庆瑜. 气相色谱环糊精手性毛细管柱的研制[J]. 色谱,1991,9(4):214-217.

[51] 傅若农. 色谱分析概论[M]. 北京:化学工业出版社,2000,1:161-162.

[52] Blaschke G, Chankvetadze B. Enantiomer separation of drugs by capillary electromigration techniques[J]. Journal of Chromatography A, 2000, 875(1):3-25.

[53] Wistuba D, Schurig V. Enantiomer separation of chiral pharmaceuticals by capillary electrochromatography[J]. Journal of Chromatography A, 2000, 875(1):255-276.

[54] 唐建设,项丽. 毛细管电泳在农药残留检测上的应用[J]. 分析测试技术与仪器,2005,11(3):215-220.

[55] Laëmmerhofer M, Svec F, Freèchet J M J, et al. Separation of enantiomers by capillary electrochromatography[J]. Trends in Analytical Chemistry, 2000, 19(11):676-698.

[56] Chankvetadze B, Blaschke G. Enantioseparations in capillary electromigration techniques: recent developments and future trends[J]. Journal of Chromatography A, 2010, 906(1):309-363.

[57] Otsuka K, Terabe S. Enantiomer separation of drugs by micellar electrokinetic chromatography using chiral surfactants[J]. Journal of Chromatography A, 2000, 875(1):163-178.

[58] Nishi H. Enantiomer separation of drugs by electrokinetic chromatography[J]. Journal of Chromatography A, 1996, 735(1-2):57-76.

[59] Williams K L, Sander L C. Enantiomer separations on chiral stationary phases in supercritical fluid chromatography[J]. Journal of Chromatography A, 1997, 785(1-2):149-158.

[60] Franco P, Senso A, Oliveros L, et al. Covalently bonded polysaccharide derivatives as chiral stationary phases in high-performance liquid chromatography[J]. Journal of Chromatography A, 2001, 906(1):155-170.

[61] Dalgliesh C E. Configuration of noradrenaline and adrenaline[J]. Journal of the Chemical Scoiety, 1953:3323-3324.

[62] Yashima E. Polysaccharide-based chiral stationary phases for high-performance liquid chromatographic enan-

tioseparation[J]. Journal of Chromatography A,2001,906(1):105-125.

[63] 李兵,施介华,杨根生. 高效液相色谱中的纤维素衍生物手性固定相[J]. 化学通报,2003,66(3):169-173.

[64] Hermansson J. Dirext liquid chromatographic resolution of racemic drugs using α-acid glycoprotein as the chiral stationary phase[J]. Journal of Chromatography A,1983,269(1):71-80.

[65] 陈慧,王琴孙. 环糊精类高效液相色谱固定相的研究进展[J]. 色谱,1999,17(6):533-538.

[66] 柏正武,黄少华. 高效液相色谱中的低相对分子质量型手性固定相[J]. 武汉化工学院学报,2004,26(3):4-10.

[67] Ward T J,Farris A B. Chiral separations using the macroyclic antibiotics:a review[J]. Journal of Chromatography A,2001,906(1):73-89.

[68] Kurganov A. Chiral chromatographic separations based on ligand exchange[J]. Journal of Chromatography A,2001,906(1):51-71.

[69] 张占辉. 高效液相色谱手性拆分中的配体交换色谱手性固定相[J]. 河北师范大学学报,2005,29(3):284-290.

[70] Sellergren B. Imprinted chiral stationary phases in high-performance liquid Chromatography[J]. Journal of Chromatography A,2001,906(1):227-252.

[71] 邢其毅,徐瑞秋,周政,等. 基础有机化学[M]. 北京:高等教育出版社,1993.

[72] 曲世鸣,张鲁殷,薛玉章. 圆二色性对旋光现象的影响[J]. 大学物理,2001,20(12):18-19.

[73] 张志英,盛毅,徐少毅. 圆二色技术及应用[J]. 现代物理知识,2000,15(5):23-24.

[74] Bobbitt D R,Linder S W. Recent advances in chiral detection for high performance liquid chromatography[J]. Trends in Analytical Chemistry,2001,20(3):111-123.

[75] Slijkhuis C,Hartog K D,Alphen C,et al. Analysis of optically active compounds using conventional chromatography with a circular dichroism detector[J]. Journal of Pharmaceutical and Biomedical Analysis,2003,32(4):905-912.

[76] Jenkins A L,Hedgepeth W A. Analysis of chiral pharmaceuticals using HPLC with CD detection[J]. Chirality,2010,17(S1):S24-S29.

[77] Bossu E,Cotichini B,Gostoli G,et al. Determination of optical purity by nonenantioselective LC using CD detection[J]. Jouranl of Pharmaceutical and Biomedical Analysis,2001,26(5-6):837-848.

[78] 杨春晖,陈静文,李勤,等. NMR 确定手性 α-羟基酮的绝对构型[J]. 高等学校化学学报,2006,27(7):1295-1297.

[79] Tombo G M R,Bellus D. Chirality and crop protection[J]. Angewandte Chemie International Edition,1991,30(10):1193-1215.

[80] 徐晓白,戴树桂,黄玉瑶. 典型化学污染物在环境中的变化和生态效应[M]. 北京:科学出版社,1998.

[81] Hamaker J W. Decomposition:Quantitative Aspects[M]. New York:Organic Chemical in the Soil Environment,1972.

[82] 朱建,胡庆永. 农药残留动态的多项式回归分析研究[J]. 农业环境保护,1988,7(5):25-27.

[83] 王增辉. 农药降解规律的数学方法探讨[J]. 农业环境保护,1992,11(6):283-285.

[84] Liu D S,Zhang S M. Kineticmodel for degradative processes of pesticides in soil.Ecological Modelling,1986,37(3):131-138.

[85] 张庆国,胡秉民. 时序建模及其在农药降解动态模拟中的应用[J]. 浙江农业大学学报,1997,23(6):635-639.

[86] Buser H R,Müller M D. Environmental behavior of acetamide pesticide stereoisomers. 1. Stereo- and enanti-

oselective determination using chiral high-resolution gas chromatography and chiral high-performance liquid chromatography[J]. Environmental Science & Technology,1995,29(8):2023.

[87] Müller M D,Buser H R. Converion reaction of various phenoxyalkanoic acid herbicides in soil. 1. Enantiomerization and enantioselective degradation of the chiral 2-phenoxypronionic acid herbicides[J]. Environmental Science & Technology,1997,31(7):1953-1959.

[88] Buser H R,Müller M D. Converion reaction of various phenoxyalkanoic acid herbicides in soil. 2. Elucidation of the enantimerization procss of chiral phenoxy acids from incubation in a D_2O/soil system[J]. Environmental Science & Technology,1997,31(7):1960-1967.

第 2 章　手性农药对映体拆分方法

目前手性农药对映体最主要的拆分方法为色谱法,而其中以高效液相色谱和气相色谱为主,另外毛细管电泳和超临界流体色谱在手性农药对映体拆分中也有较多应用。在色谱体系中,一些色谱参数可用于表征对映体的分离原理及效果,常见的色谱参数及术语如下。

1. 流出曲线和色谱峰

由检测器输出的电信号强度对时间作图,所得曲线称为色谱流出曲线。曲线上突起部分就是色谱峰。

2. 死时间(t_0)

不被固定相吸附或溶解的物质进入色谱柱时,从进样到出现峰极大值所需的时间称为死时间。

3. 保留时间(t)

样品从进样开始到柱后出现峰极大点时所经历的时间,称为保留时间。

4. 调整保留时间或相对保留时间(t')

某组分的保留时间扣除死时间后称为该组分的调整保留时间,即 $t'=t-t_0$。

5. 死体积(V_0)

指色谱柱在填充后,柱管内固定相颗粒间所剩留的空间、色谱仪中管路和连接头间的空间及检测器的空间的总和。

6. 保留体积(V)

指从进样开始到被测组分在柱后出现浓度极大点时所通过的流动相体积。

7. 调整保留体积(V')

某组分的保留体积扣除死体积后,称该组分的调整保留体积。

8. 选择因子 α

在色谱定性分析中,通常固定一个色谱峰作为标准,然后再求其他峰对这个峰的相对保留值。定义选择因子为两组分的调整保留时间之比,用符号 α 表示,$\alpha=t'_2/t'_1$。

在手性化合物对映体的分离中,t_1 和 t_2 分别代表先后流出对映体,因此 α 值大于或等于 1,α 等于 1 时,两色谱峰完全重叠,没有分离趋势。

9. 分配系数 K

在一定温度和压力下,组分在固定相和流动相之间分配达平衡时的浓度比。

10. 容量因子 k(分配比)

在一定温度和压力下,组分在两相间分配达平衡时,分配在固定相和流动相中的质量比。

k 值是衡量色谱柱对被分离组分保留能力的重要参数,影响因素有组分及固定相热力学性质、柱温、柱压、流动相及固定相的体积。

11. 分离度(R_S)

定义分离度为两色谱峰保留时间的差值除以峰宽(W)之和的一半。$R_s = (t_2-t_1)/[(W_1+W_2)/2] = 2(t_2-t_1)/(W_1+W_2)$。$R_S$值越大,表明相邻两组分分离越好。一般说,当$R_s=1.5$时,分离程度可达99.7%。通常用$R_s=1.5$作为相邻两组分已完全分离的标志。

12. 正相色谱

在液相色谱中,以极性物质作固定相,以非极性物质作流动相的操作模式称为正相色谱,即流动相的极性小于固定相的极性,在该模式下运行被称为正相条件。例如,以正己烷为流动相,以硅胶为固定相。

13. 反相色谱

与正相色谱相反,在液相色谱中,以非极性物质作固定相,以极性物质作流动相的操作模式称为反相色谱,即流动相的极性大于固定相的极性,在该模式下运行被称为反相条件。例如,以甲醇/水为流动相,以C_{18}材料为固定相。

2.1 有机磷类杀虫剂

2.1.1 巴毒磷

2.1.1.1 巴毒磷对映体在高效液相色谱 Chiralcel OJ 色谱柱上的拆分[1]

(1) 仪器及试剂

高效液相色谱仪(配有紫外可见光、DAD、圆二色、旋光等检测器);

色谱柱:Chiralcel OJ,250 mm×4.6 mm(I.D.)(或者具有相同手性固定相的其他商品名称的手性色谱柱);

柱温箱;

正己烷、乙醇:色谱纯或者分析纯经过重蒸,用前过膜。

(2) 色谱条件

流动相:正己烷-乙醇;

检测波长:211 nm;

流量:1.0 mL/min;

温度:15 ℃;

进样体积:20 μL。

(3) 方法提要

称取一定量的巴毒磷标准品或样品于容量瓶中,用流动相溶解并定容,配制成适宜浓度的溶液。色谱体系更换成所需要的流动相体系,连接手性色谱柱,调整流动相至设定比例,待基线稳定后,连续进样,连续两次进样分析的峰面积及保留时间偏差在2%以内,便可对样品进行分析测定。

(4) 拆分结果

正己烷-乙醇(90∶10),流量 1.0 mL/min,温度:25 ℃条件下,拆分结果为:分离因子 1.3,分离度 2.1。

正己烷-乙醇(90∶10)，流量 0.9 mL/min，温度 20 ℃，拆分结果：分离因子 1.47，分离度 5.65。典型的拆分色谱图如图 2-1 所示。

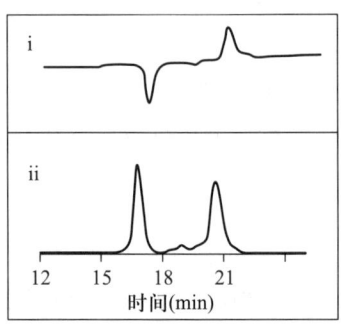

图 2-1　巴毒磷对映体在 Chiralcel OJ 上的拆分色谱图；i. 旋光；ii. 紫外

2.1.2　苯线磷

2.1.2.1　苯线磷对映体在高效液相色谱 Chiralpak AD 色谱柱正相条件下的拆分[2]

（1）仪器及试剂

高效液相色谱仪（配有紫外可见光、DAD、圆二色、旋光等检测器）；

色谱柱：Chiralpak AD，250 mm×4.6 mm(I.D.)（或者具有相同手性固定相的其他商品名称的手性色谱柱）；

正己烷、乙醇、甲醇、异丙醇：色谱纯或者分析纯经过重蒸，用前过膜。

（2）色谱条件

流动相：正己烷-乙醇（含 4.7%甲醇和 4.8%异丙醇）；

温度：室温，或者控制温度 0~50 ℃（柱温箱）；

流量：1.0 mL/min；

检测波长：203 nm；

进样体积：20 μL。

（3）方法提要

称取一定量的苯线磷标准品或样品于容量瓶中，用流动相溶解并定容，配制成适宜浓度的溶液。色谱体系更换成所需要的流动相体系，连接手性色谱柱，调整流动相至设定比例，待基线稳定后，连续进样，连续两次进样分析的峰面积及保留时间偏差在 2% 以内，便可对样品进行分析测定。

（4）拆分结果

乙醇对于苯线磷拆分结果的影响如表 2-1 所示，优化色谱条件为：温度：20 ℃，流动相：正己烷-乙醇（98∶2），分离度 3.42。可以实现完全分离。拆分色谱图及 CD 信号如图 2-2 所示。

表 2-1 苯线磷对映体在 Chiralpak AD 上正相条件下的拆分结果

流动相	$V:V$	k_1	k_2	α	R_S
正己烷-乙醇	90:10	1.29	2.46	1.40	1.19
	95:5	2.57	3.97	1.50	1.92
	96:4	4.13	4.28	1.75	2.39
	98:2	7.24	10.11	1.91	3.42

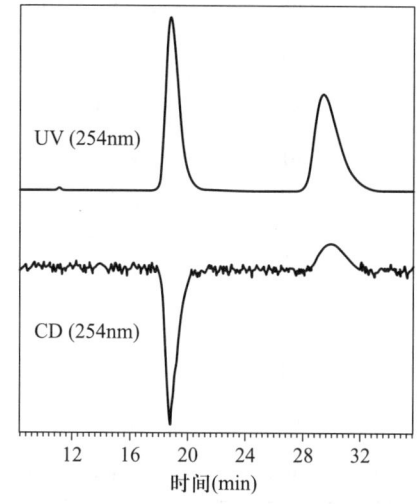

图 2-2 苯线磷对映体在 Chiralpak AD 上的拆分色谱图(正己烷-乙醇)

2.1.2.2 苯线磷对映体在高效液相色谱 Chiralpak AD 色谱柱上反相条件下的拆分

(1) 仪器及试剂

高效液相色谱仪(配有紫外可见光、DAD、圆二色、旋光等检测器);

色谱柱:Chiralpak AD,250 mm×4.6 mm(I.D.)(或者具有相同手性固定相的其他商品名称的手性色谱柱);

甲醇、乙腈、水:色谱纯或者分析纯经过重蒸,用前过膜。

(2) 色谱条件

流动相:甲醇-水,乙腈-水;

检测波长:230 nm;

流量:0.5 mL/min;

温度:室温,或者控制温度 0~50 ℃(柱温箱);

进样体积:20 μL。

(3) 方法提要

称取一定量的苯线磷标准品或样品于容量瓶中,用流动相溶解并定容,配制成适宜浓度的溶液。色谱体系更换成所需要的流动相体系,连接手性色谱柱,调整流动相至设定比例,待基线稳定后,连续进样,连续两次进样分析的峰面积及保留时间偏差在 2% 以内,便可对样品进行分析测定。

(4) 拆分结果

由表2-2可知,在Chiralpak AD上,苯线磷对映体在乙腈-水作流动相时达到基线分离,分离度可达2.86,在甲醇-水作流动相仅能得到部分分离。其拆分典型色谱图如图2-3所示。甲醇-水和乙腈-水作流动相,230 nm波长下,苯线磷的流出顺序都是+/−(圆二色信号)。

表2-2 苯线磷对映体在Chiralpak AD上反相条件下的分离结果(流量0.5 mL/min,室温)

流动相	$V:V$	k_1	k_2	α	R_S
甲醇-水	100∶0	0.28	0.28	1.00	—
	90∶10	0.54	0.54	1.00	—
	80∶20	1.21	1.36	1.13	0.73
	70∶30	3.61	4.11	1.14	0.95
	60∶40	13.61	15.56	1.14	0.92
乙腈-水	100∶0	0.38	0.38	1.00	—
	70∶30	0.69	0.95	1.37	1.54
	60∶40	1.24	1.69	1.36	1.89
	50∶50	2.67	3.58	1.34	2.54
	45∶55	4.19	5.65	1.35	2.86

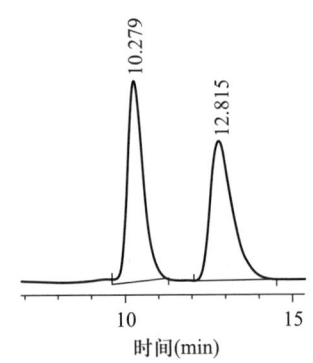

图2-3 苯线磷对映体在Chiralpak AD上乙腈-水作流动相条件下的拆分色谱图

2.1.2.3 苯线磷对映体在高效液相色谱Chiralpak AS手性色谱柱上的拆分[3]

(1) 仪器及试剂

高效液相色谱仪(配有紫外可见光、DAD、圆二色、旋光等检测器);

色谱柱:Chiralpak AS,250 mm×4.6 mm(I.D.)(或者具有相同手性固定相的其他商品名称的手性色谱柱);

正己烷、乙醇、甲醇、异丙醇:色谱纯或者分析纯经过重蒸,用前过膜。

(2) 色谱条件

流动相:正己烷-乙醇(含4.7%甲醇和4.8%异丙醇);

温度:室温,或者控制温度0~50 ℃(柱温箱);

流量:1.0 mL/min;

检测波长:203 nm;

进样体积:20 μL。

(3) 方法提要

称取一定量的苯线磷标准品或样品于容量瓶中,用流动相溶解并定容,配制成适宜浓度的溶液。色谱体系更换成所需要的流动相体系,连接手性色谱柱,调整流动相至设定比例,待基线稳定后,连续进样,连续两次进样分析的峰面积及保留时间偏差在2%以内,便可对样品进行分析测定。

(4) 拆分结果

优化色谱条件:温度:室温(约22 ℃),流动相:正己烷-乙醇(90:10)。

拆分结果:分离度 $R_s = 1.7$。

2.1.2.4 苯线磷对映体在高效液相色谱 Chiralcel OJ 手性色谱柱上的拆分[3]

(1) 仪器及试剂

高效液相色谱仪(配有紫外可见光、DAD、圆二色、旋光等检测器);

色谱柱:Chiralcel OJ,250 mm×4.6 mm(I.D.)(或者具有相同手性固定相的其他商品名称的手性色谱柱);

正己烷、乙醇、甲醇、异丙醇:色谱纯或者分析纯经过重蒸,用前过膜。

(2) 色谱条件

流动相:正己烷-乙醇(含4.7%甲醇和4.8%异丙醇);

检测波长:203 nm;

流量:0.9~1.0 mL/min;

温度:20~40 ℃;

进样体积:20 μL。

(3) 方法提要

称取一定量的苯线磷标准品或样品于容量瓶中,用流动相溶解并定容,配制成适宜浓度的溶液。色谱体系更换成所需要的流动相体系,连接手性色谱柱,调整流动相至设定比例,待基线稳定后,连续进样,连续两次进样分析的峰面积及保留时间偏差在2%以内,便可对样品进行分析测定。

(4) 拆分结果

苯线磷对映体在该色谱体系下只能得到部分分离,当温度为40 ℃,流量0.9 mL/min,流动相正己烷-乙醇=99.1:0.9时,分离因子为1.07,分离度为1.08。

2.1.2.5 毛细管电泳法对苯线磷对映体的拆分[4]

(1) 仪器与试剂

毛细管电泳仪,配有DAD检测器;

色谱柱:硅胶毛细管电泳柱:70 cm(61.5 cm有效长度),50 μm I.D.,363 μm O.D.;$Na_2B_4O_7$ ·

$10H_2O$、Milli-Q 水、NaOH、HCl、MOPS[3-(N-吗啉基)丙磺酸]、Tris(三羟甲基氨基甲烷)、硼酸、CM-β-CD(羧甲基-β-环糊精)、SDS(十二烷基磺酸钠)。

(2) 操作条件

检测波长:214 nm;

温度:25 ℃;

电压:10~30 kV。

(3) 方法提要

溶液配制:称取适量的苯线磷溶解在甲醇中依次稀释得到大约 1 mg/L 标准工作液。称取适量的三羟甲基氨基甲烷放在 1 L 的容量瓶中用蒸馏水定容溶解,超声 30 min,制备成 25 mmol/L Tris 缓冲液。称取适量的 MOPS 放在 1 L 的容量瓶中用蒸馏水定容溶解,超声 30 min,制备成 25 mmol/L MOPS 缓冲液。称取适量 $Na_2B_4O_7 \cdot 10H_2O$ 放在 1 L 的容量瓶中用蒸馏水定容溶解,超声 30 min,制备成 25 mmol/L 硼酸缓冲液。称取适量的 CM-β-CD 溶解在 25 mmol/L 硼酸缓冲液和 25 mmol/L Tris 缓冲液中制备成适合浓度的环糊精储备液。

运行缓冲液的配制:运行缓冲液是在 pH 为 9,25 mmol/L 硼酸缓冲液和 25 mmol/L 硼酸缓冲液中添加不同浓度的 CM-β-CD。

毛细管冲洗:进样之前进行 2 min 冲洗流程:0.1 mol/L NaOH 溶液、纯净水、运行缓冲液。每次进样完都要用 0.1 mol/L NaOH 溶液和纯净水分别冲洗 2 min。

进样:柱子阳极端施高压 2~6 s 进样。

(4) 拆分结果

由表 2-3 可知,苯线磷在毛细管电泳中未实现完全分离,最大分离度为 0.6。

表 2-3 毛细管电泳法对苯线磷对映体的拆分

缓冲液	手性选择剂	电压(kV)/电流强度(μA)	分离度
25 mmol/L Tris 缓冲液(pH7)	15 mmol/L CM-β-CD	24/155	0.4
25 mmol/L Tris 缓冲液(pH7)	20 mmol/L CM-β-CD	24/162	0.6

2.1.3 吡唑硫磷

2.1.3.1 毛细管电泳法对吡唑硫磷对映体的拆分[5]

(1) 仪器与试剂

毛细管电泳仪,配有紫外检测器;

硅胶毛细管:60 cm(有效长度 50 cm)×50 μm I.D.(365 μm O.D.);

甲醇、乙腈(色谱纯)、Milli-Q 纯净水、胆酸钠(SC)、SDS、γ-CD(γ-环糊精)。

(2) 色谱条件

检测波长:200 nm;

温度:25 ℃;

电压:30 kV。

(3) 方法提要

称取一定量的吡唑硫磷溶解在甲醇中得到 200 μg/mL 储备液,使用之前超声波脱气。

缓冲液的配制:含 1 mol/L HAc 和 25 mmol/L NH_4Ac 的甲醇溶液作为运行缓冲液,添加 20% 乙腈以减少分析时间。

新毛细管处理:在 20 psi① 压力下 1 mol/L HCl 冲洗 10 min,0.1 mol/L NaOH 冲洗 20 min,甲醇和乙腈分别冲洗 5 min。进样之间用运行缓冲液 20 psi 压力下冲洗 3 min。

进样:阳极端 0.5 psi 进样 5 min。

(4) 拆分结果

运行缓冲液:缓冲液中添加 100 mmol/L SC 和 50 mmol/L SDS 为运行缓冲液;

温度:25 ℃;

电压:30 kV;

进样:0.5 psi 进样 5 s。

吡唑硫磷对映体可以实现完全分离。

2.1.3.2　吡唑硫磷对映体在高效液相色谱 Chiralcel OD 手性色谱柱上的拆分[6]

(1) 仪器及试剂

高效液相色谱仪(配有紫外可见光、DAD、圆二色、旋光等检测器);

色谱柱:Chiralcel OD,250 mm×4.6 mm(I.D.)(或者具有相同手性固定相的其他商品名称的手性色谱柱);

正己烷、异丙醇、乙醇:色谱纯或者分析纯经过重蒸,用前过膜。

(2) 色谱条件

流动相:正己烷-醇;

检测波长:254 nm;

流量:1.0 mL/min;

温度:室温,或者控制温度 0~50 ℃(柱温箱);

进样体积:20 μL。

(3) 方法提要

称取一定量的吡唑硫磷标准品或样品于容量瓶中,用流动相配制溶解并定容。色谱体系更换成所需要的流动相体系,连接手性色谱柱,调整流动相至设定比例,待基线稳定后,连续进样,连续两次进样分析的峰面积及保留时间偏差在 2% 以内,便可对样品进行分析测定。

(4) 拆分结果

正己烷-异丙醇体系的拆分效果优于正己烷-乙醇体系,但不论使用正己烷-异丙醇,还是正己烷-乙醇流动相体系,吡唑硫磷对映体都比较容易完全分离,最大分离度可达 11.54,具体数据可见表 2-4。

---

① psi(磅力每平方英寸)= 6 894.7×10^3 Pa,下同。

表 2-4　吡唑硫磷对映体在 Chiralcel OD 手性色谱柱上的拆分结果

流动相	$V:V$	k_1	k_2	α	R_s
	85:15	1.16	2.63	2.28	8.10
正己烷-异丙醇	90:10	1.49	3.66	2.45	9.53
	95:5	2.59	7.11	2.74	11.54
	85:15	0.80	1.26	1.58	4.15
正己烷-乙醇	90:10	1.01	1.70	1.68	5.33
	95:5	1.85	3.26	1.77	7.08

温度是影响手性化合物对映体拆分的一个重要参数,温度越低,拆分效果越好,但吡唑硫磷对映体在该色谱体系下较易获得完全分离效果,因此在实际操作过程中采用室温便可。吡唑硫磷对映体拆分的典型色谱图如图 2-4 所示。

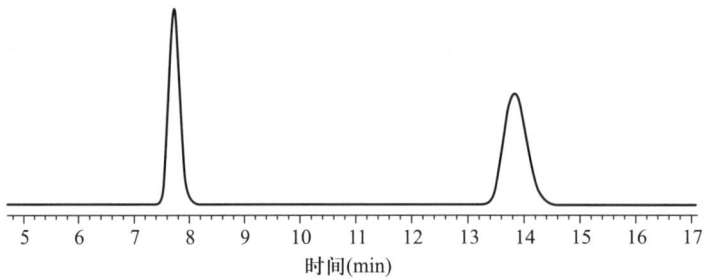

图 2-4　吡唑硫磷对映体在 Chiralcel OD 上的拆分色谱图
（正己烷-异丙醇为 85:15,25 ℃,254 nm,1.0 mL/min）

2.1.3.3　吡唑硫磷对映体在高效液相色谱 Chiralpak AD 色谱柱上的拆分[6]

（1）仪器及试剂

高效液相色谱仪(配有紫外可见光、DAD、圆二色、旋光等检测器);

色谱柱:Chiralpak AD,250 mm×4.6 mm(I.D.)(或者具有相同手性固定相的其他商品名称的手性色谱柱);

柱温箱(非必备);

正己烷、异丙醇、乙醇:色谱纯或者分析纯经过重蒸,用前过膜。

（2）色谱条件

流动相:正己烷-醇;

流量:1.0 mL/min;

检测波长:254 nm;

温度:测定温度 25 ℃;

进样体积:20 μL。

（3）方法提要

称取一定量的吡唑硫磷标准品或样品于容量瓶中,用流动相配制溶解并定容。色谱体系更换成所需要的流动相体系,连接手性色谱柱,调整流动相至设定比例,待基线稳定后,连续进样,连续两次进样分析的峰面积及保留时间偏差在2%以内,便可对样品进行分析测定。

（4）拆分结果

Chiralpak AD 色谱柱正相条件下对吡唑硫磷对映体具有较好的拆分效果,两对映体很容易达到完全分离的效果,正己烷-乙醇比正己烷-异丙醇的效果更好,实验操作者可根据实验条件和具体拆分需要选择流动相,拆分结果见表2-5。

表2-5 吡唑硫磷对映体在 Chiralpak AD 手性色谱柱上的拆分结果

流动相	$V:V$	k_1	k_2	α	R_s
正己烷-异丙醇	85:15	3.60	4.34	1.21	2.17
	90:10	5.24	6.38	1.22	2.40
	95:5	9.53	11.68	1.23	2.60
正己烷-乙醇	85:15	5.22	11.84	2.27	6.23
	90:10	9.09	21.03	2.31	6.20

2.1.4 丙溴磷

2.1.4.1 丙溴磷在高效液相色谱 Chiralcel OD 手性色谱柱上正相条件下的拆分

（1）仪器及试剂

高效液相色谱仪（配有紫外可见光、DAD、圆二色、旋光等检测器）；

色谱柱：Chiralcel OD, 250 mm×4.6 mm（I.D.）（或者具有相同手性固定相的其他商品名称的手性色谱柱）；

柱温箱；

乙醇、丙醇、异丙醇、丁醇、异丁醇：色谱纯或者分析纯经过重蒸,用前过膜。

（2）色谱条件

流动相：正己烷-醇,正戊烷-醇,正庚烷-醇；

检测波长：210 nm；

流量：1.0 mL/min；

温度：室温或控制温度 5~40 ℃；

进样体积：20 μL。

（3）方法提要

称取一定量的丙溴磷标准品或样品于容量瓶中,用流动相溶解并定容,配制成适宜浓度的溶液。色谱体系更换成所需要的流动相体系,连接手性色谱柱,调整流动相至设定比例,待基线稳定后,连续进样,连续两次进样分析的峰面积及保留时间偏差在2%以内,便可对样品进行分析测定。

（4）拆分结果

由表2-6可见,在正己烷体系下,乙醇完全没有分离效果,异丙醇的分离效果最好,在含量为0.5%时,可实现接近基线分离(图2-5),分离度达1.35,其他醇均不能使丙溴磷对映体达到完全分离。

表2-6 丙溴磷对映体在 Chiralcel OD 色谱柱上的拆分结果

含量(%)	乙醇			正丙醇			异丙醇			正丁醇			异丁醇		
	k_1	α	R_S	k_1	α	R_S	k_1	α	R_S	k_1	α	R_S	k_1	α	R_S
2	1.94	1.00	—	1.93	1.08	1.01	2.63	1.08	0.83	2.34	1.05	0.61			
1	2.16	1.00	—	2.52	1.05	0.60	3.36	1.08	0.91	2.64	1.05	0.62	2.92	1.07	0.79
0.5	7.62	1.00	—	7.29	1.07	0.94	8.88	1.10	1.35						

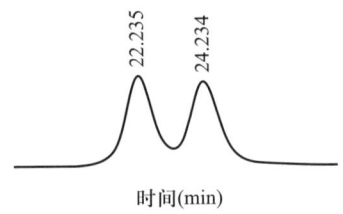

图2-5 丙溴磷对映体在 Chiralcel OD 上的拆分色谱图
(正己烷-异丙醇为99.5∶0.5,室温,210 nm)

(5) 圆二色特性

丙溴磷对映体在 Chiralcel OD 上的出峰顺序由圆二色检测器确定为+/−(220 nm),圆二色扫描图如图2-6所示,实线代表先流出对映体,虚线为后流出对映体,先后流出对映体分别响应(+)、(−)CD信号,220 nm是圆二色最大吸收波长。

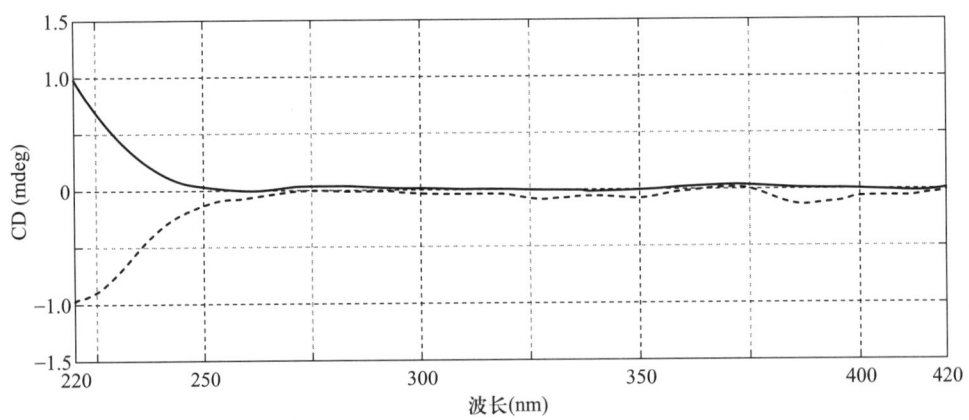

图2-6 丙溴磷两对映体的CD扫描图(实线代表先流出对映体,虚线代表后流出对映体)

2.1.5 稻丰散

2.1.5.1 毛细管电泳法对稻丰散对映体的拆分[4]

(1) 仪器与试剂

毛细管电泳仪,配有 DAD 检测器;

硅胶毛细管电泳柱:70 cm(61.5 cm 有效长度),50 μm I.D.,363 μm O.D.;

$Na_2B_4O_7 \cdot 10H_2O$、Milli-Q 水、NaOH、HCl、MOPS、Tris(三羟甲基氨基甲烷)、硼酸、CM-β-CD。

(2) 操作条件

检测波长:214 nm;

温度:25 ℃;

电压:10~30 kV。

(3) 方法提要

溶液配制:称取适量的稻丰散溶解在甲醇中依次稀释得到大约 1 mg/L 标准工作液。称取适量的三羟甲基氨基甲烷放在 1 L 的容量瓶中用蒸馏水定容溶解,超声 30 min,制备成 25 mmol/L Tris 缓冲液。称取适量的 MOPS 放在 1 L 的容量瓶中用蒸馏水定容溶解,超声 30 min,制备成 25 mmol/L MOPS 缓冲液。称取适量 $Na_2B_4O_7 \cdot 10H_2O$ 放在 1 L 的容量瓶中用蒸馏水定容溶解,超声 30 min,制备成 25 mmol/L 硼酸缓冲液。称取适量的 CM-β-CD 溶解在 25 mmol/L 硼酸缓冲液和 25 mmol/L Tris 缓冲液中制备成适合浓度的环糊精储备液。

毛细管冲洗:进样之前进行 2 min 冲洗流程:0.1 mol/L NaOH、纯净水、运行缓冲液。每次进样完都要用 0.1 mol/L NaOH 和纯净水分别冲洗 2 min。

进样:柱子阳极端施高压 2~6 s 进样。

运行缓冲液的配制:运行缓冲液是在 pH9,25 mmol/L 硼酸缓冲液和 25 mmol/L Tris 缓冲液中添加不同浓度的 CM-β-CD。

(4) 拆分结果

在具体的缓冲液条件下拆分效果如表 2-7 所示,在优化的条件下,毛细管电泳法可对稻丰散对映体实现完全分离,最大分离度可达 2.0。

表 2-7 毛细管电泳法对稻丰散对映体的拆分

缓冲液	手性选择剂	电压(kV)/电流强度(μA)	分离度
25 mmol/L 硼酸缓冲液(pH9)	10 mmol/L CM-β-CD	20/20	1.4
25 mmol/L Tris 缓冲液(pH7)	10 mmol/L CM-β-CD	24/102	1.5
25 mmol/L Tris 缓冲液(pH7)	15 mmol/L CM-β-CD	24/155	1.7
25 mmol/L Tris 缓冲液(pH7)	20 mmol/L CM-β-CD	24/162	2.0
25 mmol/L MOPS 缓冲液(pH7)	20 mmol/L CM-β-CD	24/117	1.7

2.1.6 敌百虫

2.1.6.1 敌百虫对映体在气相色谱 CP-Chirasil-Dex CB 上的拆分[7]

(1) 仪器

气相色谱仪,配有 ECD、FID、FPD 等检测器;

色谱柱:CP-Chirasil-Dex CB(25 m×0.25 μm I.D.×0.25 μm)。

(2) 色谱条件

进样口温度:260 ℃;

检测器温度:300 ℃;

进样量:1 μL。

(3) 方法提要

称取一定量的敌百虫溶解在正己烷或丙酮中得到标准工作液。

柱温恒温模式:160 ℃。

(4) 拆分结果

在 160 ℃ 等温条件下达到基线分离,敌百虫保留时间约 30 min。分离度为 2.20。图 2-7 为该色谱条件下的拆分色谱图。

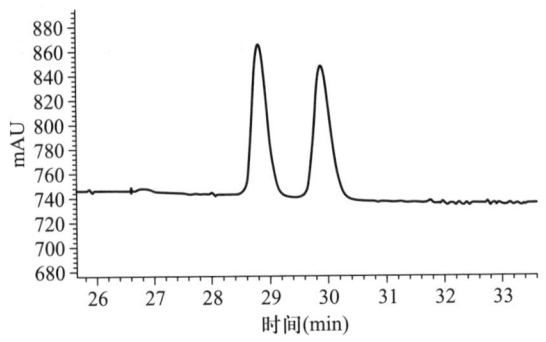

图 2-7 敌百虫对映体的气相色谱拆分色谱图

2.1.7 地虫硫磷

2.1.7.1 地虫硫磷对映体在高效液相色谱 Chiralcel OJ 柱上的拆分[3]

(1) 仪器及试剂

高效液相色谱仪(配有紫外可见光、DAD、圆二色、旋光等检测器);

色谱柱:Chiralcel OJ,250 mm×4.6 mm(I.D.)(或者具有相同手性固定相的其他商品名称的手性色谱柱);

正己烷、乙醇、异丙醇、甲醇:色谱纯或者分析纯经过重蒸,用前过膜。

(2) 色谱条件

流动相:正己烷-乙醇(含 4.7%甲醇和 4.8%异丙醇);

检测波长:202 nm;

流量:0.9~1.0 mL/min;

温度:室温,或者控制温度 0~50 ℃(柱温箱);

进样体积:20 μL。

(3) 方法提要

称取一定量的地虫硫磷标准品或样品于容量瓶中,用流动相溶解并定容。色谱体系更换成所需要的流动相体系,连接手性色谱柱,调整流动相至设定比例,待基线稳定后,连续进样,连续两次进样分析的峰面积及保留时间偏差在 2% 以内,便可对样品进行分析测定。

(4) 拆分结果

正己烷-乙醇=90:10(含 4.7%甲醇和 4.8%异丙醇),温度:25 ℃,流量:1.0 mL/min,拆分结果为:分离因子 1.4,分离度 2.1。该方法可实现地虫硫磷对映体的完全分离。

2.1.8 二溴磷

2.1.8.1 毛细管电泳法对二溴磷对映体的拆分[4]

(1) 仪器与试剂

毛细管电泳仪,配有紫外或 DAD 检测器;

硅胶毛细管电泳柱:70 cm(61.5 cm 有效长度),50 μm I.D.,363 μm O.D.;

$Na_2B_4O_7 \cdot 10H_2O$、Milli-Q 水、NaOH、HCl、MOPS、Tris(三羟甲基氨基甲烷)、硼酸、CM-β-CD。

(2) 色谱条件

检测波长:214 nm;

温度:25 ℃;

电压:10~30 kV。

(3) 方法提要

溶液配制:称取适量的二溴磷溶解在甲醇中依次稀释得到大约 1 mg/L 标准工作液。称取适量的三羟甲基氨基甲烷放在 1 L 的容量瓶中用蒸馏水定容溶解,超声 30 min,制备成 25 mmol/L Tris 缓冲液。称取适量的 MOPS 放在 1 L 的容量瓶中用蒸馏水定容溶解,超声 30 min,制备成 25 mmol/L MOPS 缓冲液。称取适量 $Na_2B_4O_7 \cdot 10H_2O$ 放在 1 L 的容量瓶中用蒸馏水定容溶解,超声 30 min,制备成 25 mmol/L 硼酸缓冲液。称取适量的 CM-β-CD 溶解在 25 mmol/L 硼酸缓冲液和 25 mmol/L Tris 缓冲液中制备成适合浓度的环糊精储备液。

毛细管冲洗:进样之前进行 2 min 冲洗流程:0.1 mol/L NaOH、纯净水、运行缓冲液。每次进样完都要用 0.1 mol/L NaOH 和纯净水分别冲洗 2 min。

进样:柱子阳极端施高压 2~6 s 进样。

运行缓冲液的配制:运行缓冲液是在 pH9,25 mmol/L 的硼酸缓冲液和 25 mmol/L Tris 缓冲液中添加不同浓度的 CM-β-CD。

(4) 拆分结果

利用毛细管电泳法,采用 CM-β-CD 作为手性选择剂,二溴磷对映体能够实现基线分离,分离度在 5 以上。缓冲液与拆分结果如表 2-8 所示:

表 2-8 毛细管电泳法对二溴磷对映体的拆分

缓冲液	手性选择剂	电压(kV)/电流强度(μA)	分离度
25 mmol/L 硼酸缓冲液(pH9)	10 mmol/L CM-β-CD	20/27	>5
25 mmol/L Tris 缓冲液(pH7)	10 mmol/L CM-β-CD	24/102	>5
25 mmol/L Tris 缓冲液(pH7)	15 mmol/L CM-β-CD	24/155	>5
25 mmol/L Tris 缓冲液(pH7)	20 mmol/L CM-β-CD	24/162	>5
25 mmol/L MOPS 缓冲液(pH7)	20 mmol/L CM-β-CD	24/117	>5

2.1.8.2 气相色谱法 CP-Chirasil-Dex 手性色谱柱对二溴磷对映体的拆分[7]

（1）仪器

气相色谱仪,配有 ECD、FID、FPD 等检测器；

色谱柱:CP-Chirasil-Dex CB(25 m×0.25 μm I.D.×0.25 μm)。

（2）色谱条件

进样口温度:260 ℃；

检测器温度:300 ℃；

进样量:1 μL。

（3）方法提要

称取一定量的二溴磷溶解在正己烷或丙酮中得到标准工作液。

柱温采取程序升温程序。

（4）拆分结果

优化色谱条件:50 ℃保持 1 min,10 ℃/min 升到 110 ℃,0.2 ℃/min 升到 190 ℃保持 10 min。分离度为 0.89,未能实现两对映体的完全分离。图 2-8 为该色谱条件下的拆分色谱图。

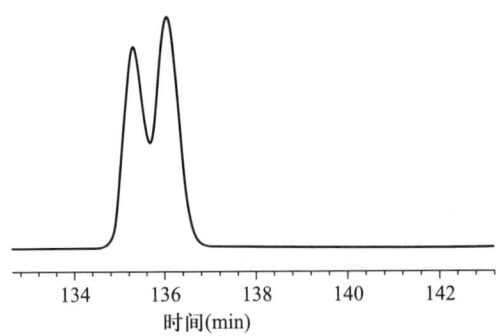

图 2-8 二溴磷对映体的气相色谱拆分色谱图

2.1.9 丰索磷

2.1.9.1 丰索磷对映体在高效液相色谱 Chiralcel OJ 柱上的拆分[3]

(1) 仪器及试剂

高效液相色谱仪(配有紫外可见光、DAD、圆二色、旋光等检测器);

色谱柱:Chiralcel OJ,250 mm×4.6 mm(I.D.)(或者具有相同手性固定相的其他商品名称的手性色谱柱);

正己烷、乙醇、异丙醇、甲醇:色谱纯或者分析纯经过重蒸,用前过膜。

(2) 色谱条件

流动相:正己烷-乙醇(含4.7%甲醇和4.8%异丙醇);

检测波长:202 nm;

流量:0.8~1.0 mL/min;

温度:20~40 ℃;

进样体积:20 μL。

(3) 方法提要

称取一定量的丰索磷标准品或样品于容量瓶中,用流动相溶解并定容。色谱体系更换成所需要的流动相体系,连接手性色谱柱,调整流动相至设定比例,待基线稳定后,连续进样,连续两次进样分析的峰面积及保留时间偏差在2%以内,便可对样品进行分析测定。

(4) 拆分结果

当温度为40 ℃,流量0.8 mL/min,流动相为正己烷-乙醇=96∶4时,分离因子为1.07,分离度为1.21,未能实现完全分离。20~60 ℃间随着温度的升高分离因子保持1.07不变,分离度逐次升高,主要原因是保留时间变小,峰宽变窄。图2-9为丰索磷对映体的拆分结果及温度对丰索磷的拆分影响。

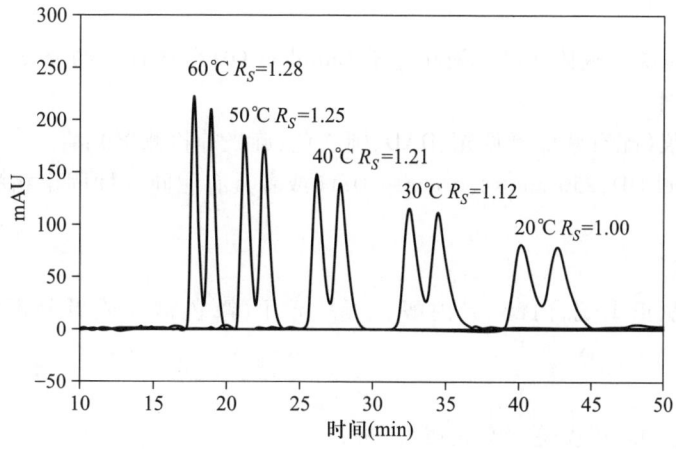

图 2-9 丰索磷对映体在 Chiralcel OJ 上不同温度下的拆分色谱图

2.1.9.2 毛细管电泳法对丰索磷对映体的拆分[8]

（1）仪器与试剂

高效电泳仪，连接匹配的检测器；

硅胶毛细管电泳柱：57 cm，50 μm I.D.；

$Na_2B_4O_7 \cdot 10H_2O$，蒸馏水，NaOH，HCl，CM-β-CD（羧甲基-β-环糊精），HYXP-BCD（羟丙基-β-环糊精），SDS。

（2）操作条件

检测波长：200 nm；

温度：25 ℃；

电压：10~30 kV。

（3）方法提要

溶液配制：称取适量的丰索磷溶解在甲醇中得到一定浓度的标准溶液。称取 19 g $Na_2B_4O_7 \cdot 10H_2O$ 放在 1 L 的容量瓶中用蒸馏水定容溶解，超声 30 min，制备成 20 mmol/L 硼酸缓冲液。称取适量的 SDS 溶解在 20 mmol/L 硼酸缓冲液中，制备成 100 mmol/L SDS 储备液。称取适量的羧甲基-β-环糊精、羟丙基-β-环糊精溶解在20 mmol/L 硼酸缓冲液中制备成 50 mmol/L 环糊精储备液。最终缓冲液是由 20 mmol/L 硼酸缓冲液、100 mmol/L SDS 储备液、50 mmol/L 环糊精储备液配制。

毛细管冲洗：进样之前进行 2 min 冲洗流程：0.1 mol/L NaOH、纯净水、运行缓冲液。每次进样完都要 0.1 mol/L NaOH 和纯净水分别冲洗 2 min。

进样：柱子阳极端施高压 2~6 s 进样。

（4）拆分结果

不同浓度 50~80 mmol/L SDS/10~25 mmol/L CM-β-CD/40~45 mmol/L HYXP-BCD 条件下的拆分结果相差不大，基本可以实现对映体的完全分离。

2.1.10 甲胺磷

2.1.10.1 甲胺磷对映体在高效液相色谱 Chiralcel OD 色谱柱上的分离

（1）仪器及试剂

高效液相色谱仪（配有紫外可见光、DAD、圆二色、旋光等检测器）；

色谱柱：Chiralcel OD，250 mm×4.6 mm（I.D.）（或者具有相同手性固定相的其他商品名称的手性色谱柱）；

柱温箱（非必备）；

正己烷、正庚烷、正戊烷、丙醇、异丙醇、丁醇、异丁醇：色谱纯或者分析纯经过重蒸，用前过膜。

（2）色谱条件

流动相：正己烷-醇，正戊烷-醇，正庚烷-醇；

检测波长：225 nm；

流量：1.0 mL/min；

温度：室温或控制温度 5~40 ℃；

进样体积:20 μL。

(3) 方法提要

称取一定量的甲胺磷标准品或样品于容量瓶中,用流动相溶解并定容。色谱体系更换成所需要的流动相体系,连接手性色谱柱,调整流动相至设定比例,待基线稳定后,连续进样,连续两次进样分析的峰面积及保留时间偏差在2%以内,便可对样品进行分析测定。

(4) 拆分结果

在 Chiralcel OD 色谱柱上,正己烷-醇流动相中,异丙醇的分离效果最好,如表2-9所示,检测波长225 nm,正丙醇和异丁醇也有较好的拆分效果,正丁醇的拆分效果较差。正庚烷和正戊烷对甲胺磷对映体都有较好的拆分效果,如表2-10所示,以异丙醇为改性剂,在正庚烷体系内最大分离度可达1.78,在正戊烷体系内的最大分离度为2.19。典型拆分色谱图如图2-10所示。

表2-9 甲胺磷对映体在 Chiralcel OD 色谱柱上正己烷体系下的拆分结果

含量(%)	正丙醇			异丙醇			正丁醇			异丁醇		
	k_1	α	R_s	k_1	α	R_s	k_1	α	R_s	k_1	α	R_s
20	1.15	1.23	0.95	1.50	1.31	1.16	1.15	1.22	0.97	1.35	1.22	1.09
15	1.72	1.23	1.09	2.52	1.34	1.41	2.01	1.21	0.87	2.31	1.23	1.29
10	3.10	1.23	1.30	4.82	1.34	1.52	3.50	1.21	0.97	4.23	1.23	1.50
5	9.89	1.31	1.61	10.04	1.31	1.68	8.77	1.19	1.32			

表2-10 甲胺磷对映体在 Chiralcel OD 色谱柱上正庚烷和正戊烷体系下的拆分结果

异丙醇含量(%)	正庚烷			正戊烷		
	k_1	α	R_s	k_1	α	R_s
20	1.65	1.33	1.47	1.79	1.37	1.44
15	2.75	1.34	1.55	2.94	1.36	1.60
10	4.90	1.36	1.78	4.66	1.36	1.44
5	—	—	—	14.00	1.35	2.19

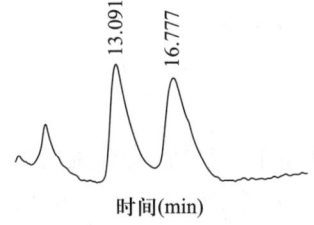

图2-10 甲胺磷对映体在 Chiralcel OD 色谱柱上的拆分色谱图
(正己烷-异丙醇为90:10,室温,225nm)

实验室条件下,可根据实际条件,选取正庚烷/正戊烷/正己烷-异丙醇都可实现甲胺磷对映体的拆分,但由于甲胺磷在液相色谱紫外检测器中响应较差,只适合常量分析,不适宜痕量分析。

(5)圆二色特性

甲胺磷对映体的圆二色扫描图如图2-11所示,在220~240 nm波长范围内先流出对映体为(+)CD信号(实线),后流出对映体响应(-)CD信号(虚线),两对映体的CD吸收信号以"0"刻度线对称,最大CD吸收都为220 nm,240 nm以后两对映体基本无CD吸收。

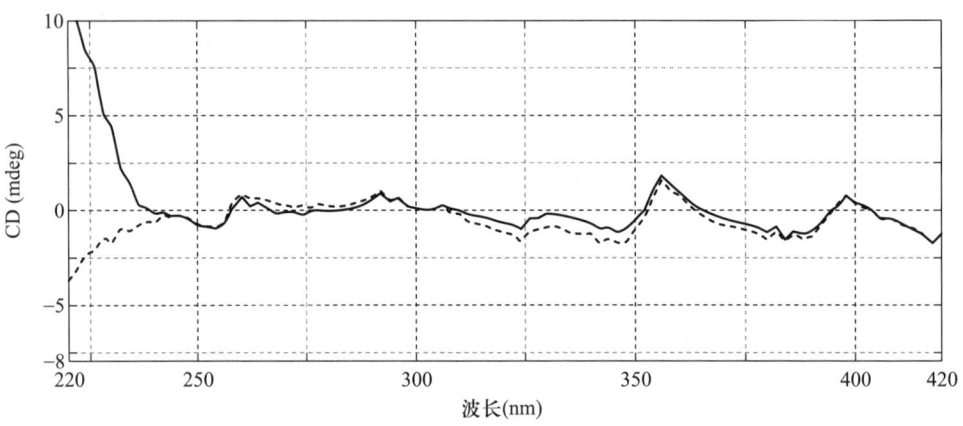

图2-11 甲胺磷对映体的CD扫描图(实线和虚线分别代表先后流出的对映体)

2.1.10.2 甲胺磷对映体在高效液相色谱Chiralcel OJ手性色谱柱上正相条件下的分离[3]

(1)仪器及试剂

高效液相色谱仪(配有紫外可见光、DAD、圆二色、旋光等检测器);

色谱柱:Chiralcel OJ,250 mm×4.6 mm(I.D.)(或者具有相同手性固定相的其他商品名称的手性色谱柱);

柱温箱;

正己烷、甲醇、乙醇、异丙醇:色谱纯或者分析纯经过重蒸,用前过膜。

(2)色谱条件

流动相:正己烷-乙醇(含4.7%甲醇和4.8%异丙醇);

检测波长:200 nm;

流量:0.8~1.0 mL/min;

温度:室温,或者控制温度0~50 ℃(柱温箱);

进样体积:20 μL。

(3)方法提要

称取一定量甲胺磷标准品或样品于容量瓶中,用流动相溶解并定容,配制成适宜浓度的溶液。色谱体系更换成所需要的流动相体系,连接手性色谱柱,调整流动相至设定比例,待基线稳定后,连续进样,连续两次进样分析的峰面积及保留时间偏差在2%以内,便可对样品进行分析测定。

(4)拆分结果

当温度为 5 ℃,流量 0.8 mL/min,流动相为正己烷-乙醇=93.5∶6.5 时,分离度为 1.56,两对映体可实现完全分离。

2.1.10.3　甲胺磷对映体在气相色谱 CP-Chirasil-Dex CB 手性色谱柱上的分离[7]

(1) 仪器与试剂

气相色谱仪,配有 FPD、FID、NPD 等检测器;

色谱柱:CP-Chirasil-Dex CB(I.D. 25 m×0.25 μm×0.25 μm);

检测器:FID。

(2) 操作条件

进样口温度:260 ℃;

检测器温度:300 ℃;

进样量:1 μL。

(3) 方法提要

称取一定量的甲胺磷溶解在正己烷或丙酮中得到标准工作液。

柱温采取等温洗脱:160 ℃。

(4) 拆分结果

优化条件:恒温 160 ℃;分离度为 0.67;图 2-12 为该色谱条件下的拆分色谱图。

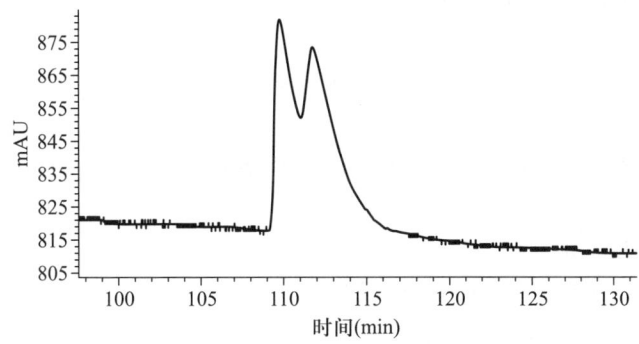

图 2-12　甲胺磷对映体的气相色谱拆分色谱图

2.1.11　甲丙硫磷

2.1.11.1　毛细管电泳法对甲丙硫磷对映体的拆分[5]

(1) 仪器与试剂

毛细管电泳仪,配有紫外检测器;

硅胶毛细管:60 cm(有效长度 50 cm)×50 μm I.D.(365 μm O.D.);

甲醇、乙腈(色谱纯)、Milli-Q 纯净水、γ-CD、胆酸钠(SC)、SDS。

(2) 色谱条件

检测波长:200 nm;

温度:25 ℃;

电压:30 kV。

(3) 方法提要

称取一定量的甲丙硫磷溶解在甲醇中得到储备液,使用之前用超声波脱气。

缓冲液的配制:含 1 mol/L HAc 和 25 mmol/L NH_4Ac 的甲醇-水-乙腈(5:4:1)溶液作为运行缓冲液。

新毛细管处理:在 20 psi 压力下 1mol/L HCl 冲洗 10 min,0.1 mol/L NaOH 冲洗 20 min,甲醇和乙腈分别冲洗 5 min。进样之前用运行缓冲液在 20 psi 压力下冲洗 3 min。

进样:阳极端 0.5 psi 进样 5 min。

(4) 拆分结果

运行缓冲液:缓冲液中添加 50 mmol/L SC 和 10 mmol/L γ-CD 为运行缓冲液;温度:25 ℃;电压:30 kV;进样:0.5 psi 进样 5 s。在优化条件下 γ-CD 可以实现对甲丙硫磷对映体的基线分离。

2.1.12 甲基异柳磷

2.1.12.1 甲基异柳磷对映体在高效液相色谱 Chiralcel OJ 色谱柱上的拆分

(1) 仪器及试剂

高效液相色谱仪(配有紫外可见光、DAD、圆二色、旋光等检测器);

色谱柱:Chiralcel OJ,250 mm×4.6 mm(I.D.)(或者具有相同手性固定相的其他商品名称的手性色谱柱);

正己烷、乙醇、异丙醇、甲醇:色谱纯或者分析纯经过重蒸,用前过膜。

(2) 色谱条件

流动相:正己烷-乙醇(含 4.7%甲醇和 4.8%异丙醇);

检测波长:220 nm;

流量:0.9~1.0 mL/min;

温度:室温,或者控制温度 0~50 ℃(柱温箱);

进样体积:20 μL。

(3) 方法提要

称取一定量的甲基异柳磷标准品或样品于容量瓶中,用流动相溶解并定容,配制成适宜浓度的溶液。色谱体系更换成所需要的流动相体系,连接手性色谱柱,调整流动相至设定比例,待基线稳定后,连续进样,连续两次进样分析的峰面积及保留时间偏差在 2%以内,便可对样品进行分析测定。

(4) 拆分结果

拆分的最优条件为正己烷-乙醇(含 4.7%甲醇和 4.8%异丙醇):98:2,流量:1.0 mL/min,分离度 1.1,未能实现完全分离。

2.1.13 氯亚胺硫磷

2.1.13.1 氯亚胺硫磷对映体在高效液相色谱 Chiralcel OJ 色谱柱上的拆分[3]

(1) 仪器及试剂

高效液相色谱仪(配有紫外可见光、DAD、圆二色、旋光等检测器);

色谱柱:Chiralcel OJ,250 mm×4.6 mm(I.D.)(或者具有相同手性固定相的其他商品名称的手性色谱柱);

正己烷、乙醇、异丙醇、甲醇:色谱纯或者分析纯经过重蒸,用前过膜。

(2) 色谱条件

流动相:正己烷-乙醇(含4.7%甲醇和4.8%异丙醇);

检测波长:220 nm;

流量:0.9~1.0 mL/min;

温度:室温,或者控制温度0~50 ℃(柱温箱);

进样体积:20 μL。

(3) 方法提要

称取一定量的氯亚胺硫磷标准品或样品于容量瓶中,用流动相溶解并定容,配制成适宜浓度的溶液。色谱体系更换成所需要的流动相体系,连接手性色谱柱,调整流动相至设定比例,待基线稳定后,连续进样,连续两次进样分析的峰面积及保留时间偏差在2%以内,便可对样品进行分析测定。

(4) 拆分结果

正己烷-乙醇(含4.7%甲醇和4.8%异丙醇):90∶10,温度:室温(约22 ℃),流量:1.0 mL/min,分离度为1.3。

2.1.13.2 毛细管电泳法对氯亚胺硫磷对映体的拆分[9]

(1) 仪器与试剂

高效电泳仪,连接匹配的检测器;

硅胶毛细管电泳柱:57 cm(有效长度50 cm,75 μm I.D.,375 μm O.D.);

$Na_2B_4O_7 \cdot 10H_2O$,蒸馏水,NaOH、HCl、β-环糊精(β-CD)、γ-环糊精(γ-CD)、羟丙基-β-环糊精(HP-β-CD)、SDS。

(2) 操作条件

检测波长:200 nm;

温度:25 ℃;

电压:30 kV。

(3) 方法提要

溶液配制:称取适量的氯亚胺硫磷溶解在甲醇中得到适宜浓度的母液。

称取19 g $Na_2B_4O_7 \cdot 10H_2O$放在1 L的容量瓶中用蒸馏水定容溶解,超声30 min,制备成20 mmol/L硼酸缓冲液。称取适量的SDS溶解在20 mmol/L硼酸缓冲液中,制备成100 mmol/L SDS储备液。称取适量的β-环糊精、γ-环糊精、羟丙基-β-环糊精溶解在20 mmol/L硼酸缓冲液中制备成50 mmol/L环糊精储备液。最终缓冲液是由20 mmol/L硼酸缓冲液、100 mmol/L SDS储备液、50 mmol/L环糊精储备液配制成的。

毛细管冲洗:进样之前进行2 min冲洗流程(20psi):0.1 mol/L NaOH、运行缓冲液。每次进样完都要用0.1 mol/L NaOH和纯净水分别冲洗2 min。

进样:柱子阳极端施高压10 s进样。

(4) 拆分结果

缓冲液:pH9,20 mmol/L 硼酸缓冲液。电压为 30 kV,SDS 浓度为 100 mmol/L,添加 20%的甲醇改性剂可以提高分离效果,添加 HP-β-CD、β-CD 或 γ-CD 都可以对氯亚胺硫磷对映体进行拆分,两对映体可实现完全分离,分离度在 1.5 以上。

2.1.14 马拉硫磷

马拉硫磷对映体的拆分方法有高效液相色谱法和毛细管电泳法。

高效液相色谱法对马拉硫磷对映体的拆分通常都是手性色谱柱直接拆分法,有分离效能的手性色谱柱有:纤维素-三(3,5-二甲基苯基氨基甲酸酯)手性色谱柱(同 Chiralcel OD、OD-H 商品柱);直链淀粉-三((S)-1-苯基氨基甲酸酯)手性色谱柱(同 Chiralpak AS 商品柱);纤维素-三(4-甲基苯甲酸酯)手性色谱柱(同 Chiralcel OJ 商品柱)。

2.1.14.1 马拉硫磷对映体在高效液相色谱 Chiralcel OD 色谱柱上的拆分

(1) 仪器与试剂

高效液相色谱仪(配有紫外可见光、DAD、圆二色、旋光等检测器);

色谱柱:Chiralcel OD,250 mm×4.6 mm(I.D.)(或者具有相同手性固定相的其他商品名称的手性色谱柱);

正己烷、石油醚、正庚烷、正戊烷、乙醇、丙醇、异丙醇、丁醇、异丁醇:色谱纯或者分析纯经过重蒸,用前过膜。

(2) 色谱条件

流动相:正己烷-醇,正戊烷-醇,正庚烷-醇,石油醚-醇;

检测波长:210~254 nm;

流量:1.0 mL/min;

温度:室温或控制温度;

进样体积:20 μL。

(3) 方法提要

称取一定量的马拉硫磷标准品或样品于容量瓶中,用流动相溶解并定容,配制成适宜浓度的溶液。色谱体系更换成所需要的流动相体系,连接手性色谱柱,调整流动相至设定比例,待基线稳定后,连续进样,连续两次进样分析的峰面积及保留时间偏差在 2%以内,便可对样品进行分析测定。

(4) 拆分结果

马拉硫磷对映体在 Chiralcel OD 上正己烷流动相条件下的拆分结果如表 2-11 所示,在正己烷-异丁醇中表现出较好的拆分效果,但不能实现完全分离,最大分离度可达 1.36。

其他的流动相如石油醚、正庚烷、正戊烷等也都未能实现对映体的完全分离,分离度均小于 1.4。具体拆分结果如表 2-12 所示。

表 2-11　马拉硫磷对映体在 Chiralcel OD 上正己烷体系下的拆分结果

含量(%)	乙醇			异丙醇			丁醇			异丁醇		
	k_1	α	R_S	k_1	α	R_S	k_1	α	R_S	k_1	α	R_S
20	1.96	1.05	0.36	3.53	1.08	0.66	2.00	1.11	0.76	2.23	1.13	0.71
15	2.08	1.06	0.43	3.87	1.09	0.86	2.22	1.12	0.85	2.84	1.14	0.84
10	2.43	1.07	0.55	4.68	1.11	0.93	2.51	1.13	1.10	2.45	1.15	1.01
5	2.91	1.08	0.58	6.14	1.14	1.05	3.29	1.16	1.22	3.74	1.22	1.34
2	3.82	1.11	0.74	8.80	1.20	1.24	4.99	1.21	1.38	4.94	1.20	1.36

表 2-12　马拉硫磷对映体在 Chiralcel OD 上石油醚、正庚烷和正戊烷体系下的拆分结果

异丙醇含量(%)	石油醚			正庚烷			正戊烷		
	k_1	α	R_S	k_1	α	R_S	k_1	α	R_S
20	2.33	1.11	0.68	2.20	1.13	0.46	2.25	1.14	0.48
15	2.34	1.12	0.69	2.36	1.25	0.98	2.6	1.16	0.67
10	2.75	1.13	0.73	2.95	1.2	0.89	2.92	1.20	0.82
5	3.89	1.16	1.14	3.64	1.23	0.83	3.85	1.25	1.04
2	5.58	1.21	1.37	5.38	1.32	1.17	5.81	1.29	1.22

由于马拉硫磷在该色谱体系室温条件下未能实现完全分离,温度是可供优化的另外一个参数。在 0 ℃ 正己烷-异丙醇流动相条件下,马拉硫磷对映体可实现完全分离,分离度为 1.62。图 2-13 为马拉硫磷对映体手性拆分色谱图。

使用 Chiralcel OD 色谱柱在正相体系下进行分析的优化色谱条件:石油醚(或正己烷)-异丁醇(或异丙醇)为 98∶2,流量为 1.0 mL/min(或者更低)。如果有柱温箱,则将温度设定在 0 ℃ 会获得更好的分离效果。

(5)圆二色特性

对分开的对映体进行了在线的圆二色扫描,扫描波长范围为 220~420 nm,如图 2-14 所示,实线表示先流出对映体,虚线表示后流出对映体,横坐标为波长范围,纵坐标为吸收强度及 CD 的信号方向(+/-),"0" 刻度线表示对映体对左右旋偏振光的吸收无差别,即无 CD 吸收。先流出对映体呈(+)圆二色吸收(+CD 信号),后流出对映体为(-)圆二色吸收,两吸收曲线以 "0" 刻度线对称,在约 260 nm 以后,基本无圆二色吸收。

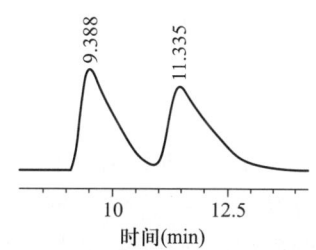

图 2-13　马拉硫磷对映体的色谱拆分图
(正己烷-异丙醇为 98∶2,0 ℃,210 nm)

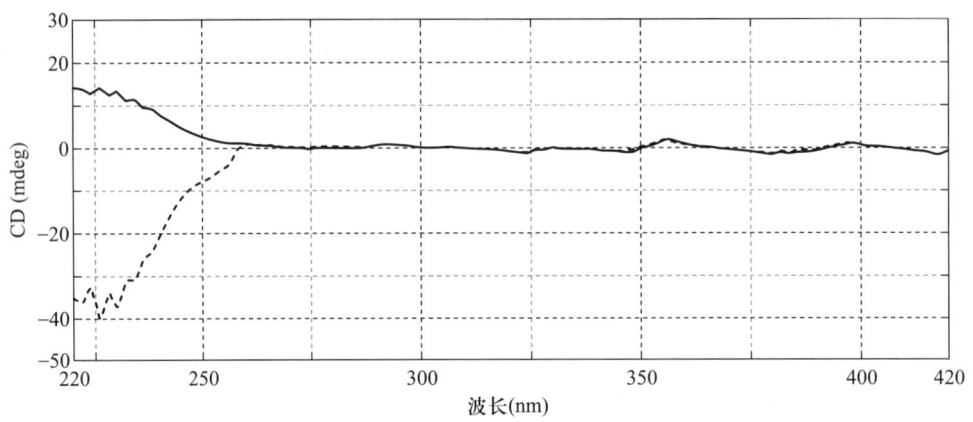

图 2-14 马拉硫磷对映体的 CD 扫描图(实线为先流出对映体,虚线为后流出对映体)

2.1.14.2 马拉硫磷对映体在高效液相色谱 Chiralpak AS 手性色谱柱上的拆分

(1) 仪器与试剂

高效液相色谱仪(配有紫外可见光、DAD、圆二色、旋光等检测器);

色谱柱:Chiralpak AS,250 mm×4.6 mm(I.D.)(或者具有相同手性固定相的其他商品名称的手性色谱柱);

正己烷、乙醇、异丙醇、丁醇、异丁醇:色谱纯或者分析纯经过重蒸,用前过膜。

(2) 色谱条件

流动相:正己烷-醇;

检测波长:210~254 nm;

流量:1.0 mL/min;

温度:室温或控制温度;

进样体积:20 μL。

(3) 方法提要

称取一定量马拉硫磷标准品或样品于容量瓶中,用流动相溶解并定容,配制成适宜浓度的溶液。色谱体系更换成所需要的流动相体系,连接手性色谱柱,调整流动相至设定比例,待基线稳定后,连续进样,连续两次进样分析的峰面积及保留时间偏差在 2% 以内,便可对样品进行分析测定。

(4) 拆分结果

在优化的色谱条件下 Chiralpak AS 只能实现马拉硫磷对映体的部分分离,具体结果如表 2-13 所示,在异丙醇含量 5% 时有最大分离度 0.87。230 nm 圆二色出峰顺序为+/-。

表 2-13 马拉硫磷对映体在 Chiralpak AS 上的拆分结果

含量(%)	乙醇			异丙醇			丁醇			异丁醇		
	k_1	α	R_S	k_1	α	R_S	k_1	α	R_S	k_1	α	R_S
15	1.48	1.00	—	2.25	1.08	0.69	1.62	1.00	—	1.71	1.05	0.48

续表

含量(%)	乙醇			异丙醇			丁醇			异丁醇		
	k_1	α	R_s	k_1	α	R_s	k_1	α	R_s	k_1	α	R_s
10	1.65	1.00	—	3.19	1.09	0.77	1.95	1.05	0.54	2.07	1.07	0.69
5	2.01	1.03	0.69	4.53	1.11	0.87	2.23	1.06	0.64	2.59	1.08	0.72

2.1.14.3 马拉硫磷对映体在高效液相色谱 Chiralcel OJ 色谱柱上的拆分[3]

(1) 仪器与试剂

高效液相色谱仪(配有紫外可见光、DAD、圆二色、旋光等检测器);

色谱柱:Chiralcel OJ,250 mm×4.6 mm(I.D.)(或者具有相同手性固定相的其他商品名称的手性色谱柱);

正己烷、乙醇、甲醇、异丙醇。

(2) 色谱条件

流动相:正己烷-乙醇(含 4.7%甲醇和 4.8%异丙醇);

检测波长:201 nm;

流量:0.8~1.0 mL/min;

温度:20~40 ℃;

进样体积:20 μL。

(3) 方法提要:

称取一定量马拉硫磷标准品或样品于容量瓶中,用流动相溶解并定容,配制成适宜浓度的溶液。色谱体系更换成所需要的流动相体系,连接手性色谱柱,调整流动相至设定比例,待基线稳定后,连续进样,连续两次进样分析的峰面积及保留时间偏差在2%以内,便可对样品进行分析测定。

(4) 拆分结果

当温度为 20 ℃,流量 0.9 mL/min,正己烷-乙醇为 90∶10 时,分离因子为 1.34,分离度为 4.11。

2.1.14.4 毛细管电泳法对马拉硫磷对映体的拆分[8]

(1) 仪器与试剂

高效电泳仪,连接匹配的检测器;

硅胶毛细管电泳柱:57 cm,50 μm I.D.;

试剂:$Na_2B_4O_7 \cdot 10H_2O$,蒸馏水、NaOH、HCl、羧甲基-β-环糊精、羟丙基-β-环糊精、SDS。

(2) 操作条件

检测波长:200 nm;

温度:25 ℃;

电压:10~30 kV。

(3) 方法提要

称取适量的马拉硫磷溶解在甲醇中得到适宜浓度的母液,使用之前保存在冰箱中,实验中样品稀释为 100 mg/L。

称取 19 g $Na_2B_4O_7 \cdot 10H_2O$ 放在 1 L 的容量瓶中用蒸馏水定容溶解,超声 30 min,制备成 20 mmol/L 硼酸缓冲液;称取适量的 SDS 溶解在 20 mmol/L 硼酸缓冲液中,制备成 100 mmol/L SDS 储备液;称取适量的羧甲基-β-环糊精、羟丙基-β-环糊精溶解在 20 mmol/L 硼酸缓冲液中制备成 50 mmol/L 环糊精储备液。最终缓冲液是由 20 mmol/L 硼酸缓冲液、100 mmol/L SDS 储备液、50 mmol/L 环糊精储备液配制的。

毛细管冲洗:进样之前进行 2 min 冲洗流程:0.1 mol/L NaOH、纯净水、运行缓冲液。每次进样完都要用 0.1 mol/L NaOH 和纯净水分别冲洗 2 min。

进样:柱子阳极端施高压 2~6 s 进样。

(4) 拆分结果

马拉硫磷对映体可以实现完全分离,缓冲液中添加 50 mmol/L 羧甲基-β-环糊精和 50 mmol/L 羟丙基-β-环糊精和 10% 的甲醇时拆分效果最好,进样电压 15~20kV。

2.1.15 蔬果磷

2.1.15.1 蔬果磷在高效液相色谱 Chiralpak AD 手性色谱柱上的拆分[10]

(1) 仪器及试剂

高效液相色谱仪(配有紫外可见光、DAD、圆二色、旋光等检测器);

色谱柱:Chiralpak AD,250 mm×4.6 mm(I.D.)(或者具有相同手性固定相的其他商品名称的手性色谱柱);

正己烷、异丙醇:色谱纯或者分析纯经过重蒸,用前过膜。

(2) 色谱条件

流动相:正己烷-异丙醇;

检测波长:220 nm;

流量:1.0 mL/min;

温度:室温,或者控制温度 0~50 ℃(柱温箱);

进样体积:20 μL。

(3) 方法提要

称取一定量蔬果磷标准品或样品于容量瓶中,用流动相溶解并定容,配制成适宜浓度的溶液。色谱体系更换成所需要的流动相体系,连接手性色谱柱,调整流动相至设定比例,待基线稳定后,连续进样,连续两次进样分析的峰面积及保留时间偏差在 2% 以内,便可对样品进行分析测定。

(4) 拆分结果

优化色谱条件为:流动相正己烷-异丙醇 = 99.5∶0.5,温度 25 ℃,流量 1 mL/min,蔬果磷对映体可以达到基线分离,拆分色谱图如图 2-15 所示。

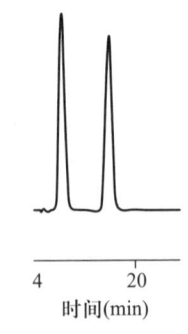

图 2-15 蔬果磷对映体在 Chiralpak AD 上的拆分色谱图

2.1.15.2 蔬果磷在高效液相色谱 Chiralcel OJ 手性色谱柱上的拆分[10]

（1）仪器及试剂

高效液相色谱仪（配有紫外可见光、DAD、圆二色、旋光等检测器）；

色谱柱：Chiralcel OJ,250 mm×4.6 mm（I.D.）（或者具有相同手性固定相的其他商品名称的手性色谱柱）；

正己烷、异丙醇：色谱纯或者分析纯经过重蒸，用前过膜。

（2）色谱条件

流动相：正己烷-异丙醇；

检测波长：220 nm；

流量：1.0 mL/min；

温度：室温，或者控制温度 0~50 ℃（柱温箱）；

进样体积：20 μL。

（3）方法提要

称取一定量蔬果磷标准品或样品于容量瓶中，用流动相溶解并定容，配制成适宜浓度的溶液。色谱体系更换成所需要的流动相体系，连接手性色谱柱，调整流动相至设定比例，待基线稳定后，连续进样，连续两次进样分析的峰面积及保留时间偏差在 2% 以内，便可对样品进行分析测定。

（4）拆分结果

优化色谱条件为：流动相正己烷-异丙醇=95:5，温度 25 ℃，流量 1 mL/min，蔬果磷对映体可以达到基线分离。

2.1.16　水胺硫磷

2.1.16.1　水胺硫磷对映体在高效液相色谱 Chiralcel OD 色谱柱上正相体系下的拆分

（1）仪器及试剂

高效液相色谱仪（配有紫外可见光、DAD、圆二色、旋光等检测器）；

色谱柱：Chiralcel OD,250 mm×4.6 mm（I.D.）（或者具有相同手性固定相的其他商品名称的手性色谱柱）；

柱温箱（非必备）；

正己烷、正庚烷、正戊烷、乙醇、异丙醇、丁醇、异丁醇：色谱纯或者分析纯经过重蒸，用前过膜。

（2）色谱条件

流动相：正己烷-醇，正戊烷-醇，正庚烷-醇；

检测波长：225 nm；

流量：1.0 mL/min；

温度：室温，或者控制温度 0~50 ℃（柱温箱）；

进样体积：20 μL。

（3）方法提要

称取一定量的水胺硫磷标准品或样品于容量瓶中，用流动相溶解并定容，配制成适宜浓度的溶液。色谱体系更换成所需要的流动相体系，连接手性色谱柱，调整流动相至设定比例，待基线稳定后,连续进样,连续两次进样分析的峰面积及保留时间偏差在2%以内,便可对样品进行分析测定。

(4) 拆分结果

表2-14为正己烷体系下4种醇改性剂对水胺硫磷对映体拆分的影响,检测波长225 nm,所有的醇都可以实现水胺硫磷对映体的完全分离,其中使用2%异丁醇时可以获得最大的分离因子2.56。异丙醇和丙醇的效果都较好,丁醇和乙醇的效果相对较差。水胺硫磷对映体在Chiralcel OD色谱柱上正相条件下较容易实现完全分离(图2-16),正己烷/醇体系中的最大分离度为2.56,正庚烷或正戊烷的拆分效果优于正己烷体系,异丙醇含量为2%时分离度达到2.0以上。具体结果见表2-15。

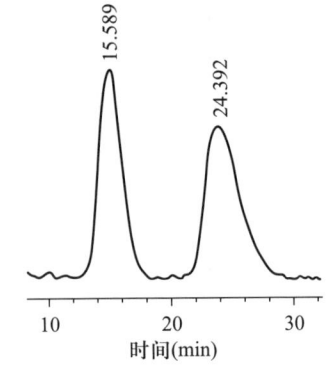

图2-16 水胺硫磷对映体在Chiralcel OD上的拆分色谱图(正己烷-异丙醇为98:2,室温,225nm)

表2-14 水胺硫磷对映体在Chiralcel OD上正己烷体系下的拆分结果

含量(%)	乙醇			异丙醇			丁醇			异丁醇		
	k_1	α	R_S	k_1	α	R_S	k_1	α	R_S	k_1	α	R_S
20	0.77	1.17	0.30	0.96	1.52	1.47	0.94	1.28	0.87	1.01	1.40	1.23
15	0.97	1.23	0.51	1.43	1.60	1.79	1.09	1.28	0.91	1.32	1.43	1.56
10	1.21	1.34	0.78	1.90	1.67	2.18	1.50	1.30	1.27	1.65	1.43	1.61
5	2.13	1.25	1.32	3.26	1.89	2.66	2.42	1.32	1.38	2.70	1.34	1.65
2	3.69	1.27	1.61	5.93	1.66	2.42	4.90	1.39	1.86	6.27	1.68	2.56

表2-15 水胺硫磷对映体在Chiralcel OD上正庚烷和正戊烷体系下的拆分结果

异丙醇含量(%)	正庚烷			正戊烷		
	k_1	α	R_S	k_1	α	R_S
20	0.90	1.79	2.70	0.96	1.78	2.87
15	1.32	1.92	3.47	1.39	1.83	3.27
10	1.88	1.96	3.79	1.85	1.86	3.55
5	3.03	1.98	3.67	3.94	2.05	4.73
2	6.33	2.19	4.58	7.28	2.05	4.93

(5) 圆二色特性

水胺硫磷对映体的圆二色扫描图如图2-17所示,实线和虚线分别表示先后流出对映体,两对映体的圆二色信号吸收随波长会发生变化,在220~228 nm波长范围内,先流出对映体显示

(-)CD 信号,而在 228~278 nm 范围内又显示了(+)CD 信号,最大吸收在 250 nm 左右,后流出对映体的 CD 信号与先流出对映体以"0"刻度线具有较好的对称性,CD 吸收也发生了交替的现象,280 nm 后两对映体的圆二色吸收非常弱。

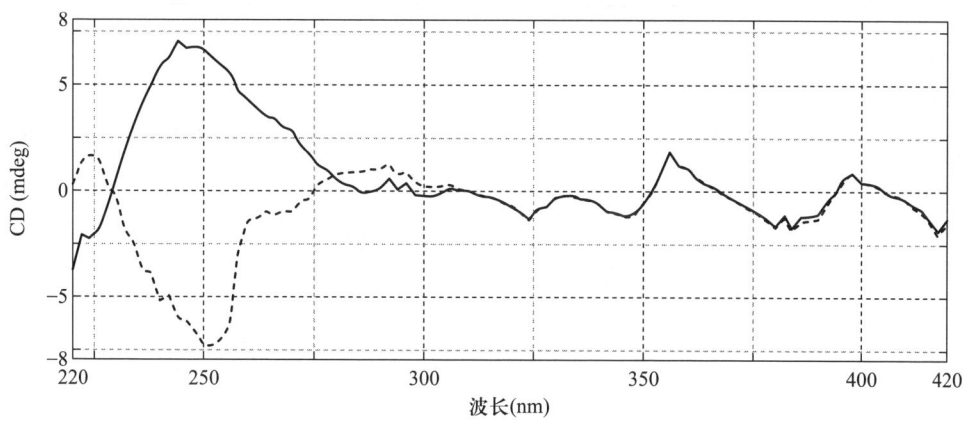

图 2-17 水胺硫磷对映体的 CD 扫描图(实线代表先流出对映体,虚线代表后流出对映体)

2.1.16.2 水胺硫磷在高效液相色谱 Chiralcel OD 色谱柱上反相体系下的拆分

(1) 仪器及试剂

高效液相色谱仪(配有紫外可见光、DAD、圆二色、旋光等检测器);

色谱柱:Chiralcel OD,250 mm×4.6 mm(I.D.)(或者具有相同手性固定相的其他商品名称的手性色谱柱);

柱温箱(非必备);

超纯水、甲醇、乙腈:色谱纯或者分析纯经过重蒸,用前过膜。

(2) 色谱条件

流动相:甲醇-水,乙腈-水;

检测波长:230 nm;

流量:0.8 mL/min;

温度:室温,或者控制温度 0~40 ℃;

进样体积:20 μL。

(3) 方法提要

称取一定量的水胺硫磷标准品或样品于容量瓶中,用流动相溶解并定容,配制成适宜浓度的溶液。色谱体系更换成所需要的流动相体系,连接手性色谱柱,调整流动相至设定比例,待基线稳定后,连续进样,连续两次进样分析的峰面积及保留时间偏差在 2% 以内,便可对样品进行分析测定。

(4) 拆分结果

水胺硫磷在甲醇-水或乙腈-水作流动相条件下能得到部分分离,分离度分别为 1.33 和 0.94,流动相中水的含量增加会使对映体的保留增强,分离的可能性增大,受柱压和保留时间的限制,水的含量有一定限制,具体结果如表 2-16 所示。水胺硫磷拆分色谱图见图 2-18。230 nm

下两种流动相下流出顺序一致,先出正峰,后出负峰(圆二色信号)。这一结果与正相体系下的相反。

表 2-16　水胺硫磷对映体在 Chiralcel OD 色谱柱反相条件下的分离结果(流量 0.8 mL/min,室温)

流动相	$V:V$	k_1	k_2	α	R_s
甲醇-水	100:0	0.34	0.34	1.00	—
	80:20	1.07	1.19	1.11	0.47
	70:30	2.32	2.59	1.12	1.15
	65:35	3.41	3.83	1.13	1.33
乙腈-水	100:0	0.27	0.27	1.00	—
	70:30	0.53	0.53	1.00	—
	60:40	1.04	1.09	1.04	0.48
	50:50	2.35	2.48	1.05	0.76
	40:60	6.38	6.77	1.06	0.94

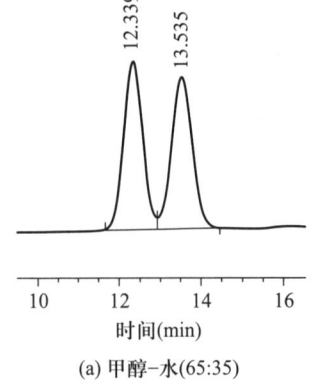
(a) 甲醇-水(65:35)

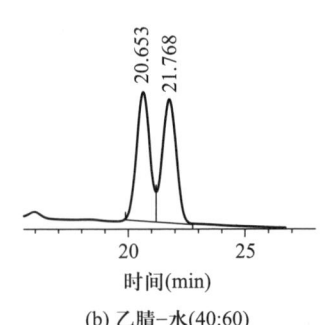
(b) 乙腈-水(40:60)

图 2-18　水胺硫磷对映体在 Chiralcel OD 色谱柱上反相条件下的拆分色谱图
(流量 0.8 mL/min,室温)

2.1.16.3　水胺硫磷对映体在高效液相色谱 Chiralpak AD 色谱柱上反相条件下的拆分

(1) 仪器及试剂

高效液相色谱仪(配有紫外可见光、DAD、圆二色、旋光等检测器);

色谱柱:Chiralpak AD,250 mm×4.6 mm(I.D.)(或者具有相同手性固定相的其他商品名称的手性色谱柱);

超纯水、甲醇、乙腈:色谱纯或者分析纯经过重蒸,用前过膜。

(2) 色谱条件

流动相:甲醇-水,乙腈-水;

检测波长:230 nm;

流量:0.8 mL/min;
温度:室温,或者控制温度 0~50 ℃(柱温箱);
进样体积:20 μL。

(3) 方法提要

称取一定量水胺硫磷标准品或样品于容量瓶中,用流动相溶解并定容,配制成适宜浓度的溶液。色谱体系更换成所需要的流动相体系,连接手性色谱柱,调整流动相至设定比例,待基线稳定后,连续进样,连续两次进样分析的峰面积及保留时间偏差在 2% 以内,便可对样品进行分析测定。

(4) 拆分结果

水胺硫磷对映体在两种流动相中都能达到基线分离(表 2-17),乙腈-水拆分效果好于甲醇-水,最大分离度达 1.79。拆分色谱图见图 2-19。甲醇-水和乙腈-水作流动相条件,230 nm 波长下,水胺硫磷对映体在这两种流动相中都是先出负峰,后出正峰(圆二色信号)。

表 2-17 水胺硫磷对映体在 Chiralpak AD 色谱柱上反相条件下的分离结果(流量 0.5 mL/min,室温)

流动相	$V:V$	k_1	k_2	α	R_S
甲醇-水	100:0	0.32	0.32	1.00	—
	90:10	0.42	0.50	1.20	0.77
	80:20	0.77	1.01	1.31	1.32
	70:30	1.70	2.31	1.36	1.67
	60:40	4.77	6.51	1.37	1.59
乙腈-水	100:0	0.21	0.21	1.00	—
	60:40	0.57	0.67	1.18	0.72
	50:50	1.33	1.55	1.16	1.05
	40:60	3.47	4.09	1.18	1.63
	30:70	11.40	13.75	1.21	1.79

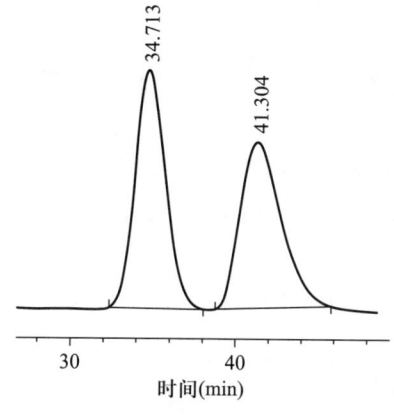

图 2-19 水胺硫磷对映体在 Chiralpak AD 色谱柱上拆分色谱图
(乙腈-水为 30:70)

2.1.17 四氯乙磷

四氯乙磷对映体在气相色谱 CP-Chirasil-Dex 色谱柱上的拆分[7]

（1）仪器

气相色谱仪，配有 ECD、FID、FPD 等检测器；

色谱柱：CP-Chirasil-Dex CB(25 m×0.25 μm I.D.×0.25 μm)。

（2）色谱条件

进样口温度：260 ℃；

检测器温度：300 ℃；

进样量：1 μL。

（3）方法提要

称取一定量的四氯乙磷溶解在正己烷或丙酮中得到标准工作液。

柱温采取程序升温。

（4）拆分结果

优化色谱条件：50 ℃保持 1 min，10 ℃/min 升到 110 ℃，0.2 ℃/min 升到 190 ℃保持10 min。分离度为 0.69。图 2-20 为该色谱条件下的拆分色谱图。

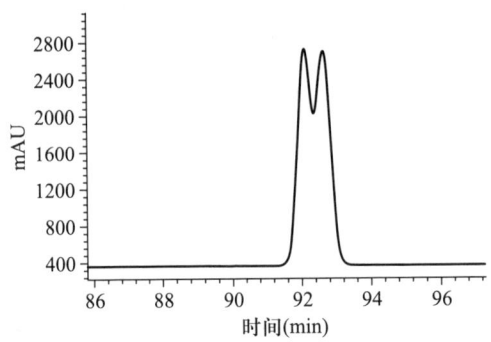

图 2-20 四氯乙磷对映体的气相色谱拆分色谱图

2.1.18 蚊蝇醚

蚊蝇醚对映体在高效液相色谱 Chiralcel OD 色谱柱上反相条件下的拆分

（1）仪器及试剂

高效液相色谱仪（配有紫外可见光、DAD、圆二色、旋光等检测器）；

色谱柱：Chiralcel OD,250 mm×4.6 mm(I.D.)（或者具有相同手性固定相的其他商品名称的手性色谱柱）；

超纯水、甲醇、乙腈：色谱纯或者分析纯经过重蒸，用前过膜。

（2）色谱条件

流动相：甲醇-水，乙腈-水；

检测波长：270 nm；

流量:0.8 mL/min;

温度:室温,或者控制温度 0~50 ℃(柱温箱);

进样体积:20 μL。

(3) 方法提要

称取一定量蚊蝇醚标准品或样品于容量瓶中,用流动相溶解并定容,配制成适宜浓度的溶液。色谱体系更换成所需要的流动相体系,连接手性色谱柱,调整流动相至设定比例,待基线稳定后,连续进样,连续两次进样分析的峰面积及保留时间偏差在 2% 以内,便可对样品进行分析测定。

(4) 拆分结果

蚊蝇醚对映体在 Chiralcel OD 上反相条件下部分分离,在甲醇-水和乙腈-水流动相中的最大分离度分别是 0.93 和 0.91。具体结果如表 2-18 所示。典型拆分色谱图见图 2-21。蚊蝇醚在两种流动相中出峰顺序一致,在 270 nm 下都是先出正峰,后出负峰。

表 2-18 蚊蝇醚对映体在反相条件下 Chiralcel OD 色谱柱上的拆分结果

流动相	$V:V$	k_1	k_2	α	R_S
甲醇-水	100:0	1.13	1.13	1.00	—
	95:5	2.04	2.04	1.00	—
	90:10	3.20	3.38	1.06	0.61
	85:15	5.99	6.43	1.07	0.66
	80:20	12.01	13.05	1.09	0.93
乙腈-水	100:0	0.45	0.45	1.00	—
	90:10	0.75	0.75	1.00	—
	80:20	1.52	1.58	1.04	0.47
	70:30	3.20	3.39	1.06	0.72
	60:40	7.38	7.82	1.06	0.84
	55:45	12.38	13.09	1.06	0.91

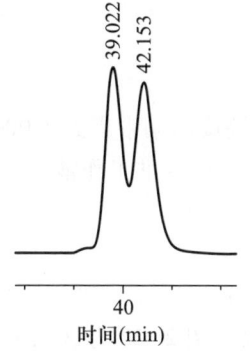

图 2-21 蚊蝇醚对映体在 Chiralcel OD 上反相条件下的拆分色谱图

(甲醇-水为 80:20)

2.1.19 异柳磷

2.1.19.1 异柳磷对映体在高效液相色谱 Chiralcel OJ 柱上的拆分[3]

（1）仪器及试剂

高效液相色谱仪（配有紫外可见光、DAD、圆二色、旋光等检测器）；

色谱柱：Chiralcel OJ,250 mm×4.6 mm(I.D.)（或者具有相同手性固定相的其他商品名称的手性色谱柱）；

正己烷、乙醇、甲醇、异丙醇：色谱纯或者分析纯经过重蒸，用前过膜。

（2）色谱条件

流动相：正己烷-乙醇（含4.7%甲醇和4.8%异丙醇）；

检测波长：201 nm；

流量：0.8~1.0 mL/min；

温度：20~40 ℃；

进样体积：20 μL。

（3）方法提要

称取一定量异柳磷标准品或样品于容量瓶中，用流动相溶解并定容，配制成适宜浓度的溶液。色谱体系更换成所需要的流动相体系，连接手性色谱柱，调整流动相至设定比例，待基线稳定后，连续进样，连续两次进样分析的峰面积及保留时间偏差在2%以内，便可对样品进行分析测定。

（4）拆分结果

当温度为10 ℃，流量0.3 mL/min，正己烷-乙醇=99.6∶0.4时，分离因子为1.11，分离度为1.11，该方法只能实现异柳磷对映体的部分分离。

2.1.19.2 异柳磷对映体在气相色谱 CP-Chirasil-Dex 色谱柱上的拆分[7]

（1）仪器

气相色谱，配有ECD、FID或FPD检测器；

色谱柱：CP-Chirasil-Dex CB(25 m×0.25 μm I.D.×0.25 μm 膜厚)。

（2）色谱条件

进样口温度：260 ℃；

检测器温度：300 ℃；

进样量：1 μL。

（3）方法提要

称取一定量的异柳磷溶解在正己烷或丙酮中得到5 000 mg/L储备液保存在-20 ℃环境中，样品分析时用溶剂稀释成0.1~10 mg/L的标准工作液。

柱温：程序升温。

（4）拆分结果

优化色谱条件：50 ℃保持1 min，10 ℃/min升到125 ℃，0.2 ℃/min升到190 ℃。分离度为1.03，异柳磷对映体未能实现完全分离。图2-22为该色谱条件下的拆分色谱图。

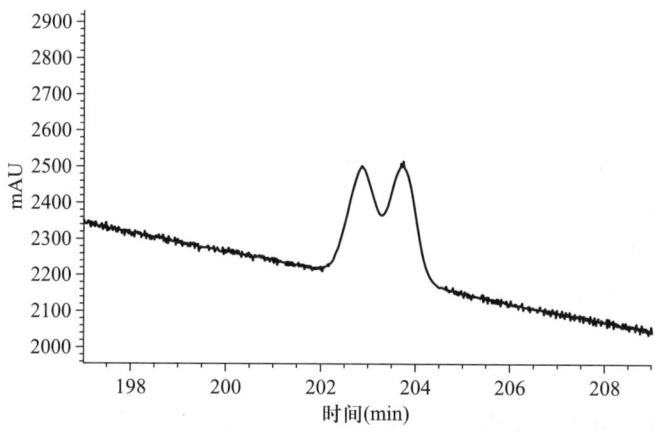

图 2-22 异柳磷对映体的气相色谱拆分色谱图

2.1.20 育畜磷

2.1.20.1 育畜磷对映体在高效液相色谱 Chiralcel OJ 色谱柱上的拆分[3]

(1) 仪器及试剂

高效液相色谱仪(配有紫外可见光、DAD、圆二色、旋光等检测器);

色谱柱:Chiralcel OJ,250 mm×4.6 mm(I.D.)(或者具有相同手性固定相的其他商品名称的手性色谱柱);

正己烷、乙醇、异丙醇、甲醇:色谱纯或者分析纯经过重蒸,用前过膜。

(2) 色谱条件

流动相:正己烷-乙醇(含 4.7%甲醇和 4.8%异丙醇);

检测波长:200 nm;

流量:0.8~1.0 mL/min;

温度:室温,或者控制温度 0~50 ℃(柱温箱);

进样体积:20 μL。

(3) 方法提要

称取一定量的育畜磷标准品或样品于容量瓶中,用流动相溶解并定容,配制成适宜浓度的溶液。色谱体系更换成所需要的流动相体系,连接手性色谱柱,调整流动相至设定比例,待基线稳定后,连续进样,连续两次进样分析的峰面积及保留时间偏差在 2% 以内,便可对样品进行分析测定。

(4) 拆分结果

优化色谱条件:温度 10 ℃,流量 0.3 mL/min,流动相正己烷-乙醇 = 99∶1,分离因子为 1.07,分离度为 0.9。

2.1.20.2 育畜磷对映体在高效液相色谱 Chiralcel OD 色谱柱上的拆分[3]

(1) 仪器及试剂

高效液相色谱仪(配有紫外可见光、DAD、圆二色、旋光等检测器);

色谱柱:Chiralcel OD,250 mm×4.6 mm(I.D.)(或者具有相同手性固定相的其他商品名称的手性色谱柱);

正己烷、乙醇、异丙醇、甲醇:色谱纯或者分析纯经过重蒸,用前过膜。

(2) 色谱条件

流动相:正己烷-乙醇(含4.7%甲醇和4.8%异丙醇);

检测波长:235 nm;

流量:0.8~1.0 mL/min;

温度:室温,或者控制温度0~50 ℃(柱温箱);

进样体积:20 μL。

(3) 方法提要

称取一定量的育畜磷标准品或样品于容量瓶中,用流动相溶解并定容,配制成适宜浓度的溶液。色谱体系更换成所需要的流动相体系,连接手性色谱柱,调整流动相至设定比例,待基线稳定后,连续进样,连续两次进样分析的峰面积及保留时间偏差在2%以内,便可对样品进行分析测定。

(4) 拆分结果

优化色谱条件:当温度为25 ℃,流动相为正己烷-乙醇=90:10,流量1.0 mL/min,两对映体接近基线分离,拆分结果如图2-23所示。

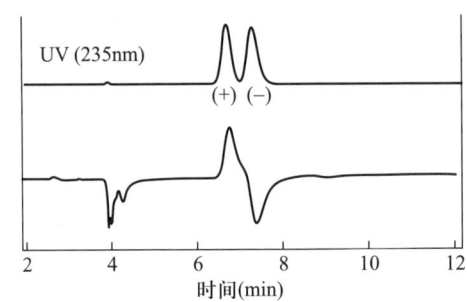

图2-23 育畜磷对映体在Chiralcel OD上的拆分色谱图

2.1.20.3 育畜磷对映体在高效液相色谱Chiralpak AD色谱柱上的拆分[3]

(1) 仪器及试剂

高效液相色谱仪(配有紫外可见光、DAD、圆二色、旋光等检测器);

色谱柱:Chiralpak AD,250 mm×4.6 mm(I.D.)(或者具有相同手性固定相的其他商品名称的手性色谱柱);

正己烷、乙醇、异丙醇、甲醇:色谱纯或者分析纯经过重蒸,用前过膜。

(2) 色谱条件

流动相:正己烷-乙醇(含4.7%甲醇和4.8%异丙醇);

检测波长:235 nm;

流量:0.8~1.0 mL/min;

温度:室温,或者控制温度0~50 ℃(柱温箱);

进样体积:20 μL。

(3) 方法提要

称取一定量的育畜磷标准品或样品于容量瓶中,用流动相溶解并定容,配制成适宜浓度的溶液。色谱体系更换成所需要的流动相体系,连接手性色谱柱,调整流动相至设定比例,待基线稳定后,连续进样,连续两次进样分析的峰面积及保留时间偏差在2%以内,便可对样品进行分析测定。

(4) 拆分结果

色谱条件:温度为25 ℃,流动相为正己烷-乙醇=90∶10,流量1 mL/min。

拆分结果:分离度 R_s = 2.1。色谱图如图2-24所示。

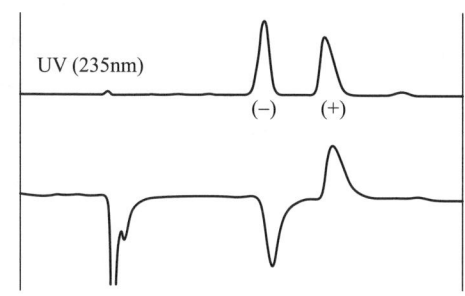

图2-24 育畜磷对映体在Chiralpak AD色谱柱上的拆分色谱图

2.1.20.4 毛细管电泳法对育畜磷对映体的拆分[9]

(1) 仪器与试剂

高效电泳仪,配有P-ACE等有效的检测器;

硅胶毛细管电泳柱:57 cm,50 μm(I.D.);

$Na_2B_4O_7 \cdot 10H_2O$、蒸馏水、NaOH、HCl、羧甲基-β-环糊精(CM-β-CD)、羟丙基-β-环糊精(HYXP-β-CD)、SDS。

(2) 操作条件

检测波长:200 nm;

温度:25 ℃;

电压:10~30 kV。

(3) 方法提要

溶液配制:称取适量的育畜磷溶解在甲醇中得到母液,使用之前进行稀释。称取19g $Na_2B_4O_7 \cdot 10H_2O$ 放在1 L的容量瓶中用蒸馏水定容溶解,超声30 min,制备成20 mmol/L硼酸缓冲液。称取适量的SDS溶解在20 mmol/L硼酸缓冲液中,制备成100 mmol/L SDS储备液。称取适量的羧甲基β-环糊精、羟丙基β-环糊精溶解在20 mmol/L硼酸缓冲液中制备成50 mmol/L环糊精储备液。最终缓冲液是由20 mmol/L硼酸缓冲液、100 mmol/L SDS储备液、50 mmol/L环糊精储备液配制成。

毛细管冲洗:进样之前进行2 min冲洗流程:0.1 mol/L NaOH溶液、纯净水、运行缓冲液。每次进样完都要0.1 mol/L NaOH溶液和纯净水分别冲洗2 min。

进样:柱子阳极端施高压2~6 s进样。

（4）拆分结果

SDS 的最佳浓度在 80 mmol/L~60 mmol/L，CM-β-CD 的最佳浓度在 10 mmol/L~20 mmol/L，把 SDS 和 CM-β-CD 分别控制在 70 mmol/L 和 15 mmol/L。添加一定量的 HYXP-β-CD 和有机改性剂，系列缓冲液如表 2-19 所示。

表 2-19 育畜磷对映体拆分系列缓冲液

缓冲液编号	SDS(mmol/L)	羧甲基-β-环糊精(mmol/L)	羟丙基-β-环糊精(mmol/L)	乙腈含量(%)
A	70	15	35	—
B	70	15	45	—
C	70	15	50	—
D	70	15	45	10
E	70	15	45	20
F	70	15	45	20

进样电压 25 kV，拆分结果：6 种缓冲液体系均能使育畜磷对映体基线分离，在缓冲溶液 D、E 中，两对映体的保留时间在 20~30 min，其他体系中保留时间均在 20 min 以内。

2.1.20.5 气相色谱法对育畜磷对映体的拆分[7]

（1）仪器

气相色谱仪，配有 FPD 或 FID 等检测器；

色谱柱：CP-Chirasil-Dex CB(25 m×0.25 μm I.D.×0.25 μm)。

（2）色谱条件

进样口温度：260 ℃；

检测器温度：300 ℃；

进样量：1 μL。

（3）方法提要

称取一定量的育畜磷溶解在正己烷或丙酮中，使用前稀释。

柱温：程序升温。

（4）拆分结果

优化色谱条件：50 ℃ 保持 1 min，20 ℃/min 升到 190 ℃，保持 10 min。分离度为 2.01。图 2-25 为该色谱条件下的拆分色谱图。

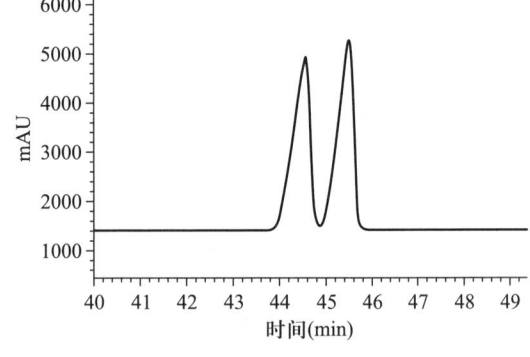

图 2-25 育畜磷对映体的气相色谱拆分图

2.2 拟除虫菊酯类杀虫剂

2.2.1 胺菊酯

胺菊酯异构体在高效液相色谱 Chiralpak AD 色谱柱正相条件下的拆分[11]

(1) 仪器及试剂

高效液相色谱(配有紫外可见光、DAD、圆二色、旋光等检测器);

色谱柱:Chiralpak AD,250 mm×4.6 mm(I.D.)(或者具有相同手性固定相的其他商品名称的手性色谱柱);

柱温箱(非必备);

正己烷、乙醇、异丙醇:色谱纯或者分析纯经过重蒸,用前过膜。

(2) 色谱条件

流动相:正己烷-乙醇-异丙醇;

检测波长:214 nm;

流量:1.0 mL/min;

温度:35 ℃;

进样体积:10 μL。

(3) 方法提要

称取一定量胺菊酯样品于容量瓶中,用流动相溶解并定容,配制成一定浓度的溶液。色谱体系更换成所需要的流动相体系,连接手性色谱柱,调整流动相至设定比例,待基线稳定后,连续进样,连续两次进样分析的峰面积及保留时间偏差在2%以内,便可对样品进行分析测定。

(4) 拆分结果

以正己烷-乙醇-异丙醇=99:0.9:0.1为流动相,在温度为35 ℃,流量为 1 mL/min,检测波长为 214 nm 的条件下,胺菊酯8种异构体在 Chiralpak AD 色谱柱上可实现部分分离,色谱图上共有4个色谱峰,保留时间在 20 min 以内。

2.2.2 苄氯菊酯

苄氯菊酯对映体在高效液相色谱 Chiralcel OJ-H 色谱柱上的拆分[12]

(1) 仪器及试剂

高效液相色谱仪(配有紫外可见光、DAD、圆二色、旋光等检测器);

色谱柱:Chiralcel OJ-H,250 mm×4.6 mm(I.D.)(或者具有相同手性固定相的其他商品名称的手性色谱柱);

柱温箱;

正己烷、乙醇、异丙醇、甲醇:色谱纯或者分析纯经过重蒸,用前过膜。

(2) 色谱条件

流动相:正己烷-异丙醇;

检测波长:225 nm;

流量:1.0 mL/min;

温度:25 ℃;

进样体积:20 μL。

(3) 方法提要

称取一定量的苄氯菊酯标准品或样品于容量瓶中,用流动相溶解并定容。色谱体系更换成所需要的流动相体系,连接手性色谱柱,调整流动相至设定比例,待基线稳定后,连续进样,连续两次进样分析的峰面积及保留时间偏差在2%以内,便可对样品进行分析测定。

(4) 拆分结果

正己烷-异丙醇=100:2,流量1.0 mL/min,温度25 ℃,典型的拆分色谱图如图2-26所示。苄氯菊酯的四种异构体均能达到基线分离。

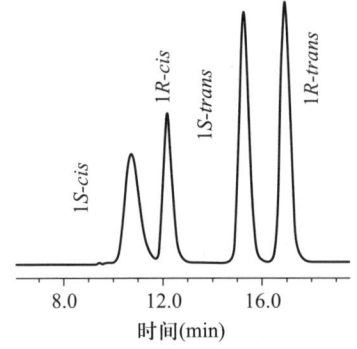

图2-26 苄氯菊酯对映体在 Chiralcel OJ-H 上的拆分色谱图

2.2.3 氟胺氰菊酯

2.2.3.1 氟胺氰菊酯在高效液相色谱 SUMICHIRAL OA-4700 色谱柱正相条件下的拆分[13]

工业品氟胺氰菊酯为(RS)-α-氰基-3-苯氧基苄基-N-(2-氯-α,α,α-三氟-对-甲苯基)-D-缬氨酸酯,含有一对对映体。

(1) 仪器及试剂

高效液相色谱(配有紫外可见光、DAD、圆二色、旋光等检测器);

色谱柱:SUMICHIRAL OA-4700,250 mm×4.6 mm(I.D.)(或者具有相同手性固定相的其他商品名称的手性色谱柱);

柱温箱(非必备);

石油醚、二氯乙烷、异丙醇:色谱纯或者分析纯经过重蒸,用前过膜。

(2) 色谱条件

流动相:石油醚-乙醚;

检测波长:230 nm;

流量:1.0 mL/min;

温度:室温,或者控制温度0~50 ℃(柱温箱);

进样体积:10 μL。

(3) 方法提要

称取一定量氟胺氰菊酯样品于容量瓶中,用流动相配制溶解并定容。色谱体系更换成所需要的流动相体系,连接手性色谱柱,调整流动相至设定比例,待基线稳定后,连续进样,连续两次进样分析的峰面积及保留时间偏差在2%以内,便可对样品进行分析测定。

(4) 拆分结果

以石油醚-二氯乙烷-异丙醇=97.96:2:0.04为流动相,在室温下,流量为1 mL/min,波长为230 nm的色谱条件下,氟胺氰菊酯对映体在SUMICHIRAL OA-4700色谱柱上基本可实现基线分离(图2-27),两对映体的保留时间在30 min以内。

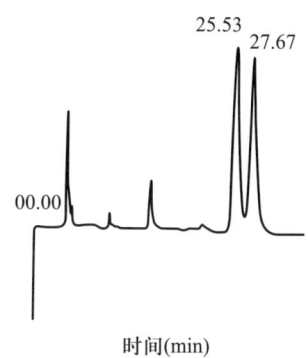

图2-27　氟胺氰菊酯对映体SUMICHIRAL OA-4700色谱柱上的拆分图

2.2.3.2　氟胺氰菊酯在Chiralcel OJ液相色谱柱正相条件下的拆分[14]

(1) 仪器及试剂

高效液相色谱(配有紫外可见光、DAD、圆二色、旋光等检测器);

色谱柱:Chiralcel OJ,250 mm×4.6 mm(I.D.)(或者具有相同手性固定相的其他商品名称的手性色谱柱);

柱温箱(非必备);

正己烷、异丙醇:色谱纯或者分析纯经过重蒸,用前过膜。

(2) 色谱条件

流动相:正己烷-异丙醇;

检测波长:230 nm;

流量:1.0 mL/min;

温度:室温,或者控制温度0~50 ℃(柱温箱);

进样体积:10 μL。

(3) 方法提要

称取一定量氟胺氰菊酯样品于容量瓶中,用流动相配制溶解并定容。色谱体系更换成所需要的流动相体系,连接手性色谱柱,调整流动相至设定比例,待基线稳定后,连续进样,连续两次进样分析的峰面积及保留时间偏差在2%以内,便可对样品进行分析测定。

(4) 拆分结果

以正己烷-异丙醇=90∶10为流动相,在室温下,流量为0.3 mL/min,波长为210 nm的色谱条件下,氟胺氰菊酯对映体在Chiralcel OJ色谱柱上可实现基线分离。

2.2.4　氟氯氰菊酯

氟氯氰菊酯对映体在高效液相色谱上的拆分[2]

(1) 仪器及试剂

高效液相色谱(配有紫外可见光、DAD、圆二色、旋光等检测器);

色谱柱:CHIREX 00G-3019 与 Chiralcel OD 250×4.0 mm(I.D.),两根连用,CHIREX 00G-3019 为氨基酸类手性色谱,固定相为:(S)-叔丁基-亮氨酸与(S)-1-(α-萘基)乙胺以脲键相连后键合在氨丙基硅胶上;

正己烷、1,2-二氯乙烷、甲醇:色谱纯或者分析纯经过重蒸,用前过膜。

(2) 色谱条件

流动相:正己烷-1,2-二氯乙烷-甲醇;

检测波长:230 nm;

流量:1.0 mL/min;

温度:室温,或者控制温度 0~50 ℃(柱温箱);

进样体积:20 μL。

(3) 方法提要

分别称取一定量氟氯氰菊酯样品于容量瓶中,用流动相溶解并定容。色谱体系更换成所需要的流动相体系,连接手性色谱柱,调整流动相至设定比例,待基线稳定后,连续进样,连续两次进样分析的峰面积及保留时间偏差在 2% 以内,便可对样品进行分析测定。

(4) 拆分结果

优化色谱条件:流动相为正己烷-1,2-二氯乙烷-甲醇(500∶10∶0.05),流量 1.0 mL/min,检测波长 230 nm,氟氯氰菊酯 8 种异构体都能得到很好的拆分(图 2-28),最后一种异构体在 110 min 之前出峰。

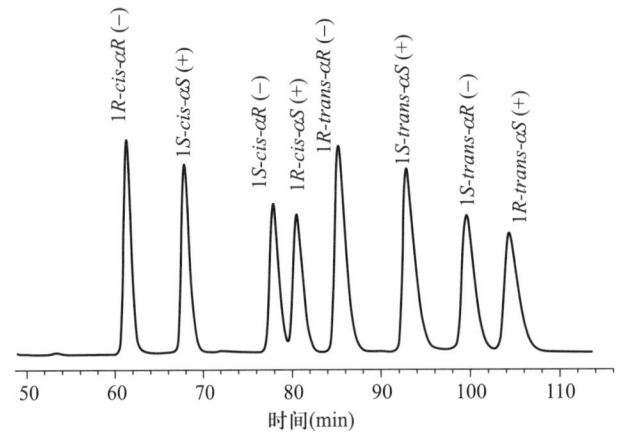

图 2-28 氟氯氰菊酯异构体的拆分色谱图
(正己烷-1,2-二氯乙烷-甲醇为 500∶10∶0.05,室温,230 nm)

2.2.5 高效氯氟氰菊酯

2.2.5.1 高效氯氟氰菊酯对映体在高效液相色谱 Chiralcel OD 色谱柱上的拆分[15]

(1) 仪器及试剂

高效液相色谱(配有紫外可见光、DAD、圆二色、旋光等检测器);

色谱柱:Chiralcel OD,250 mm×4.6 mm(I.D.)(或者具有相同手性固定相的其他商品名称的

手性色谱柱);

柱温箱(非必备);

正己烷、异丙醇:色谱纯或者分析纯经过重蒸,用前过膜。

(2) 色谱条件

流动相:正己烷-异丙醇;

检测波长:254 nm;

流量:1.0 mL/min;

温度:25 ℃或室温;

进样体积:20 μL。

(3) 方法提要

称取一定量高效氯氟氰菊酯样品于容量瓶中,用正己烷-异丙醇(90∶10)溶解并定容。色谱体系更换成所需要的流动相体系,连接手性色谱柱,调整流动相至设定比例,待基线稳定后,连续进样,连续两次进样分析的峰面积及保留时间偏差在 2%以内,便可对样品进行分析测定。

(4) 拆分结果

以正己烷-异丙醇=90∶10 为流动相,柱温为 25 ℃,流量为 1.0 mL/min,波长为 254 nm,高效氯氟氰菊酯对映体在 Chiralcel OD 手性柱上能得到满意的分离效果,结果见图 2-29。

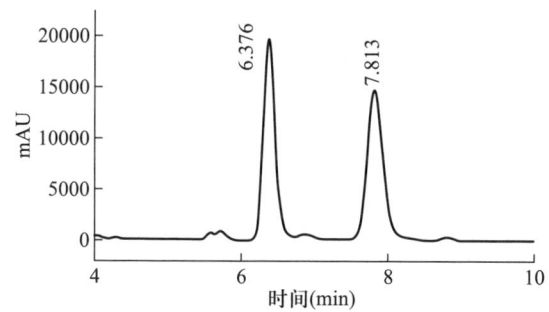

图 2-29　高效氯氟氰菊酯对映体在 Chiralcel OD 上的拆分色谱图

2.2.5.2　高效氯氟氰菊酯对映体在高效液相色谱 Chiralpak AS 色谱柱上的拆分[16]

(1) 仪器及试剂

高效液相色谱(配有紫外可见光、DAD、圆二色、旋光等检测器);

色谱柱:Chiralpak AS,250 mm×4.6 mm(I.D.)(或者具有相同手性固定相的其他商品名称的手性色谱柱);

柱温箱(非必备);

正己烷、异丙醇、乙醇:色谱纯或者分析纯经过重蒸,用前过膜。

(2) 色谱条件

流动相:正己烷-醇;

检测波长:254 nm;

流量:0.5 mL/min;

温度:室温,或者控制温度 0~50 ℃(柱温箱);

进样体积:20 μL。

(3) 方法提要

称取一定量高效氯氟氰菊酯样品于容量瓶中,用流动相配制溶解并定容。色谱体系更换成所需要的流动相体系,连接手性色谱柱,调整流动相至设定比例,待基线稳定后,连续进样,连续两次进样分析的峰面积及保留时间偏差在2%以内,便可对样品进行分析测定。

(4) 拆分结果

正相 Chiralpak AS 手性柱中,以正己烷-异丙醇=90:10 为流动相,在柱温为室温,流量为 0.5 mL/min,波长为 254 nm 的色谱条件下,高效氯氟氰菊酯对映体能达到基线分离,分离度在 1.5 以上,出峰时间在 15 min 以内。

2.2.6 高效氯氰菊酯

2.2.6.1 高效氯氰菊酯对映体在高效液相色谱 Chiralcel OD 色谱柱上的拆分[17]

(1) 仪器及试剂

高效液相色谱(配有紫外可见光、DAD、圆二色、旋光等检测器);

色谱柱:Chiralcel OD,250 mm×4.6 mm(I.D.)(或者具有相同手性固定相的其他商品名称的手性色谱柱);

柱温箱(非必备);

正己烷、异丙醇:色谱纯或者分析纯经过重蒸,用前过膜。

(2) 色谱条件

流动相:正己烷-异丙醇;

检测波长:236 nm;

流量:0.4 mL/min;

温度:室温或控制温度 0~25 ℃;

进样体积:10 μL。

(3) 方法提要

称取一定量高效氯氰菊酯样品于容量瓶中,用流动相溶解并定容。色谱体系更换成所需要的流动相体系,连接手性色谱柱,调整流动相至设定比例,待基线稳定后,连续进样,连续两次进样分析的峰面积及保留时间偏差在2%以内,便可对样品进行分析测定。

(4) 拆分结果

高效氯氰菊酯 4 种异构体在 Chiralcel OD 柱上能够得到完全分离。当醇含量由 2% 增加到 5%,Chiralcel OD 柱依然表现出很好的基线分离能力(表 2-20),在高的醇含量下将减少保留时间获得更尖锐的峰形。

表 2-20 高效氯氰菊酯异构体在 Chiralcel OD 上的分离结果

异丙醇(%)	k_1	k_2	k_3	k_4	α_{12}	α_{23}	α_{34}	R_{S12}	R_{S23}	R_{S34}
2	0.78	1.25	1.36	2.23	1.61	1.09	1.63	8.23	1.72	9.46
3	0.74	1.13	1.31	1.98	1.53	1.16	1.51	5.82	2.39	8.20
4	0.68	1.00	1.21	1.74	1.47	1.21	1.44	5.67	3.24	7.07
5	0.64	0.90	1.12	1.56	1.42	1.24	1.39	4.98	3.63	6.26

2.2.6.2 高效氯氰菊酯异构体在高效液相色谱Chiralpak AD上的拆分[4]

(1) 仪器及试剂

高效液相色谱(配有紫外可见光、DAD、圆二色、旋光等检测器);

色谱柱:Chiralpak AD,250 mm×4.6 mm(I.D.)(或者具有相同手性固定相的其他商品名称的手性色谱柱);

柱温箱(非必备);

正己烷、异丙醇:色谱纯或者分析纯经过重蒸,用前过膜。

(2) 色谱条件

流动相:正己烷-异丙醇;

检测波长:236 nm;

流量:0.4 mL/min;

温度:室温,或者控制温度0~50 ℃(柱温箱);

进样体积:10 μL。

(3) 方法提要

称取一定量高效氯氰菊酯样品于容量瓶中,用流动相溶解并定容。色谱体系更换成所需要的流动相体系,连接手性色谱柱,调整流动相至设定比例,待基线稳定后,连续进样,连续两次进样分析的峰面积及保留时间偏差在2%以内,便可对样品进行分析测定。

(4) 拆分结果

高效氯氰菊酯4种异构体在Chiralpak AD柱上可以实现完全分离,拆分结果见表2-21,拆分色谱图见图2-30。

表2-21 高效氯氰菊酯异构体在Chiralpak AD上的分离结果

异丙醇(%)	k_1	k_2	k_3	k_4	α_{12}	α_{23}	α_{34}	R_{S12}	R_{S23}	R_{S34}
1.0	1.08	1.35	1.62	1.91	1.25	1.20	1.18	2.92	2.56	2.62
1.5	1.05	1.29	1.56	1.84	1.23	1.21	1.18	2.59	2.66	2.48
2.0	1.02	1.25	1.53	1.78	1.23	1.22	1.17	2.50	2.75	2.34
2.5	0.86	1.06	1.32	1.54	1.24	1.24	1.17	2.40	2.78	2.19
3.0	0.84	1.03	1.30	1.50	1.23	1.25	1.16	2.33	2.85	2.11

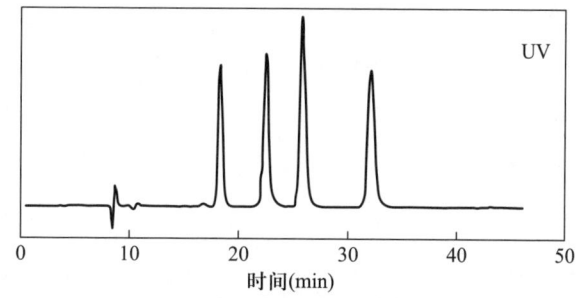

图2-30 高效氯氰菊酯异构体在Chiralpak AD上的分离色谱图
(正己烷-异丙醇为97∶3;温度25 ℃;流量0.40 mL/min)

2.2.7 环戊烯丙菊酯

2.2.7.1 环戊烯丙菊酯对映体在高效液相色谱 Chiralcel OD 色谱柱上的拆分[18]

(1) 仪器及试剂

高效液相色谱(配有紫外可见光、DAD、圆二色、旋光等检测器);

色谱柱:Chiralcel OD,250 mm×4.6 mm(I.D.)(或者具有相同手性固定相的其他商品名称的手性色谱柱);

柱温箱(非必备);

甲醇、乙腈:色谱纯或者分析纯经过重蒸,用前过膜;

超纯水。

(2) 色谱条件

流动相:甲醇-水,乙腈-水;

检测波长:230 nm;

流量:0.8 mL/min;

温度:室温或控制温度 0~40 ℃;

进样体积:20 μL。

(3) 方法提要

称取一定量环戊烯丙菊酯样品于容量瓶中,用流动相溶解并定容。色谱体系更换成所需要的流动相体系,连接手性色谱柱,调整流动相至设定比例,待基线稳定后,连续进样,连续两次进样分析的峰面积及保留时间偏差在2%以内,便可对样品进行分析测定。

(4) 拆分效果

环戊烯丙菊酯对映体在甲醇-水作流动相的条件下仅能得到部分分离,而在乙腈-水作流动相条件下却可达到基线分离(表 2-22),室温条件下最大离度分别为 0.66 和 1.56,环戊烯丙菊酯的拆分色谱图见图 2-31。温度对对映体的拆分有显著的影响,低温条件下有助于分离。环戊烯丙菊酯对映体在两种流动相同一波长下的流出顺序一致,即在甲醇-水或乙腈-水作流动相条件下,在 230 nm 下圆二色信号都是先出负峰,后出正峰。

表 2-22 环戊烯丙菊酯对映体在 Chiralcel OD 上的分离结果

流动相	$V:V$	k_1	k_2	α	R_s
甲醇-水	100:0	0.70	0.70	1.00	—
	90:10	1.01	1.01	1.00	—
	80:20	2.63	2.74	1.04	0.42
	75:25	4.52	4.74	1.05	0.53
	70:30	8.18	8.58	1.05	0.54
	65:35	15.09	15.91	1.05	0.66

续表

流动相	$V:V$	k_1	k_2	α	R_s
乙腈-水	100∶0	0.51	0.51	1.00	—
	90∶10	0.33	0.33	1.00	—
	80∶20	0.53	0.60	1.13	0.66
	70∶30	1.03	1.15	1.12	0.89
	60∶40	2.18	2.43	1.12	1.22
	50∶50	5.66	6.28	1.11	1.56

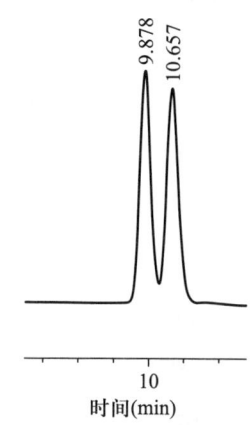

图 2-31　环戊烯丙菊酯对映体在 Chiralcel OD 上的拆分色谱图(乙腈-水为 60∶40)

2.2.7.2　环戊烯丙菊酯对映体在高效液相色谱 Chiralpak AD 色谱柱上的拆分

(1) 仪器及试剂

高效液相色谱(配有紫外可见光、DAD、圆二色、旋光等检测器);

色谱柱:Chiralpak AD,250 mm×4.6 mm(I.D.)(或者具有相同手性固定相的其他商品名称的手性色谱柱);

柱温箱(非必备);

甲醇、乙腈:色谱纯或者分析纯经过重蒸,用前过膜;

超纯水。

(2) 色谱条件

流动相:甲醇-水,乙腈-水;

检测波长:230 nm;

流量:0.5 mL/min;

温度:室温或控制温度 0~40 ℃;

进样体积:20 μL。

(3) 方法提要

称取一定量环戊烯丙菊酯样品于容量瓶中,用流动相溶解并定容。色谱体系更换成所需要的流动相体系,连接手性色谱柱,调整流动相至设定比例,待基线稳定后,连续进样,连续两次进样分析的峰面积及保留时间偏差在2%以内,便可对样品进行分析测定。

(4) 不同流动相体系的拆分效果

环戊烯丙菊酯对映体在 Chiralpak AD 上以甲醇-水或乙腈-水作流动相中具有很好的拆分结果,最大分离度分别为 1.72、2.43(表2-23),拆分色谱图见图2-32。230nm 波长两种流动相条件下环戊烯丙菊酯对映体在圆二色检测器上的出峰顺序相同,即都为(+/-)。

表2-23 环戊烯丙菊酯对映体在 Chiralpak AD 上的分离结果(流量 0.5 mL/min,室温)

流动相	$V:V$	k_1	k_2	α	R_s
甲醇-水	100:0	0.51	0.64	1.24	0.93
	90:10	1.34	1.75	1.31	1.33
	80:20	3.92	5.49	1.40	1.72
	75:25	7.44	10.31	1.39	1.42
乙腈-水	100:0	0.33	0.33	1.00	—
	80:20	0.62	0.86	1.38	1.12
	70:30	1.19	1.62	1.36	1.74
	60:40	2.58	3.49	1.35	2.14
	55:45	4.07	5.46	1.34	2.43

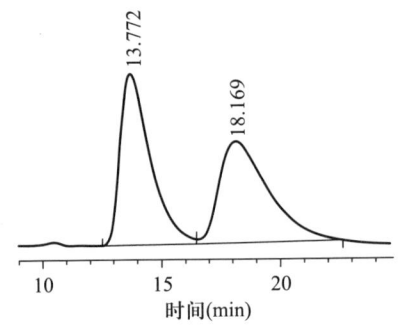

图2-32 环戊烯丙菊酯对映体在 Chiralpak AD 上的拆分色谱图(甲醇-水为 80:20)

2.2.8 甲氰菊酯

甲氰菊酯对映体在高效液相色谱 SUMICHIRAL OA-4700 色谱柱上的拆分[13]

(1) 仪器及试剂

高效液相色谱(配有紫外可见光、DAD、圆二色、旋光等检测器);

色谱柱:SUMICHIRAL OA-4700, 250 mm×4.6 mm(I.D.)(或者具有相同手性固定相的其他

商品名称的手性色谱柱);

柱温箱(非必备);

石油醚、乙醚:色谱纯或者分析纯经过重蒸,用前过膜。

(2) 色谱条件

流动相:石油醚-乙醚;

检测波长:230 nm;

流量:1.0 mL/min;

温度:室温,或者控制温度 0~50 ℃(柱温箱);

进样体积:10 μL。

(3) 方法提要

称取一定量甲氰菊酯样品于容量瓶中,用流动相配制溶解并定容。色谱体系更换成所需要的流动相体系,连接手性色谱柱,调整流动相至设定比例,待基线稳定后,连续进样,连续两次进样分析的峰面积及保留时间偏差在 2% 以内,便可对样品进行分析测定。

(4) 拆分结果

以石油醚-乙醚=99.5∶0.5 为流动相,在室温下,流量为 1 mL/min,波长为 230 nm 的色谱条件下,甲氰菊酯对映体基本可完全分离,两对映体的出峰时间分别为 18.44 min 和 19.94 min。

2.2.9 氯菊酯

2.2.9.1 氯菊酯异构体在高效液相色谱 SUMICHIRAL OA-2500-I 色谱柱上的拆分[2]

(1) 仪器及试剂

高效液相色谱(配有紫外可见光、DAD、圆二色、旋光等检测器);

色谱柱:SUMICHIRAL OA-2500-I,250 mm×4.6 mm(I.D.)(或者具有相同手性固定相的其他商品名称的手性色谱柱);

柱温箱(非必备);

正己烷、1,2-二氯乙烷:色谱纯或者分析纯经过重蒸,用前过膜。

(2) 色谱条件

流动相:正己烷-1,2-二氯乙烷;

检测波长:230 nm;

流量:1.0 mL/min;

温度:室温,或者控制温度 0~50 ℃(柱温箱);

进样体积:20 μL。

(3) 方法提要

称取一定量氯菊酯样品于容量瓶中,用流动相溶解并定容。色谱体系更换成所需要的流动相体系,连接手性色谱柱,调整流动相至设定比例,待基线稳定后,连续进样,连续两次进样分析的峰面积及保留时间偏差在 2% 以内,便可对样品进行分析测定。

(4) 拆分结果

优化色谱条件:流动相正己烷-1,2-二氯乙烷为 500∶1,室温,检测波长 230 nm,氯菊酯异构体得到很好的拆分(图 2-33)。

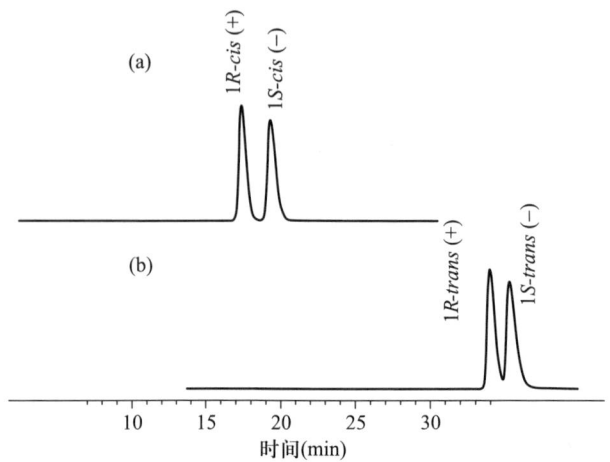

图 2-33 氯菊酯对映体在 SUMICHIRAL OA-2500-I 色谱柱上的拆分色谱图：
(a)顺式氯菊酯；(b)反式氯菊酯

2.2.9.2 氯菊酯异构体在高效液相色谱 Chiralcel OJ-H 色谱柱上的拆分[19]

（1）仪器及试剂

高效液相色谱（配有紫外可见光、DAD、圆二色、旋光等检测器）；

色谱柱：Chiralcel OJ-H,250 mm×4.6 mm(I.D.)（或者具有相同手性固定相的其他商品名称的手性色谱柱）；

柱温箱（非必备）；

正己烷、乙醇：色谱纯或者分析纯经过重蒸，用前过膜。

（2）色谱条件

流动相：正己烷-乙醇；

检测波长：236 nm；

流量：0.8 mL/min；

温度：25 ℃；

进样体积：20 μL。

（3）方法提要

称取一定量氯菊酯样品于容量瓶中，用流动相溶解并定容。色谱体系更换成所需要的流动相体系，连接手性色谱柱，调整流动相至设定比例，待基线稳定后，连续进样，连续两次进样分析的峰面积及保留时间偏差在2%以内，便可对样品进行分析测定。

（4）拆分结果

以正己烷-乙醇=99∶1 为流动相，在柱温 25 ℃下，流量为 0.8 mL/min、波长为 236 nm 的色谱条件下，氯菊酯的 4 种对映体中的相邻峰的分离度均达到 1.4 以上，拆分色谱图如图 2-34 所示，出峰时间在 15 min 以内。

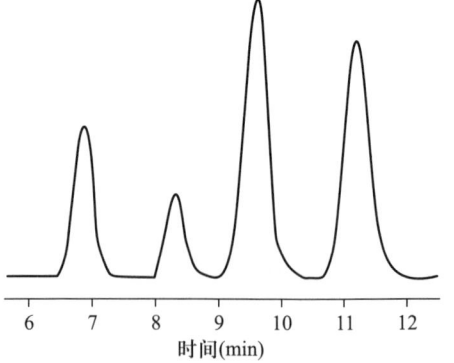

图 2-34 氯菊酯异构体在 Chiralcel OJ-H 色谱柱上的拆分色谱图

2.2.10 氯氰菊酯

2.2.10.1 氯氰菊酯异构体在高效液相色谱 CHIREX 00G-3019 与 Chiralcel OD 串联柱上的拆分[20]

(1) 仪器及试剂

高效液相色谱(配有紫外可见光、DAD、圆二色、旋光等检测器);

色谱柱:CHIREX 00G-3019 与 Chiralcel OD 250×4.0 mm(I.D.)两根连用,CHIREX 00G-3019 固定相为:(S)-叔丁基-亮氨酸与(S)-1-(α-萘基)乙胺以脲键相连后键合在氨丙基硅胶上;

正己烷、1,2-二氯乙烷、甲醇:色谱纯或者分析纯经过重蒸,用前过膜。

(2) 色谱条件

流动相:正己烷-1,2-二氯乙烷-甲醇;

检测波长:230 nm;

流量:1.0 mL/min;

温度:室温或控制温度 0~25 ℃;

进样体积:20 μL。

(3) 方法提要

分别称取一定量氯氰菊酯样品于容量瓶中,用流动相溶解并定容。色谱体系更换成所需要的流动相体系,连接手性色谱柱,调整流动相至设定比例,待基线稳定后,连续进样,连续两次进样分析的峰面积及保留时间偏差在 2% 以内,便可对样品进行分析测定。

(4) 拆分结果

在正己烷-1,2-二氯乙烷-甲醇为 500:1:0.05 的流动相条件下氯氰菊酯得到很好的拆分(图 2-35),实现了 8 种异构体的拆分。

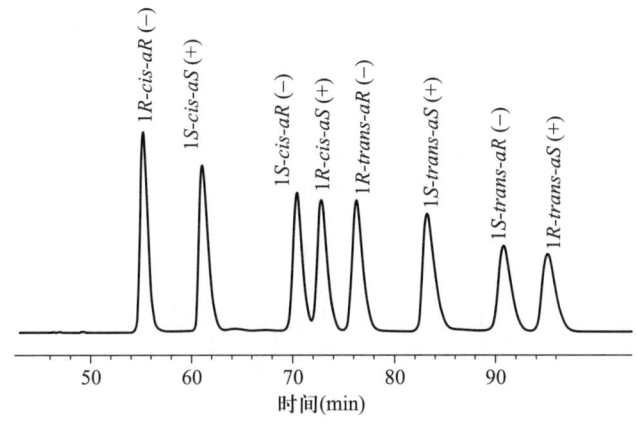

图 2-35 氯氰菊酯异构体在 CHIREX 00G-3019 与 Chiralcel OD 手性柱上的拆分色谱图
(正己烷-1,2-二氯乙烷-甲醇为 500:1:0.05,室温,230 nm)

当流动相组成由正己烷-1,2-二氯乙烷-甲醇比例 500:1:0.05 变为 500:30:0.15,各个峰之间的分离度变大,峰形变宽。

2.2.10.2 氯氰菊酯异构体在气相色谱 BGB-172 色谱柱上的拆分[21]

(1) 仪器

气相色谱系统,配有 ECD 和 MSD 检测器;

色谱柱:BGB-172(25 m×0.25 mm I.D.×0.25 μm)。

(2) 色谱条件

进样口温度:260 ℃;

检测器温度:310 ℃;

进样量:1 μL。

(3) 方法提要

称取一定量的氯氰菊酯溶解在正己烷或丙酮中得到储备液,使用前稀释。

(4) 拆分结果

优化色谱条件:160 ℃ 保持 2 min 然后以 1 ℃/min 升温到 220 ℃,保持 60 min,接着以 5 ℃/min 的升温速度升到 230 ℃ 直到完全流出。所有顺式的异构体可以完全分离,反式的异构体不能完全分离。

图 2-36 为该色谱条件下的拆分色谱图(i、ii、iv、v 为氯氰菊酯的四种顺式异构体,iii 和 vi 为另外两种反式异构体):

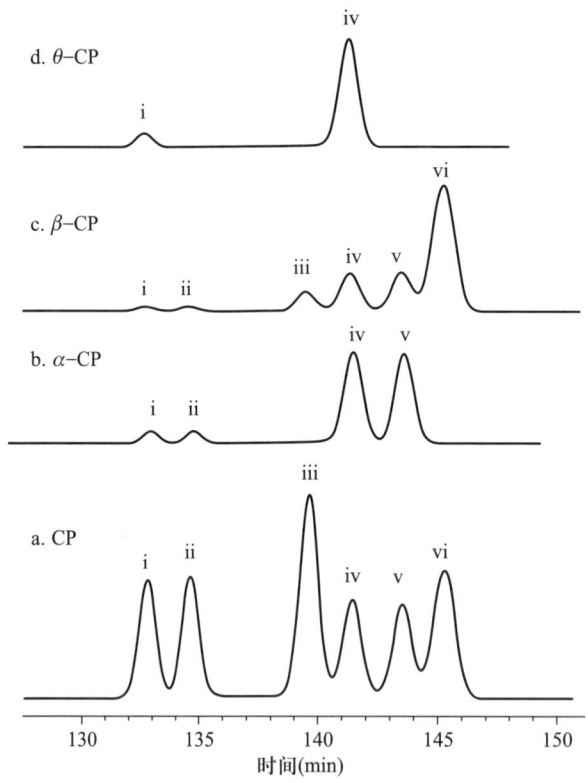

图 2-36 氯氰菊酯异构体在 BGB-172 气相色谱柱上的拆分色谱图
(a:氯氰菊酯,b:α-氯氰菊酯,c:β-氯氰菊酯,d:θ-氯氰菊酯)

2.2.11 顺式氯氰菊酯

2.2.11.1 顺式氯氰菊酯对映体在高效液相色谱 Chiralcel OD 色谱柱上的拆分

(1) 仪器及试剂

高效液相色谱(配有紫外可见光、DAD、圆二色、旋光等检测器);

色谱柱:Chiralcel OD,250 mm×4.6 mm(I.D.)(或者具有相同手性固定相的其他商品名称的手性色谱柱);

柱温箱(非必备);

正己烷、石油醚、正庚烷、乙醇、异丙醇、丁醇、异丁醇:色谱纯或者分析纯经过重蒸,用前过膜。

(2) 色谱条件

流动相:正己烷-醇,石油醚-醇,正庚烷-醇;

检测波长:230 nm;

流量:1.0 mL/min;

温度:室温,或者控制温度 0~50 ℃(柱温箱);

进样体积:20 μL。

(3) 方法提要

称取一定量顺式氯氰菊酯样品于容量瓶中,用流动相溶解并定容。色谱体系更换成所需要的流动相体系,连接手性色谱柱,调整流动相至设定比例,待基线稳定后,连续进样,连续两次进样分析的峰面积及保留时间偏差在 2% 以内,便可对样品进行分析测定。

(4) 拆分结果

正己烷体系下,只有异丙醇和异丁醇能够实现完全分离,异丙醇的效果最好,在含量为 1% 时,分离因子为 1.73。乙醇的分离效果最差,具体结果如表 2-24 所示。石油醚体系也有较好的拆分结果,在异丙醇含量为 2% 时,分离因子可达 1.48(表 2-25)。正庚烷体系没有实现顺式氯氰菊酯对映体的基线分离。图 2-37 为顺式氯氰菊酯对映体的拆分色谱图。

表 2-24 顺式氯氰菊酯对映体在 Chiralcel OD 上正己烷体系下的拆分结果

含量(%)	乙醇			异丙醇			丁醇			异丁醇		
	k_1	α	R_S	k_1	α	R_S	k_1	α	R_S	k_1	α	R_S
20	2.04	1.00	—	3.56	1.26	1.31	2.06	1.10	0.21	2.15	1.17	0.53
15	2.14	1.06	0.12	3.97	1.30	1.44	2.20	1.11	0.24	2.33	1.20	0.86
10	2.30	1.08	0.15	4.27	1.36	1.66	2.46	1.14	0.34	2.63	1.26	1.40
5	2.69	1.08	0.20	5.34	1.45	1.98	3.05	1.19	1.03	3.30	1.36	1.59
2	3.44	1.16	1.08	7.56	1.63	2.62	—	—	—	4.65	1.48	1.87
1				9.74	1.73	2.82						

表 2-25 顺式氯氰菊酯对映体在 Chiralcel OD 柱上石油醚和正庚烷体系下的拆分结果

异丙醇含量(%)	石油醚			正庚烷		
	k_1	α	R_s	k_1	α	R_s
20	2.26	1.18	1.09	2.10	1.19	0.77
15	2.47	1.20	1.25	2.36	1.25	1.28
10	2.77	1.24	1.37	2.63	1.29	1.53
5	3.91	1.32	1.60	2.95	1.42	1.82
2	4.66	1.48	2.03	3.92	1.34	1.32

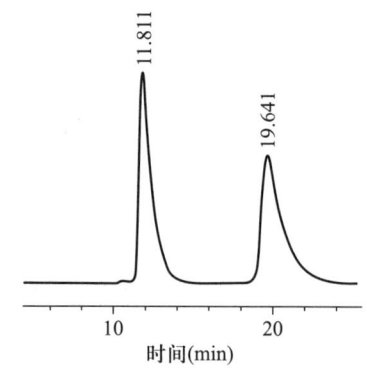

图 2-37 顺式氯氰菊酯对映体在 Chiralcel OD 色谱柱上的拆分色谱图
(正己烷-异丙醇为 99∶1,室温,230 nm)

(5) 圆二色特性研究

先流出对映体呈现(+)CD 响应,在 220~250 nm 范围吸收值一直为正值,而后流出对映体的 CD 信号一直都为负值,两对映体的吸收曲线以"0"刻度线对称,CD 最大吸收为 220 nm,250 nm 后 CD 吸收非常弱。其 CD 信号如图 2-38 所示。

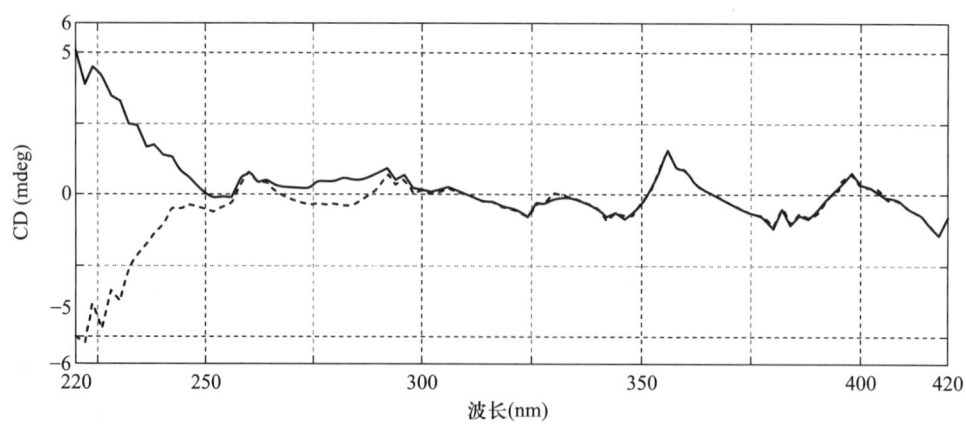

图 2-38 顺式氯氰菊酯两对映体的 CD 扫描图(实线为先流出对映体,虚线为后流出对映体)

2.2.11.2 顺式氯氰菊酯对映体在高效液相色谱(R,R)Whelk-O 1 色谱柱上的拆分

(1) 仪器及试剂

高效液相色谱(配有紫外可见光、DAD、圆二色、旋光等检测器);

色谱柱:(R,R)Whelk-O 1,250 mm×4.6 mm(I.D.)(或者具有相同手性固定相的其他商品名称的手性色谱柱);

柱温箱(非必备);

正己烷、乙醇、异丙醇、丁醇、异丁醇:色谱纯或者分析纯经过重蒸,用前过膜。

(2) 色谱条件

流动相:正己烷-醇;

检测波长:225 nm;

流量:1.0 mL/min;

温度:室温,或者控制温度 0~50 ℃(柱温箱);

进样体积:20 μL。

(3) 方法提要

称取一定量顺式氯氰菊酯样品于容量瓶中,用流动相溶解并定容。色谱体系更换成所需要的流动相体系,连接手性色谱柱,调整流动相至设定比例,待基线稳定后,连续进样,连续两次进样分析的峰面积及保留时间偏差在2%以内,便可对样品进行分析测定。

(4) 拆分结果

在正己烷体系下所有醇都只能对其进行部分分离,具体结果如表 2-26 所示。圆二色检测器先流出对映体为(-),后流出为(+)。

表 2-26 顺式氯氰菊酯对映体在(R,R)Whelk-O 1 色谱柱上的拆分结果

含量(%)	乙醇			异丙醇			丁醇		
	k_1	α	R_S	k_1	α	R_S	k_1	α	R_S
1	4.19	1.06	1.00	6.22	1.07	0.84	2.96	1.06	0.70
2	3.23	1.06	0.84	5.36	1.08	0.86	2.78	1.06	0.68
5	2.21	1.05	0.62	3.93	1.08	0.89	2.63	1.06	0.66
10	—	—	—	2.80	1.07	0.86	2.08	1.04	0.43
15	—	—	—	2.40	1.07	0.72	1.72	1.04	0.41
20	—	—	—	2.08	1.06	0.61	—	—	—

2.2.12 反式氯氰菊酯

2.2.12.1 反式氯氰菊酯对映体在高效液相色谱 Chiralcel OD 色谱柱上的拆分

(1) 仪器及试剂

高效液相色谱(配有紫外可见光、DAD、圆二色、旋光等检测器);

色谱柱:纤维素-三(3,5-二甲基苯基氨基甲酸酯)手性色谱柱(Chiralcel OD 商品柱或者具有相同手性固定相的其他品牌手性色谱柱):250 mm×4.6 mm(I.D.);

柱温箱(非必备);

正己烷、石油醚、正庚烷、乙醇、丙醇、异丙醇、丁醇、异丁醇:色谱纯或者分析纯经过重蒸,用前过膜。

(2) 色谱条件

流动相:正己烷-醇,石油醚-醇,正庚烷-醇;

检测波长:230 nm;

流量:1.0 mL/min;

温度:室温或控制温度 0~25 ℃;

进样体积:20 μL。

(3) 方法提要

称取一定量反式氯氰菊酯样品于容量瓶中,用流动相溶解并定容。色谱体系更换成所需要的流动相体系,连接手性色谱柱,调整流动相至设定比例,待基线稳定后,连续进样,连续两次进样分析的峰面积及保留时间偏差在2%以内,便可对样品进行分析测定。

(4) 拆分结果及醇含量的影响

正己烷体系下异丙醇有最佳的分离效果,异丁醇也有较好的分离效果,可以实现基线分离。乙醇和丁醇的效果较差,无法实现基线分离,具体结果如表 2-27 所示。石油醚和正庚烷体系下的拆分结果见表 2-28,都可实现完全分离,但都没有正己烷-异丙醇的分离效果好。图 2-39 为反式氯氰菊酯对映体的手性拆分图。

表 2-27 反式氯氰菊酯对映体在 Chiralcel OD 色谱柱上正己烷体系下的拆分

含量(%)	乙醇			异丙醇			丁醇			异丁醇		
	k_1	α	R_S	k_1	α	R_S	k_1	α	R_S	k_1	α	R_S
20	2.59	1.00	—	2.72	1.20	1.26	2.38	1.00	—	2.32	1.16	0.74
15	2.85	1.07	0.26	4.32	1.23	1.39	2.59	1.00	—	2.53	1.19	0.98
10	3.60	1.12	0.45	4.78	1.26	1.58	2.85	1.07	0.24	2.92	1.25	1.39
5	2.92	1.12	0.67	6.23	1.37	1.76	3.60	1.12	0.62	3.68	1.32	1.63
2	4.43	1.10	0.93	9.13	1.53	2.30	4.81	1.23	1.33	4.84	1.60	1.99
1	—	—	—	11.60	1.62	2.55	—	—	—	—	—	—

表 2-28 反式氯氰菊酯对映体在 Chiralcel OD 色谱柱上石油醚和正庚烷体系下的拆分

异丙醇含量(%)	石油醚			正庚烷		
	k_1	α	R_S	k_1	α	R_S
20	2.42	1.15	0.84	2.23	1.16	0.72
15	2.63	1.16	0.89	2.56	1.20	0.99

续表

异丙醇含量(%)	石油醚			正庚烷		
	k_1	α	R_S	k_1	α	R_S
10	2.97	1.19	1.03	2.90	1.24	1.24
5	3.89	1.28	1.50	3.33	1.34	1.35
2	4.53	1.63	1.76	4.42	1.42	1.61

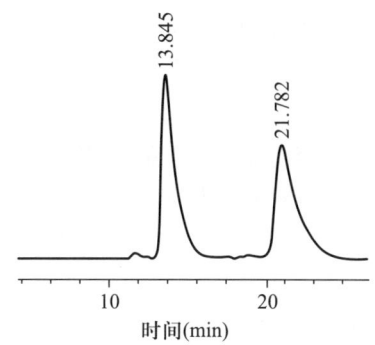

图 2-39 反式氯氰菊酯对映体在 Chiralcel OD 色谱上的拆分图
（正己烷-异丙醇为 99∶1,室温,230 nm）

（5）圆二色特性

反式氯氰菊酯的先流出对映体在 220~268nm 波长范围内显示(-)CD 吸收信号,在 268~300 nm 波长范围内显示了较弱的(+)CD 吸收,如图 2-40 所示,后流出对映体与先流出对映体以"0"刻度线具有较好的对称性。

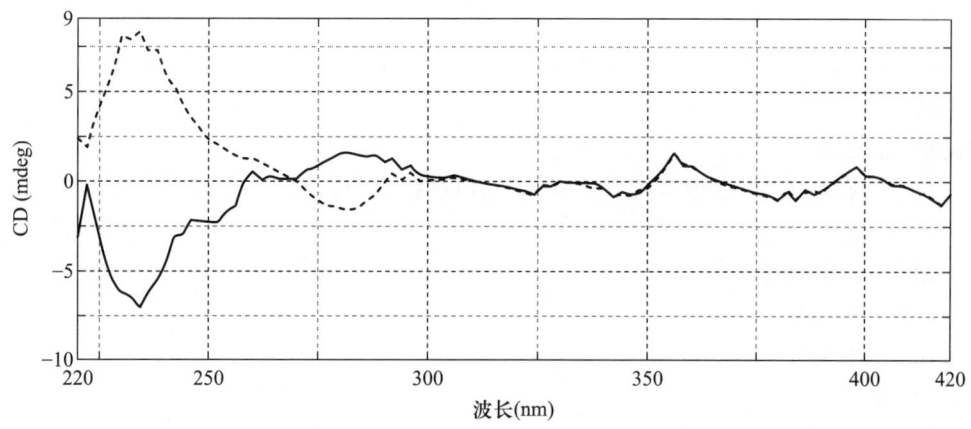

图 2-40 反式氯氰菊酯两对映体的 CD 扫描图(实线为先流出对映体,虚线为后流出对映体)

2.2.12.2 反式氯氰菊酯在高效液相色谱(R,R)Whelk-O 1 色谱柱上的拆分

（1）仪器及试剂

高效液相色谱(配有紫外可见光、DAD、圆二色、旋光等检测器);

色谱柱:(R,R)Whelk-O 1,250 mm×4.6 mm(I.D.)(或者具有相同手性固定相的其他商品名称的手性色谱柱);

柱温箱(非必备);

正己烷、乙醇、丙醇、异丙醇、丁醇、异丁醇、戊醇:色谱纯或者分析纯经过重蒸,用前过膜。

(2)色谱条件

流动相:正己烷-醇;

检测波长:220 nm;

流量:1.0 mL/min;

温度:室温,或者控制温度 0~50 ℃(柱温箱);

进样体积:20 μL。

(3)方法提要

称取一定量反式氯氰菊酯样品于容量瓶中,用流动相溶解并定容。色谱体系更换成所需要的流动相体系,连接手性色谱柱,调整流动相至设定比例,待基线稳定后,连续进样,连续两次进样分析的峰面积及保留时间偏差在2%以内,便可对样品进行分析测定。

(4)拆分结果

检测波长 220 nm,流量 1.0 mL/min,正己烷体系下,六种醇(乙醇、丙醇、异丙醇、丁醇、异丁醇、戊醇)中,在丙醇含量为1%时有最好的分离效果,可实现接近基线分离。反式氯氰菊酯对映体在(R,R)Whelk-O 1手性柱上的流出顺序为:先流出为(S)-(1R)-trans,后流出为(R)-(1S)-trans。

2.2.13 氰戊菊酯

2.2.13.1 氰戊菊酯异构体在高效液相色谱 Chiralcel OJ-H 色谱柱上的拆分[22]

(1)仪器及试剂

高效液相色谱(配有紫外可见光、DAD、圆二色、旋光等检测器);

色谱柱:Chiralcel OJ-H,250 mm×4.6 mm(I.D.)(或者具有相同手性固定相的其他商品名称的手性色谱柱);

柱温箱(非必备);

正己烷、异丙醇、乙醇:色谱纯或者分析纯经过重蒸,用前过膜。

(2)色谱条件

流动相:正己烷-醇;

检测波长:280 nm;

流量:0.8 mL/min;

温度:20 ℃;

进样体积:20 μL。

(3)方法提要

称取一定量氰戊菊酯样品于容量瓶中,用流动相配制溶解并定容。色谱体系更换成所需要的流动相体系,连接手性色谱柱,调整流动相至设定比例,待基线稳定后,连续进样,连续两次进样分析的峰面积及保留时间偏差在2%以内,便可对样品进行分析测定。

(4) 拆分结果

以正己烷-异丙醇=100∶3 为流动相,在柱温为 20 ℃,流量为 0.8 mL/min,波长为 280 nm 的色谱条件下,氰戊菊酯对映体能得到满意的分离效果,氰戊菊酯的 4 种异构体可以实现完全分离(图 2-41)。

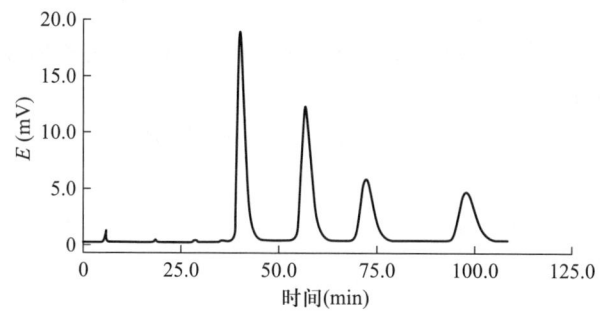

图 2-41　氰戊菊酯异构体在 Chiralcel OJ-H 上的拆分色谱图

2.2.13.2　毛细管电泳法对氰戊菊酯异构体的拆分[23]

(1) 仪器与试剂

高效电泳仪;

硅胶毛细管电泳柱:57 cm×50 μm I.D.;

$Na_2B_4O_7 \cdot 10H_2O$、超纯水、NaOH、HCl、β-环糊精、SDS。

(2) 操作条件

检测波长:200 nm;

温度:25 ℃;

电压:10~30 kV。

(3) 方法提要

精确称取定量的磷酸二氢钠、四硼酸钠和 SDS,混合后溶解于超纯水中,使用 1.0 mol/L 磷酸调节 pH 后,加入一定量的正庚烷和正丁醇,超声 20 min;最后加入一定量的 β-CD,超声 10 min 至溶液澄清。将该溶液转入容量瓶中用纯水定容至刻度,用 0.45 μm 微孔滤膜抽滤,静置 1 h。

精确称取一定量的氰戊菊酯溶解于配制好的缓冲液中。新毛细管用甲醇冲洗 5 min,0.27 mol/L HCl 和 1.0 mol/L NaOH 各冲洗 5 min,纯水冲洗 6 min,缓冲液冲洗 10 min,在进样前使用 0.1 mol/L NaOH 和纯水各冲洗 4 min。

进样:分离电压 20 kV,分离温度 25 ℃,正向压力 3.45 kPa 进样 3 s,波长 254 nm。

(4) 结果

最佳条件:以 30 mmol/L 的 β-CD 为手性选择剂,5 mmol/L 磷酸二氢钠与 10 mmol/L 四硼酸钠溶液(pH6.5)作为缓冲溶液,添加 40 mmol/L SDS、30 mmol/L 正庚烷与 30 mmol/L 正丁醇,分离电压 20 kV,分离温度 25 ℃。在最佳条件下,4 种对映体都得到了基线分离,最后一种异构体出峰时间在 12.4 min 之前。

2.2.14 顺式联苯菊酯

2.2.14.1 顺式联苯菊酯在 SUMICHIRAL OA-2500-I 手性色谱柱上的拆分[2]

(1) 仪器及试剂

高效液相色谱(配有紫外可见光、DAD、圆二色、旋光等检测器);

色谱柱:SUMICHIRAL OA-2500-I,250 mm×4.6 mm(I.D.)(或者具有相同手性固定相的其他商品名称的手性色谱柱);

正己烷、1,2-二氯乙烷:色谱纯或者分析纯经过重蒸,用前过膜。

(2) 色谱条件

流动相:正己烷-1,2-二氯乙烷;

检测波长:230 nm;

流量:1.0 mL/min;

温度:室温,或者控制温度 0~50 ℃(柱温箱);

进样体积:20 μL。

(3) 方法提要

称取一定量顺式联苯菊酯样品于容量瓶中,用流动相溶解并定容。色谱体系更换成所需要的流动相体系,连接手性色谱柱,调整流动相至设定比例,待基线稳定后,连续进样,连续两次进样分析的峰面积及保留时间偏差在 2% 以内,便可对样品进行分析测定。

(4) 拆分结果

在正己烷-1,2-二氯乙烷为 500∶1 的流动相条件下顺式联苯菊酯对映体得到很好的拆分(图 2-42)。

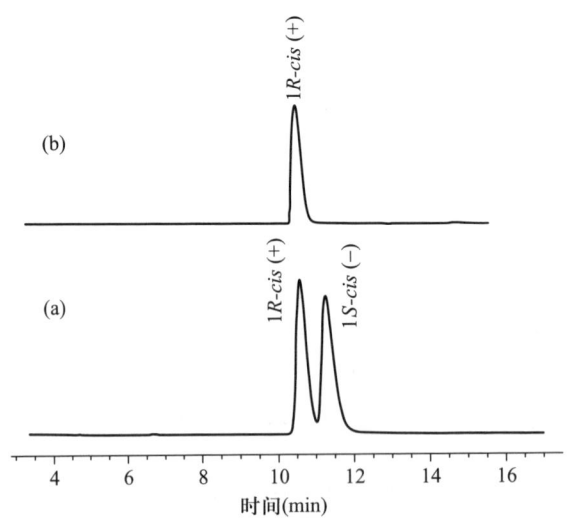

图 2-42 顺式联苯菊酯对映体在 SUMICHIRAL OA-2500-I 色谱柱上的色谱拆分图
(正己烷-1,2-二氯乙烷为 500∶1,室温,230 nm):
(a) 外消旋-顺式联苯菊酯;(b) 1R-顺式联苯菊酯

2.2.14.2 毛细管电泳法对顺式联苯菊酯的拆分[24]

(1) 仪器及试剂

高效毛细管电泳仪(紫外、DAD检测器等);

熔融毛细管柱 500 mm×50 μm (I.D.),三甲氧基-β-环糊精(TM-β-CD)、胆酸钠、硼酸、尿素、甲醇分析纯。

(2) 电泳条件

缓冲液:100 mmol 硼酸缓冲液+尿素/有机溶剂;

胶束:CDs+表面活性剂;

检测波长:210 nm;

温度:15~20 ℃;

分离电压:20 kV;

进样时间:50 mb×2 s。

(3) 方法提要

首次使用前,新的毛细管柱在15 ℃用甲醇润洗5 min,1 mol/L的NaOH冲洗30 min,然后用超纯水冲洗5 min,最后用分离缓冲液冲洗60 min。使用完毕后分别用超纯水、0.1 mol/L NaOH、超纯水按次序各润洗5 min,最后在超纯水下保存。

缓冲溶液:溶解一定量的三甲氧基-β-环糊精、表面活性剂和尿素于超纯水中。样品顺式联苯菊酯溶解在甲醇中。

(4) 拆分结果

用100 mg的胆酸钠作为表面活性剂与20 mg的三甲氧基-β-环糊精(TM-β-CD)和2 mol/L的尿素溶解在100 mL的硼酸缓冲液中,在15 ℃以及30 kV的分离电压下,顺式联苯菊酯在9.2 min内得到分离,R_s = 2.8。

2.2.14.3 顺式联苯菊酯对映体在高效液相色谱Chiralcel OJ-H液相色谱柱上的拆分[25]

(1) 仪器及试剂

高效液相色谱(配有紫外可见光、DAD、圆二色、旋光等检测器);

色谱柱:Chiralcel OJ-H,250 mm×4.6 mm(I.D.)(或者具有相同手性固定相的其他商品名称的手性色谱柱);

柱温箱(非必备);

正己烷、乙醇:色谱纯或者分析纯经过重蒸,用前过膜。

(2) 色谱条件

流动相:正己烷-乙醇(95:5);

检测波长:230 nm;

流量:0.45 mL/min;

温度:室温,或者控制温度0~50 ℃(柱温箱);

进样体积:10 μL。

(3) 方法提要

称取一定量顺式联苯菊酯样品于容量瓶中,用流动相配制溶解并定容。色谱体系更换成所需要的流动相体系,连接手性色谱柱,调整流动相至设定比例,待基线稳定后,连续进样,连续两次进样分析的峰面积及保留时间偏差在 2% 以内,便可对样品进行分析测定。

(4) 拆分结果

以正己烷-乙醇=95:5,在室温,流量为 0.45 mL/min,波长为 230 nm 的色谱条件下,顺式联苯菊酯对映体在 Chiralcel OJ-H 手性柱上可以实现基线分离,分离时间在 12 min 以内。

2.3 有机氯类杀虫剂

2.3.1 o,p'-DDD

o,p'-DDD 对映体在气相色谱 BGB-172 色谱柱上的拆分[26]

(1) 仪器及试剂

仪器:气相色谱系统,配有 FID、ECD、质谱等检测器;

色谱柱:BGB-172(30 m×0.25 μm I.D.×0.25 μm 膜厚)。

(2) 色谱条件

进样口温度:250 ℃;

检测器温度:280 ℃;

载气流量:1.0 mL/min;

进样量:1 μL。

(3) 方法提要

载气为氮气;升温程序:90 ℃ 保持 1 min,然后以 20 ℃/min 的速度升温到 160 ℃,以 1 ℃/min 的速度升温到 190 ℃,保持 80 min,以 20 ℃/min 的速度升温到 225 ℃,保持 80 min。

(4) 拆分结果

两对映体可完全分离,分离度在 1.5 以上,右旋体先流出,两对映体的出峰时间分别为 151.1 min 和 152.2 min。

2.3.2 o,p'-DDT

2.3.2.1 o,p'-DDT 对映体在气相色谱 BGB-172 色谱柱上的拆分[26]

(1) 仪器及试剂

仪器:气相色谱系统,配有 FID、ECD、质谱等检测器;

色谱柱:BGB-172(30 m×0.25 μm I.D.×0.25 μm 膜厚)。

(2) 色谱条件

进样口温度:250 ℃;

检测器温度:280 ℃;

载气流量:1.0 mL/min;

进样量:1 μL。

(3) 方法提要

载气为氮气,升温程序:90 ℃ 保持 1 min,然后以 20 ℃/min 的速度升温到 160 ℃,以 1 ℃/min

的速度升温到 190 ℃,保持 80 min,以 20 ℃/min 的速度升温到 225 ℃,保持 80 min。

(4) 拆分结果

两对映体可实现完全分离,分离度在 1.5 以上,左旋体先流出,两对映体的保留时间超过 180 min。

2.3.2.2 o,p'-DDT 在高效液相色谱 Chiralpak AD 色谱柱上的拆分[27]

(1) 仪器及试剂

高效液相色谱(配有紫外可见光、DAD、圆二色、旋光等检测器);

色谱柱:Chiralpak AD,250 mm×4.6 mm(I.D.)(或者具有相同手性固定相的其他商品名称的手性色谱柱);

柱温箱(非必备);

色谱纯乙腈,超纯水,用前过膜。

(2) 色谱条件

流动相:乙腈-水;

检测波长:220 nm;

流量:1.0 mL/min;

温度:23 ℃;

进样体积:5 μL。

(3) 方法提要

称取一定量 o,p'-DDT 样品于容量瓶中,用流动相配制溶解并定容。色谱体系更换成所需要的流动相体系,连接手性色谱柱,调整流动相至设定比例,待基线稳定后,连续进样,连续两次进样分析的峰面积及保留时间偏差在 2% 以内,便可对样品进行分析测定。

(4) 拆分结果

o,p'-DDT 对映体在 Chiralpak AD 柱上可实现基线分离,分离度在 1.5 以上,拆分结果如图 2-43 所示,检测波长 220 nm。

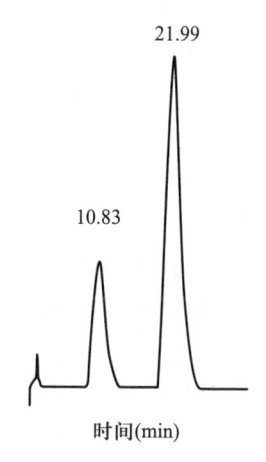

图 2-43 o,p'-DDT 对映体的色谱拆分图

2.3.3 环氧七氯

环氧七氯在高效液相色谱 Chiralpak AD 柱上的拆分[28]

(1) 仪器及试剂

高效液相色谱(配有紫外可见光、DAD、圆二色、旋光等检测器);

色谱柱:Chiralpak AD,250 mm×4.6 mm(I.D.)(或者具有相同手性固定相的其他商品名称的手性色谱柱);

柱温箱(非必备);

甲醇:色谱纯或者分析纯经过重蒸,用前过膜。

(2) 色谱条件

流动相:100% 甲醇;

检测波长:235 nm;

流量:1.0 mL/min;

温度:25 ℃;
进样体积:20 μL。

(3) 方法提要

称取一定量环氧七氯样品于容量瓶中,用流动相配制溶解并定容。色谱体系更换成所需要的流动相体系,连接手性色谱柱,调整流动相至设定比例,待基线稳定后,连续进样,连续两次进样分析的峰面积及保留时间偏差在 2% 以内,便可对样品进行分析测定。

(4) 拆分结果

环氧七氯对映体在 AD 柱上可实现基线分离,拆分结果如图 2-44,检测波长 235 nm,流动相比例及温度对分离度影响较小,故选择纯甲醇。

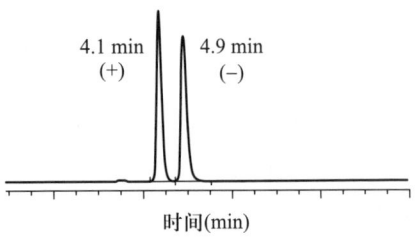

图 2-44 环氧七氯对映体在 Chiralpak AD 上的拆分色谱图

2.3.4 α-六六六

2.3.4.1 α-六六六在高效液相色谱 Chiralcel OJ 色谱柱上的拆分[28]

(1) 仪器及试剂

高效液相色谱(配有紫外可见光、DAD、圆二色、旋光等检测器);

色谱柱:Chiralcel OJ,250 mm×4.6 mm(I.D.)(或者具有相同手性固定相的其他商品名称的手性色谱柱);

柱温箱(非必备);

正己烷、异丙醇:色谱纯或者分析纯经过重蒸,用前过膜。

(2) 色谱条件

流动相:正己烷-醇;

检测波长:210 nm;

流量:1.0 mL/min;

温度:25 ℃;

进样体积:20 μL。

(3) 方法提要

称取一定量 α-六六六样品于容量瓶中,用流动相配制溶解并定容。色谱体系更换成所需要的流动相体系,连接手性色谱柱,调整流动相至设定比例,待基线稳定后,连续进样,连续两次进样分析的峰面积及保留时间偏差在 2% 以内,便可对样品进行分析测定。

(4) 拆分结果

α-六六六对映体在 Chiralcel OJ 柱上可实现基线分离,分离度大于 1.5,拆分结果如图 2-45 所示,检测波长 210 nm,在正己烷-异丙醇为 90∶10 的流动相中分离度最大。

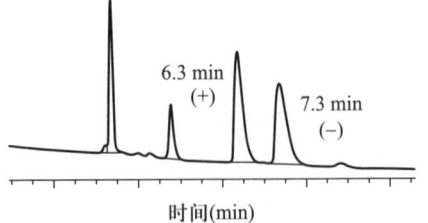

图 2-45 α-六六六对映体在 Chiralcel OJ 上的拆分色谱图

2.3.4.2 α-六六六在气相色谱 BGB-172 色谱柱上的拆分

(1) 仪器及试剂

仪器：气相色谱系统，配有 FID、ECD、质谱等检测器；

色谱柱：BGB-172(30 m×0.25 μm I.D.×0.25 μm 膜厚)。

(2) 色谱条件

进样口温度：250 ℃；

检测器温度：280 ℃；

载气流量：1.0 mL/min；

进样量：1 μL。

(3) 方法提要

载气为氮气；升温程序：90 ℃保持 1 min，然后以 20 ℃/min 的速度升温到 160 ℃，以 1 ℃/min 的速度升温到 190 ℃，保持 80 min，以 20 ℃/min 的速度升温到 225 ℃，保持 80 min。

(4) 拆分结果

两对映体可实现完全分离，左旋体先流出，两对映体的保留时间在 63~65 min 之间。α-六六六在 BGB-172 色谱柱上的拆分色谱图如图 2-46 所示。

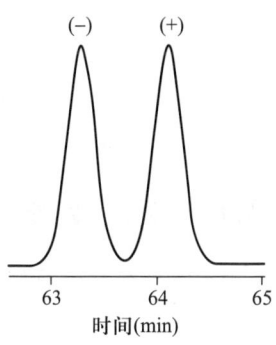

图 2-46 α-六六六对映体在 BGB-172 上的拆分色谱图

2.3.5 七氯

七氯对映体在高效液相色谱 Chiralcel OD 色谱柱上的拆分[28]

(1) 仪器及试剂

高效液相色谱(配有紫外可见光、DAD、圆二色、旋光等检测器)；

色谱柱：Chiralcel OD，250 mm×4.6 mm(I.D.)(或者具有相同手性固定相的其他商品名称的手性色谱柱)；

柱温箱(非必备)；

正己烷、异丙醇：色谱纯或者分析纯经过重蒸，用前过膜。

(2) 色谱条件

流动相：正己烷-醇；

检测波长：215 nm；

流量：1.0 mL/min；

温度：测定温度 25 ℃；

进样体积：20 μL。

(3) 方法提要

称取一定量七氯样品于容量瓶中，用流动相配制溶解并定容。色谱体系更换成所需要的流动相体系，连接手性色谱柱，调整流动相至设定比例，待基线稳定后，连续进样，连续两次进样分析的峰面积及保留时间偏差在 2% 以内，便可对样品进行分析测定。

(4) 拆分结果

七氯对映体可实现基线分离，保留时间在 6 min 以内，拆分结果如图 2-47 所示，检测波长

215 nm,在纯正己烷流动相中分离度最大。

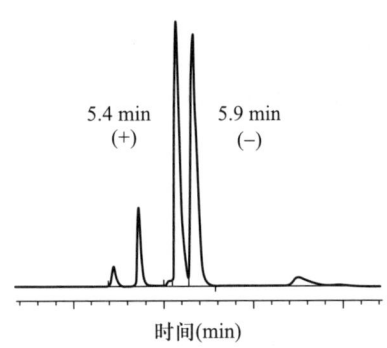

图 2-47　七氯对映体在 Chiralcel OD 上的拆分色谱图

2.3.6　顺式氯丹

顺式氯丹在高效液相色谱 Chiralcel OD 色谱柱上的拆分[28]

（1）仪器及试剂

高效液相色谱（配有紫外可见光、DAD、圆二色、旋光等检测器）；

色谱柱：Chiralcel OD，250 mm×4.6 mm（I.D.）（或者具有相同手性固定相的其他商品名称的手性色谱柱）；

柱温箱（非必备）；

正己烷、异丙醇：色谱纯或者分析纯经过重蒸，用前过膜。

（2）色谱条件

流动相：正己烷-醇；

检测波长：235 nm；

流量：1.0 mL/min；

温度：25 ℃；

进样体积：20 μL。

（3）方法提要

称取一定量顺式氯丹样品于容量瓶中，用流动相配制溶解并定容。色谱体系更换成所需要的流动相体系，连接手性色谱柱，调整流动相至设定比例，待基线稳定后，连续进样，连续两次进样分析的峰面积及保留时间偏差在 2% 以内，便可对样品进行分析测定。

（4）拆分结果

流量 1.0 mL/min，柱温 25 ℃，检测波长 235 nm。通过减少异丙醇的含量可实现顺式氯丹对映体基线分离，拆分结果如图 2-48 所示，右旋体先流出，在纯正己烷流动相中分离度最大。

2.3 有机氯类杀虫剂

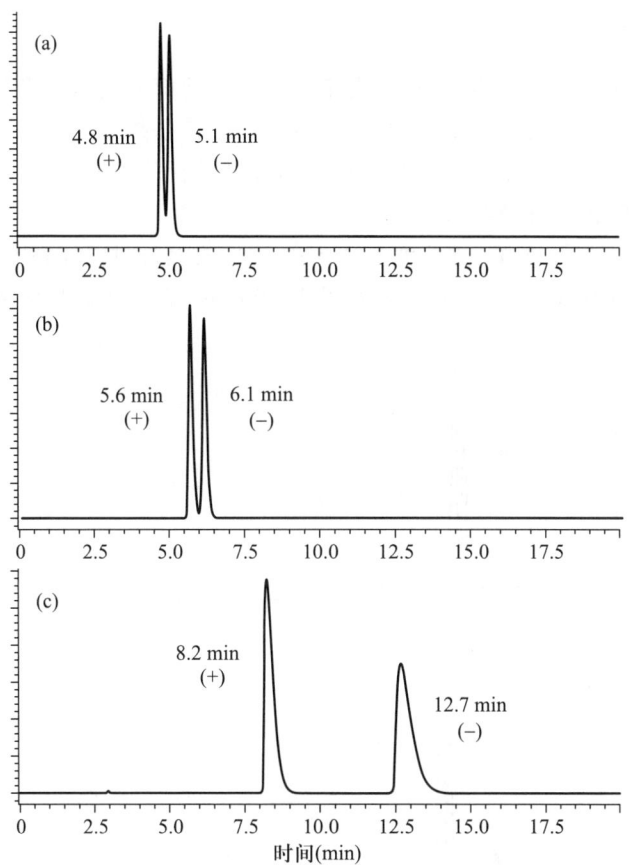

图 2-48 顺式氯丹在 Chiralcel OD 上的拆分色谱图：
(a) 正己烷-异丙醇为 97∶3；(b) 正己烷-异丙醇为 99∶1；(c) 100%正己烷

2.3.7 反式氯丹

反式氯丹在高效液相色谱 Chiralcel OD 色谱柱上的拆分[28]
(1) 仪器及试剂
高效液相色谱（配有紫外可见光、DAD、圆二色、旋光等检测器）；
色谱柱：Chiralcel OD，250 mm×4.6 mm（I.D.）（或者具有相同手性固定相的其他商品名称的手性色谱柱）；
柱温箱（非必备）；
正己烷、异丙醇：色谱纯或者分析纯经过重蒸，用前过膜。
(2) 色谱条件
流动相：正己烷-异丙醇；
检测波长：235 nm；
流量：1.0 mL/min；
温度：25 ℃；

进样体积:20 μL。

(3) 方法提要

称取一定量反式氯丹样品于容量瓶中,用流动相配制溶解并定容。色谱体系更换成所需要的流动相体系,连接手性色谱柱,调整流动相至设定比例,待基线稳定后,连续进样,连续两次进样分析的峰面积及保留时间偏差在 2% 以内,便可对样品进行分析测定。

(4) 反式氯丹对映体的拆分结果

流量 1.0 mL/min,柱温 25 ℃,检测波长 235 nm。反式氯丹对映体在 Chiralcel OD 上通过减少异丙醇的含量可实现基线分离,拆分结果如图 2-49 所示,在纯正己烷流动相中分离度最大。

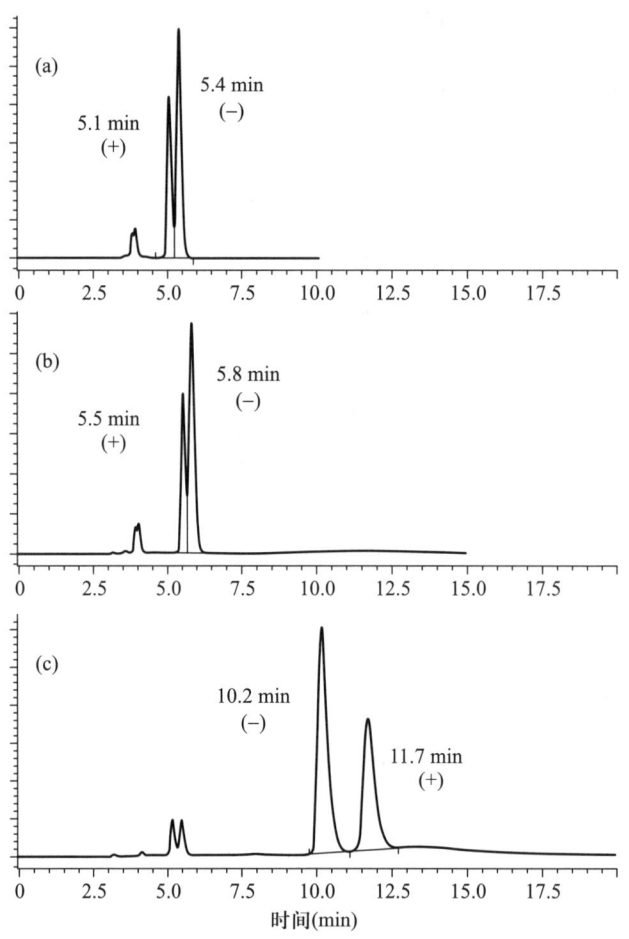

图 2-49 反式氯丹在 Chiralcel OD 柱上的拆分色谱图:
(a) 正己烷-异丙醇为 97∶3;(b) 正己烷-异丙醇为 99∶1;(c) 100% 正己烷。
在(a)和(b)中右旋体先流出,在(c)中,左旋体先流出

2.4 其他杀虫杀螨剂

2.4.1 吡丙醚[29]

2.4.1.1 吡丙醚对映体在高效液相色谱 Chiralcel OJ-H 色谱柱上正相条件下的拆分

（1）仪器及试剂

高效液相色谱（配有紫外可见光、DAD、圆二色、旋光等检测器）；

色谱柱：Chiralcel OJ-H，250 mm×4.6 mm（I.D.）（或者具有相同手性固定相的其他商品名称的手性色谱柱）；

柱温箱（非必备）；

正己烷、乙醇、异丙醇：色谱纯或者分析纯经过重蒸，用前过膜。

（2）色谱条件

流动相：正己烷-异丙醇，正己烷-乙醇；

检测波长：220 nm；

流量：0.8 mL/min；

温度：15~30 ℃；

进样体积：20 μL。

（3）方法提要

称取一定量吡丙醚样品于容量瓶中，用流动相溶解并定容。色谱体系更换成所需要的流动相体系，连接手性色谱柱，调整流动相至设定比例，待基线稳定后，连续进样，连续两次进样分析的峰面积及保留时间偏差在2%以内，便可对样品进行分析测定。

（4）拆分结果

在不同流动相体系及不同温度下，检测波长 220 nm，正己烷-异丙醇（80∶20，20 ℃）及正己烷-乙醇（80∶20，15 ℃）的效果较好，分离度分别为 2.52 和 2.44，其中，正己烷-异丙醇（80∶20，20 ℃）体系下的色谱拆分图见图2-50。具体拆分结果如表 2-29 所示。

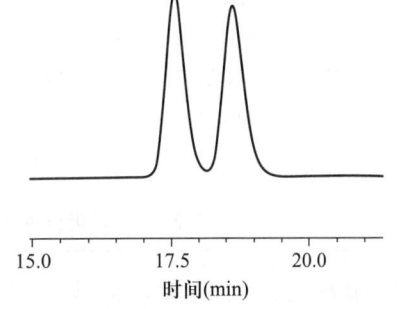

图 2-50 吡丙醚对映体在 Chiralcel OJ-H 手性柱上体系下的拆分色谱图

表 2-29 吡丙醚对映体在 Chiralcel OJ-H 上不同体系下的拆分

醇含量(%)	乙醇			异丙醇		
	k_1	α	R_S	k_1	α	R_S
10	3.75	1.04	1.69	3.91	1.04	1.68
20	2.58	1.07	2.44	2.83	1.07	2.52
30	2.32	1	0	2.49	1.08	2.74

2.4.1.2 吡丙醚对映体在高效液相色谱 Chiralpak® IB 色谱柱正相条件下的拆分

(1) 仪器及试剂

高效液相色谱(配有紫外可见光、DAD、圆二色、旋光等检测器);

色谱柱:Chiralpak® IB,250 mm×4.6 mm(I.D.)(或者具有相同手性固定相的其他商品名称的手性色谱柱);

柱温箱(非必备);

正己烷、异丙醇、乙醇:色谱纯或者分析纯经过重蒸,用前过膜。

(2) 色谱条件

流动相:正己烷-异丙醇,正己烷-乙醇;

检测波长:220 nm;

流量:0.8 mL/min;

温度:室温,或者控制温度 15~30 ℃(柱温箱);

进样体积:20 μL。

(3) 方法提要

称取一定量吡丙醚样品于容量瓶中,用流动相溶解并定容,再用流动相稀释。色谱体系更换成所需要的流动相体系,连接手性色谱柱,调整流动相至设定比例,待基线稳定后,连续进样,连续两次进样分析的峰面积及保留时间偏差在 2% 以内,便可对样品进行分析测定。

(4) 拆分结果

吡丙醚对映体在正己烷-异丙醇(98∶2)体系中能达到基线分离,而在正己烷-乙醇体系中却没有拆分趋势。典型色谱图见图 2-51。在正己烷-异丙醇(98∶2)体系不同温度下的具体结果如表 2-30 所示。

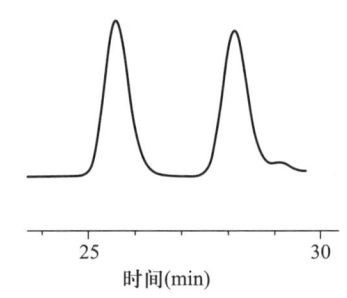

图 2-51 吡丙醚对映体在 Chiralpak® IB 上正己烷-异丙醇(98∶2)体系下的拆分色谱图(流量 0.8 mL/min,15 ℃)

表 2-30 吡丙醚对映体在 Chiralpak® IB 上不同温度下的拆分结果

温度(℃)	正己烷-异丙醇(98∶2)		
	k_1	α	R_S
15	1.48	1.19	2.83
20	1.47	1.18	2.67
25	1.22	1.18	2.70
30	1.12	1.18	2.44

2.4.1.3 吡丙醚在高效液相色谱 Chiralpak® IC 色谱柱上的拆分

(1) 仪器及试剂

高效液相色谱(配有紫外可见光、DAD、圆二色、旋光等检测器);

色谱柱:Chiralpak® IC,250 mm×4.6 mm(I.D.)(或者具有相同手性固定相的其他品牌手性柱);

柱温箱(非必备);

超纯水、乙腈:色谱纯或者分析纯经过重蒸,用前过膜。

(2) 色谱条件

流动相:乙腈-水;

检测波长:220 nm;

流量:0.5 mL/min;

温度:室温,或者控制温度 15~30 ℃(柱温箱);

进样体积:20 μL。

(3) 方法提要

称取一定量吡丙醚样品于容量瓶中,用流动相溶解并定容,再用流动相稀释。色谱体系更换成所需要的流动相体系,连接手性色谱柱,调整流动相至设定比例,待基线稳定后,连续进样,连续两次进样分析的峰面积及保留时间偏差在 2% 以内,便可对样品进行分析测定。

(4) 拆分结果

吡丙醚在该固定相上的保留较强,在乙腈-水(50:50)体系下,两对映体能够达到完全分离。典型色谱拆分图见图 2-52。在 15 ℃时获得最大分离度 3.31。具体结果如表 2-31 所示。

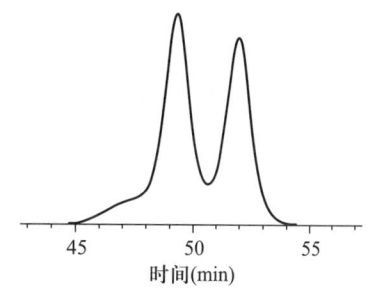

图 2-52 吡丙醚对映体在 Chiralpak® IC 上的典型拆分色谱图(乙腈-水为 50:50,220 nm,15 ℃)

表 2-31 吡丙醚对映体在 Chiralpak® IC 色谱柱上不同温度下的拆分结果

温度(℃)	乙腈-水(50:50)		
	k_1	α	R_S
15	11.40	1.08	3.31
20	10.38	1.06	2.35
25	10.13	1.06	2.18
30	9.86	1.06	2.02

2.4.1.4 吡丙醚对映体在高效液相色谱 Lux Cellulose-3 色谱柱上的拆分

(1) 仪器及试剂

高效液相色谱(配有紫外可见光、DAD、圆二色、旋光等检测器);

色谱柱:Lux Cellulose-3,150mm×2.0 mm(I.D.)(或者具有相同手性固定相的其他商品名称的手性色谱柱);

柱温箱(非必备);

乙腈、水:色谱纯或者分析纯经过重蒸,用前过膜。

(2) 色谱条件

流动相:乙腈-水;

检测波长:220 nm;

流量:0.5 mL/min;
温度:室温,或者控制温度 15~30 ℃(柱温箱);
进样体积:20 μL。

(3) 方法提要

称取一定量吡丙醚样品于容量瓶中,用流动相溶解并定容,再用流动相稀释。色谱体系更换成所需要的流动相体系,连接手性色谱柱,调整流动相至设定比例,待基线稳定后,连续进样,连续两次进样分析的峰面积及保留时间偏差在2%以内,便可对样品进行分析测定。

(4) 拆分结果

室温下,乙腈-水体系下,水含量越高,分离度越大。在乙腈-水(50∶50)时有最大的分离度2.97。具体结果如表2-32所示。图2-53为典型拆分色谱图。

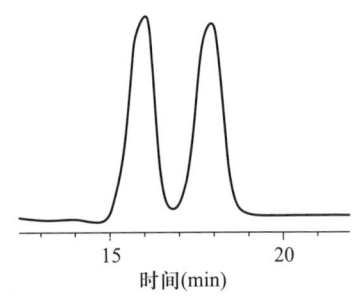

图 2-53 吡丙醚对映体在 Lux Cellulose-3 上的典型拆分色谱图
(乙腈-水为 50∶50,220 nm,15 ℃)

表 2-32 吡丙醚对映体在 Lux Cellulose-3 上的拆分结果

乙腈-水	Lux Cellulose-3			
	k_1	α	R_S	洗脱顺序
90∶10	0.39	1.00	0	—
80∶20	0.78	1.19	0.73	-/+
70∶30	1.71	1.27	1.46	-/+
60∶40	4.11	1.27	2.27	-/+
50∶50	9.80	1.28	2.97	-/+

2.4.2 丁虫腈[30]

2.4.2.1 丁虫腈对映体在高效液相色谱 Chiralcel OD 色谱柱上的拆分

(1) 仪器及试剂

高效液相色谱仪(配有紫外可见光、DAD、圆二色、旋光等检测器);

色谱柱:Chiralcel OD,250 mm×4.6 mm(I.D.)(或者具有相同手性固定相的其他商品名称的手性色谱柱);

柱温箱;

正己烷、乙醇、异丙醇:色谱纯或者分析纯经过重蒸,用前过膜。

(2) 色谱条件

流动相:正己烷、异丙醇、乙醇;

检测波长:230 nm;

流量:1.0 mL/min;

温度:15~35 ℃;

进样体积:20 μL。

(3) 方法提要

称取一定量的丁虫腈标准品或样品于容量瓶中,用流动相溶解并定容。色谱体系更换成所需要的流动相体系,连接手性色谱柱,调整流动相至设定比例,待基线稳定后,连续进样,连续两次进样分析的峰面积及保留时间偏差在2%以内,便可对样品进行分析测定。

(4) 拆分结果

正己烷-异丙醇 90∶10,流量 1.0 mL/min,温度 25 ℃,拆分结果:分离因子 1.2,分离度 3.48。

正己烷-乙醇 90∶10,流量 1.0 mL/min,温度 25 ℃,拆分结果:分离因子 1.20,分离度 4.40。

2.4.2.2　丁虫腈对映体在高效液相色谱 Chiralpak® IB 色谱柱正相条件下的拆分

(1) 仪器及试剂

高效液相色谱仪(配有紫外可见光、DAD、圆二色、旋光等检测器);

色谱柱:Chiralpak® IB,250 mm×4.6 mm(I.D.)(或者具有相同手性固定相的其他商品名称的手性色谱柱);

正己烷、异丙醇、乙醇:色谱纯或者分析纯经过重蒸,用前过膜。

(2) 色谱条件

流动相:正己烷-异丙醇,正己烷-乙醇;

温度:15~35 ℃(柱温箱);

流量:1.0 mL/min;

检测波长:230 nm;

进样体积:20 μL。

(3) 方法提要

称取一定量的丁虫腈标准品或样品于容量瓶中,用流动相溶解并定容。色谱体系更换成所需要的流动相体系,连接手性色谱柱,调整流动相至设定比例,待基线稳定后,连续进样,连续两次进样分析的峰面积及保留时间偏差在2%以内,便可对样品进行分析测定。

(4) 拆分结果

异丙醇和乙醇对于丁虫腈拆分结果的影响如表 2-33 所示,优化色谱条件为:温度 30 ℃,流动相正己烷-乙醇 95∶5,分离度 3.40,可以实现完全分离。拆分色谱图如图 2-54 所示。

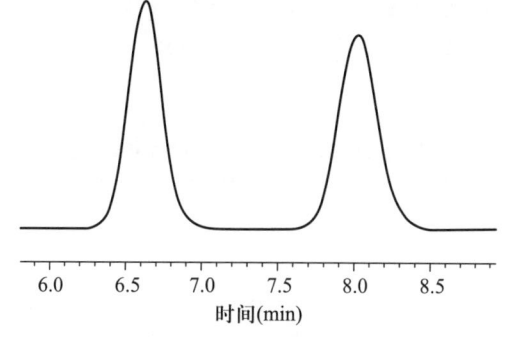

图 2-54　丁虫腈对映体在 Chiralpak® IB 上的拆分色谱图
(正己烷-异丙醇为 90∶10,25 ℃)

表 2-33 丁虫腈对映体在 Chiralpak® IB 上正相条件下的拆分结果(30 ℃,1.0 mL/min)

流动相	$V:V$	k_1	k_2	α	R_S
正己烷-异丙醇	80:20	0.44	0.56	1.28	1.01
	85:15	0.63	0.83	1.32	1.71
	90:10	0.99	1.38	1.40	2.64
	95:5	3.12	3.90	1.25	1.91
正己烷-乙醇	80:20	0.70	0.92	1.33	1.35
	85:15	0.65	0.86	1.32	1.72
	90:10	1.06	1.44	1.36	2.68
	95:5	2.22	3.07	1.38	3.40

2.4.3 丁氟螨酯

丁氟螨酯对映体在 Trefoil AMY 1 色谱柱下的拆分[31]

(1) 仪器及试剂

超高效合相色谱;

色谱柱:Trefoil AMY 1,150 mm×2.1 mm(I.D.)(或者具有相同手性固定相的其他商品名称的手性色谱柱);

二氧化碳、异丙醇。

(2) 色谱条件

流动相:CO_2-异丙醇;

流量:1.2 mL/min;

背压调整器压力:2 000 psi

温度:室温,或者控制温度 0~50 ℃(柱温箱);

进样体积:1 μL。

(3) 拆分结果

CO_2-异丙醇体系下,异丙醇含量为 3.5%时,分离效果最好,分离因子为 3.06,具体结果如表 2-34 所示。图 2-55 为丁氟螨酯对映体的拆分色谱图。

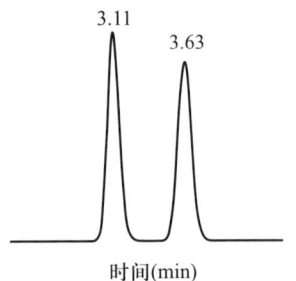

图 2-55 丁氟螨酯对映体在 Trefoil AMY 1 色谱柱上的拆分色谱图 (CO_2-异丙醇为 96.5:3.5, 40 ℃,2 000 psi,1.2 mL/min)

表 2-34 异丙醇对丁氟螨酯对映体在 Trefoil AMY 1 上拆分结果的影响

异丙醇含量(%)	α	R_S
3.5	1.23	3.06
4.5	1.18	2.23
5.5	1.14	1.37

续表

异丙醇含量(%)	α	R_s
6.0	—	—
7.0	—	—

2.4.4 氟虫腈

2.4.4.1 氟虫腈对映体在高效液相色谱 Chiralcel OD 色谱柱上正相条件下的拆分

(1) 仪器及试剂

高效液相色谱(配有紫外可见光、DAD、圆二色、旋光等检测器);

色谱柱:Chiralcel OD,250 mm×4.6 mm(I.D.)(或者具有相同手性固定相的其他商品名称的手性色谱柱);

柱温箱(非必备);

正己烷、正庚烷、乙醇、异丙醇、丁醇、异丁醇:色谱纯或者分析纯经过重蒸,用前过膜。

(2) 色谱条件

流动相:正己烷-醇,正庚烷-醇;

检测波长:225 nm;

流量:1.0 mL/min;

温度:室温或控制温度 0~50 ℃;

进样体积:20 μL。

(3) 方法提要

称取一定量氟虫腈样品于容量瓶中,用流动相溶解并定容。色谱体系更换成所需要的流动相体系,连接手性色谱柱,调整流动相至设定比例,待基线稳定后,连续进样,连续两次进样分析的峰面积及保留时间偏差在 2% 以内,便可对样品进行分析测定。

(4) 拆分结果

在正己烷体系下,检测波长 225 nm,异丁醇的效果最好,在含量为 5% 时有最大的分离度 1.8,色谱拆分见图 2-56。具体拆分结果如表 2-35 所示。同时表 2-36 给出了在正庚烷体系下异丙醇含量对于拆分结果的影响。

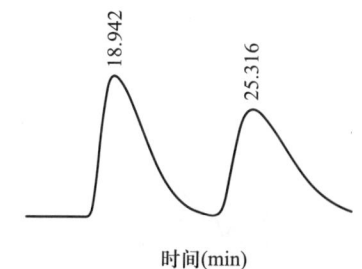

图 2-56 氟虫腈对映体在 Chiralcel OD 手性柱上的拆分色谱图

表 2-35 氟虫腈对映体在 Chiralcel OD 上正己烷-醇体系下的拆分

含量(%)	乙醇			异丙醇			丁醇			异丁醇		
	k_1	α	R_s	k_1	α	R_s	k_1	α	R_s	k_1	α	R_s
20	0.8	1.0	0.0	0.9	1.3	0.0	1.5	1.0	0.0	1.2	1.3	0.0
15	1.0	1.1	0.3	1.4	1.3	0.5	1.4	1.0	0.0	1.8	1.4	1.3

续表

含量(%)	乙醇			异丙醇			丁醇			异丁醇		
	k_1	α	R_S	k_1	α	R_S	k_1	α	R_S	k_1	α	R_S
10	1.7	1.1	0.6	2.5	1.3	0.9	2.1	1.1	0.4	3.2	1.4	1.5
5	4.3	1.2	1.0	6.1	1.4	1.4	4.9	1.2	1.1	7.4	1.4	1.8
2	10.7	1.2	1.3	15.6	1.4	1.7	11.3	1.2	1.2	—	—	—

表 2-36　氟虫腈对映体在 Chiralcel OD 上正庚烷体系的拆分

异丙醇含量(%)	k_1	α	R_S
20	0.93	1.25	0.69
15	1.60	1.27	0.94
10	2.84	1.28	1.17
5	6.48	1.30	1.26
2	20.27	1.31	1.26

(5) 圆二色特性

先流出对映体在 220~283 nm 范围内为(-)CD 信号,后流出对映体为(+)CD 信号,283 nm 后,两对映体基本没有圆二色吸收,最大吸收在 230 nm 处。其 CD 信号如图 2-57 所示。

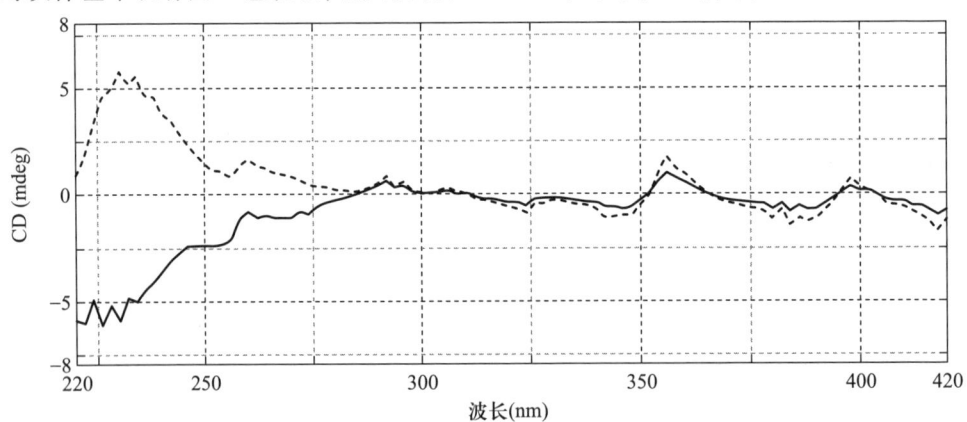

图 2-57　氟虫腈两对映体的 CD 扫描图(实线为先流出对映体,虚线为后流出对映体)

2.4.4.2　氟虫腈对映体在高效液相色谱 Chiralcel OD 色谱柱反相条件下的拆分
(1) 仪器及试剂

高效液相色谱(配有紫外可见光、DAD、圆二色、旋光等检测器);

色谱柱:Chiralcel OD,250 mm×4.6 mm(I.D.)(或者具有相同手性固定相的其他商品名称的手性色谱柱);

柱温箱(非必备);

超纯水、甲醇、乙腈:色谱纯或者分析纯经过重蒸,用前过膜。
(2) 色谱条件
流动相:甲醇-水,乙腈-水;
检测波长:225 nm;
流量:0.8 mL/min;
温度:室温,或者控制温度 0~50 ℃(柱温箱);
进样体积:20 μL。
(3) 方法提要
称取一定量氟虫腈样品于容量瓶中,用流动相溶解并定容。色谱体系更换成所需要的流动相体系,连接手性色谱柱,调整流动相至设定比例,待基线稳定后,连续进样,连续两次进样分析的峰面积及保留时间偏差在2%以内,便可对样品进行分析测定。
(4) 拆分结果
氟虫腈对映体在乙腈-水体系中能达到基线分离,而在甲醇体系中却没有拆分趋势,具体结果如表 2-37 所示。典型色谱图见图 2-58。

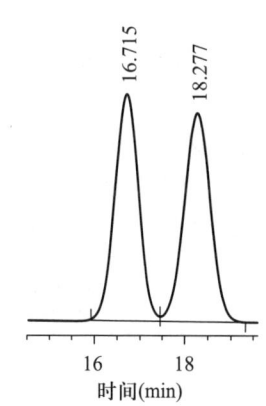

图 2-58 氟虫腈对映体在 Chiralcel OD 上乙腈-水体系下的拆分色谱图
(流量 0.8 mL/min,室温)

表 2-37 氟虫腈对映体在 Chiralcel OD 上乙腈-水体系下的拆分结果

流动相	$V:V$	k_1	k_2	α	R_s
乙腈-水	100:0	0.18	0.18	1.00	—
	80:20	0.27	0.27	1.00	—
	70:30	0.65	0.73	1.13	0.79
	60:40	1.66	1.85	1.12	1.13
	50:50	4.97	5.53	1.11	1.55

2.4.4.3 氟虫腈在高效液相色谱 Chiralpak AS 色谱柱上的拆分
(1) 仪器及试剂
高效液相色谱(配有紫外可见光、DAD、圆二色、旋光等检测器);
色谱柱:直链淀粉-三((S)-1-苯基乙基氨基甲酸酯)手性色谱柱(Chiralpak AS 商品柱或者具有相同手性固定相的其他品牌手性柱):250 mm×4.6 mm(I.D.);
柱温箱(非必备);
正己烷、异丙醇:色谱纯或者分析纯经过重蒸,用前过膜。
(2) 色谱条件
流动相:正己烷-醇;
检测波长:230 nm;
流量:1.0 mL/min;

温度:室温,或者控制温度 0~50 ℃(柱温箱);
进样体积:20 μL。

(3) 方法提要

称取一定量氟虫腈样品于容量瓶中,用流动相溶解并定容。色谱体系更换成所需要的流动相体系,连接手性色谱柱,调整流动相至设定比例,待基线稳定后,连续进样,连续两次进样分析的峰面积及保留时间偏差在 2% 以内,便可对样品进行分析测定。

(4) 拆分结果

氟虫腈在该固定相上的保留较强,两对映体能够达到完全分离,在异丙醇含量为 5% 时获得最大分离度 1.98。具体结果如表 2-38 所示。在 230 nm 波长下,氟虫腈的先后流出对映体分别为 -/+(圆二色信号)。色谱拆分图见图 2-59。

表 2-38 氟虫腈对映体在 Chiralpak AS 上的拆分结果

异丙醇含量(%)	k_1	α	R_S
15	3.48	1.24	1
10	8.34	1.28	1.55
5	21.45	1.3	1.98

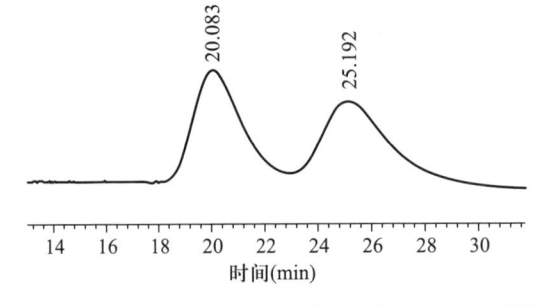

图 2-59 氟虫腈对映体在 Chiralpak AS 上的拆分色谱图(10% 异丙醇,230 nm,室温)

2.4.4.4 氟虫腈对映体在高效液相色谱 (R,R) Whelk-O 1 色谱柱上的拆分

(1) 仪器及试剂

高效液相色谱(配有紫外可见光、DAD、圆二色、旋光等检测器);

色谱柱:(R,R) Whelk-O 1,250 mm×4.6 mm(I.D.)(或者具有相同手性固定相的其他商品名称的手性色谱柱);

柱温箱(非必备);

正己烷、乙醇、异丙醇、丁醇、异丁醇:色谱纯或者分析纯经过重蒸,用前过膜。

(2) 色谱条件

流动相:正己烷-醇;

检测波长:225 nm;

流量:1.0 mL/min;

温度:室温,或者控制温度 0~50 ℃(柱温箱);

进样体积:20 μL。

(3) 方法提要

称取一定量氟虫腈样品于容量瓶中,用流动相溶解并定容。色谱体系更换成所需要的流动相体系,连接手性色谱柱,调整流动相至设定比例,待基线稳定后,连续进样,连续两次进样分析的峰面积及保留时间偏差在2%以内,便可对样品进行分析测定。

(4) 拆分结果

检测波长225 nm,流量1.0 mL/min。正己烷体系下,所有的醇都可以实现氟虫腈对映体的基线分离,其中在异丙醇含量为5%时有最大的分离度2.60。具体结果如表2-39所示。图2-60为拆分色谱图。氟虫腈对映体在(R,R)Whelk-O 1手性柱上的流出顺序为:先流出对映体为S体,后流出为R体。

表2-39 氟虫腈对映体在(R,R)Whelk-O 1上的拆分结果

醇含量(%)	乙醇			异丙醇			丁醇			异丁醇		
	k_1	α	R_S	k_1	α	R_S	k_1	α	R_S	k_1	α	R_S
5	3.26	1.15	1.88	5.29	1.31	2.60	3.62	1.26	2.22	6.20	1.32	2.00
10	1.57	1.11	1.10	2.62	1.24	2.12	1.75	1.21	1.40	2.95	1.26	1.52
15	1.02	1.09	0.70	1.72	1.20	1.57	1.14	1.18	1.06	1.52	1.20	1.06
20	0.74	1.07	0.52	1.26	1.18	1.21	0.82	1.15	0.79	1.19	1.18	0.86
30	—	—	—	0.76	1.15	0.80	0.51	1.12	0.55	0.89	1.16	0.68

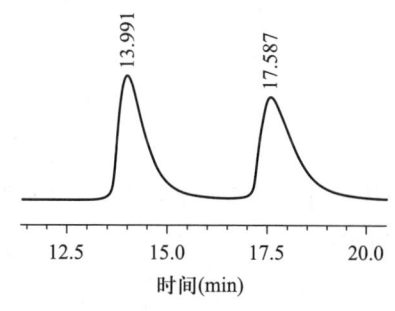

图2-60 氟虫腈对映体在(R,R)Whelk-O 1上的拆分色谱图
(正己烷-异丙醇为95∶5,室温,225 nm)

2.4.4.5 氟虫腈对映体在高效液相色谱Chiralpak® IB手性色谱柱上的拆分

(1) 仪器及试剂

高效液相色谱仪(配有紫外可见光、DAD、圆二色、旋光等检测器);

色谱柱:Chiralpak® IB,250 mm×4.6 mm(I.D.)(或者具有相同手性固定相的其他商品名称的手性色谱柱);

正己烷、异丙醇、乙醇:色谱纯或者分析纯经过重蒸,用前过膜。

(2) 色谱条件

流动相:正己烷-异丙醇,正己烷-乙醇;

检测波长:230 nm;

流量:1.0 mL/min;

温度:15~35 ℃(柱温箱);

进样体积:20 μL。

(3) 方法提要

称取一定量的氟虫腈标准品或样品于容量瓶中,用流动相配制溶解并定容。色谱体系更换成所需要的流动相体系,连接手性色谱柱,调整流动相至设定比例,待基线稳定后,连续进样,连续两次进样分析的峰面积及保留时间偏差在2%以内,便可对样品进行分析测定。

(4) 拆分结果

不论使用正己烷-异丙醇还是正己烷-乙醇流动相体系,氟虫腈对映体都较容易分离,最大分离度可达2.30,正己烷-异丙醇体系的拆分效果优于正己烷-乙醇体系,具体数据见表2-40。

表2-40 氟虫腈对映体在Chiralpak® IB手性色谱柱上的拆分结果

流动相	$V:V$	k_1	k_2	α	R_S
正己烷-异丙醇	80:20	0.61	0.75	1.24	1.03
	85:15	0.97	1.20	1.24	1.41
	90:10	1.80	2.25	1.25	1.94
	95:5	4.55	5.74	1.26	2.30
正己烷-乙醇	85:15	0.60	0.68	1.13	0.65
	90:10	1.09	1.24	1.14	1.18
	95:5	2.67	3.14	1.18	1.84

温度是影响手性化合物对映体拆分的一个重要参数,温度越低,拆分效果越好。氟虫腈对映体拆分的典型色谱图如图2-61所示。

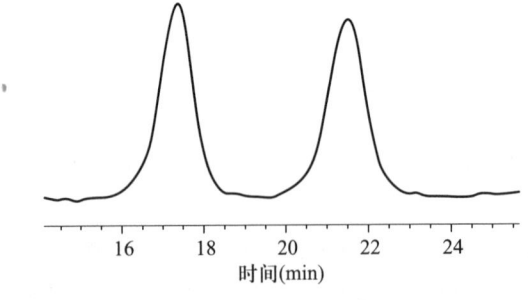

图2-61 氟虫腈对映体在Chiralpak® IB上的拆分色谱图
(正己烷-异丙醇为95:5,25 ℃,230 nm,1.0 mL/min)

2.4.5 噻螨酮

2.4.5.1 噻螨酮在高效液相色谱 Chiralpak AD 色谱柱上的拆分

（1）仪器及试剂

高效液相色谱（配有紫外可见光、DAD、圆二色、旋光等检测器）；

色谱柱：Chiralpak AD，250 mm×4.6 mm（I.D.）（或者具有相同手性固定相的其他商品名称的手性色谱柱）；

柱温箱（非必备）；

正己烷、异丙醇：色谱纯或者分析纯经过重蒸，用前过膜。

（2）色谱条件

流动相：正己烷-异丙醇；

检测波长：230 nm；

流量：1.0 mL/min；

温度：室温，或者控制温度 0~50 ℃（柱温箱）；

进样体积：20 μL。

（3）方法提要

称取一定量噻螨酮样品于容量瓶中，用流动相溶解并定容。色谱体系更换成所需要的流动相体系，连接手性色谱柱，调整流动相至设定比例，待基线稳定后，连续进样，连续两次进样分析的峰面积及保留时间偏差在 2% 以内，便可对样品进行分析测定。

（4）拆分结果

噻螨酮对映体在 Chiralpak AD 手性色谱柱上通过减少异丙醇的含量可实现基线分离（见表 2-41），检测波长 230 nm，在正己烷流动相中异丙醇含量为 0.5% 时分离度为 1.75，图 2-62 为优化条件下的拆分色谱图。

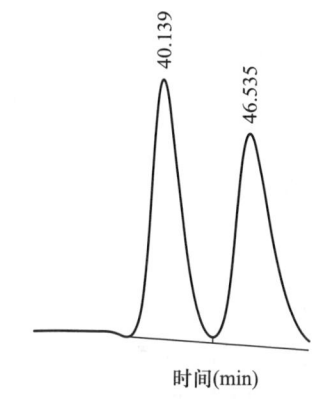

图 2-62 噻螨酮对映体在 Chiralpak AD 上的拆分色谱图

（正己烷-异丙醇为 99.5∶0.5，230 nm，室温）

表 2-41 噻螨酮对映体在 Chiralpak AD 上的拆分结果

异丙醇含量(%)	k'_1	k'_2	α	R_S
5	4.45	4.73	1.06	0.64
2	7.06	7.76	1.10	0.96
1	8.27	9.20	1.11	1.34
0.5	18.48	21.59	1.17	1.75

（5）圆二色特性

两对映体 CD 信号随波长的变化以"0"刻度线对称，先流出对映体一直显示（-）CD 吸收，后流出对映体一直响应（+）CD 吸收，最大吸收波长为 240 nm，260 nm 波长以后，基本无 CD 吸收。其 CD 信号如图 2-63 所示。

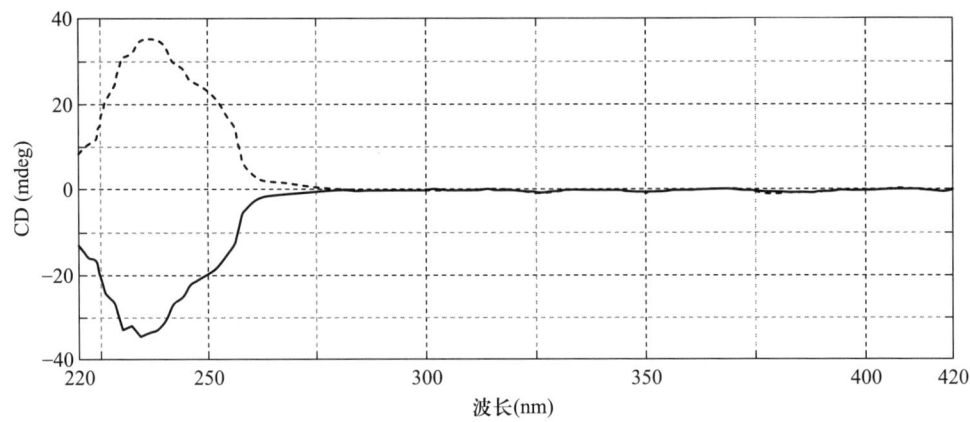

图 2-63 噻螨酮对映体的圆二色扫描图(实线表示先流出对映体,虚线表示后流出对映体)

2.4.5.2 噻螨酮在高效液相色谱(R,R)Whelk-O 1 色谱柱上的拆分

(1) 仪器及试剂

高效液相色谱(配有紫外可见光、DAD、圆二色、旋光等检测器);

色谱柱:(R,R)Whelk-O 1,250 mm×4.6 mm(I.D.)(或者具有相同手性固定相的其他商品名称的手性色谱柱);

柱温箱(非必备);

正己烷、乙醇、异丙醇、丁醇、异丁醇:色谱纯或者分析纯经过重蒸,用前过膜。

(2) 色谱条件

流动相:正己烷-醇;

检测波长:225 nm;

流量:1.0 mL/min;

温度:室温,或者控制温度 0~50 ℃(柱温箱);

进样体积:20 μL。

(3) 方法提要

称取一定量噻螨酮样品于容量瓶中,用流动相溶解并定容。色谱体系更换成所需要的流动相体系,连接手性色谱柱,调整流动相至设定比例,待基线稳定后,连续进样,连续两次进样分析的峰面积及保留时间偏差在 2% 以内,便可对样品进行分析测定。

(4) 拆分结果

检测波长 225 nm,流量 1.0 mL/min。正己烷体系下,所有的醇都可以实现噻螨酮对映体的基线分离(表 2-42),在异丙醇含量为 5% 时有最大的分离度(R_s = 2.59)。随着流动相中极性醇含量的减少,对映体的保留增强,分离因子和分离度增大。图 2-64 为噻螨酮对映体的拆分色谱图。噻螨酮

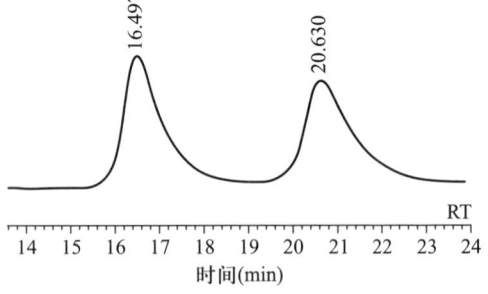

图 2-64 噻螨酮对映体在(R,R)Whelk-O 1 上的拆分色谱图

(正己烷-异丙醇为 95:5,室温,225 nm)

对映体在 240 nm 处的 CD 流出顺序为+/-。

表 2-42 噻螨酮对映体在(R,R)Whelk-O 1 上的拆分结果

含量(%)	乙醇			异丙醇			丁醇			异丁醇		
	k_1	α	R_S	k_1	α	R_S	k_1	α	R_S	k_1	α	R_S
5	3.28	1.26	2.08	5.03	1.30	2.59	3.67	1.28	2.13	5.69	1.31	2.26
10	2.84	1.24	1.89	3.46	1.27	2.22	3.04	1.26	1.99	4.02	1.29	2.13
15	1.96	1.24	1.54	2.47	1.25	1.87	2.28	1.24	1.61	3.12	1.28	1.69
20	1.48	1.22	1.21	1.98	1.24	1.65	1.79	1.23	1.40	2.75	1.27	1.57
25	1.25	1.22	1.02	1.66	1.23	1.49	1.53	1.22	1.12	2.07	1.27	1.28
30	1.10	1.21	0.94	1.42	1.22	1.37	1.26	1.22	1.01	1.74	1.26	1.09
40	0.84	1.20	0.79	1.18	1.21	1.19	1.01	1.21	0.88	1.49	1.24	0.97

2.4.6 乙虫腈

2.4.6.1 乙虫腈对映体在高效液相色谱(R,R)Whelk-O 手性色谱柱上的拆分

(1) 仪器及试剂

高效液相色谱仪(配有紫外可见光、DAD、圆二色、旋光等检测器);

色谱柱:(R,R)Whelk-O,250 mm×4.6 mm(I.D.)(或者具有相同手性固定相的其他商品名称的手性色谱柱);

正己烷、乙醇、石油醚、异丙醇:色谱纯或者分析纯经过重蒸,用前过膜。

(2) 色谱条件

流动相:正己烷-异丙醇,正己烷-乙醇;

温度:15~35 ℃(柱温箱);

流量:1.0 mL/min;

检测波长:230 nm;

进样体积:20 μL。

(3) 方法提要

称取一定量的乙虫腈标准品或样品于容量瓶中,用流动相溶解并定容。色谱体系更换成所需要的流动相体系,连接手性色谱柱,调整流动相至设定比例,待基线稳定后,连续进样,连续两次进样分析的峰面积及保留时间偏差在2%以内,便可对样品进行分析测定。

(4) 结果

正己烷-异丙醇体系的拆分效果优于正己烷-乙醇体系,但不论使用正己烷-异丙醇还是正己烷-乙醇流动相体系,乙虫腈对映体都比较容易完全分离,最大分离度可达4.29,具体数据可见表 2-43。

表 2-43 乙虫腈对映体在 (R,R) Whelk-O 手性色谱柱上的拆分结果

流动相	$V:V$	k_1	k_2	α	R_S
正己烷-异丙醇	85:15	3.77	4.99	1.32	3.73
	90:10	6.49	8.67	1.34	3.60
	95:5	17.25	23.11	1.34	4.29
正己烷-乙醇	85:15	2.1	2.49	1.19	2.72
	90:10	3.26	3.93	1.21	3.15
	95:5	6.58	8.2	1.25	3.91

2.4.6.2 乙虫腈对映体在高效液相色谱 Chiralcel OD 手性色谱柱上的拆分

（1）仪器及试剂

高效液相色谱仪（配有紫外可见光、DAD、圆二色、旋光等检测器）；

色谱柱：Chiralcel OD，250 mm×4.6 mm(I.D.)（或者具有相同手性固定相的其他商品名称的手性色谱柱）；

正己烷、乙醇、石油醚、异丙醇：色谱纯或者分析纯经过重蒸，用前过膜。

（2）色谱条件

流动相：正己烷、乙醇、石油醚、异丙醇；

检测波长：230 nm；

流量：1.0 mL/min；

温度：15~35 ℃；

进样体积：20 μL。

（3）方法提要

称取一定量的乙虫腈标准品或样品于容量瓶中，用流动相溶解并定容。色谱体系更换成所需的流动相体系，连接手性色谱柱，调整流动相至设定比例，待基线稳定后，连续进样，连续两次进样分析的峰面积及保留时间偏差在 2% 以内，便可对样品进行分析测定。

（4）结果

乙虫腈对映体在该色谱体系能得到基线分离，当温度为 15 ℃，流量 1.0 mL/min，正己烷-异丙醇=90：10 时，分离因子为 1.25，分离度为 3.36。

2.5 手性杀菌剂

2.5.1 苯霜灵

2.5.1.1 苯霜灵对映体在高效液相色谱 Chiralcel OD 色谱柱正相条件下的拆分

（1）仪器及试剂

高效液相色谱（配有紫外可见光、DAD、圆二色、旋光等检测器）；

色谱柱：Chiralcel OD，250 mm×4.6 mm(I.D.)（或者具有相同手性固定相的其他商品名称的

手性色谱柱);

柱温箱(非必备);

正己烷、乙醇、异丙醇、丁醇、异丁醇,色谱纯或者分析纯经过重蒸,用前过膜。

(2) 色谱条件

流动相:正己烷-醇;

检测波长:230 nm;

流量:1.0 mL/min;

温度:室温,或者控制温度 0~50 ℃(柱温箱);

进样体积:20 μL。

(3) 方法提要

称取一定量苯霜灵标准品或样品于容量瓶中,用流动相溶解并定容。色谱体系更换成所需要的流动相体系,连接手性色谱柱,调整流动相至设定比例,待基线稳定后,连续进样,连续两次进样分析的峰面积及保留时间偏差在 2% 以内,便可对样品进行分析测定。

(4) 拆分结果

苯霜灵对映体在 Chiralcel OD 上有很好的分离效果,4 种醇都能够使苯霜灵对映体实现完全分离(表 2-44),丁醇的拆分效果最好,含量在 2% 时分离度为 7.84,其他醇的拆分效果相差不大。图 2-65 为苯霜灵对映体的拆分色谱图。

表 2-44　苯霜灵对映体在 Chiralcel OD 上正己烷体系下的拆分

含量(%)	乙醇			异丙醇			丁醇			异丁醇		
	k_1	α	R_S	k_1	α	R_S	k_1	α	R_S	k_1	α	R_S
20	1.18	1.36	2.53	1.84	1.23	1.73	1.18	1.34	1.97	1.44	1.44	2.62
15	1.43	1.34	2.60	2.39	1.25	2.15	1.81	1.54	3.13	1.95	1.42	2.74
10	1.94	1.35	3.07	3.37	1.27	2.50	2.58	1.62	4.44	2.80	1.44	3.22
5	3.14	1.40	3.95	5.78	1.29	3.11	4.42	1.69	5.72	4.93	1.46	3.97
2	5.24	1.45	5.00	10.82	1.33	4.39	8.05	1.73	7.84	9.56	1.49	5.64

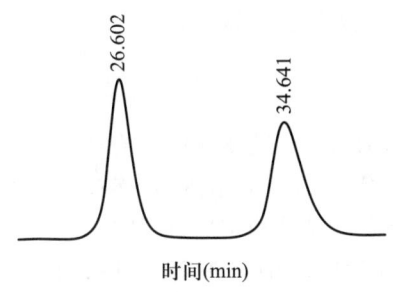

图 2-65　苯霜灵对映体在 Chiralcel OD 上的拆分色谱图
(正己烷-异丙醇为 98:2,230 nm,室温)

(5) 圆二色特性

220~230 nm 波长范围内先流出对映体为 CD(-)信号,后流出为 CD(+)信号,230~260 nm

范围内 CD 信号发生翻转,先流出对映体为 CD(+)信号,后流出为 CD(-)信号,最大圆二色吸收信号在 240 nm。其 CD 信号如图 2-66 所示。

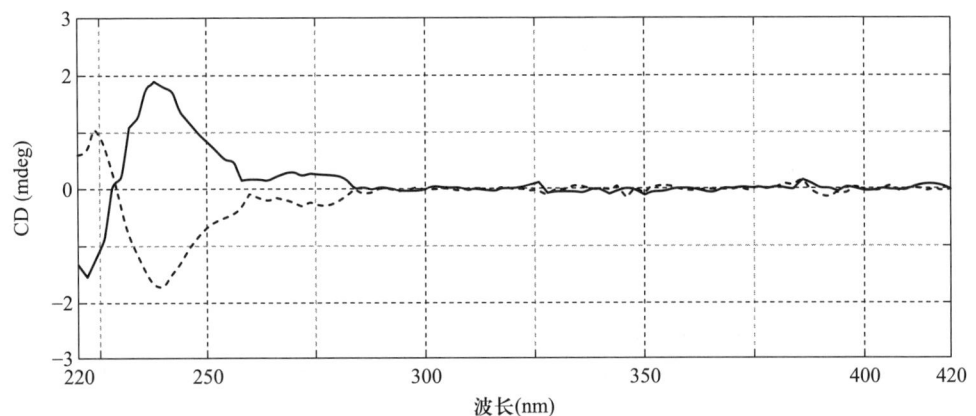

图 2-66　苯霜灵两对映体的 CD 扫描图(实线为先流出对映体,虚线为后流出对映体)

2.5.1.2　苯霜灵对映体在高效液相色谱 Chiralcel OD 色谱柱反相条件下的拆分

(1) 仪器及试剂

高效液相色谱(配有紫外可见光、DAD、圆二色、旋光等检测器);

色谱柱:Chiralcel OD,250 mm×4.6 mm(I.D.)(或者具有相同手性固定相的其他商品名称的手性色谱柱);

柱温箱(非必备);

甲醇、乙腈:色谱纯或者分析纯经过重蒸,用前过膜;

超纯水。

(2) 色谱条件

流动相:甲醇-水,乙腈-水;

检测波长:240 nm;

流量:1.0 mL/min;

温度:室温,或者控制温度 0~50 ℃(柱温箱);

进样体积:20 μL。

(3) 方法提要

称取一定量苯霜灵标准品或样品于容量瓶中,用流动相溶解并定容。色谱体系更换成所需要的流动相体系,连接手性色谱柱,调整流动相至设定比例,待基线稳定后,连续进样,连续两次进样分析的峰面积及保留时间偏差在 2% 以内,便可对样品进行分析测定。

(4) 拆分结果

苯霜灵在甲醇-水作流动相条件下能实现基线分离,分离度达 1.59,而在乙腈-水作流动相条件下没有分离效果(表2-45),典型拆分色谱图如图 2-67 所示。圆二色流出顺序为

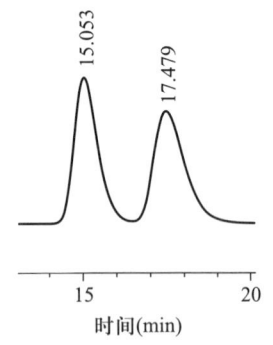

图 2-67　苯霜灵在 Chiralcel OD 上反相条件下的拆分色谱图
(甲醇-水为 75∶25,室温)

+/−(240 nm)。

表 2-45　苯霜灵在 Chiralcel OD 上反相条件下的分离结果

流动相	V∶V	k_1	k_2	α	R_S
甲醇-水	100∶0	0.64	0.72	1.14	0.76
	90∶10	1.04	1.22	1.17	1.13
	80∶20	2.42	2.89	1.20	1.49
	75∶25	4.02	4.82	1.20	1.59

2.5.1.3　苯霜灵对映体在高效液相色谱 Chiralpak AD 色谱柱正相条件下的拆分

(1) 仪器及试剂

高效液相色谱(配有紫外可见光、DAD、圆二色、旋光等检测器);

色谱柱:Chiralpak AD,250 mm×4.6 mm(I.D.)(或者具有相同手性固定相的其他商品名称的手性色谱柱);

柱温箱(非必备);

正己烷、异丙醇:色谱纯或者分析纯经过重蒸,用前过膜。

(2) 色谱条件

流动相:正己烷-异丙醇;

检测波长:230 nm;

流量:1.0 mL/min;

温度:室温,或者控制温度 0~50 ℃(柱温箱);

进样体积:20 μL。

(3) 方法提要

称取一定量苯霜灵标准品或样品于容量瓶中,用流动相溶解并定容。色谱体系更换成所需要的流动相体系,连接手性色谱柱,调整流动相至设定比例,待基线稳定后,连续进样,连续两次进样分析的峰面积及保留时间偏差在 2% 以内,便可对样品进行分析测定。

(4) 拆分结果

苯霜灵对映体在 Chiralpak AD 上有较好的拆分效果,两对映体很容易实现完全分离,在异丙醇含量为 15% 时,分离度就达 2.05(表 2-46)。优化条件下的拆分色谱图如图 2-68,230 nm 波长下苯霜灵对映体的出峰顺序为 −/+。

表 2-46　苯霜灵对映体在 Chiralpak AD 上正己烷体系下的拆分结果

异丙醇含量(%)	k_1'	k_2'	α	R_S
15	2.19	2.87	1.31	2.05
10	3.12	4.20	1.35	2.50
5	4.99	6.86	1.37	2.76

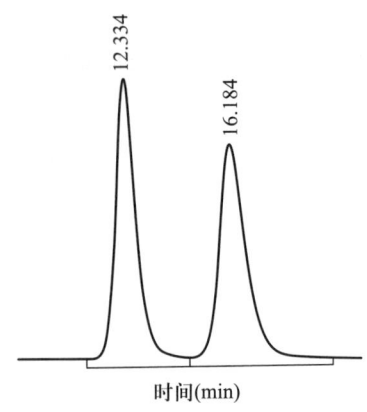

图 2-68　苯霜灵对映体在 Chiralpak AD 上的拆分色谱图
（正己烷-异丙醇为 95∶5，230nm，室温）

2.5.1.4　苯霜灵对映体在高效液相色谱 Chiralpak AD 色谱柱反相条件下的拆分

（1）仪器及试剂

高效液相色谱（配有紫外可见光、DAD、圆二色、旋光等检测器）；

色谱柱：Chiralpak AD，250 mm×4.6 mm（I.D.）（或者具有相同手性固定相的其他商品名称的手性色谱柱）；

柱温箱（非必备）；

甲醇、乙腈：色谱纯或者分析纯经过重蒸，用前过膜；

超纯水。

（2）色谱条件

流动相：甲醇-水，乙腈-水；

检测波长：240 nm；

流量：1.0 mL/min；

温度：室温，或者控制温度 0~50 ℃（柱温箱）；

进样体积：20 μL。

（3）方法提要

称取一定量苯霜灵标准品或样品于容量瓶中，用流动相溶解并定容。色谱体系更换成所需要的流动相体系，连接手性色谱柱，调整流动相至设定比例，待基线稳定后，连续进样，连续两次进样分析的峰面积及保留时间偏差在 2% 以内，便可对样品进行分析测定。

（4）拆分结果

苯霜灵对映体在乙腈/水作流动相时，能够实现基线分离，最大分离度可达 1.90。以甲醇-水为流动相不能实现完全分离（表 2-47），典型拆分色谱图如图 2-69 所示。圆二色出峰顺序为 -/+（240 nm）。

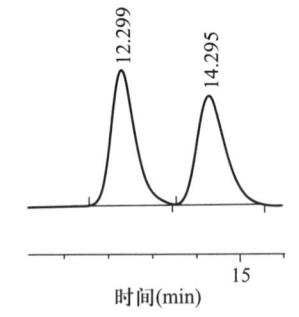

图 2-69　苯霜灵对映体在 Chiralpak AD 上反相条件下的拆分色谱图
（乙腈-水为 50∶50）

表 2-47　苯霜灵对映体在 Chiralpak AD 上反相条件下的拆分结果

流动相	$V:V$	k_1	k_2	α	R_s
甲醇-水	100∶0	0.40	0.45	1.13	0.65
	90∶10	0.79	0.93	1.18	0.96
	80∶20	1.95	2.35	1.21	1.20
	75∶25	3.18	3.86	1.22	1.26
	70∶30	5.93	7.46	1.26	1.38
乙腈-水	100∶0	0.38	0.38	1.00	—
	70∶30	0.69	0.85	1.23	0.95
	60∶40	1.40	1.71	1.22	1.45
	50∶50	3.39	4.11	1.21	1.90
	45∶55	5.63	6.84	1.21	1.79

2.5.1.5　苯霜灵对映体在高效液相色谱 Chiralpak AS 色谱柱上的拆分

(1) 仪器及试剂

高效液相色谱(配有紫外可见光、DAD、圆二色、旋光等检测器);

色谱柱:Chiralpak AS,250 mm×4.6 mm(I.D.)(或者具有相同手性固定相的其他商品名称的手性色谱柱);

柱温箱(非必备);

正己烷、异丙醇:色谱纯或者分析纯经过重蒸,用前过膜。

(2) 色谱条件

流动相:正己烷-异丙醇;

检测波长:230 nm;

流量:1.0 mL/min;

温度:室温,或者控制温度 0~50 ℃(柱温箱);

进样体积:20 μL。

(3) 方法提要

称取一定量苯霜灵标准品或样品于容量瓶中,用流动相溶解并定容。色谱体系更换成所需要的流动相体系,连接手性色谱柱,调整流动相至设定比例,待基线稳定后,连续进样,连续两次进样分析的峰面积及保留时间偏差在 2%以内,便可对样品进行分析测定。

(4) 拆分结果

苯霜灵对映体在 Chiralpak AS 上正己烷体系下仅能实现部分分离(表 2-48),在 230 nm 波长下苯霜灵对映体的出峰顺序为-/+。

表 2-48 苯霜灵对映体在 Chiralpak AS 上的拆分结果

异丙醇含量(%)	k_1'	k_2'	α	R_S
15	2.59	2.91	1.12	0.66
10	3.63	4.12	1.13	0.77
5	4.75	5.59	1.18	0.83
3	8.79	10.32	1.17	1.01

2.5.1.6 苯霜灵对映体在高效液相色谱 Chiralcel OC 色谱柱上的拆分

(1) 仪器及试剂

高效液相色谱(配有紫外可见光、DAD、圆二色、旋光等检测器);

色谱柱:Chiralcel OC,250 mm×4.6 mm(I.D.)(或者具有相同手性固定相的其他商品名称的手性色谱柱);

柱温箱(非必备);

正己烷、异丙醇:色谱纯或者分析纯经过重蒸,用前过膜。

(2) 色谱条件

流动相:正己烷-异丙醇;

检测波长:230 nm;

流量:1.0 mL/min;

温度:室温,或者控制温度 0~50 ℃(柱温箱);

进样体积:20 μL。

(3) 方法提要

称取一定量苯霜灵标准品或样品于容量瓶中,用流动相溶解并定容。色谱体系更换成所需要的流动相体系,连接手性色谱柱,调整流动相至设定比例,待基线稳定后,连续进样,连续两次进样分析的峰面积及保留时间偏差在 2% 以内,便可对样品进行分析测定。

(4) 拆分结果

苯霜灵对映体在 Chiralcel OC 上能实现基线分离(表 2-49),230 nm 波长下苯霜灵对映体的出峰顺序为 -/+。其典型拆分色谱图如图 2-70 所示。

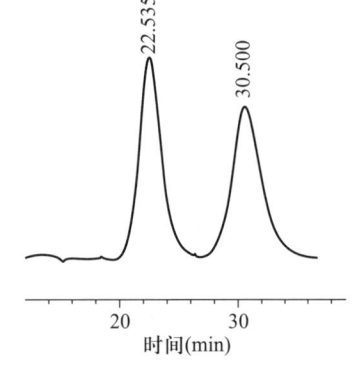

图 2-70 苯霜灵对映体在 Chiralcel OC 上的拆分色谱图

(正己烷-异丙醇为 95:5,230 nm,20 ℃)

表 2-49 苯霜灵对映体在 Chiralcel OC 上的拆分结果

异丙醇含量(%)	k_1'	k_2'	α	R_S
15	3.53	4.86	1.38	1.82
10	5.31	7.49	1.41	2.21
5	9.24	12.86	1.39	2.68

2.5.1.7 苯霜灵对映体在高效液相色谱(R,R)Whelk O-1色谱柱上的拆分

(1) 仪器及试剂

高效液相色谱(配有紫外可见光、DAD、圆二色、旋光等检测器);

色谱柱:(R,R)Whelk O-1,250 mm×4.6 mm(I.D.)(或者具有相同手性固定相的其他商品名称的手性色谱柱);

柱温箱(非必备);

正己烷、乙醇、异丙醇、丁醇、异丁醇:色谱纯或者分析纯经过重蒸,用前过膜。

(2) 色谱条件

流动相:正己烷-醇;

检测波长:230 nm;

流量:1.0 mL/min;

温度:室温,或者控制温度0~50 ℃(柱温箱);

进样体积:20 μL。

(3) 方法提要

称取一定量苯霜灵标准品或样品于容量瓶中,用流动相溶解并定容。色谱体系更换成所需要的流动相体系,连接手性色谱柱,调整流动相至设定比例,待基线稳定后,连续进样,连续两次进样分析的峰面积及保留时间偏差在2%以内,便可对样品进行分析测定。

(4) 拆分结果

正己烷-醇流动相对苯霜灵均有较好的分离效果,很容易实现两对映体的完全分离,异丙醇的效果最好(表2-50),在异丙醇含量为10%时有最大分离度5.99。典型拆分色谱图如图2-71所示。流出顺序为:先流出对映体为$S(+)$-苯霜灵,后流出对映体为$R(-)$-苯霜灵。

表2-50 苯霜灵对映体在(R,R)Whelk O-1色谱柱上的拆分结果

含量(%)	乙醇			异丙醇			丁醇			异丁醇		
	k_1	α	R_S	k_1	α	R_S	k_1	α	R_S	k_1	α	R_S
10	2.24	1.38	3.54	4.90	1.63	5.99	3.87	1.49	4.34	3.94	1.53	4.48
15	1.39	1.38	2.48	3.17	1.60	4.96	3.26	1.48	3.38	2.64	1.51	3.72
20	1.24	1.36	2.30	2.28	1.59	4.33	1.93	1.44	2.92	2.01	1.49	3.29
30	0.86	1.35	1.83	1.45	1.55	3.28	1.28	1.42	2.32	1.49	1.49	2.75
40	0.67	1.36	1.43	1.10	1.54	2.93	0.96	1.41	1.94	1.16	1.47	2.28

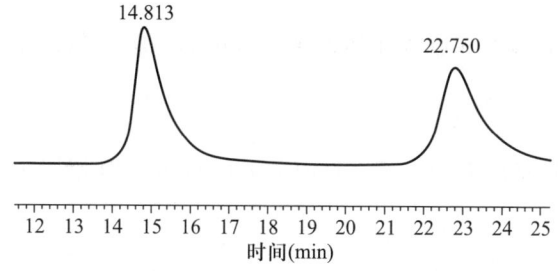

图2-71 苯霜灵对映体在(R,R)Whelk O-1色谱柱上的拆分色谱图
(正己烷-异丙醇为90:10,室温,240 nm)

2.5.2 苄氯三唑醇[32]

苄氯三唑醇对映体在高效液相色谱 Lux Cellulose-2 色谱柱正相条件下的拆分

(1) 仪器及试剂

高效液相色谱(配有紫外可见光、DAD、圆二色、旋光等检测器);

色谱柱:Lux Cellulose-2,250 mm×4.6 mm(I.D.)(或者具有相同手性固定相的其他商品名称的手性色谱柱);

柱温箱(非必备);

正己烷、异丙醇:色谱纯或者分析纯经过重蒸,用前过膜;

(2) 色谱条件

流动相:正己烷-异丙醇;

检测波长:210 nm;

流量:0.8 mL/min;

温度:室温,或者控制温度 0~50 ℃(柱温箱);

进样体积:10 μL。

(3) 方法提要

称取一定量苄氯三唑醇标准品或样品于容量瓶中,用流动相溶解并定容。色谱体系更换成所需要的流动相体系,连接手性色谱柱,调整流动相至设定比例,待基线稳定后,连续进样,连续两次进样分析的峰面积及保留时间偏差在 2% 以内,便可对样品进行分析测定。

(4) 拆分结果

Lux Cellulose-2 色谱柱正相条件下对苄氯三唑醇对映体具有较好的拆分效果(表 2-51),两对映体很容易达到完全分离的效果。圆二色流出顺序为+/-(426 nm)。

表 2-51 苄氯三唑醇对映体在 Lux Cellulose-2 上的拆分结果

异丙醇含量(%)	k_1	k_2	α	R_S
5	3.34	3.96	1.19	2.52
10	1.46	1.68	1.15	2.13
20	0.66	0.76	1.15	1.63

2.5.3 丙环唑[33]

2.5.3.1 丙环唑对映体在超临界流体色谱 Chiralpak AD-3 色谱柱下的拆分

(1) 仪器及试剂

超临界流体色谱;

色谱柱:Chiralpak AD-3,150 mm×4.6 mm(I.D.)(或者具有相同手性固定相的其他商品名称的手性色谱柱);

柱温箱(非必备);

液态 CO_2,乙醇:色谱纯或者分析纯经过重蒸,用前过膜。

（2）色谱条件

流动相：CO_2-乙醇；

流量：2.2 mL/min；

背压：2 200 psi；

温度：30 ℃（柱温箱）；

进样体积：2 μL。

（3）拆分结果

丙环唑对映体在 Chiralpak AD-3 上，以 CO_2 与乙醇为流动相时有很好的分离效果，在 CO_2-乙醇为 97∶3 时，得到最大分离度 2.0。拆分色谱图见图 2-72。

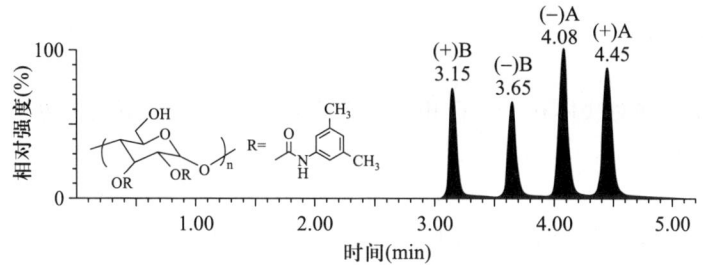

图 2-72　丙环唑对映体在 Chiralpak AD-3 上的拆分色谱图

（CO_2-乙醇为 97∶3，30 ℃，2.2 mL/min，质谱检测器）

2.5.3.2　丙环唑对映体在超临界流体色谱 Chiralpak IA-3 色谱柱下的拆分

（1）仪器及试剂

超临界流体色谱；

色谱柱：Chiralpak IA-3，150 mm×4.6 mm（I.D.）（或者具有相同手性固定相的其他商品名称的手性色谱柱）；

柱温箱（非必备）；

液态 CO_2，异丙醇：色谱纯或者分析纯经过重蒸，用前过膜。

（2）色谱条件

流动相：CO_2-异丙醇；

流量：2.2 mL/min；

背压：2 200 psi；

温度：30 ℃（柱温箱）；

进样体积：2 μL。

（3）拆分结果

丙环唑对映体在 Chiralpak IA-3 上，以 CO_2 与异丙醇为流动相时有很好的分离效果，在 CO_2-异丙醇为 97∶3 时，得到最大分离度 1.6。拆分色谱图见图 2-73。

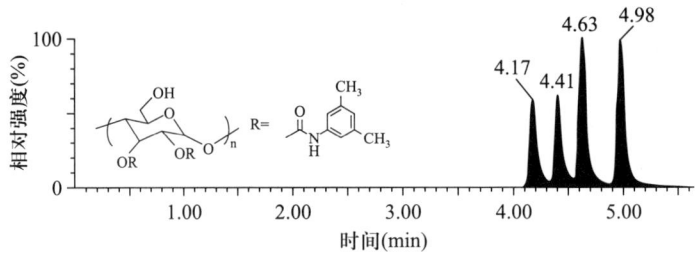

图 2-73 丙环唑对映体在 Chiralpak IA-3 上的拆分色谱图
（CO_2-异丙醇为 97∶3,30 ℃,2.2 mL/min,质谱检测器）

2.5.4 啶菌噁唑

2.5.4.1 啶菌噁唑对映体在 Lux Cellulose-3 色谱柱反相条件下的拆分[34]

（1）仪器及试剂

高效液相色谱；

色谱柱：Lux Cellulose-3,150 mm×2.0 mm(I.D.)（或者具有相同手性固定相的其他商品名称的手性色谱柱）；

柱温箱（非必备）；

甲醇、乙腈、超纯水：色谱纯或者分析纯经过重蒸，用前过膜。

（2）色谱条件

流动相：甲醇-水,乙腈-水；

流量：0.35 mL/min；

温度：室温，或者控制温度 0~50 ℃（柱温箱）；

进样体积：10 μL。

（3）方法提要

称取一定量啶菌噁唑标准品或样品于容量瓶中，用流动相溶解并定容。色谱体系更换成所需要的流动相体系，连接手性色谱柱，调整流动相至设定比例，待基线稳定后，连续进样，连续两次进样分析的峰面积及保留时间偏差在 2% 以内，便可对样品进行分析测定。

（4）拆分结果

甲醇-水体系下，啶菌噁唑对映体在 Lux Cellulose-3 上有很好的分离效果，在甲醇-水为 70∶30 时，分离度最好。图 2-74 为啶菌噁唑对映体的拆分色谱图。

2.5.4.2 啶菌噁唑对映体在超临界流体色谱 Chiralpak IA 色谱柱上的拆分[35]

（1）仪器及试剂

超临界流体色谱仪；

色谱柱：Chiralpak IA,150mm×4.6 mm(I.D.)（或者具有相同手性固定相的其他商品名称的手性色谱柱）；

柱温箱；

二氧化碳、甲醇。

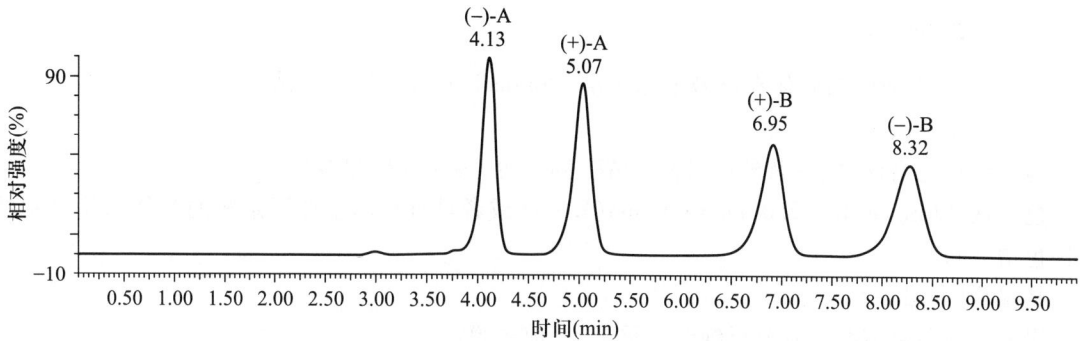

图 2-74　啶菌噁唑对映体在 Lux Cellulose-3 上的拆分色谱图
（甲醇-水为 70∶30,30 ℃,Q-TOF 质谱检测器）

（2）色谱条件

流动相:二氧化碳-甲醇;

流量:2.0 mL/min;

温度:35 ℃;

进样体积:2 μL。

（3）拆分结果

二氧化碳-甲醇比例为 75∶25,流量 2.0 mL/min,温度 35 ℃,分离度分别为 3.62、3.65 和 2.14。典型的拆分色谱图如图 2-75 所示。

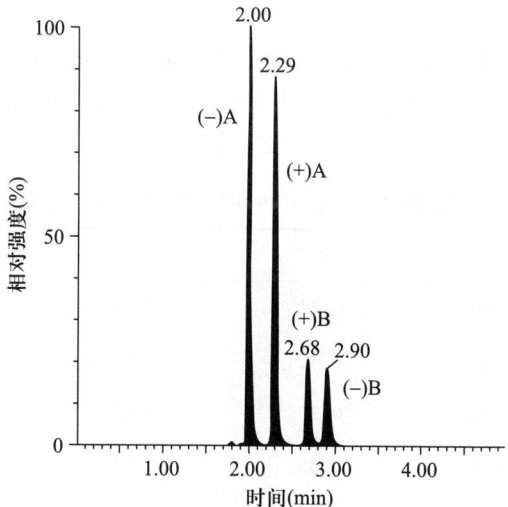

图 2-75　啶菌噁唑对映体在 Chiralpak IA 上的拆分色谱图

2.5.5 多效唑

2.5.5.1 多效唑对映体在高效液相色谱 Chiralcel OD 色谱柱上的拆分

（1）仪器及试剂

高效液相色谱仪（配有紫外可见光、DAD、圆二色、旋光等检测器）；

色谱柱：Chiralcel OD, 250 mm×4.6 mm(I.D.)（或者具有相同手性固定相的其他商品名称的手性色谱柱）；

柱温箱（非必备）；

甲醇、乙腈：色谱纯或者分析纯经过重蒸，用前过膜；

超纯水。

（2）色谱条件

流动相：甲醇-水，乙腈-水；

检测波长：230 nm；

流量：1.0 mL/min；

温度：室温，或者控制温度 0~50 ℃（柱温箱）；

进样体积：20 μL。

（3）方法提要

称取一定量多效唑标准品或样品于容量瓶中，用流动相溶解并定容。色谱体系更换成所需要的流动相体系，连接手性色谱柱，调整流动相至设定比例，待基线稳定后，连续进样，连续两次进样分析的峰面积及保留时间偏差在2%以内，便可对样品进行分析测定。

（4）拆分结果

流量 1.0 mL/min, 检测波长 230 nm, 多效唑对映体在甲醇-水或乙腈-水作流动相条件下均能得到基线分离（表2-52），拆分效果相差不大，在乙腈-水 40∶60 条件下分离度达 1.93，拆分效果如图 2-76 所示。圆二色流出顺序为 +/−(230 nm)。

表 2-52　多效唑对映体在 Chiralcel OD 色谱柱上的分离结果

流动相	$V:V$	k_1	k_2	α	R_S
甲醇-水	100∶0	0.21	0.24	1.15	0.36
	95∶5	0.30	0.36	1.19	0.55
	90∶10	0.39	0.49	1.25	0.85
	85∶15	0.55	0.70	1.27	1.09
	80∶20	0.83	1.08	1.30	1.48
	75∶25	1.31	1.74	1.33	1.39
	70∶30	2.03	2.74	1.35	2.12
	65∶35	3.43	4.74	1.38	2.49

续表

流动相	$V:V$	k_1	k_2	α	R_s
乙腈-水	100:0	0.18	0.21	1.18	0.32
	90:10	0.36	0.42	1.18	0.55
	80:20	0.32	0.36	1.11	0.41
	70:30	0.45	0.55	1.21	0.84
	60:40	0.82	0.98	1.18	1.13
	50:50	1.73	2.00	1.16	1.47
	40:60	4.40	5.09	1.16	1.93

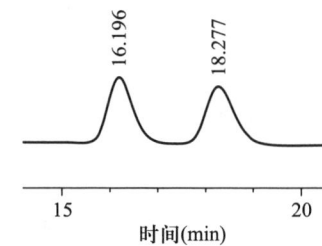

图 2-76 多效唑对映体在 Chiralcel OD 色谱柱上的拆分色谱图
（乙腈-水为 40:60，室温）

2.5.5.2 多效唑对映体在高效液相色谱 Chiralpak AD 色谱柱上的拆分

（1）仪器及试剂

高效液相色谱（配有紫外可见光、DAD、圆二色、旋光等检测器）；

色谱柱：Chiralpak AD, 250 mm×4.6 mm(I.D.)（或者具有相同手性固定相的其他商品名称的手性色谱柱）；

柱温箱（非必备）；

甲醇、乙腈：色谱纯或者分析纯经过重蒸，用前过膜；

超纯水。

（2）色谱条件

流动相：甲醇-水，乙腈-水；

检测波长：230 nm；

流量：1.0 mL/min；

温度：室温，或者控制温度 0~50 ℃（柱温箱）；

进样体积：20 μL。

（3）方法提要

称取一定量多效唑标准品或样品于容量瓶中，用流动相溶解并定容。色谱体系更换成所需要的流动相体系，连接手性色谱柱，调整流动相至设定比例，待基线稳定后，连续进样，连续两次进样分析的峰面积及保留时间偏差在2%以内,便可对样品进行分析测定。

(4)拆分结果

流量 1.0 mL/min,检测波长 230 nm,多效唑对映体在甲醇-水或乙腈-水作流动相条件下均能得到基线分离,最大分离度分别为 2.63、3.78,具体结果见表 2-53。拆分效果如图 2-77 所示。圆二色出峰顺序为 -/+(230 nm)。

表 2-53 多效唑对映体在 Chiralpak AD 上的分离结果

流动相	$V:V$	k_1	k_2	α	R_s
甲醇-水	100:0	0.28	0.43	1.51	1.48
	90:10	0.50	0.84	1.69	2.30
	80:20	1.04	1.82	1.75	2.63
	70:30	2.63	4.68	1.79	2.55
乙腈-水	100:0	0.39	0.39	1.00	—
	70:30	0.55	0.94	1.70	2.24
	60:40	0.97	1.63	1.68	2.73
	50:50	2.02	3.31	1.64	3.78
	45:55	3.10	5.15	1.66	3.59

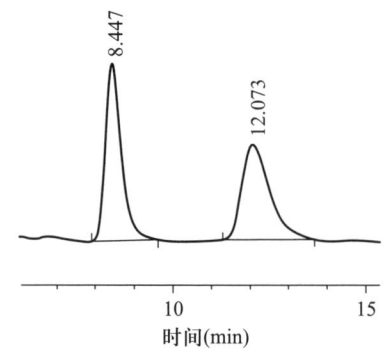

图 2-77 多效唑对映体在 Chiralpak AD 上的拆分色谱图
(乙腈-水为 50:50,室温)

2.5.6 粉唑醇

2.5.6.1 粉唑醇对映体在高效液相色谱 Chiralcel OD 色谱柱正相条件下的拆分

(1)仪器及试剂

高效液相色谱(配有紫外可见光、DAD、圆二色、旋光等检测器)

色谱柱:Chiralcel OD,250 mm×4.6 mm(I.D.)(或者具有相同手性固定相的其他商品名称的手性色谱柱);

柱温箱(非必备);
正己烷、乙醇、异丙醇、丁醇、异丁醇:色谱纯或者分析纯经过重蒸,用前过膜。
(2) 色谱条件
流动相:正己烷-异丙醇;
检测波长:230 nm;
流量:0.8 mL/min;
温度:室温,或者控制温度 0~50 ℃(柱温箱);
进样体积:20 μL。
(3) 方法提要
称取一定量粉唑醇标准品或样品于容量瓶中,用流动相溶解并定容。色谱体系更换成所需要的流动相体系,连接手性色谱柱,调整流动相至设定比例,待基线稳定后,连续进样,连续两次进样分析的峰面积及保留时间偏差在 2% 以内,便可对样品进行分析测定。
(4) 拆分结果
流量 0.8 mL/min,检测波长 230 nm,正己烷体系下,丁醇和异丙醇的拆分效果较好,都可使对映体达到基线分离,在使用 5% 异丙醇时分离度分别为 1.89,其他醇不能完全分离(表 2-54)。粉唑醇对映体在 Chiralcel OD 液相色谱柱上的保留较强,使用 2% 异丙醇和异丁醇时,对映体均不被洗脱。典型色谱拆分图如图 2-78。

表 2-54 粉唑醇对映体在 Chiralcel OD 上正己烷体系下的拆分

含量(%)	乙醇			异丙醇			丁醇			异丁醇		
	k_1	α	R_S	k_1	α	R_S	k_1	α	R_S	k_1	α	R_S
20	3.36	1.08	0.98	5.90	1.23	1.42	4.45	1.00	—	6.66	1.00	—
15	4.19	1.11	1.01	7.70	1.27	1.51	5.24	1.18	0.87	9.28	1.00	—
10	11.60	1.13	1.05	11.90	1.33	1.62	7.51	1.32	1.26	14.10	1.11	0.81
5	11.60	1.17	1.10	25.80	1.41	1.89	16.45	1.38	1.36	28.00	1.24	1.02
2	30.27	1.18	1.13	—			49.30	1.25	1.42			

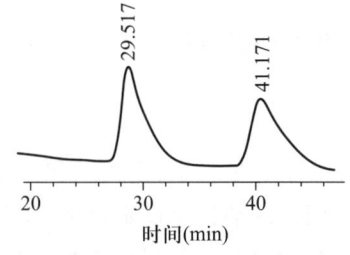

图 2-78 粉唑醇对映体在 Chiralcel OD 上的拆分色谱图
(正己烷-异丙醇为 95∶5,室温,230 nm)

(5) 圆二色特性

先流出对映体在 220~245 nm 之间为(-),245 nm 后基本无 CD 吸收;后流出对映体在 220~232 nm 之间响应(+)CD 信号,232 nm~275 nm 之间为弱(-)CD 吸收。其 CD 信号如图 2-79 所示。

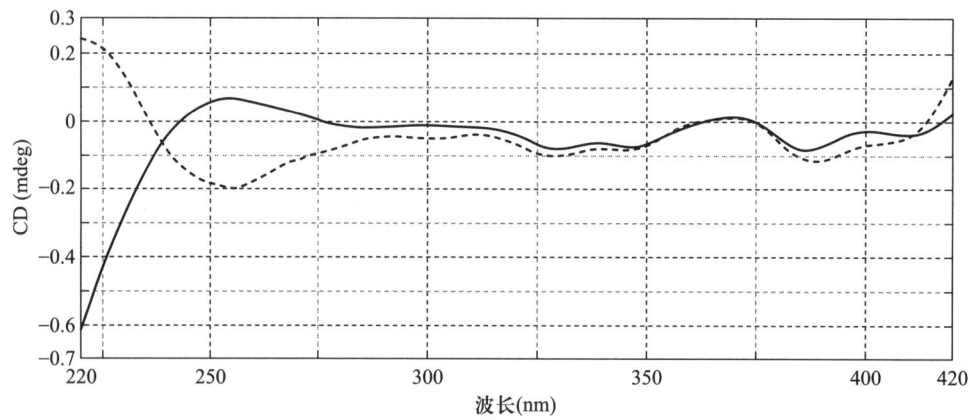

图 2-79　粉唑醇两对映体的 CD 扫描图(实线为先流出对映体,虚线为后流出对映体)

2.5.6.2　粉唑醇对映体在高效液相色谱 Chiralcel OD 色谱柱反相条件下的拆分

(1) 仪器及试剂

高效液相色谱(配有紫外可见光、DAD、圆二色、旋光等检测器);

色谱柱:Chiralcel OD,250 mm×4.6 mm(I.D.)(或者具有相同手性固定相的其他商品名称的手性色谱柱);

柱温箱(非必备);

甲醇、乙腈:色谱纯或者分析纯经过重蒸,用前过膜;

超纯水。

(2) 色谱条件

流动相:甲醇-水,乙腈-水;

检测波长:230 nm;

流量:0.8 mL/min;

温度:室温,或者控制温度 0~50 ℃(柱温箱);

进样体积:20 μL。

(3) 方法提要

称取一定量粉唑醇标准品或样品于容量瓶中,用流动相溶解并定容。色谱体系更换成所需要的流动相体系,连接手性色谱柱,调整流动相至设定比例,待基线稳定后,连续进样,连续两次进样分析的峰面积及保留时间偏差在 2%以内,便可对样品进行分析测定。

(4) 拆分效果

流量 0.8 mL/min,检测波长 230 nm,甲醇-水作流动相能使粉唑醇对映体部分分离,具体结果见表 2-55,分离度可达 1.05,如图 2-80 所示,而以乙腈-水作流动相却没有分离趋势。

表 2-55　粉唑醇对映体在 Chiralcel OD 上反相条件下的分离结果（流量 0.8 mL/min，室温）

流动相	$V:V$	k_1	k_2	α	R_S
甲醇-水	100∶0	0.37	0.42	1.13	0.57
	90∶10	0.57	0.67	1.17	0.79
	80∶20	1.03	1.22	1.19	0.95
	70∶30	2.22	2.65	1.19	1.05
	60∶40	6.05	7.19	1.19	0.92

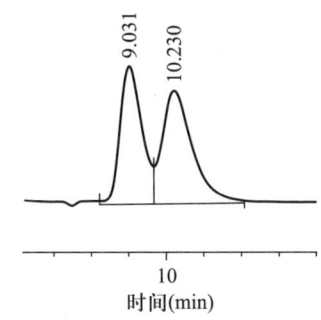

图 2-80　粉唑醇对映体在 Chiralcel OD 上反相条件下的拆分色谱图
（甲醇-水为 70∶30，室温）

2.5.7　氟环唑

氟环唑对映体在高效液相色谱 Chiralcel OD 色谱柱上的拆分

（1）仪器及试剂

高效液相色谱（配有紫外可见光、DAD、圆二色、旋光等检测器）；

色谱柱：Chiralcel OD，250 mm×4.6 mm（I.D.）（或者具有相同手性固定相的其他商品名称的手性色谱柱）；

柱温箱（非必备）；

甲醇、乙腈：色谱纯或者分析纯经过重蒸，用前过膜；

超纯水。

（2）色谱条件

流动相：甲醇-水，乙腈-水；

检测波长：240 nm；

流量：0.8 mL/min；

温度：室温，或者控制温度 0~50 ℃（柱温箱）；

进样体积：20 μL。

（3）方法提要

称取一定量氟环唑标准品或样品于容量瓶中，用流动相溶解并定容。色谱体系更换成所需要的流动相体系,连接手性色谱柱,调整流动相至设定比例,待基线稳定后,连续进样,连续两次进样分析的峰面积及保留时间偏差在2%以内,便可对样品进行分析测定。

(4) 拆分结果

流量 0.8 mL/min,检测波长 240 nm,氟环唑在甲醇-水或乙腈-水作流动相条件下均能得到很好分离,当甲醇-水为 75∶25 和乙腈-水为 50∶50 时,分离度分别为 5.54、9.23,具体结果见表 2-56。典型拆分效果如图 2-81 所示。圆二色出峰顺序为 -/+(240 nm)。

表 2-56　氟环唑对映体在 Chiralcel OD 上反相条件下的拆分结果

流动相	$V:V$	k_1	k_2	α	R_S
甲醇-水	100∶0	1.01	1.62	1.60	3.41
	95∶5	0.90	1.75	1.96	5.00
	90∶10	1.16	2.22	1.91	5.05
	85∶15	1.74	3.34	1.92	5.32
	80∶20	2.79	5.40	1.93	5.45
	75∶25	4.38	8.26	1.88	5.54
乙腈-水	100∶0	0.95	1.75	1.84	4.83
	90∶10	0.56	1.09	1.96	4.21
	80∶20	0.65	1.39	2.12	5.14
	70∶30	1.03	2.16	2.09	6.08
	60∶40	1.85	3.86	2.08	7.71
	50∶50	4.18	8.39	2.00	9.23

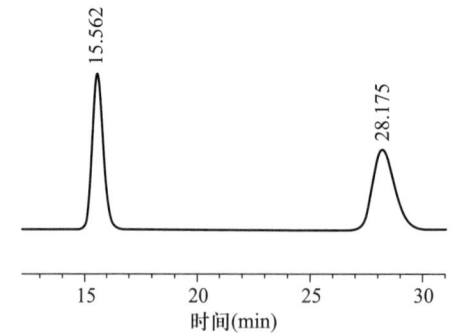

图 2-81　氟环唑对映体在 Chiralcel OD 上的拆分色谱图
(乙腈-水,流量 0.8 mL/min,室温)

2.5.8 己唑醇

2.5.8.1 己唑醇对映体在高效液相色谱 Chiralcel OD 色谱柱正相条件下的拆分

(1) 仪器及试剂

高效液相色谱(配有紫外可见光、DAD、圆二色、旋光等检测器);

色谱柱:Chiralcel OD,250 mm×4.6 mm(I.D.)(或者具有相同手性固定相的其他商品名称的手性色谱柱);

柱温箱(非必备);

石油醚、正庚烷、正戊烷、正己烷、乙醇、异丙醇、丁醇、异丁醇:色谱纯或者分析纯经过重蒸,用前过膜。

(2) 色谱条件

流动相:石油醚/正庚烷/正戊烷/正己烷-醇;

检测波长:230 nm;

流量:1.0 mL/min;

温度:室温,或者控制温度 0~50 ℃(柱温箱);

进样体积:20 μL。

(3) 方法提要

称取一定量己唑醇标准品或样品于容量瓶中,用流动相溶解并定容。色谱体系更换成所需要的流动相体系,连接手性色谱柱,调整流动相至设定比例,待基线稳定后,连续进样,连续两次进样分析的峰面积及保留时间偏差在 2% 以内,便可对样品进行分析测定。

(4) 拆分结果

流量 1.0 mL/min,检测波长 230 nm,正己烷体系下,所有的醇均能使己唑醇对映体实现完全分离(表 2-57),其中乙醇的效果最差,在含量为 2% 时分离度为 1.66,使用 2% 异丙醇可得到的最大分离度为 4.99,异丁醇和丁醇也有较好的分离效果,最大分离度分别可达 3.36 和 4.79。随着流动相中醇含量的减少,对映体的保留和分离效果都增加。典型拆分色谱图如图 2-82 所示。

表 2-57 己唑醇对映体在 Chiralcel OD 上正己烷体系下的拆分结果

含量(%)	乙醇			异丙醇			丁醇			异丁醇		
	k_1	α	R_S	k_1	α	R_S	k_1	α	R_S	k_1	α	R_S
20	0.44	1.17	0.73	0.75	1.82	2.28	0.56	1.41	1.43	0.64	1.67	2.10
15	0.58	1.16	0.71	1.00	1.96	3.37	0.79	1.39	1.60	0.90	1.65	2.39
10	0.83	1.19	0.91	1.60	2.01	3.48	1.28	1.38	1.85	1.45	1.63	2.75
5	1.60	1.20	1.35	3.49	2.09	4.29	2.76	1.39	2.32	3.19	1.63	3.55
2	3.48	1.24	1.66	8.44	2.23	4.99	6.86	1.40	3.36	8.00	1.68	4.79

石油醚、正庚烷和正戊烷流动相/异丙醇也都可实现对映体的完全分离,但石油醚体系的拆分效果相对较差,最大分离度为 2.01,异丙醇含量为 2%时,对映体保留不出峰,正庚烷和正戊烷体系都有很好的拆分效果,与正己烷的拆分效果相差不大。具体拆分结果见表 2-58。

表 2-58 己唑醇对映体在 Chiralcel OD 上石油醚、正庚烷和正戊烷体系下的拆分

异丙醇含量(%)	石油醚			正庚烷			正戊烷		
	k_1	α	R_S	k_1	α	R_S	k_1	α	R_S
20	0.74	1.90	1.76	0.75	1.84	2.44	0.86	2.00	3.07
15	1.04	1.97	1.85	1.05	1.86	2.76	1.23	2.05	3.56
10	1.65	1.94	1.95	1.66	1.88	3.24	1.90	2.10	4.12
5	3.61	1.87	2.01	3.41	1.89	3.52	4.47	2.10	4.81
2	—	—	—	8.34	1.98	6.18	—	—	—

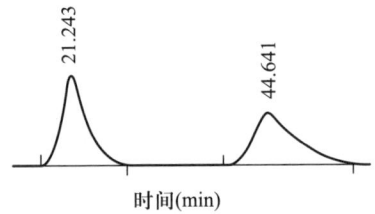

图 2-82 己唑醇对映体在 Chiralcel OD 上的色谱拆分图
(正己烷-异丙醇为 98∶2,室温,230 nm)

(5) 圆二色特性

先流出对映体的 CD 吸收信号用实线表示,在 220~245 nm 之间呈(+)CD 吸收,后流出对映体用虚线表示,在 220~245 nm 之间呈(-)CD 吸收,245 nm 波长以后,基本无吸收。最大 CD 吸收波长为 220 nm,因此在标识己唑醇对映体时选择 220 nm。其 CD 扫描图如图 2-83 所示。

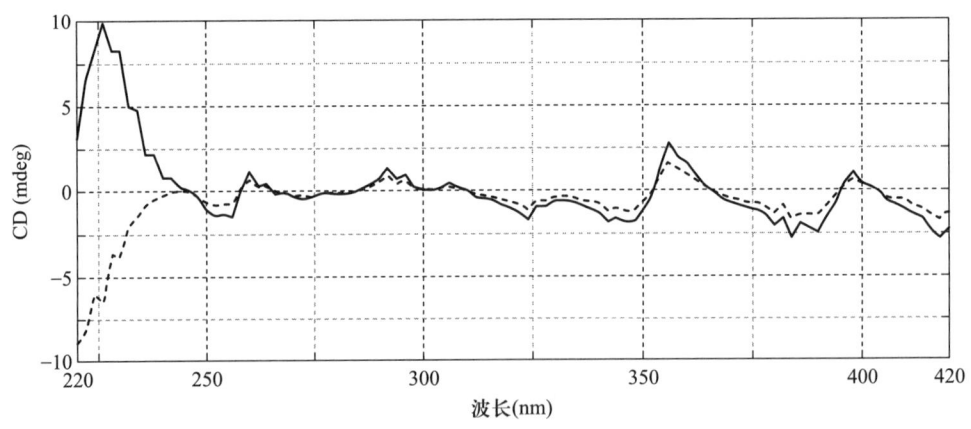

图 2-83 己唑醇两对映体的 CD 扫描图(实线为先流出对映体,虚线为后流出对映体)

2.5.8.2 己唑醇在高效液相色谱 Chiralcel OD 色谱柱反相条件下的拆分

（1）仪器及试剂

高效液相色谱（配有紫外可见光、DAD、圆二色、旋光等检测器）；

色谱柱：Chiralcel OD，250 mm×4.6 mm（I.D.）（或者具有相同手性固定相的其他商品名称的手性色谱柱）；

柱温箱（非必备）；

甲醇、乙腈：色谱纯或者分析纯经过重蒸，用前过膜；

超纯水。

（2）色谱条件

流动相：甲醇-水，乙腈-水；

检测波长：230 nm；

流量：0.8 mL/min；

温度：室温，或者控制温度 0~50 ℃（柱温箱）；

进样体积：20 μL。

（3）方法提要

称取一定量己唑醇标准品或样品于容量瓶中，用流动相溶解并定容。色谱体系更换成所需要的流动相体系，连接手性色谱柱，调整流动相至设定比例，待基线稳定后，连续进样，连续两次进样分析的峰面积及保留时间偏差在 2% 以内，便可对样品进行分析测定。

（4）拆分结果

在乙腈-水为 45∶55 时分离度可达 1.47（图 2-84），而在甲醇-水作流动相时却没有分离趋势。具体拆分结果见表 2-59。圆二色出峰顺序为-/+(230 nm)。

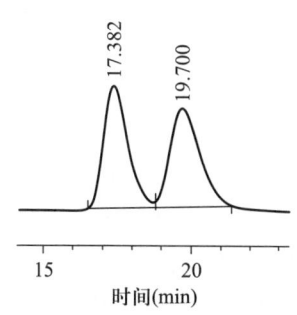

图 2-84 己唑醇对映体在 Chiralcel OD 上的拆分色谱图
（乙腈-水为 45∶55，室温）

表 2-59 己唑醇对映体在 Chiralcel OD 上反相条件下的分离结果（流量 0.8 mL/min，室温）

流动相	V∶V	k_1	k_2	α	R_S
乙腈-水	100∶0	0.38	0.38	1.00	—
	70∶30	0.90	1.05	1.16	0.79
	60∶40	1.57	1.82	1.16	0.94
	50∶50	3.29	3.80	1.15	1.28
	45∶55	5.21	6.04	1.16	1.47

2.5.8.3 己唑醇对映体在高效液相色谱 Chiralpak AS 色谱柱上的拆分

（1）仪器及试剂

高效液相色谱（配有紫外可见光、DAD、圆二色、旋光等检测器）；

色谱柱：Chiralpak AS，250 mm×4.6 mm（I.D.）（或者具有相同手性固定相的其他商品名称的

手性色谱柱);

柱温箱(非必备);

正己烷、异丙醇:色谱纯或者分析纯经过重蒸,用前过膜。

(2) 色谱条件

流动相:正己烷-异丙醇;

检测波长:230 nm;

流量:1.0 mL/min;

温度:室温,或者控制温度 0~50 ℃(柱温箱);

进样体积:20 μL。

(3) 方法提要

称取一定量己唑醇标准品或样品于容量瓶中,用流动相溶解并定容。色谱体系更换成所需要的流动相体系,连接手性色谱柱,调整流动相至设定比例,待基线稳定后,连续进样,连续两次进样分析的峰面积及保留时间偏差在 2% 以内,便可对样品进行分析测定。

(4) 拆分效果

己唑醇对映体在 Chiralpak AS 上具有良好的拆分效果,如图 2-85 所示,即使在正己烷-异丙醇 80∶20 的条件也能够得到两对映体完全分离(表 2-60)。随着异丙醇含量的降低,分离度逐渐增大。圆二色出峰顺序与在 OD 色谱柱上的相反,先流出对映体为(-),后流出对映体为(+)。

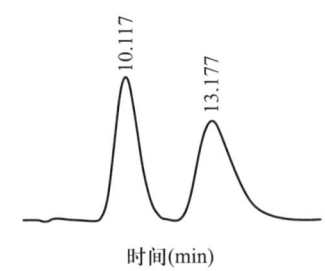

图 2-85 己唑醇对映体在 Chiralpak AS 上的拆分色谱图

(正己烷-异丙醇为 90∶10,室温,230 nm)

表 2-60 己唑醇对映体在 Chiralpak AS 上的拆分(正己烷/异丙醇)

异丙醇含量(%)	k_1	k_2	α	R_S
20	1.78	2.38	1.34	1.49
15	2.33	3.19	1.36	1.83
10	3.60	4.99	1.39	2.03
5	7.53	10.60	1.41	2.45

2.5.8.4 己唑醇对映体在高效液相色谱 Chiralcel OC 上的拆分

(1) 仪器及试剂

高效液相色谱(配有紫外可见光、DAD、圆二色、旋光等检测器);

色谱柱:Chiralcel OC,250 mm×4.6 mm(I.D.)(或者具有相同手性固定相的其他商品名称的手性色谱柱);

柱温箱(非必备);

正己烷、异丙醇:色谱纯或者分析纯经过重蒸,用前过膜。

(2) 色谱条件

流动相:正己烷-异丙醇;

检测波长:230 nm;

流量:1.0 mL/min;

温度:室温,或者控制温度 0~50 ℃(柱温箱);

进样体积:20 μL。

(3) 方法提要

称取一定量己唑醇标准品或样品于容量瓶中,用流动相溶解并定容。色谱体系更换成所需要的流动相体系,连接手性色谱柱,调整流动相至设定比例,待基线稳定后,连续进样,连续两次进样分析的峰面积及保留时间偏差在 2% 以内,便可对样品进行分析测定。

(4) 拆分结果

以正己烷-异丙醇流动相,己唑醇对映体在 Chiralcel OC 上能得到好的拆分效果,拆分结果如表 2-61。在异丙醇含量为 5% 时能得到完全分离,分离度为 1.57,效果如图 2-86 所示。

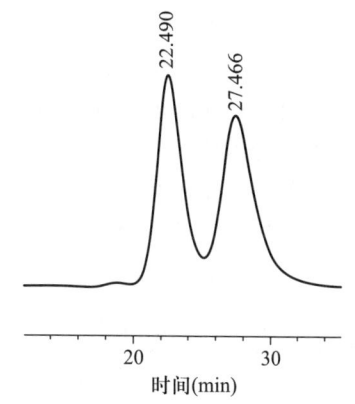

图 2-86　己唑醇对映体在 Chiralcel OC 上的拆分色谱图

(正己烷-异丙醇为 95∶5,室温,230 nm)

表 2-61　己唑醇对映体在 Chiralcel OC 上的拆分

异丙醇含量(%)	k_1	k_2	α	R_S
15	2.06	2.48	1.20	0.89
10	4.21	5.16	1.22	1.25
5	9.22	11.48	1.24	1.57

2.5.8.5　己唑醇对映体在高效液相色谱 Chiralpak AD 色谱柱上反相条件下的拆分

(1) 仪器及试剂

高效液相色谱(配有紫外可见光、DAD、圆二色、旋光等检测器);

色谱柱:Chiralpak AD,250 mm×4.6 mm(I.D.)(或者具有相同手性固定相的其他商品名称的手性色谱柱);

柱温箱(非必备);

甲醇、乙腈:色谱纯或者分析纯经过重蒸,用前过膜;

超纯水。

(2) 色谱条件

流动相:甲醇-水,乙腈-水;

检测波长:230 nm;

流量:0.8 mL/min;

温度:室温,或者控制温度 0~50 ℃(柱温箱);

进样体积:20 μL。

(3) 方法提要

称取一定量己唑醇标准品或样品于容量瓶中,用流动相溶解并定容。色谱体系更换成所需要的流动相体系,连接手性色谱柱,调整流动相至设定比例,待基线稳定后,连续进样,连续两次进样分析的峰面积及保留时间偏差在2%以内,便可对样品进行分析测定。

(4) 拆分效果

己唑醇对映体在甲醇-水或乙腈-水作流动相条件下均能得到基线分离(表2-62),拆分效果相差不大,如图2-87所示,分离度最高达1.86。

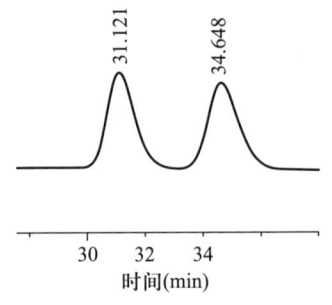

图2-87 己唑醇对映体在Chiralpak AD 上的拆分色谱图
(乙腈-水为40∶60,室温)

表2-62 己唑醇对映体在Chiralpak AD上反相条件下的分离结果(流量0.8 mL/min,室温)

流动相	$V:V$	k_1	k_2	α	R_S
甲醇-水	100∶0	0.41	0.41	1.00	—
	95∶5	0.58	0.58	1.00	—
	90∶10	0.77	0.84	1.09	0.52
	85∶15	1.09	1.22	1.11	0.75
	80∶20	1.76	1.98	1.12	0.91
	75∶25	2.80	3.19	1.14	1.13
	70∶30	4.71	5.37	1.14	1.18
	65∶35	8.03	9.22	1.15	1.29
	60∶40	15.03	17.41	1.16	1.72
乙腈-水	100∶0	0.37	0.37	1.00	—
	90∶10	0.72	0.79	1.10	0.61
	80∶20	0.70	0.79	1.13	0.79
	70∶30	0.97	1.11	1.13	0.93
	60∶40	1.64	1.86	1.13	1.18
	50∶50	3.46	3.90	1.13	1.50
	40∶60	9.37	10.55	1.13	1.86

2.5.9 甲霜灵

2.5.9.1 甲霜灵对映体在高效液相色谱Chiralcel OD色谱柱正相条件下的拆分

(1) 仪器及试剂

高效液相色谱(配有紫外可见光、DAD、圆二色、旋光等检测器);

色谱柱:Chiralcel OD,250 mm×4.6 mm(I.D.)(或者具有相同手性固定相的其他商品名称的

手性色谱柱）；

柱温箱（非必备）；

正己烷、乙醇、异丙醇、丁醇、异丁醇：色谱纯或者分析纯经过重蒸，用前过膜。

（2）色谱条件

流动相：正己烷-醇；

检测波长：230 nm；

流量：1.0 mL/min；

温度：室温，或者控制温度 0~50 ℃（柱温箱）；

进样体积：20 μL。

（3）方法提要

称取一定量甲霜灵标准品或样品于容量瓶中，用流动相溶解并定容。色谱体系更换成所需要的流动相体系，连接手性色谱柱，调整流动相至设定比例，待基线稳定后，连续进样，连续两次进样分析的峰面积及保留时间偏差在 2% 以内，便可对样品进行分析测定。

（4）拆分结果

以正己烷-醇为流动相，甲霜灵对映体在 Chiralcel OD 上的分离效果非常好，异丙醇有最佳的分离效果，在含量 50% 时分离因子就达 2.40，异丙醇也是所有的醇中对甲霜灵保留最强的，甲霜灵先流出对映体在该手性固定相上的保留非常弱，而后流出对映体的保留又非常强（表 2-63）。甲霜灵对映体的拆分色谱图如图 2-88 所示。

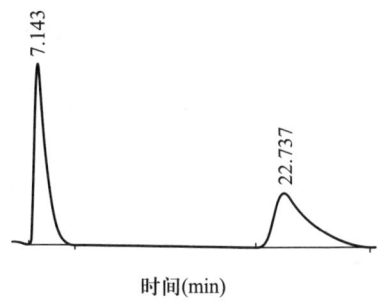

图 2-88　甲霜灵对映体在 Chiralcel OD 上的拆分色谱图

（正己烷-异丙醇为 85∶15，230 nm，室温）

表 2-63　甲霜灵对映体在 Chiralcel OD 上正己烷体系下的拆分结果

含量(%)	乙醇			异丙醇			丁醇			异丁醇		
	k_1	α	R_s	k_1	α	R_s	k_1	α	R_s	k_1	α	R_s
50	—	—	—	2.40	2.40	5.36	—	—	—	—	—	—
30	—	—	—	3.15	2.89	6.75	—	—	—	—	—	—
20	2.86	3.09	4.04	4.31	3.39	8.15	3.45	4.81	5.37	3.99	3.95	5.39
15	3.42	3.44	4.84	5.49	3.75	9.01	4.41	6.01	6.23	5.07	4.42	6.52
10	4.49	3.97	5.15	后对映体未流出			6.10	7.07	7.62	7.60	5.36	7.30
5	7.44	4.97	7.07				后对映体未流出			13.23	6.30	8.21

（5）圆二色特性

甲霜灵对映体的出峰顺序为 -/+，在 220~260 nm 间，两对映体都有一定的圆二色吸收，先流出对映体一直呈（-）CD 信号，而后流出对映体呈（+）CD 吸收，在 260 nm 后基本就没有 CD 吸收,两对映体的 CD 吸收曲线以"0"刻度线对称,最大吸收为 230 nm 处(图 2-89)。

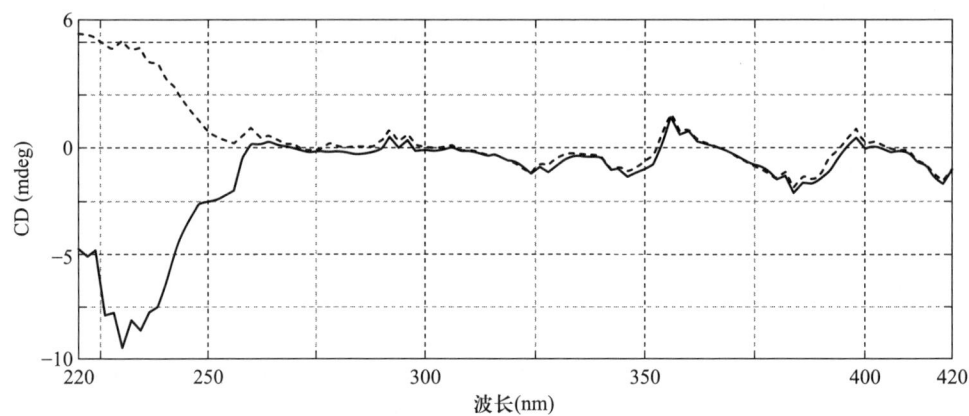

图 2-89　甲霜灵两对映体的 CD 扫描图(实线为先流出对映体,虚线为后流出对映体)

2.5.9.2　甲霜灵对映体在高效液相色谱 Chiralcel OD 色谱柱反相条件下的拆分
(1) 仪器及试剂
高效液相色谱(配有紫外可见光、DAD、圆二色、旋光等检测器);
色谱柱:Chiralcel OD,250 mm×4.6 mm(I.D.)(或者具有相同手性固定相的其他商品名称的手性色谱柱);
柱温箱(非必备);
甲醇、乙腈:色谱纯或者分析纯经过重蒸,用前过膜;
超纯水。
(2) 色谱条件
流动相:甲醇-水,乙腈-水;
检测波长:230 nm;
流量:0.8 mL/min;
温度:室温,或者控制温度 0~50 ℃(柱温箱);
进样体积:20 μL。
(3) 方法提要
称取一定量甲霜灵标准品或样品于容量瓶中,用流动相溶解并定容。色谱体系更换成所需要的流动相体系,连接手性色谱柱,调整流动相至设定比例,待基线稳定后,连续进样,连续两次进样分析的峰面积及保留时间偏差在 2% 以内,便可对样品进行分析测定。
(4) 拆分效果
甲霜灵在甲醇-水或乙腈-水作流动相条件下均能完全分离(表 2-64),最大分离度分别为 4.22 和 5.18。典型拆分色谱图如图 2-90 所示。圆二色出峰顺序为-/+(230 nm)。

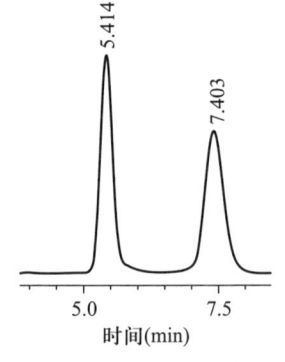

图 2-90　甲霜灵在 Chiralcel OD 色谱柱上的拆分色谱图
(甲醇-水为 90∶10)

表 2-64　甲霜灵在 Chiralcel OD 液相色谱柱上的分离结果(流量:0.8 mL/min,室温)

流动相	$V:V$	k_1	k_2	α	R_s
甲醇-水	100:0	0.37	0.87	1.28	2.41
	95:5	0.65	1.07	1.64	3.00
	90:10	0.75	1.29	1.71	3.37
	85:15	0.93	1.64	1.76	3.74
	75:25	1.69	3.08	1.82	4.22
乙腈-水	100:0	0.29	0.59	1.78	1.89
	90:10	0.36	0.73	2.01	2.41
	80:20	0.33	0.74	2.21	2.96
	70:30	0.49	0.97	1.98	3.77
	60:40	0.75	1.43	1.92	4.67
	50:50	1.30	2.30	1.77	5.18

2.5.9.3　甲霜灵对映体在高效液相色谱 Chiralpak AD 色谱柱正相条件下的拆分

(1) 仪器及试剂

高效液相色谱(配有紫外可见光、DAD、圆二色、旋光等检测器);

色谱柱:Chiralpak AD,250 mm×4.6 mm(I.D.)(或者具有相同手性固定相的其他商品名称的手性色谱柱);

柱温箱(非必备);

正己烷、异丙醇:色谱纯或者分析纯经过重蒸,用前过膜。

(2) 色谱条件

流动相:正己烷-异丙醇;

检测波长:230 nm;

流量:1.0 mL/min;

温度:室温,或者控制温度 0~50 ℃(柱温箱);

进样体积:20 μL。

(3) 方法提要

称取一定量甲霜灵标准品或样品于容量瓶中,用流动相溶解并定容。色谱体系更换成所需要的流动相体系,连接手性色谱柱,调整流动相至设定比例,待基线稳定后,连续进样,连续两次进样分析的峰面积及保留时间偏差在 2% 以内,便可对样品进行分析测定。

(4) 拆分结果

甲霜灵对映体在 Chiralpak AD 上,以正己烷和异丙醇为流动相没有实现完全分离,最大分离度 1.13(表 2-65)。优化条件下的拆分色谱图见图 2-91。

表 2-65 甲霜灵对映体在 Chiralpak AD 上的拆分结果

异丙醇含量(%)	k_1	k_2	α	R_S
15	3.44	3.54	1.03	0.28
10	5.15	5.43	1.05	0.57
5	9.22	9.90	1.07	0.80
2	16.59	18.21	1.10	1.13

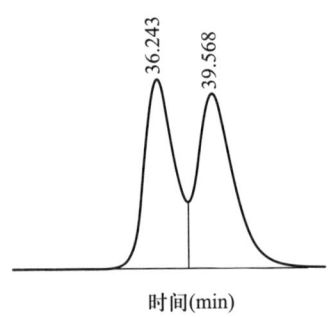

图 2-91 甲霜灵对映体在 Chiralpak AD 上的拆分色谱图

（正己烷-异丙醇为 98∶2,230 nm,室温）

2.5.9.4 甲霜灵对映体在高效液相色谱 Chiralpak AD 色谱柱反相条件下的拆分

(1) 仪器及试剂

高效液相色谱（配有紫外可见光、DAD、圆二色、旋光等检测器）；

色谱柱：Chiralpak AD, 250 mm×4.6 mm(I.D.)（或者具有相同手性固定相的其他商品名称的手性色谱柱）；

柱温箱（非必备）；

甲醇、乙腈：色谱纯或者分析纯经过重蒸,用前过膜；

超纯水。

(2) 色谱条件

流动相：甲醇-水,乙腈-水；

检测波长：230 nm；

流量：1.0 mL/min；

温度：室温,或者控制温度 0~50 ℃（柱温箱）；

进样体积：20 μL。

(3) 方法提要

称取一定量甲霜灵标准品或样品于容量瓶中,用流动相溶解并定容。色谱体系更换成所需要的流动相体系,连接手性色谱柱,调整流动相至设定比例,待基线稳定后,连续进样,连续两次进样分析的峰面积及保留时间偏差在 2%以内,便可对样品进行分析测定。

(4) 拆分结果

甲霜灵对映体在 Chiralpak AD 上甲醇-水或乙腈-水作流动相条件下能部分分离,在乙腈-

水流动相条件下,分离度最大达1.38(表2-66),典型拆分色谱图如图2-92所示。圆二色出峰顺序为-/+(230 nm)。

表2-66　甲霜灵对映体在Chiralpak AD上反相条件下的拆分结果

流动相	$V:V$	k_1	k_2	α	R_s
甲醇-水	100:0	0.34	0.34	1.00	—
	90:10	0.50	0.50	1.00	—
	80:20	0.83	0.83	1.00	—
	70:30	1.59	1.63	1.03	0.14
	60:40	3.54	3.79	1.07	0.36
乙腈-水	100:0	0.38	0.38	1.00	—
	60:40	0.44	0.50	1.14	0.55
	50:50	0.81	0.92	1.14	0.81
	40:60	1.63	1.87	1.14	1.05
	30:70	4.20	4.86	1.16	1.38

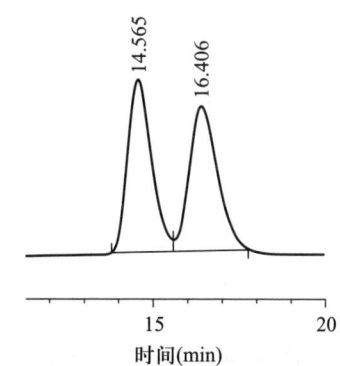

图2-92　甲霜灵对映体在Chiralpak AD上拆分色谱图
(乙腈-水为70:30)

2.5.9.5　甲霜灵对映体在Chiralpak AS色谱柱上的拆分

(1) 仪器及试剂

高效液相色谱(配有紫外可见光、DAD、圆二色、旋光等检测器);

色谱柱:Chiralpak AS,250 mm×4.6 mm(I.D.)(或者具有相同手性固定相的其他商品名称的手性色谱柱);

柱温箱(非必备);

正己烷、异丙醇:色谱纯或者分析纯经过重蒸,用前过膜。

(2) 色谱条件

流动相:正己烷-异丙醇;
检测波长:230 nm;
流量:1.0 mL/min;
温度:室温,或者控制温度 0~50 ℃(柱温箱);
进样体积:20 μL。

(3) 方法提要

称取一定量甲霜灵标准品或样品于容量瓶中,用流动相溶解并定容。色谱体系更换成所需要的流动相体系,连接手性色谱柱,调整流动相至设定比例,待基线稳定后,连续进样,连续两次进样分析的峰面积及保留时间偏差在2%以内,便可对样品进行分析测定。

(4) 拆分结果

甲霜灵对映体在 Chiralpak AS 上仅能部分分离,随异丙醇含量的减少分离度增大(表 2-67),最大分离度 1.37。圆二色出峰顺序为-/+,典型拆分结果如图 2-93 所示。

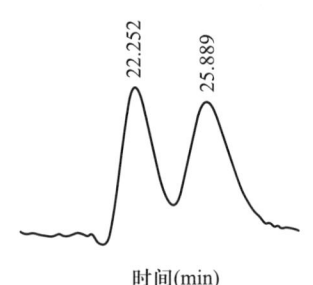

图 2-93 甲霜灵对映体在 Chiralpak AS 上的拆分色谱图
(正己烷-异丙醇为 90∶10)

表 2-67 甲霜灵对映体在 Chiralpak AS 上的拆分结果

异丙醇含量(%)	k_1	k_2	α	R_s
20	4.57	5.34	1.17	0.94
15	5.74	6.69	1.16	0.97
10	9.11	10.77	1.18	1.37

2.5.10 腈苯唑[32]

2.5.10.1 腈苯唑对映体在高效液相色谱 Lux Cellulose-2 色谱柱正相条件下的拆分

(1) 仪器及试剂

高效液相色谱(配有紫外可见光、DAD、圆二色、旋光等检测器);

色谱柱:Lux Cellulose-2,250 mm×4.6 mm(I.D.)(或者具有相同手性固定相的其他商品名称的手性色谱柱);

柱温箱(非必备);

正己烷、异丙醇:色谱纯或者分析纯经过重蒸,用前过膜;

(2) 色谱条件

流动相:正己烷-异丙醇;
检测波长:220 nm;
流量:0.8 mL/min;
温度:室温,或者控制温度 0~50 ℃(柱温箱);
进样体积:10 μL。

(3) 方法提要

称取一定量腈苯唑标准品或样品于容量瓶中,用流动相溶解并定容。色谱体系更换成所需要的流动相体系,连接手性色谱柱,调整流动相至设定比例,待基线稳定后,连续进样,连续两次进样分析的峰面积及保留时间偏差在2%以内,便可对样品进行分析测定。

(4) 拆分结果

Lux Cellulose-2 色谱柱正相条件下对腈苯唑对映体具有较好的拆分效果(表 2-68),两对映体很容易达到完全分离的效果。圆二色流出顺序为-/+(426 nm)。

表 2-68　腈苯唑对映体在 Lux Cellulose-2 上的拆分结果

异丙醇含量(%)	k_1	k_2	α	R_S
20	10.11	12.69	1.26	3.43
30	10.70	12.00	1.12	1.95

2.5.10.2　腈苯唑对映体在高效液相色谱 Lux Cellulose-3 色谱柱正相条件下的拆分

(1) 仪器及试剂

高效液相色谱(配有紫外可见光、DAD、圆二色、旋光等检测器);

色谱柱:Lux Cellulose-3,250 mm×4.6 mm(I.D.)(或者具有相同手性固定相的其他商品名称的手性色谱柱);

柱温箱(非必备);

正己烷、异丙醇:色谱纯或者分析纯经过重蒸,用前过膜;

(2) 色谱条件

流动相:正己烷-异丙醇;

检测波长:220 nm;

流量:0.8 mL/min;

温度:室温,或者控制温度 0~50 ℃(柱温箱);

进样体积:10 μL。

(3) 方法提要

称取一定量腈苯唑标准品或样品于容量瓶中,用流动相溶解并定容。色谱体系更换成所需要的流动相体系,连接手性色谱柱,调整流动相至设定比例,待基线稳定后,连续进样,连续两次进样分析的峰面积及保留时间偏差在2%以内,便可对样品进行分析测定。

(4) 拆分结果

Lux Cellulose-3 色谱柱正相条件下对腈苯唑对映体具有较好的拆分效果(表 2-69),两对映体很容易达到完全分离的效果。圆二色流出顺序为-/+(426 nm)。

表 2-69　腈苯唑对映体在 Lux Cellulose-3 上的拆分结果

异丙醇含量(%)	k_1	k_2	α	R_S
20	7.18	15.01	2.09	6.86
30	4.07	4.07	2.09	6.71

2.5.11 腈菌唑

2.5.11.1 腈菌唑对映体在 Chiralpak AD 色谱柱正相条件下的拆分

(1) 仪器及试剂

高效液相色谱(配有紫外可见光、DAD、圆二色、旋光等检测器);

色谱柱:Chiralpak AD,250 mm×4.6 mm(I.D.)(或者具有相同手性固定相的其他商品名称的手性色谱柱);

柱温箱(非必备);

正己烷、异丙醇:色谱纯或者分析纯经过重蒸,用前过膜。

(2) 色谱条件

流动相:正己烷-异丙醇;

检测波长:230 nm;

流量:1.0 mL/min;

温度:室温,或者控制温度 0~50 ℃(柱温箱);

进样体积:20 μL。

(3) 方法提要

称取一定量腈菌唑标准品或样品于容量瓶中,用流动相溶解并定容。色谱体系更换成所需要的流动相体系,连接手性色谱柱,调整流动相至设定比例,待基线稳定后,连续进样,连续两次进样分析的峰面积及保留时间偏差在 2% 以内,便可对样品进行分析测定。

(4) 拆分结果

正己烷体系下,腈菌唑对映体在 Chiralpak AD 上有很好的分离效果(表 2-70),在异丙醇含量为 5% 时,分离度达 5.73。图 2-94 为腈菌唑对映体的拆分色谱图。

表 2-70 腈菌唑对映体在 Chiralpak AD 上的拆分结果

异丙醇含量(%)	k_1	k_2	α	R_S
15	5.47	9.37	1.71	4.14
10	9.18	15.57	1.70	4.90
5	21.32	35.05	1.64	5.73

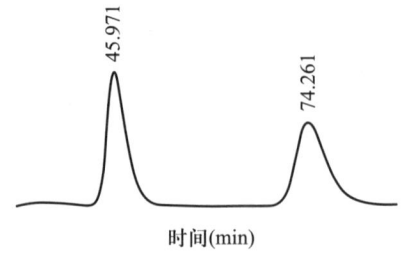

图 2-94 腈菌唑对映体在 Chiralpak AD 上的拆分色谱图
(正己烷-异丙醇为 95∶5,230 nm,室温)

（5）圆二色特性

在 220~240 nm 范围内先流出对映体为（-）CD 吸收信号,后流出对映体为（+）CD 信号,240 nm 后无圆二色吸收,CD 扫描图如图 2-95 所示。

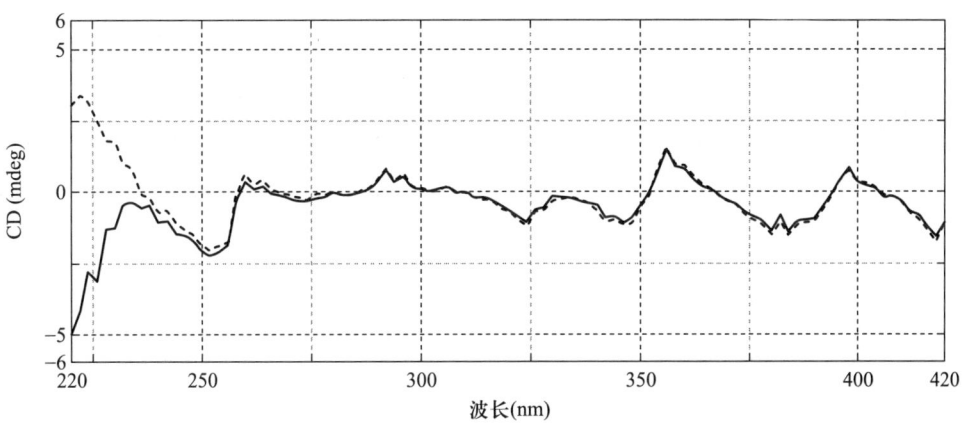

图 2-95 腈菌唑对映体的圆二色扫描图（实线代表先流出对映体,虚线代表后流出对映体）

2.5.11.2 腈菌唑对映体在高效液相色谱 Chiralpak AD 色谱柱反相条件下的拆分

（1）仪器及试剂

高效液相色谱（配有紫外可见光、DAD、圆二色、旋光等检测器）；

色谱柱：Chiralpak AD,250 mm×4.6 mm（I.D.）（或者具有相同手性固定相的其他商品名称的手性色谱柱）；

柱温箱（非必备）；

甲醇、乙腈：色谱纯或者分析纯经过重蒸,用前过膜；

超纯水。

（2）色谱条件

流动相：甲醇-水,乙腈-水；

检测波长：230 nm；

流量：1.0 mL/min；

温度：室温,或者控制温度 0~50 ℃（柱温箱）；

进样体积：20 μL；

（3）方法提要

称取一定量腈菌唑标准品或样品于容量瓶中,用流动相溶解并定容。色谱体系更换成所需要的流动相体系,连接手性色谱柱,调整流动相至设定比例,待基线稳定后,连续进样,连续两次进样分析的峰面积及保留时间偏差在 2% 以内,便可对样品进行分析测定。

（4）拆分结果

腈菌唑对映体在 Chiralpak AD 上甲醇-水或乙腈-水流动相条件下均只能得到部分分离（表 2-71）,分离度最大值为 0.76。圆二色出峰顺序为 -/+（230nm）。

表 2-71　腈菌唑对映体在 Chiralpak AD 色谱柱上反相条件下的分离结果

流动相	$V:V$	k_1	k_2	α	R_S
甲醇-水	100:0	0.54	0.54	1.00	—
	90:10	1.01	1.01	1.00	—
	85:15	1.32	1.39	1.05	0.33
	80:20	2.00	2.12	1.06	0.43
	75:25	2.88	3.17	1.10	0.51
	70:30	4.77	5.31	1.11	0.61
乙腈-水	100:0	0.34	0.34	1.00	—
	70:30	0.60	0.60	1.00	—
	60:40	1.06	1.13	1.07	0.43
	50:50	2.30	2.48	1.08	0.67
	40:60	6.36	6.87	1.08	0.76

2.5.11.3　腈菌唑对映体在高效液相色谱 Chiralpak AS 色谱柱上的拆分

（1）仪器及试剂

高效液相色谱（配有紫外可见光、DAD、圆二色、旋光等检测器）；

色谱柱：Chiralpak AS,250 mm×4.6 mm(I.D.)（或者具有相同手性固定相的其他商品名称的手性色谱柱）；

柱温箱（非必备）；

正己烷、异丙醇：色谱纯或者分析纯经过重蒸,用前过膜。

（2）色谱条件

流动相：正己烷-异丙醇；

检测波长：230 nm；

流量：1.0 mL/min；

温度：室温,或者控制温度 0~50 ℃（柱温箱）；

进样体积：20 μL。

（3）方法提要

称取一定量腈菌唑标准品或样品于容量瓶中,用流动相溶解并定容。色谱体系更换成所需要的流动相体系,连接手性色谱柱,调整流动相至设定比例,待基线稳定后,连续进样,连续两次进样分析的峰面积及保留时间偏差在 2% 以内,便可对样品进行分析测定。

（4）拆分结果

在异丙醇含量 5% 时可基本实现完全分离（表 2-72）,分离度为 1.49。

表 2-72　腈菌唑对映体在 Chiralpak AS 上的拆分结果

异丙醇含量(%)	k_1	α	R_s
15	5.08	1.17	0.86
10	8.01	1.20	1.06
5	17.49	1.24	1.49

2.5.11.4　腈菌唑对映体在高效液相色谱 Chiralcel OD 色谱柱上反相条件下的拆分

(1) 仪器及试剂

高效液相色谱(配有紫外可见光、DAD、圆二色、旋光等检测器);

色谱柱:Chiralcel OD,250 mm×4.6 mm(I.D.)(或者具有相同手性固定相的其他商品名称的手性色谱柱);

柱温箱(非必备);

甲醇、乙腈:色谱纯或者分析纯经过重蒸,用前过膜;

超纯水。

(2) 色谱条件

流动相:甲醇-水,乙腈-水;

检测波长:230 nm;

流量:1.0 mL/min;

温度:室温,或者控制温度 0~50 ℃(柱温箱);

进样体积:20 μL。

(3) 方法提要

称取一定量腈菌唑标准品或样品于容量瓶中,用流动相溶解并定容。色谱体系更换成所需要的流动相体系,连接手性色谱柱,调整流动相至设定比例,待基线稳定后,连续进样,连续两次进样分析的峰面积及保留时间偏差在 2% 以内,便可对样品进行分析测定。

(4) 拆分结果

腈菌唑对映体在 Chiralcel OD 上甲醇-水或乙腈-水流动相下均能得到基线分离,拆分效果相差不大(表 2-73)。拆分效果如图 2-96 所示,分离度最大值为 3.86。圆二色出峰顺序为+/-(230 nm)。

表 2-73　腈菌唑对映体在 Chiralcel OD 色谱柱上反相条件下的拆分结果

流动相	$V:V$	k_1	k_2	α	R_s
甲醇-水	100:0	0.58	0.80	1.38	1.59
	95:5	0.89	1.23	1.38	2.14
	85:15	1.54	2.05	1.33	2.15
	80:20	2.23	2.94	1.32	2.17
	75:25	3.43	4.49	1.31	2.27

续表

流动相	$V:V$	k_1	k_2	α	R_S
乙腈-水	100∶0	0.34	0.44	1.29	1.05
	90∶10	0.62	0.81	1.31	1.38
	80∶20	0.69	0.94	1.37	1.89
	70∶30	1.04	1.41	1.35	2.30
	60∶40	1.78	2.41	1.36	3.06
	50∶50	3.85	5.16	1.34	3.86

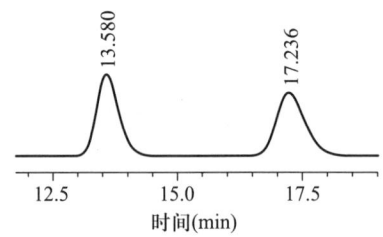

图 2-96　腈菌唑对映体在 Chiralcel OD 上的拆分色谱图

（乙腈-水为 50∶50，室温）

2.5.12　联苯三唑醇[32]

2.5.12.1　联苯三唑醇对映体在高效液相色谱 Lux Cellulose-2 色谱柱正相条件下的拆分

（1）仪器及试剂

高效液相色谱（配有紫外可见光、DAD、圆二色、旋光等检测器）；

色谱柱：Lux Cellulose-2，250 mm×4.6 mm（I.D.）（或者具有相同手性固定相的其他商品名称的手性色谱柱）；

柱温箱（非必备）；

正己烷、异丙醇：色谱纯或者分析纯经过重蒸，用前过膜；

（2）色谱条件

流动相：正己烷-异丙醇；

检测波长：210 nm；

流量：0.8 mL/min；

温度：室温，或者控制温度 0~50 ℃（柱温箱）；

进样体积：10 μL。

（3）方法提要

称取一定量联苯三唑醇标准品或样品于容量瓶中，用流动相溶解并定容。色谱体系更换成所需要的流动相体系，连接手性色谱柱，调整流动相至设定比例，待基线稳定后，连续进样，连续两次进样分析的峰面积及保留时间偏差在 2% 以内，便可对样品进行分析测定。

（4）拆分结果

Lux Cellulose-2 色谱柱正相条件下对联苯三唑醇对映体具有较好的拆分效果（表2-74），两对映体很容易达到完全分离的效果。圆二色流出顺序为+/-(210 nm)。

表2-74 联苯三唑醇对映体在 Lux Cellulose-2 上的拆分结果

异丙醇含量(%)	k_1	k_2	α	R_S
5	9.41	14.42	1.53	7.75
10	3.95	5.14	1.30	4.04
20	1.69	1.91	1.13	1.66

2.5.12.2 联苯三唑醇对映体在高效液相色谱 Lux Cellulose-3 色谱柱正相条件下的拆分

（1）仪器及试剂

高效液相色谱（配有紫外可见光、DAD、圆二色、旋光等检测器）；

色谱柱：Lux Cellulose-3, 250 mm×4.6 mm(I.D.)（或者具有相同手性固定相的其他商品名称的手性色谱柱）；

柱温箱（非必备）；

正己烷、异丙醇，色谱纯或者分析纯经过重蒸，用前过膜；

（2）色谱条件

流动相：正己烷-异丙醇；

检测波长：210 nm；

流量：0.8 mL/min；

温度：室温，或者控制温度0~50 ℃（柱温箱）；

进样体积：10 μL。

（3）方法提要

称取一定量联苯三唑醇标准品或样品于容量瓶中，用流动相溶解并定容。色谱体系更换成所需要的流动相体系，连接手性色谱柱，调整流动相至设定比例，待基线稳定后，连续进样，连续两次进样分析的峰面积及保留时间偏差在2%以内，便可对样品进行分析测定。

（4）拆分结果

Lux Cellulose-3 色谱柱正相条件下对联苯三唑醇对映体具有较好的拆分效果（表2-75），两对映体很容易达到完全分离的效果。圆二色流出顺序为+/-(210 nm)。

表2-75 联苯三唑醇对映体在 Lux Cellulose-3 上的拆分结果

异丙醇含量(%)	k_1	k_2	α	R_S
5	6.79	13.85	2.04	12.13
10	3.05	5.79	1.90	7.09
20	1.09	1.97	1.81	3.92

2.5.13 灭菌唑

灭菌唑对映体在超临界流体色谱 EnantioPak OD 色谱柱下的拆分[36]

(1) 仪器及试剂

超临界流体色谱(PDA 检测器);

色谱柱:EnantioPak OD,150 mm×4.6 mm(I.D.)(或者具有相同手性固定相的其他商品名称的手性色谱柱);

柱温箱(非必备);

液态 CO_2,乙醇,甲醇,正丙醇,正丁醇,异丙醇,异丁醇:色谱纯或者分析纯经过重蒸,用前过膜。

(2) 色谱条件

流动相:CO_2-醇;

流量:1.0~3.5 mL/min;

温度:35 ℃(柱温箱);

背压:13.79 MPa;

检测波长:254 nm;

进样体积:10 μL。

(3) 拆分结果

灭菌唑对映体在 EnantioPak OD 色谱柱上,CO_2 与多种醇类做流动相均能得到良好拆分,其中以 CO_2 和甲醇为流动相时时间较短,有很好的分离效果,在 CO_2-乙醇=90∶10 时,得到最大分离度 7.52,结果如表 2-76 所示。拆分色谱图见图 2-97。

表 2-76 不同种类溶剂对灭菌唑对映体在 EnantioPak OD 上拆分结果的影响

溶剂	k_1	α	R_S
甲醇	3.21	1.91	7.52
乙醇	4.77	2.14	9.21
正丙醇	5.16	2.5	10.63
正丁醇	4.78	2.73	11.28
异丙醇	8.12	2.42	10.56
异丁醇	7.75	3.16	11.46

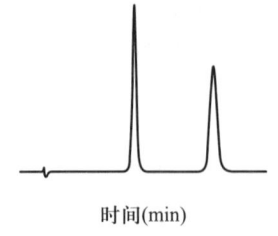

图 2-97 灭菌唑对映体在 EnantioPak OD 上的拆分色谱图
(CO_2-乙醇为 90∶10,35 ℃,254 nm,2.5 mL/min)

2.5.14 三唑酮

2.5.14.1 三唑酮对映体在高效液相色谱Chiralcel OD色谱柱正相条件下的拆分

（1）仪器及试剂

高效液相色谱（配有紫外可见光、DAD、圆二色、旋光等检测器）；

色谱柱：Chiralcel OD, 250 mm×4.6 mm(I.D.)（或者具有相同手性固定相的其他商品名称的手性色谱柱）；

柱温箱（非必备）；

正己烷、乙醇、异丙醇、丁醇、异丁醇：色谱纯或者分析纯经过重蒸，用前过膜。

（2）色谱条件

流动相：正己烷-醇；

检测波长：220 nm；

流量：1.0 mL/min；

温度：室温，或者控制温度 0~50 ℃（柱温箱）；

进样体积：20 μL。

（3）方法提要

称取一定量三唑酮标准品或样品于容量瓶中，用流动相溶解并定容。色谱体系更换成所需要的流动相体系，连接手性色谱柱，调整流动相至设定比例，待基线稳定后，连续进样，连续两次进样分析的峰面积及保留时间偏差在2%以内，便可对样品进行分析测定。

（4）拆分结果

正己烷-醇体系中，除了丁醇的效果较差外，其他醇对三唑酮对映体的拆分影响不大（表2-77），异丁醇含量2%时，有最大分离度1.48。图2-98为三唑酮对映体的拆分色谱图。正庚烷、正戊烷和石油醚体系的拆分效果不如正己烷体系，未能达到完全分离。

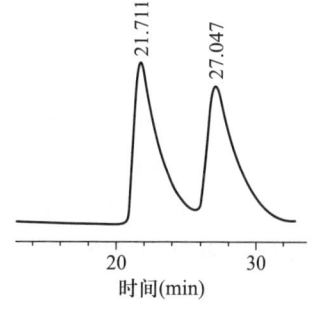

图 2-98 三唑酮对映体在 Chiralcel OD 上的拆分色谱图
（正己烷-异丙醇为99∶1, 220 nm, 室温）

表 2-77 三唑酮对映体在 Chiralcel OD 上正己烷体系下的拆分结果

含量(%)	乙醇			异丙醇			丁醇			异丁醇		
	k_1	α	R_S	k_1	α	R_S	k_1	α	R_S	k_1	α	R_S
20	1.84	1.10	0.12	3.59	1.15	0.96	1.90	1.12	0.17	1.99	1.19	0.64
15	2.09	1.12	0.34	4.19	1.17	1.01	2.23	1.13	0.49	2.30	1.21	1.12
10	2.50	1.14	0.55	5.20	1.18	1.15	2.74	1.12	0.56	2.91	1.23	1.29
5	3.42	1.17	1.18	7.69	1.21	1.32	4.01	1.13	0.63	4.13	1.28	1.44
2	5.32	1.21	1.33	13.30	1.24	1.41	6.53	1.15	0.77	7.32	1.30	1.48
1				18.70	1.26	1.47						

(5) 圆二色特性

三唑酮两对映体以"0"刻度线具有非常好的对称性,其 CD 吸收信号随着波长的变化也会出现非常明显的转换现象,先流出对映体在 220~260 nm 波长范围内为(-)CD 吸收,而在 260 nm~350 nm 范围内为(+)CD 吸收,最大吸收有两处,分别为 230 nm 和 300 nm,在 260 nm 处没有 CD 吸收,后流出对映体在 220~260 nm 范围内为(+)CD 吸收,在 260~350 nm 间为(-)CD 吸收。其 CD 信号如图 2-99 所示。

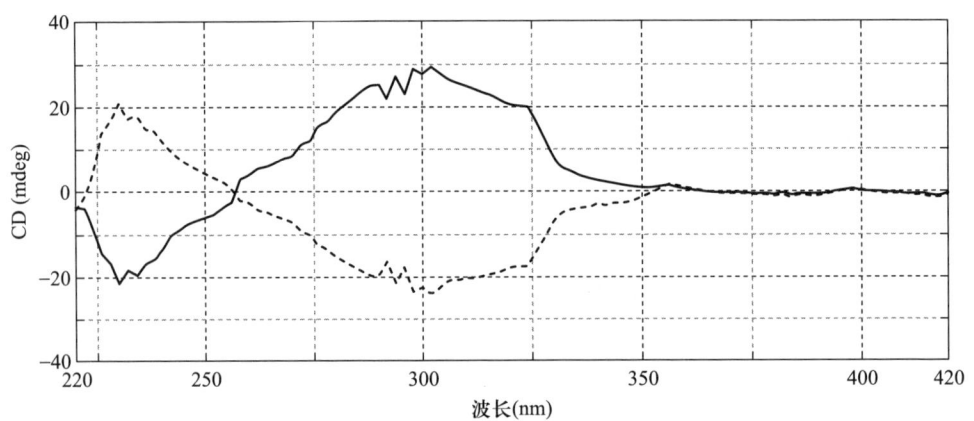

图 2-99 三唑酮两对映体的 CD 扫描图(实线为先流出对映体,虚线为后流出对映体)

2.5.14.2 三唑酮对映体在高效液相色谱 Chiralpak AS 色谱柱上的拆分

(1) 仪器及试剂

高效液相色谱(配有紫外可见光、DAD、圆二色、旋光等检测器)

色谱柱:Chiralpak AS,250 mm×4.6 mm(I.D.)(或者具有相同手性固定相的其他商品名称的手性色谱柱);

柱温箱(非必备);

正己烷、乙醇、异丙醇、丁醇、异丁醇:色谱纯或者分析纯经过重蒸,用前过膜。

(2) 色谱条件

流动相:正己烷-醇;

检测波长:220 nm;

流量:1.0 mL/min;

温度:室温,或者控制温度 0~50 ℃(柱温箱);

进样体积:20 μL。

(3) 方法提要

称取一定量三唑酮标准品或样品于容量瓶中,用流动相溶解并定容。色谱体系更换成所需要的流动相体系,连接手性色谱柱,调整流动相至设定比例,待基线稳定后,连续进样,连续两次进样分析的峰面积及保留时间偏差在 2% 以内,便可对样品进行分析测定。

(4) 拆分结果

在 Chiralpak AS 色谱柱上正己烷-醇体系中,除了乙醇外,其他醇都可实现两对映体的基线分离(表 2-78),在异丙醇含量为 2%时,分离度为 1.84。拆分色谱图如图 2-100 所示。圆二色检测器显示 220 nm 波长下对映体的出峰顺序为+/-。

表 2-78　三唑酮对映体在 Chiralpak AS 色谱柱上的拆分结果

含量(%)	乙醇			异丙醇			丁醇			异丁醇		
	k_1	α	R_S	k_1	α	R_S	k_1	α	R_S	k_1	α	R_S
15	1.41	1.16	1.03	1.81	1.29	1.34	1.67	1.24	1.33	1.75	1.27	1.45
10	1.74	1.16	1.09	2.48	1.32	1.43	2.37	1.27	1.51	2.3	1.29	1.57
5	2.47	1.19	1.25	3.74	1.35	1.59	3.08	1.36	1.63	3.54	1.31	1.52
2	—	—	—	5.97	1.42	1.84	—	—	—	—	—	—

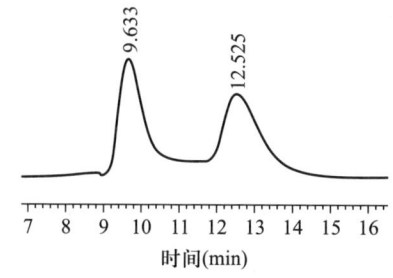

图 2-100　三唑酮对映体在 Chiralpak AS 上的拆分色谱图
(正己烷-异丙醇为 95∶5,220 nm,室温)

2.5.14.3　三唑酮对映体在高效液相色谱 Chiralpak AD 色谱柱反相条件下的拆分

(1) 仪器及试剂

高效液相色谱(配有紫外可见光、DAD、圆二色、旋光等检测器);

色谱柱:Chiralpak AD,250 mm×4.6 mm(I.D.)(或者具有相同手性固定相的其他商品名称的手性色谱柱);

柱温箱(非必备);

甲醇、乙腈:色谱纯或者分析纯经过重蒸,用前过膜;

超纯水。

(2) 色谱条件

流动相:甲醇-水,乙腈-水;

检测波长:230 nm;

流量:0.8 mL/min;

温度:室温,或者控制温度 0~50 ℃(柱温箱);

进样体积:20 μL。

(3) 方法提要

称取一定量三唑酮标准品或样品于容量瓶中,用流动相溶解并定容。色谱体系更换成所需要的流动相体系,连接手性色谱柱,调整流动相至设定比例,待基线稳定后,连续进样,连续两次进样分析的峰面积及保留时间偏差在2%以内,便可对样品进行分析测定。

(4) 拆分结果

三唑酮对映体在Chiralpak AD上甲醇-水或乙腈-水流动相条件下均能得到基线分离(表2-79),分离度在1.6以上,拆分效果相差不大,拆分效果如图2-101所示。圆二色检测器确定出峰顺序为-/+(230 nm)。

表2-79 三唑酮对映体在Chiralpak AD上反相条件下的拆分结果(流量0.8 mL/min,室温)

流动相	$V:V$	k_1	k_2	α	R_s
甲醇-水	100∶0	0.34	0.34	1.00	—
	95∶5	0.55	0.55	1.00	—
	85∶15	0.97	1.15	1.18	1.08
	75∶25	2.29	2.77	1.21	1.55
	70∶30	3.63	4.45	1.23	1.70
乙腈-水	100∶0	0.29	0.29	1.00	—
	80∶10	0.49	0.49	1.00	—
	70∶30	0.71	0.80	1.12	0.71
	60∶40	1.29	1.45	1.12	0.99
	50∶50	2.92	3.26	1.12	1.35
	40∶60	8.10	9.095	1.12	1.65

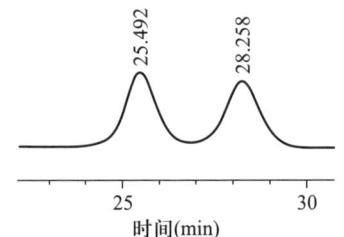

图2-101 三唑酮对映体在Chiralpak AD上的拆分色谱图
(乙腈-水,流量0.8 mL/min,室温)

2.5.15 戊唑醇

2.5.15.1 戊唑醇对映体在高效液相色谱Chiralcel OD色谱柱正相条件下的拆分

(1) 仪器及试剂

高效液相色谱(配有紫外可见光、DAD、圆二色、旋光等检测器);

色谱柱:Chiralcel OD,250 mm×4.6 mm(I.D.)(或者具有相同手性固定相的其他商品名称的手性色谱柱);

柱温箱(非必备);

石油醚、正庚烷、正戊烷、正己烷、乙醇、丙醇、异丙醇、丁醇:色谱纯或者分析纯经过重蒸,用前过膜。

(2) 色谱条件

流动相:石油醚/正庚烷/正戊烷/正己烷-醇;

检测波长:220 nm;

流量:1.0 mL/min;

温度:室温,或者控制温度 0~50 ℃(柱温箱);

进样体积:20 μL;

(3) 方法提要

称取一定量戊唑醇标准品或样品于容量瓶中,用流动相溶解并定容。色谱体系更换成所需要的流动相体系,连接手性色谱柱,调整流动相至设定比例,待基线稳定后,连续进样,连续两次进样分析的峰面积及保留时间偏差在2%以内,便可对样品进行分析测定。

(4) 拆分结果

在 Chiralcel OD 上正己烷流动相条件下,戊唑醇两对映体在使用2%乙醇时得到基线分离,分离度为1.63,色谱拆分图如图2-102所示,其次异丙醇的效果也较好,其他醇不能完全分离,具体结果见表2-80。正庚烷、正戊烷和石油醚流动相对戊唑醇对映体的拆分结果如表2-81所示,正庚烷、正戊烷和石油醚均比正己烷有较明显的优势,在异丙醇含量为5%时,三种体系都可使对映体实现完全分离。

表 2-80 戊唑醇对映体在 Chiralcel OD 上正己烷体系下的拆分

含量(%)	乙醇			丙醇			异丙醇			丁醇		
	k_1	α	R_S	k_1	α	R_S	k_1	α	R_S	k_1	α	R_S
20	2.93	1.14	0.57	4.80	1.00	—	8.58	1.18	0.81	5.69	1.16	0.78
15	3.65	1.16	0.91	6.13	1.06	0.12	11.6	1.19	0.95	7.65	1.17	0.88
10	5.13	1.18	1.31	9.32	1.09	0.36	19.4	1.21	1.09	14.07	1.13	0.89
5	10.26	1.22	1.52	21.18	1.08	0.44	45.2	1.19	1.22	33.32	1.13	0.92
2	29.52	1.21	1.63	—	—	—	—	—	—	—	—	—

表 2-81 戊唑醇对映体在 Chiralcel OD 上正庚烷、正戊烷和石油醚体系下的拆分

异丙醇含量(%)	正庚烷			正戊烷			石油醚		
	k_1	α	R_S	k_1	α	R_S	k_1	α	R_S
20	4.60	1.10	0.57	5.24	1.21	1.26	5.25	1.20	1.37
15	6.55	1.21	1.19	7.16	1.23	1.45	6.70	1.19	1.42

续表

异丙醇含量(%)	正庚烷			正戊烷			石油醚		
	k_1	α	R_S	k_1	α	R_S	k_1	α	R_S
10	10.27	1.24	1.45	11.42	1.25	1.63	12.03	1.23	1.48
5	16.57	1.41	1.59	29.03	1.25	1.76	28.87	1.22	1.61

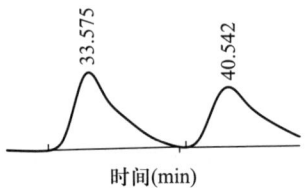

图 2-102　戊唑醇对映体在 Chiralcel OD 上的拆分色谱图
（正己烷-乙醇为 98∶2,室温,220 nm）

(5) 圆二色特性

先流出对映体在 220~233 nm 范围显示(-)CD 信号,从 233 nm 以后响应弱的(+)CD 信号,如图 2-103 中实线表示,后流出对映体在 220~420 nm 范围内一直显示(+)CD 信号,如图中虚线表示,两对映体的最大圆二色吸收波长均在 220 nm。

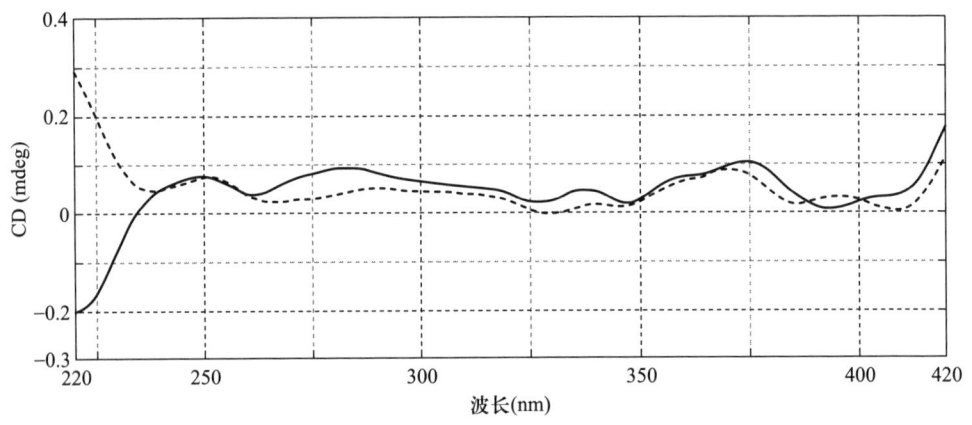

图 2-103　戊唑醇两对映体的 CD 扫描图(实线为先流出对映体,虚线为后流出对映体)

2.5.15.2　戊唑醇对映体在高效液相色谱 Chiralpak AD 色谱柱正相条件下的拆分

(1) 仪器及试剂

高效液相色谱(配有紫外可见光、DAD、圆二色、旋光等检测器);

色谱柱:Chiralpak AD,250 mm×4.6 mm(I.D.)(或者具有相同手性固定相的其他商品名称的手性色谱柱);

柱温箱(非必备);

正己烷、异丙醇:色谱纯或者分析纯经过重蒸,用前过膜。

（2）色谱条件

流动相：正己烷-异丙醇；

检测波长：230 nm；

流量：1.0 mL/min；

温度：室温，或者控制温度 0~50 ℃（柱温箱）；

进样体积：20 μL。

（3）方法提要

称取一定量戊唑醇标准品或样品于容量瓶中，用流动相溶解并定容。色谱体系更换成所需要的流动相体系，连接手性色谱柱，调整流动相至设定比例，待基线稳定后，连续进样，连续两次进样分析的峰面积及保留时间偏差在2%以内，便可对样品进行分析测定。

（4）拆分结果

在 Chiralpak AD 上正己烷流动相条件下，在异丙醇含量为5%时，分离度为1.72，两对映体实现了完全分离（表2-82），分离色谱图如图2-104所示。

表 2-82 戊唑醇对映体在 Chiralpak AD 上的拆分结果

异丙醇含量(%)	k_1	k_2	α	R_S
15	3.28	3.82	1.16	1.14
10	5.25	6.19	1.18	1.31
5	11.46	13.78	1.20	1.72

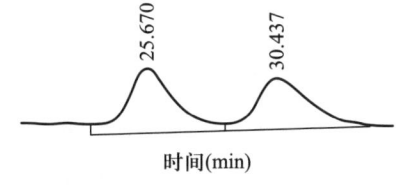

图 2-104 戊唑醇对映体在 Chiralpak AD 上的拆分色谱图

（正己烷-异丙醇为 95∶5，230 nm，室温）

2.5.15.3 戊唑醇对映体在高效液相色谱 Chiralpak AD 色谱柱反相条件下的拆分

（1）仪器及试剂

高效液相色谱（配有紫外可见光、DAD、圆二色、旋光等检测器）；

色谱柱：Chiralpak AD，250 mm×4.6 mm（I.D.）（或者具有相同手性固定相的其他商品名称的手性色谱柱）；

柱温箱（非必备）；

甲醇、乙腈：色谱纯或者分析纯经过重蒸，用前过膜；

超纯水。

（2）色谱条件

流动相：甲醇-水，乙腈-水；

检测波长:230 nm;
流量:0.8 mL/min;
温度:室温,或者控制温度 0~50 ℃(柱温箱);
进样体积:20 μL。

(3) 方法提要

称取一定量戊唑醇标准品或样品于容量瓶中,用流动相溶解并定容,配制成 100~1 000 mg/L 溶液。色谱体系更换成所需要的流动相体系,连接手性色谱柱,调整流动相至设定比例,待基线稳定后,连续进样,连续两次进样分析的峰面积及保留时间偏差在 2%以内,便可对样品进行分析测定。

(4) 拆分结果

戊唑醇对映体在 Chiralpak AD 上甲醇-水或乙腈-水作流动相条件下均为部分分离(表 2-83),如图 2-105 所示,分离度最大值为 1.30。圆二色检测器确定出峰顺序为+/-(230 nm)。

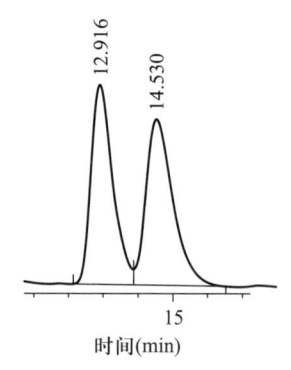

图 2-105 戊唑醇在 Chiralpak AD 上反相条件下的拆分色谱图 (乙腈-水为 50∶50,室温)

表 2-83 戊唑醇在 Chiralpak AD 上反相条件下的拆分结果(流量 0.8 mL/min,室温)

流动相	$V:V$	k_1	k_2	α	R_s
甲醇-水	100∶0	0.57	0.57	1.00	—
	80∶20	3.04	3.04	1.00	—
	75∶25	4.87	5.17	1.06	0.41
	70∶30	8.33	9.09	1.09	0.51
乙腈-水	100∶0	0.39	0.39	1.00	—
	70∶30	0.96	0.96	1.00	—
	60∶40	1.71	1.98	1.16	1.06
	50∶50	3.61	4.19	1.16	1.30
	45∶55	5.83	6.75	1.16	0.97

2.5.15.4 戊唑醇对映体在高效液相色谱 Chiralpak AS 色谱柱上的拆分

(1) 仪器及试剂

高效液相色谱(配有紫外可见光、DAD、圆二色、旋光等检测器);

色谱柱:Chiralpak AS,250 mm×4.6 mm(I.D.)(或者具有相同手性固定相的其他商品名称的手性色谱柱);

柱温箱(非必备);

正己烷、异丙醇:色谱纯或者分析纯经过重蒸,用前过膜。

(2) 色谱条件

流动相:正己烷-异丙醇;

检测波长:220 nm;

流量:1.0 mL/min;

温度:室温,或者控制温度 0~50 ℃(柱温箱);

进样体积:20 μL。

(3) 方法提要

称取一定量戊唑醇标准品或样品于容量瓶中,用流动相溶解并定容。色谱体系更换成所需要的流动相体系,连接手性色谱柱,调整流动相至设定比例,待基线稳定后,连续进样,连续两次进样分析的峰面积及保留时间偏差在 2%以内,便可对样品进行分析测定。

(4) 拆分结果

当异丙醇含量 5%时可以得到完全分离,分离度大于 1.5,具体拆分结果见表 2-84。

表 2-84 戊唑醇对映体在 Chiralpak AS 上的拆分结果

波长(nm)	异丙醇含量(%)	k_1	k_2	α	R_s
220	20	2.07	2.38	1.15	
	15	2.80	3.32	1.19	0.92
	10	4.37	5.39	1.23	1.34
	5	9.84	12.01	1.22	1.54

2.5.15.5 戊唑醇对映体在高效液相色谱 Chiralcel OC 色谱柱上的拆分

(1) 仪器及试剂

高效液相色谱(配有紫外可见光、DAD、圆二色、旋光等检测器);

色谱柱:Chiralcel OC,250 mm×4.6 mm(I.D.)(或者具有相同手性固定相的其他品牌手性柱);

柱温箱(非必备);

正己烷、异丙醇:色谱纯或者分析纯经过重蒸,用前过膜。

(2) 色谱条件

流动相:正己烷-异丙醇;

检测波长:220 nm;

流量:1.0 mL/min;

温度:室温,或者控制温度 0~50 ℃(柱温箱);

进样体积:20 μL。

(3) 方法提要

称取一定量戊唑醇标准品或样品于容量瓶中,用流动相溶解并定容。色谱体系更换成所需要的流动相体系,连接手性色谱柱,调整流动相至设定比例,待基线稳定后,连续进样,连续两次进样分析的峰面积及保留时间偏差在 2%以内,便可对样品进行分析测定。

(4) 拆分结果

戊唑醇在 Chiralcel OC 上最大分离度为 1.27,不能得到有效分离(表 2-85)。

表 2-85 戊唑醇对映体在 Chiralcel OC 上的拆分结果

异丙醇含量(%)	k_1	k_2	α	R_s
15	4.04	4.52	1.12	0.79
10	9.29	10.49	1.13	0.95
5	22.94	26.20	1.14	1.27

2.5.16 烯唑醇

2.5.16.1 烯唑醇对映体在高效液相色谱 Chiralcel OD 色谱柱正相条件下的拆分

(1) 仪器及试剂

高效液相色谱(配有紫外可见光、DAD、圆二色、旋光等检测器);

色谱柱:Chiralcel OD,250 mm×4.6 mm(I.D.)(或者具有相同手性固定相的其他商品名称的手性色谱柱);

柱温箱(非必备);

石油醚、正庚烷、正戊烷、正己烷、乙醇、丙醇、异丙醇、丁醇:色谱纯或者分析纯经过重蒸,用前过膜。

(2) 色谱条件

流动相:石油醚/正庚烷/正戊烷/正己烷-醇;

检测波长:220 nm;

流量:1.0 mL/min;

温度:室温,或者控制温度 0~50 ℃(柱温箱);

进样体积:20 μL。

(3) 方法提要

称取一定量烯唑醇标准品或样品于容量瓶中,用流动相溶解并定容。色谱体系更换成所需要的流动相体系,连接手性色谱柱,调整流动相至设定比例,待基线稳定后,连续进样,连续两次进样分析的峰面积及保留时间偏差在 2% 以内,便可对样品进行分析测定。

(4) 拆分结果

在 Chiralcel OD 色谱柱上正己烷流动相下,使用正丁醇和正丙醇的拆分效果较好,可实现基线或接近于基线分离(表 2-86),拆分色谱见图 2-106。而其他醇拆分效果较差。石油醚、正庚烷和正戊烷体系下分离效果都没有正己烷好,具体结果见表 2-87。

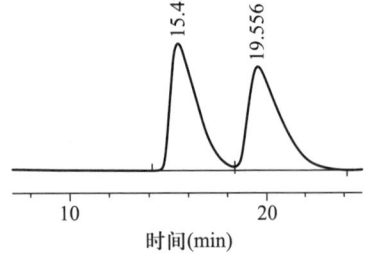

图 2-106 烯唑醇对映体在 Chiralcel OD 上的拆分色谱图

(正己烷-丁醇为 98:2,室温,220 nm)

表2-86　烯唑醇对映体在Chiralcel OD上正己烷体系下的拆分

含量(%)	乙醇			丙醇			异丙醇			丁醇		
	k_1	α	R_S	k_1	α	R_S	k_1	α	R_S	k_1	α	R_S
20	1.64	1.00	—	1.73	1.00	—	1.29	1.00	—	1.71	1.09	0.17
15	1.90	1.00	—	1.92	1.06	0.09	2.57	1.00	—	2.01	1.12	0.29
10	2.28	1.06	0.11	2.48	1.10	0.28	4.48	1.09	0.66	2.65	1.17	0.74
5	3.68	1.10	0.35	4.29	1.14	0.69	8.23	1.12	0.72	4.87	1.22	1.36
2	8.40	1.15	0.96	10.77	1.19	1.41	22.70	1.16	1.09	13.08	1.28	1.53

表2-87　烯唑醇对映体在Chiralcel OD上正庚烷、正戊烷和石油醚体系下的拆分

异丙醇含量(%)	正庚烷			正戊烷			石油醚		
	k_1	α	R_S	k_1	α	R_S	k_1	α	R_S
15	2.14	1.00	—	2.38	1.00	—	2.26	1.00	—
10	2.98	1.00	—	3.35	1.00	—	2.88	1.09	0.44
5	5.36	1.08	0.43	5.95	1.10	0.52	5.23	1.11	0.92
2	—	—	—	—	—	—	14.34	1.14	0.99

(5) 圆二色特性

烯唑醇对映体先流出的对映体呈现了(+)CD吸收信号,后流出为CD(-)吸收,在275 nm处有最大的圆二色吸收,两吸收曲线也以"0"刻度线有较好的对称性。其CD信号见图2-107。

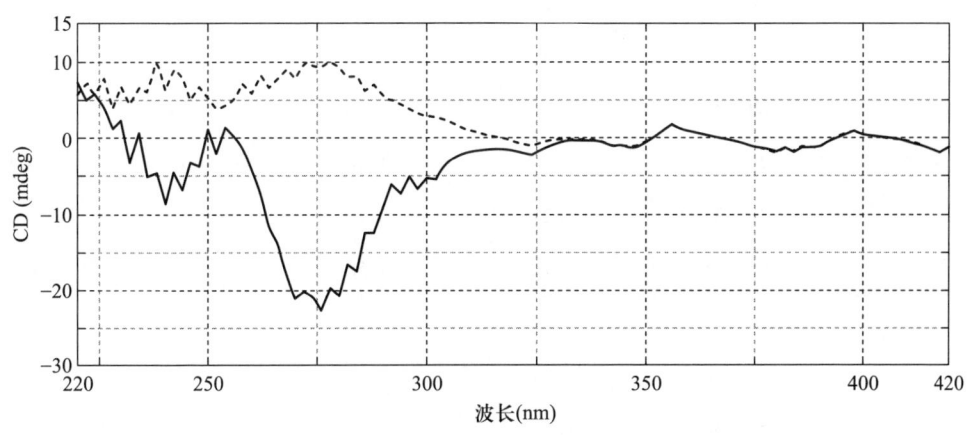

图2-107　烯唑醇两对映体的CD扫描图(虚线为先流出对映体,实线为后流出对映体)

2.5.16.2　烯唑醇对映体在高效液相色谱Chiralcel OD色谱柱反相条件下的拆分

(1) 仪器及试剂

高效液相色谱(配有紫外可见光、DAD、圆二色、旋光等检测器);

色谱柱:Chiralcel OD,250 mm×4.6 mm(I.D.)(或者具有相同手性固定相的其他商品名称的手性色谱柱);

柱温箱(非必备);

超纯水、甲醇、乙腈:色谱纯或者分析纯经过重蒸,用前过膜。

(2) 色谱条件

流动相:甲醇-水,乙腈-水;

检测波长:220 nm;

流量:1.0 mL/min;

温度:室温,或者控制温度 0~50 ℃(柱温箱);

进样体积:20 μL。

(3) 方法提要

称取一定量烯唑醇标准品或样品于容量瓶中,用流动相溶解并定容。色谱体系更换成所需要的流动相体系,连接手性色谱柱,调整流动相至设定比例,待基线稳定后,连续进样,连续两次进样分析的峰面积及保留时间偏差在2%以内,便可对样品进行分析测定。

(4) 拆分结果

烯唑醇对映体在 Chiralcel OD 上甲醇-水与乙腈-水流动相中仅能得到部分分离,但在乙腈-水中的拆分效果优于甲醇-水,分离度达 1.31,而在甲醇-水中分离度仅达 0.84(表 2-88)。典型拆分色谱图 2-108 所示,圆二色流出顺序都为-/+。

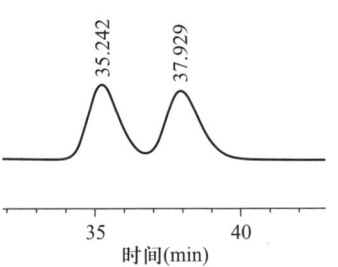

图 2-108　烯唑醇对映体在 Chiralcel OD 上的拆分色谱图（乙腈-水为 40∶60,室温）

表 2-88　烯唑醇对映体在 Chiralcel OD 上反相条件下的分离结果(流量:0.8 mL/min,室温)

流动相	$V:V$	k_1	k_2	α	R_S
甲醇-水	100∶0	0.45	0.45	1.00	—
	80∶20	1.96	1.96	1.00	—
	75∶25	3.16	3.38	1.07	0.61
	70∶30	5.24	5.77	1.08	0.71
	65∶35	9.70	10.58	1.09	0.84
乙腈-水	100∶0	0.36	0.36	1.00	—
	70∶30	1.01	1.01	1.00	—
	60∶40	1.67	1.80	1.07	0.72
	50∶50	3.81	4.10	1.08	0.97
	45∶55	6.15	6.63	1.08	1.11
	40∶60	10.75	11.64	1.08	1.31

2.5.16.3 烯唑醇对映体在高效液相色谱 Chiralpak AD 色谱柱正相条件下的拆分

(1) 仪器及试剂

高效液相色谱(配有紫外可见光、DAD、圆二色、旋光等检测器);

色谱柱:Chiralpak AD,250 mm×4.6 mm(I.D.)(或者具有相同手性固定相的其他商品名称的手性色谱柱);

柱温箱(非必备);

正己烷、异丙醇:色谱纯或者分析纯经过重蒸,用前过膜。

(2) 色谱条件

流动相:正己烷-异丙醇;

检测波长:230 nm;

流量:1.0 mL/min;

温度:室温,或者控制温度 0~50 ℃(柱温箱);

进样体积:20 μL。

(3) 方法提要

称取一定量烯唑醇标准品或样品于容量瓶中,用流动相溶解并定容。色谱体系更换成所需要的流动相体系,连接手性色谱柱,调整流动相至设定比例,待基线稳定后,连续进样,连续两次进样分析的峰面积及保留时间偏差在 2% 以内,便可对样品进行分析测定。

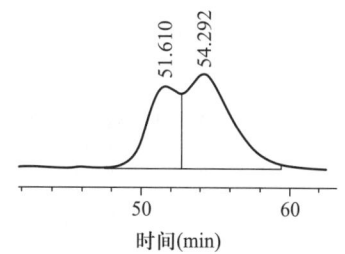

图 2-109 烯唑醇对映体在 Chiralpak AD 上的拆分色谱图
(正己烷-异丙醇为 98∶2,230 nm,室温)

(4) 拆分结果

烯唑醇对映体在 Chiralpak AD 上的拆分结果较差(表2-89),在异丙醇含量为 2% 时分离度只有 0.77,其典型拆分色谱图如图 2-109 所示。圆二色检测器显示,烯唑醇对映体 Chiralpak AD 液相色谱柱中 230 nm 波长下的出峰顺序为+/-。

表 2-89 烯唑醇对映体在 Chiralpak AD 上正己烷体系下的拆分结果

异丙醇含量(%)	k_1	k_2	α	R_S
15	2.43	2.52	1.04	0.27
10	3.94	4.20	1.07	0.58
5	9.06	9.69	1.07	0.66
2	24.05	25.36	1.05	0.77

2.5.16.4 烯唑醇对映体在高效液相色谱 Chiralpak AD 色谱柱反相条件下的拆分

(1) 仪器及试剂

高效液相色谱(配有紫外可见光、DAD、圆二色、旋光等检测器);

色谱柱:Chiralpak AD,250 mm×4.6 mm(I.D.)(或者具有相同手性固定相的其他商品名称的手性色谱柱);

柱温箱(非必备);
超纯水、甲醇、乙腈:色谱纯或者分析纯经过重蒸,用前过膜。

(2) 色谱条件

流动相:甲醇-水,乙腈-水;

检测波长:240 nm;

流量:1.0 mL/min;

温度:室温,或者控制温度 0~50 ℃(柱温箱);

进样体积:20 μL。

(3) 方法提要

称取一定量烯唑醇标准品或样品于容量瓶中,用流动相溶解并定容。色谱体系更换成所需要的流动相体系,连接手性色谱柱,调整流动相至设定比例,待基线稳定后,连续进样,连续两次进样分析的峰面积及保留时间偏差在 2% 以内,便可对样品进行分析测定。

(4) 拆分结果

烯唑醇对映体在 Chiralpak AD 上,在甲醇-水作流动相下能完全分离,分离度可达 2.75(表 2-90),而在乙腈-水作流动相时却没有分离趋势。典型拆分色谱图如图 2-110 所示。以甲醇-水为流动相时圆二色出峰顺序为 -/+。

表 2-90 烯唑醇对映体在 Chiralpak AD 上的分离结果(流量:0.8 mL/min,室温)

流动相	$V:V$	k_1	k_2	α	R_S
甲醇-水	100:0	0.53	0.82	1.55	1.51
	95:5	0.78	1.30	1.66	1.94
	90:10	1.19	2.07	1.75	2.28
	85:15	1.91	3.42	1.79	2.55
	80:20	3.23	5.78	1.79	2.75

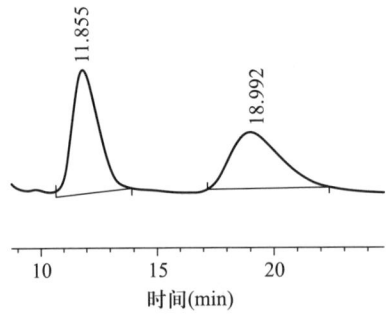

图 2-110 烯唑醇对映体在 Chiralpak AD 上的拆分色谱图
(甲醇-水为 80:20,室温)

2.5.16.5 烯唑醇对映体在高效液相色谱 Chiralpak AS 液相色谱柱正相条件下的拆分[16]

(1) 仪器及试剂

高效液相色谱(配有紫外可见光、DAD、圆二色、旋光等检测器);

色谱柱:Chiralpak AS,250 mm×4.6 mm(I.D.)(或者具有相同手性固定相的其他商品名称的手性色谱柱);

柱温箱(非必备);

正己烷、异丙醇、乙醇:色谱纯或者分析纯经过重蒸,用前过膜。

(2)色谱条件

流动相:正己烷-醇;

检测波长:220 nm;

流量:0.5 mL/min;

温度:室温,或者控制温度 0~50 ℃(柱温箱);

进样体积:20 μL。

(3)方法提要

称取一定量烯唑醇标准品或样品于容量瓶中,用流动相配制溶解并定容。色谱体系更换成所需要的流动相体系,连接手性色谱柱,调整流动相至设定比例,待基线稳定后,连续进样,连续两次进样分析的峰面积及保留时间偏差在2%以内,便可对样品进行分析测定。

(4)拆分结果

在 Chiralpak AS 色谱柱正相条件下,以正己烷-异丙醇(90∶10)为流动相,在柱温为室温,流速为 0.5 mL/min,波长为 220 nm 的色谱条件下,烯唑醇对映体能得到满意的分离效果。具体拆分结果见表2-91。

表 2-91 烯唑醇对映体在 Chiralpak AS 上的拆分结果

正己烷-异丙醇	k_1	k_2	α	R_S
90∶10	9.42	12.64	1.34	2.76
80∶20	6.45	7.66	1.19	1.64
70∶30	5.58	6.29	1.13	1.10

2.5.17 烯效唑

2.5.17.1 烯效唑对映体在高效液相色谱 Chiralpak AD 色谱柱正相条件下的拆分

(1)仪器及试剂

高效液相色谱(配有圆二色、旋光检测器);

色谱柱:Chiralpak AD,250 mm×4.6 mm(I.D.)(或者具有相同手性固定相的其他商品名称的手性色谱柱);

柱温箱(非必备);

正己烷、异丙醇:色谱纯或者分析纯经过重蒸,用前过膜。

(2)色谱条件

流动相:正己烷-异丙醇;

流量:1.0 mL/min;

检测波长:250 nm;

温度:25±2 ℃;

进样体积:20 μL。

(3) 方法提要

称取一定量烯效唑标准品或样品于容量瓶中,用乙醇溶解并定容。色谱体系更换成所需要的流动相体系,连接手性色谱柱,调整流动相至设定比例,待基线稳定后,连续进样,连续两次进样分析的峰面积及保留时间偏差在2%以内,便可对样品进行分析测定。

(4) 拆分结果

在 Chiralpak AD 上,以正己烷-异丙醇(85∶15)为流动相,流量 1.0 mL/min,温度 25 ℃,两对映体可以被完全拆分(图 2-111),出峰顺序为(+)/(−)(旋光和圆二色检测器)。

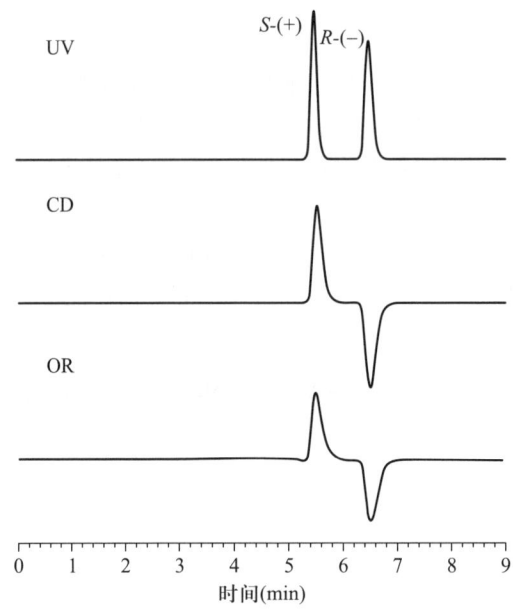

图 2-111 烯效唑对映体在 Chiralpak AD 上的拆分色谱图(正己烷-异丙醇为 85∶15)

2.5.17.2 烯效唑对映体在高效液相色谱 Chiralpak AD 色谱柱反相条件下的拆分

(1) 仪器及试剂

高效液相色谱(配有紫外可见光、DAD、圆二色、旋光等检测器);

色谱柱:Chiralpak AD,250 mm×4.6 mm(I.D.)(或者具有相同手性固定相的其他商品名称的手性色谱柱);

柱温箱(非必备);

超纯水、甲醇、乙腈:色谱纯或者分析纯经过重蒸,用前过膜。

(2) 色谱条件

流动相:甲醇-水,乙腈-水;

检测波长:240 nm;

流量:1.0 mL/min;

温度:室温,或者控制温度 0~50 ℃(柱温箱);

进样体积：20 μL。

（3）方法提要

称取一定量烯效唑标准品或样品于容量瓶中，用乙醇溶解并定容。色谱体系更换成所需要的流动相体系，连接手性色谱柱，调整流动相至设定比例，待基线稳定后，连续进样，连续两次进样分析的峰面积及保留时间偏差在2%以内，便可对样品进行分析测定

（4）拆分结果

在Chiralpak AD上，烯效唑在甲醇-水流动相中仅能实现部分分离，而在乙腈-水流动相中能达到基线分离（表2-92），分离度可达2.41。典型色谱图如图2-112所示。圆二色出峰顺序在甲醇和乙腈中相反，以甲醇-水为流动相时为-/+，以乙腈-水为流动相时为+/-。

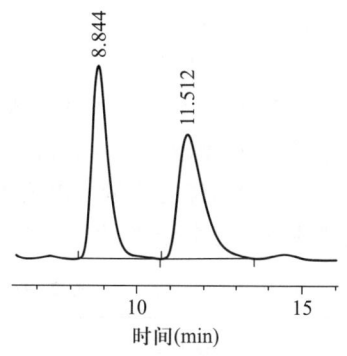

图2-112 烯效唑对映体在Chiralpak AD上的拆分色谱图（乙腈-水为60:40，室温）

表2-92 烯效唑对映体在Chiralpak AD上反相条件下的分离结果

流动相	$V:V$	k_1	k_2	α	R_S
甲醇-水	100:0	0.56	0.56	1.00	—
	90:10	1.10	1.27	1.16	0.81
	80:20	2.58	3.09	1.20	0.97
	75:25	4.28	5.19	1.22	0.87
	70:30	7.38	8.92	1.21	0.82
乙腈-水	100:0	0.27	0.27	1.00	—
	80:20	0.87	1.26	1.46	1.96
	70:30	1.26	1.82	1.45	1.99
	60:40	2.16	3.11	1.44	2.41

2.5.17.3 烯效唑对映体在高效液相色谱Chiralcel OC色谱柱上正相条件下的拆分[37]

（1）仪器及试剂

高效液相色谱仪（配有紫外可见光、DAD、圆二色、旋光等检测器）；

色谱柱：Chiralcel OC，250 mm×4.6 mm（I.D.）（或者具有相同手性固定相的其他商品名称的手性色谱柱）；

柱温箱（非必需）；

正己烷、乙醇、丙醇、异丙醇：色谱纯或者分析纯经过重蒸，用前过膜。

（2）色谱条件

流动相：正己烷-乙醇/丙醇/异丙醇；

检测波长：268.6 nm；

流量:0.5 mL/min;
温度:25 ℃

(3) 拆分结果

表 2-93 中列出了正己烷体系中三种醇(乙醇、丙醇、异丙醇,1.71 mol/L)对烯效唑对映体的拆分结果,检测波长 268.6 nm,流量 0.5 mL/min。以乙醇为改性剂时分离效果最好,分离度为 1.40。减少乙醇的含量可以增大分离度,如表 2-94 所示,当乙醇含量为 1.20 mol/L 时,烯效唑对映体可以完全分离(R_S=2.16)。

表 2-93 烯效唑对映体在 Chiralcel OC 上的拆分结果

醇改性剂	k_1	α	R_S
乙醇	1.22	1.19	1.40
丙醇	1.11	1.22	1.25
异丙醇	1.48	1.23	1.22

表 2-94 乙醇含量对烯效唑对映体拆分的影响

乙醇含量(mol/L)	k_1	α	R_S
3.43	0.50	1.19	1.11
1.71	1.22	1.19	1.40
1.20	6.8	1.19	2.16

2.5.17.4 烯效唑对映体在高效液相色谱 Chiralcel OD 色谱柱上正相条件下的拆分

(1) 仪器及试剂

高效液相色谱仪(配有紫外可见光、DAD、圆二色、旋光等检测器);

色谱柱:Chiralcel OD,250 mm×4.6 mm(I.D.)(或者具有相同手性固定相的其他商品名称的手性色谱柱);

柱温箱(非必需);

正己烷、乙醇、丙醇、异丙醇:色谱纯或者分析纯经过重蒸,用前过膜。

(2) 色谱条件

流动相:正己烷-乙醇/丙醇/异丙醇;

检测波长:268.6 nm;

流量:0.5 mL/min;

温度:25 ℃

(3) 拆分结果

表 2-95 中列出了正己烷体系中三种醇(乙醇、丙醇、异丙醇,1.71 mol/L)对烯效唑对映体的拆分结果,检测波长 268.6 nm,流量 0.5 mL/min。异丙醇没有拆分趋势,乙醇和丙醇也仅能实现部分分离。

表 2-95　烯效唑对映体在 Chiralcel OD 上的拆分结果

醇改性剂	k_1	α	R_s
乙醇	0.57	1.09	0.36
丙醇	0.65	1.12	0.46
异丙醇	0.92	1.00	—

2.5.17.5　烯效唑对映体在高效液相色谱 Chiralpak AD 色谱柱正相条件下的拆分[38]

（1）仪器及试剂

高效液相色谱仪（配有紫外可见光、DAD、圆二色、旋光等检测器）；

色谱柱：Chiralpak AD，250 mm×4.6 mm（I.D.）（或者具有相同手性固定相的其他商品名称的手性色谱柱）；

柱温箱；

正己烷、异丙醇：色谱纯或者分析纯经过重蒸，用前过膜。

（2）色谱条件

流动相：正己烷-异丙醇；

检测波长：230 nm；

流量：1.0 mL/min；

温度：室温，或者控制温度 0~30 ℃（柱温箱）；

进样体积：20 μL。

（3）方法提要

称取一定量的烯效唑标准品或样品于容量瓶中，用流动相溶解并定容。色谱体系更换成所需要的流动相体系，连接手性色谱柱，调整流动相至设定比例，待基线稳定后，连续进样，连续两次进样分析的峰面积及保留时间偏差在 2% 以内，便可对样品进行分析测定。

（4）拆分结果

在 Chiralpak AD 上烯效唑对映体可实现完全分离（表 2-96），异丙醇含量为 5% 时分离度 2.07，其拆分效果如图 2-113 所示。230 nm 波长下圆二色出峰顺序为（+/-）。

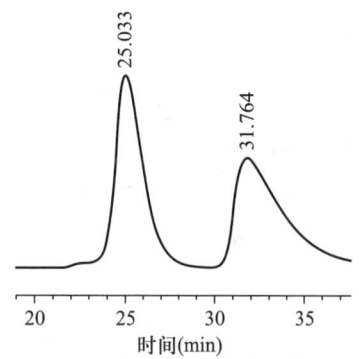

图 2-113　烯效唑对映体在 Chiralpak AD 上的拆分色谱图（正己烷-异丙醇为 95∶5，室温，230 nm，流量 1.0 mL/min）

表 2-96　烯效唑对映体在 Chiralpak AD 上的拆分结果

异丙醇含量(%)	k_1	k_2	α	R_s
15	2.74	3.34	1.22	1.32
10	4.63	5.77	1.25	1.59
5	11.15	14.42	1.29	2.07

2.5.17.6　烯效唑对映体在支链淀粉-三(苯基氨基甲酸酯)色谱柱上的拆分

（1）仪器及试剂

高效液相色谱仪(配有紫外可见光、DAD、圆二色、旋光等检测器);
色谱柱:支链淀粉-三(苯基氨基甲酸酯)色谱柱,250 mm×4.6 mm(I.D.);
柱温箱(非必备);
正己烷、异丙醇:色谱纯或者分析纯经过重蒸,用前过膜。
(2) 色谱条件
流动相:正己烷-异丙醇;
检测波长:230 nm;
流量:1.0 mL/min;
进样体积:20 μL;
温度:除考察温度对拆分的影响外,其余均在室温下进行。
(3) 方法提要
称取一定量的烯效唑标准品或样品于容量瓶中,用流动相溶解并定容。色谱体系更换成所需要的流动相体系,连接手性色谱柱,调整流动相至设定比例,待基线稳定后,连续进样,连续两次进样分析的峰面积及保留时间偏差在2%以内,便可对样品进行分析测定。
(4) 拆分结果
检测波长 230 nm,流量 1.0 mL/min,在支链淀粉-三(苯基氨基甲酸酯)色谱柱上烯效唑对映体可实现完全分离(表 2-97),异丙醇含量为5%时分离度 2.05。在 230~290 nm 范围内圆二色出峰顺序为+/-。

表 2-97　烯效唑对映体在支链淀粉-三(苯基氨基甲酸酯)色谱柱上的拆分结果

异丙醇含量(%)	k_1	k_2	α	R_S
20	2.11	2.13	1.01	0.05
15	2.31	3.02	1.31	1.39
10	3.86	5.17	1.34	1.48
5	9.33	13.09	1.40	2.05

2.5.18　乙烯菌核利

2.5.18.1　乙烯菌核利对映体在高效液相色谱 Chiralcel OD 色谱柱正相条件下的拆分
(1) 仪器及试剂
高效液相色谱(配有紫外可见光、DAD、圆二色、旋光等检测器);
色谱柱:Chiralcel OD,250 mm×4.6 mm(I.D.)(或者具有相同手性固定相的其他商品名称的手性色谱柱);
柱温箱(非必备);
正己烷、乙醇、异丙醇、丁醇、异丁醇:色谱纯或者分析纯经过重蒸,用前过膜。
(2) 色谱条件
流动相:正己烷-醇;
检测波长:210 nm;

流量:1.0 mL/min;
温度:室温,或者控制温度 0~50 ℃(柱温箱);
进样体积:20 μL。

(3) 方法提要

称取一定量乙烯菌核利标准品或样品于容量瓶中,用流动相溶解并定容。色谱体系更换成所需要的流动相体系,连接手性色谱柱,调整流动相至设定比例,待基线稳定后,连续进样,连续两次进样分析的峰面积及保留时间偏差在 2%以内,便可对样品进行分析测定。

(4) 拆分结果

在 Chiralcel OD 上,正己烷体系下,异丙醇的分离效果最好,可使对映体接近于基线分离,在含量为 1%时的分离度为 1.46(表 2-98),拆分色谱图如图 2-114。其他醇都只能实现部分分离。

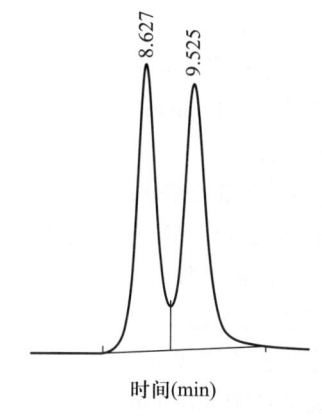

图 2-114 乙烯菌核利对映体在 Chiralcel OD 上的拆分色谱图
(正己烷-异丙醇为 99∶1,室温,210 nm)

表 2-98 乙烯菌核利对映体在 Chiralcel OD 上的拆分

含量(%)	乙醇			异丙醇			丁醇			异丁醇		
	k_1	α	R_S	k_1	α	R_S	k_1	α	R_S	k_1	α	R_S
2	2.17	1.12	0.95	2.51	1.12	1.11	2.52	1.12	1.15	2.44	1.12	0.96
1	2.24	1.12	1.10	2.92	1.14	1.46	2.65	1.13	1.11	2.62	1.11	0.96
0.5	3.08	1.20	0.81	5.29	1.16	1.27	—	—	—	—	—	—

(5) 圆二色特性

在 220~265 nm 范围内出峰顺序为+/-,而 265 nm 波长以后两对映体都无 CD 吸收。先流出对映体的 CD 吸收为(+),最大吸收在 230 nm 左右,先后流出对映体有很好的对称性(图 2-115)。

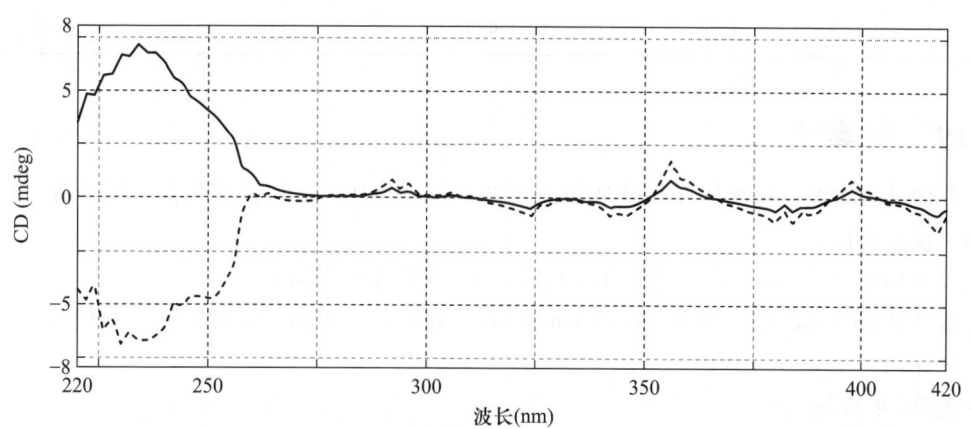

图 2-115 乙烯菌核利两对映体的 CD 扫描图(实线为先流出对映体,虚线为后流出对映体)

2.5.18.2 乙烯菌核利对映体在高效液相色谱 Chiralcel OC 色谱柱上的拆分

（1）仪器及试剂

高效液相色谱（配有紫外可见光、DAD、圆二色、旋光等检测器）；

色谱柱：Chiralcel OC,250 mm×4.6 mm(I.D.)（或者具有相同手性固定相的其他商品名称的手性色谱柱）；

柱温箱（非必备）；

正己烷、异丙醇：色谱纯或者分析纯经过重蒸，用前过膜。

（2）色谱条件

流动相：正己烷-异丙醇；

检测波长：220 nm；

流量：1.0 mL/min；

温度：室温，或者控制温度 0~50 ℃（柱温箱）；

进样体积：20 μL。

（3）方法提要

称取一定量乙烯菌核利标准品或样品于容量瓶中，用流动相溶解并定容。色谱体系更换成所需要的流动相体系，连接手性色谱柱，调整流动相至设定比例，待基线稳定后，连续进样，连续两次进样分析的峰面积及保留时间偏差在 2% 以内，便可对样品进行分析测定。

（4）拆分结果

乙烯菌核利对映体在 Chiralcel OC 上仅能实现部分分离（表2-99），最大分离度 1.26，典型拆分色谱图如图 2-116 所示。

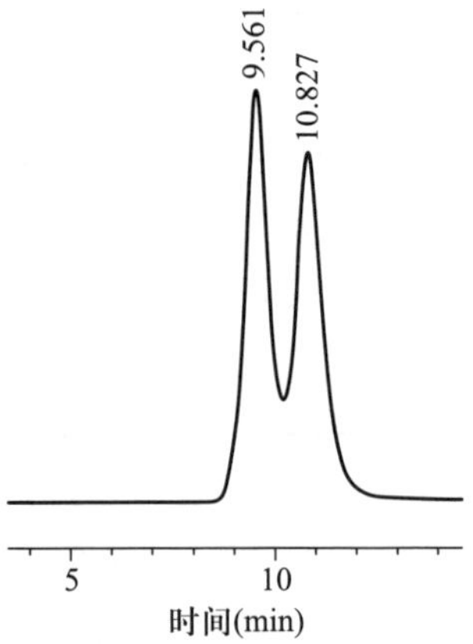

图 2-116 乙烯菌核利对映体在 Chiralcel OC 上的拆分色谱图（正己烷-异丙醇为 95:5）

表 2-99 乙烯菌核利对映体在 Chiralcel OC 上的拆分

异丙醇含量(%)	k_1	k_2	α	R_s
15	2.07	2.39	1.16	1.04
10	2.74	3.21	1.17	1.12
5	3.35	3.92	1.17	1.26

2.5.19 抑霉唑

2.5.19.1 抑霉唑对映体在高效液相色谱 Chiralpak AD 色谱柱正相条件下的拆分

（1）仪器及试剂

高效液相色谱（配有紫外可见光、DAD、圆二色、旋光等检测器）；

色谱柱：Chiralpak AD,250 mm×4.6 mm(I.D.)（或者具有相同手性固定相的其他商品名称的手性色谱柱）；

柱温箱（非必备）；

正己烷、异丙醇：色谱纯或者分析纯经过重蒸，用前过膜。

(2) 色谱条件

流动相:正己烷-异丙醇;

检测波长:230 nm;

流量:1.0 mL/min;

温度:室温,或者控制温度 0~50 ℃(柱温箱);

进样体积:20 μL。

(3) 方法提要

称取一定量抑霉唑标准品或样品于容量瓶中,用流动相溶解并定容。色谱体系更换成所需要的流动相体系,连接手性色谱柱,调整流动相至设定比例,待基线稳定后,连续进样,连续两次进样分析的峰面积及保留时间偏差在 2% 以内,便可对样品进行分析测定。

(4) 拆分结果

抑霉唑对映体在 Chiralpak AD 上只能实现部分分离,结果如表 2-100,异丙醇含量 2% 时最大分离度为 0.79。抑霉唑对映体的拆分色谱图如图 2-117。

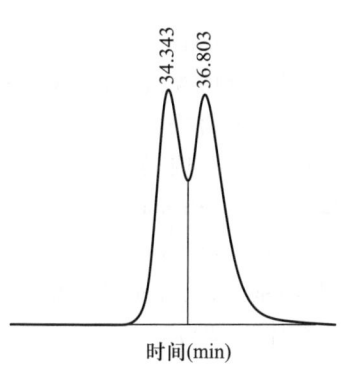

图 2-117 抑霉唑对映体的色谱拆分图
(正己烷-异丙醇为 98:2,230 nm,室温)

表 2-100 抑霉唑对映体在 Chiralpak AD 上的拆分结果

异丙醇含量(%)	k_1	k_2	α	R_s
15	2.37	2.48	1.05	0.40
10	3.68	3.90	1.06	0.59
5	7.35	7.86	1.07	0.73
2	15.67	16.77	1.07	0.79

(5) 圆二色特性

先流出对映体显示(-)CD 吸收,后流出对映体显示(+)CD 吸收,最大吸收波长为 230 nm,CD 吸收的对称性较好,该波长可用于确定两对映体的出峰顺序,在 250 nm 处两对映体无 CD 吸收,而在 250~285 nm 范围内又有弱的 CD 吸收。其 CD 信号如图 2-118 所示。

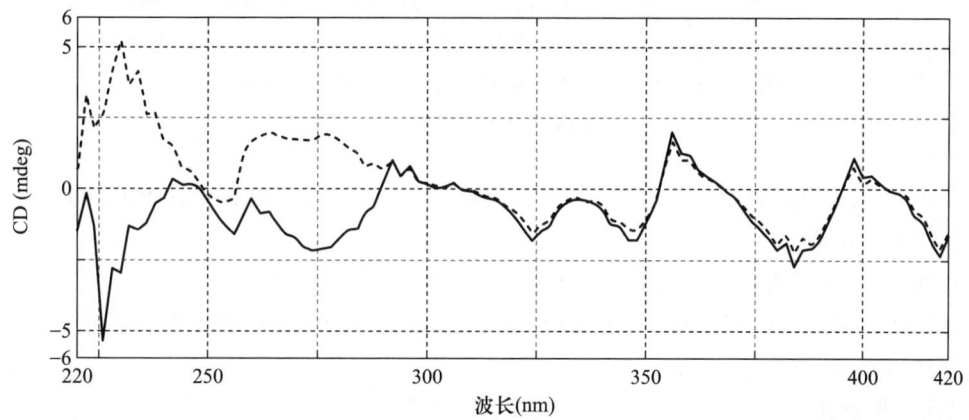

图 2-118 抑霉唑对映体的圆二色扫描图(实线表示先流出对映体,虚线表示后流出对映体)

2.5.19.2 抑霉唑对映体在高效液相色谱 Chiralpak AS 色谱柱上的拆分

(1) 仪器及试剂

高效液相色谱(配有紫外可见光、DAD、圆二色、旋光等检测器);

色谱柱:Chiralpak AS,250 mm×4.6 mm(I.D.)(或者具有相同手性固定相的其他商品名称的手性色谱柱);

柱温箱(非必备);

正己烷、异丙醇:色谱纯或者分析纯经过重蒸,用前过膜。

(2) 色谱条件

流动相:正己烷-异丙醇;

检测波长:230 nm;

流量:1.0 mL/min;

温度:室温,或者控制温度 0~50 ℃(柱温箱);

进样体积:20 μL。

(3) 方法提要

称取一定量抑霉唑标准品或样品于容量瓶中,用流动相溶解并定容。色谱体系更换成所需要的流动相体系,连接手性色谱柱,调整流动相至设定比例,待基线稳定后,连续进样,连续两次进样分析的峰面积及保留时间偏差在 2% 以内,便可对样品进行分析测定。

(4) 拆分结果

抑霉唑对映体在 Chiralpak AS 上未能实现基线分离,当流动相中含 5% 丙醇时,最大分离度为 0.93。在 230 nm 检测波长下,抑霉唑的出峰顺序为(+)/(-)。拆分色谱图如图 2-119。

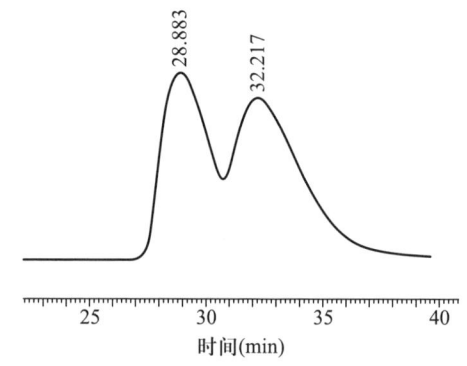

图 2-119 抑霉唑对映体在 Chiralpak AS 上的拆分色谱图
(正己烷-异丙醇为 95∶5,230 nm,室温)

2.5.19.3 抑霉唑对映体在高效液相色谱 Chiralcel OD 色谱柱反相条件下的拆分

(1) 仪器及试剂

高效液相色谱(配有紫外可见光、DAD、圆二色、旋光等检测器);

色谱柱:Chiralcel OD,250 mm×4.6 mm(I.D.)(或者具有相同手性固定相的其他商品名称的手性色谱柱);

柱温箱(非必备);

甲醇、乙腈:色谱纯或者分析纯经过重蒸,用前过膜;
超纯水。

(2) 色谱条件

流动相:甲醇-水,乙腈-水;

检测波长:230 nm;

流量:0.8 mL/min;

温度:室温,或者控制温度 0~50 ℃(柱温箱);

进样体积:20 μL。

(3) 方法提要

称取一定量抑霉唑标准品或样品于容量瓶中,用流动相溶解并定容。色谱体系更换成所需要的流动相体系,连接手性色谱柱,调整流动相至设定比例,待基线稳定后,连续进样,连续两次进样分析的峰面积及保留时间偏差在2%以内,便可对样品进行分析测定。

(4) 拆分效果

在 Chiralcel OD 色谱柱上,以甲醇-水或乙腈-水为流动相,抑霉唑都仅能得到部分分离(表 2-101),拆分效果如图 2-120。圆二色出峰顺序为+/-(230 nm)。

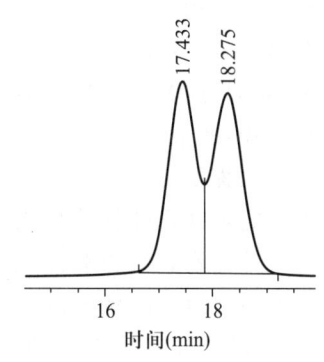

图 2-120 抑霉唑对映体在 Chiralcel OD 上的分离色谱图

(乙腈-水为 50:50,流量 0.8 mL/min,室温)

表 2-101 抑霉唑在 Chiralcel OD 上反相条件下的分离结果(流量:0.8 mL/min,室温)

流动相	$V:V$	k_1	k_2	α	R_S
甲醇-水	100:0	0.53	0.53	1.00	—
	90:10	1.06	1.06	1.00	—
	80:20	2.56	2.74	1.07	0.73
	70:30	6.82	7.36	1.05	0.84
乙腈-水	100:0	0.39	0.39	1.00	—
	80:20	0.91	0.91	1.00	—
	70:30	1.37	1.43	1.05	0.45
	60:40	2.43	2.56	1.05	0.69
	50:50	5.20	5.50	1.06	0.91

2.5.19.4 抑霉唑对映体在 Chiralpak AD 色谱柱反相条件下的拆分

(1) 仪器及试剂

高效液相色谱(配有紫外可见光、DAD、圆二色、旋光等检测器);

色谱柱:Chiralpak AD,250 mm×4.6 mm(I.D.)(或者具有相同手性固定相的其他商品名称的手性色谱柱);

柱温箱（非必备）；

甲醇、乙腈：色谱纯或者分析纯经过重蒸，用前过膜；

超纯水。

（2）色谱条件

流动相：甲醇-水，乙腈-水；

检测波长：230 nm；

流量：1.0 mL/min；

温度：室温，或者控制温度 0~50 ℃（柱温箱）；

进样体积：20 μL。

（3）方法提要

称取一定量抑霉唑标准品或样品于容量瓶中，用流动相溶解并定容。色谱体系更换成所需要的流动相体系，连接手性色谱柱，调整流动相至设定比例，待基线稳定后，连续进样，连续两次进样分析的峰面积及保留时间偏差在 2% 以内，便可对样品进行分析测定。

（4）拆分结果

抑霉唑对映体在 Chiralpak AD 上，甲醇-水流动相下部分分离（表 2-102），而在乙腈-水作流动相时却没有分离趋势，典型拆分色谱图如图 2-121 所示。圆二色出峰顺序为 -/+（230 nm）。

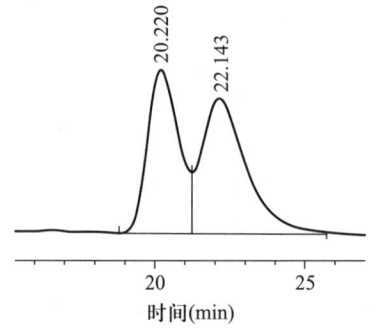

图 2-121 抑霉唑对映体在 Chiralpak AD 上反相条件下的拆分色谱图

（甲醇-水为 70:30，室温，流量 0.5 mL/min）

表 2-102 抑霉唑对映体在 Chiralpak AD 上反相条件下的分离结果

流动相	$V:V$	k_1	k_2	α	R_s
甲醇-水	100:0	0.39	0.39	1.00	—
	90:10	0.82	0.82	1.00	—
	85:15	1.23	1.32	1.07	0.55
	80:20	2.01	2.20	1.09	0.71
	75:25	3.35	3.69	1.10	0.77
	70:30	6.22	6.91	1.11	0.97

2.5.20 抑芽唑[32]

抑芽唑对映体在高效液相色谱 Lux Cellulose-2 色谱柱正相条件下的拆分

（1）仪器及试剂

高效液相色谱（配有紫外可见光、DAD、圆二色、旋光等检测器）；

色谱柱：Lux Cellulose-2，250 mm×4.6 mm（I.D.）（或者具有相同手性固定相的其他商品名称的手性色谱柱）；

柱温箱(非必备);
正己烷、异丙醇:色谱纯或者分析纯经过重蒸,用前过膜;
(2) 色谱条件
流动相:正己烷-异丙醇;
检测波长:220 nm;
流量:0.8 mL/min;
温度:室温,或者控制温度 0~50 ℃(柱温箱);
进样体积:10 μL。
(3) 方法提要
称取一定量抑芽唑标准品或样品于容量瓶中,用流动相溶解并定容。色谱体系更换成所需要的流动相体系,连接手性色谱柱,调整流动相至设定比例,待基线稳定后,连续进样,连续两次进样分析的峰面积及保留时间偏差在2%以内,便可对样品进行分析测定。
(4) 拆分结果
Lux Cellulose-2 色谱柱正相条件下对抑芽唑对映体具有较好的拆分效果(表 2-103),两对映体很容易达到完全分离的效果。圆二色流出顺序为+/-(220 nm)。

表 2-103　抑芽唑对映体在 Lux Cellulose-2 上的拆分结果

异丙醇含量(%)	k_1	k_2	α	R_S
2	8.17	9.48	1.16	2.62
5	2.60	2.93	1.12	1.62
10	1.16	1.28	1.10	1.10

2.6　手性除草剂

2.6.1　吡氟禾草灵

吡氟氯禾灵对映体在高效液相色谱(R,R)Whelk-O 1 色谱柱上的拆分
(1) 仪器及试剂
高效液相色谱仪(配有紫外可见光、DAD、圆二色、旋光等检测器);
色谱柱:(R,R)Whelk-O 1,250 mm×4.6 mm(I.D.)(或者具有相同手性固定相的其他商品名称的手性色谱柱);
柱温箱(非必需);
正己烷、乙醇、丙醇、异丙醇、丁醇、异丁醇:色谱纯或者分析纯经过重蒸,用前过膜。
(2) 色谱条件
流动相:正己烷-醇;
检测波长:225 nm;

流量:1.0 mL/min;
温度:室温,或者控制温度 0~50 ℃(柱温箱);
进样体积:20 μL。

(3) 方法提要

称取一定量吡氟禾草灵标准品或样品于容量瓶中,用流动相溶解并定容。色谱体系更换成所需要的流动相体系,连接手性色谱柱,调整流动相至设定比例,待基线稳定后,连续进样,连续两次进样分析的峰面积及保留时间偏差在 2% 以内,便可对样品进行分析测定。

(4) 拆分结果

在 (R,R)Whelk-O 1 上正己烷体系下,检测波长 225 nm,流量 1.0 mL/min,所有的醇都可以实现吡氟氯禾灵对映体的基线分离(表 2-104),在丙醇含量为 2% 时有最大的分离度 3.43。图 2-122 为吡氟氯禾灵对映体的拆分色谱图。对吡氟氯禾灵和精吡氟氯禾灵(R 体)对比进样分析,表明吡氟氯禾灵对映体在 (R,R)Whelk-O 1 上的流出顺序为:先流出为 S 体,后流出为 R 体。

表 2-104　吡氟氯禾灵对映体在 (R,R)Whelk-O 1 上的拆分结果

含量(%)	乙醇			丙醇			异丙醇			丁醇			异丁醇		
	k_1	α	R_S	k_1	α	R_S	k_1	α	R_S	k_1	α	R_S	k_1	α	R_S
2	3.18	1.26	3.23	4.45	1.33	3.43	5.68	1.36	3.22	3.48	1.33	2.41	—	—	—
5	2.01	1.22	2.51	2.68	1.28	2.83	4.07	1.34	3.11	3.02	1.31	2.19	5.39	0.34	2.03
10	1.32	1.18	1.65	1.89	1.26	2.20	2.62	1.31	2.75	2.10	1.29	1.95	3.67	1.33	1.72
20	0.97	1.16	1.17	1.26	1.23	1.59	1.91	1.28	2.05	1.61	1.27	1.78	2.53	1.31	1.47
30	0.71	1.16	0.83	1.05	1.22	1.41	1.46	1.26	1.77	1.30	1.26	1.37	2.28	1.30	1.42
40	0.60	1.15	0.68	0.88	1.21	1.06	1.26	1.25	1.64	1.14	1.24	1.24	2.00	1.28	1.22

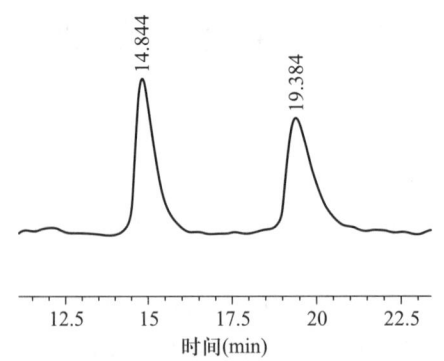

图 2-122　吡氟氯禾灵对映体在 (R,R)Whelk-O 1 上的拆分色谱图
(正己烷-异丙醇为 98∶2,室温,225 nm)

(5) 圆二色特性

吡氟氯禾灵两对映体的圆二色扫描图如图 2-123 所示,实线和虚线分别表示先后流出对映体,两对映体的圆二色信号吸收随波长会发生变化,在 220~280 nm 波长范围内,先流出对映体

显示(−)CD信号,最大吸收在238 nm和285 nm左右,后流出对映体的CD信号与先流出对映体相对"0"刻度线对称,280 nm后两对映体基本无吸收。

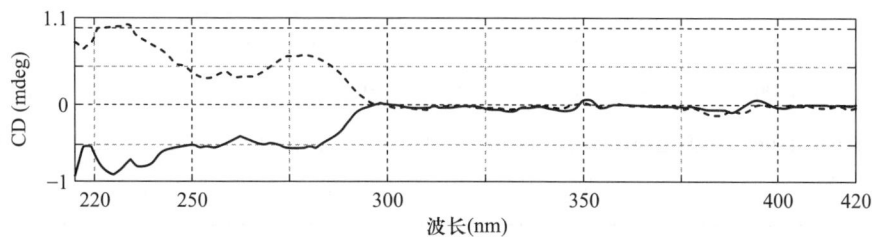

图 2-123　吡氟氯禾灵对映体的CD扫描图(实线为先流出对映体,虚线为后流出对映体)

2.6.2　敌草胺

2.6.2.1　敌草胺对映体在高效液相色谱 Chiralpak AS 色谱柱上的拆分

(1) 仪器及试剂

高效液相色谱仪(配有紫外可见光、DAD、圆二色、旋光等检测器);

色谱柱:Chiralpak AS,250 mm×4.6 mm(I.D.)(或者具有相同手性固定相的其他商品名称的手性色谱柱);

柱温箱(非必备);

正己烷、乙醇、丙醇、异丙醇、丁醇、异丁醇:色谱纯或者分析纯经过重蒸,用前过膜。

(2) 色谱条件

流动相:正己烷-醇;

检测波长:230 nm;

流量:1.0 mL/min;

温度:室温,或者控制温度0~40 ℃(柱温箱);

进样体积:20 μL。

(3) 方法提要

称取一定量的敌草胺标准品或样品于容量瓶中,用流动相溶解并定容。色谱体系更换成所需的流动相体系,连接手性色谱柱,调整流动相至设定比例,待基线稳定后,连续进样,连续两次进样分析的峰面积及保留时间偏差在2%以内,便可对样品进行分析测定。

(4) 拆分结果

在 Chiralpak AS 上正己烷体系下敌草胺未能实现基线分离,异丙醇是最好的极性改性剂,当含量为2%时,分离度为1.14(表2-105)。敌草胺对映体的拆分色谱图如图2-124所示。

表 2-105　敌草胺对映体在 Chiralpak AS 上的拆分

含量(%)	乙醇			丙醇			异丙醇			丁醇			异丁醇		
	k_1	α	R_S	k_1	α	R_S	k_1	α	R_S	k_1	α	R_S	k_1	α	R_S
15	1.19	1.00	—	1.53	1.00	—	1.55	1.07	0.38	1.31	1.00	—	1.76	1.00	—

续表

含量(%)	乙醇			丙醇			异丙醇			丁醇			异丁醇		
	k_1	α	R_S	k_1	α	R_S	k_1	α	R_S	k_1	α	R_S	k_1	α	R_S
10	1.51	1.00	—	1.96	1.07	0.41	2.04	1.10	0.55	1.54	1.06	0.53	2.31	1.11	0.37
5	1.90	1.06	0.62	2.91	1.10	0.66	3.31	1.11	0.72	2.21	1.08	0.76	3.62	1.12	0.71
2							7.65	1.14	1.14						

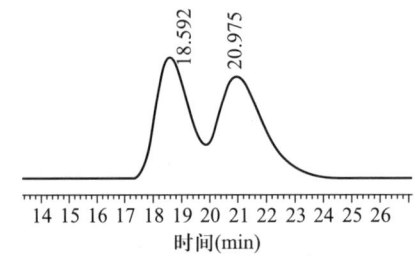

图 2-124 敌草胺对映体在 Chiralpak AS 上的拆分色谱图
(正己烷-异丙醇为 98∶2,230 nm,室温)

(5) 圆二色特性

圆二色扫描图如图 2-125 所示,实线代表先流出对映体,敌草胺对映体的 CD 信号随波长的变化而发生改变,在 220~237 nm 波长范围内先流出对映体的圆二色吸收为(−),后流出对映体为(+),两谱带在 237 nm 处出现交叉,CD 信号发生翻转。所以在标注其对映体时必须注明检测波长。

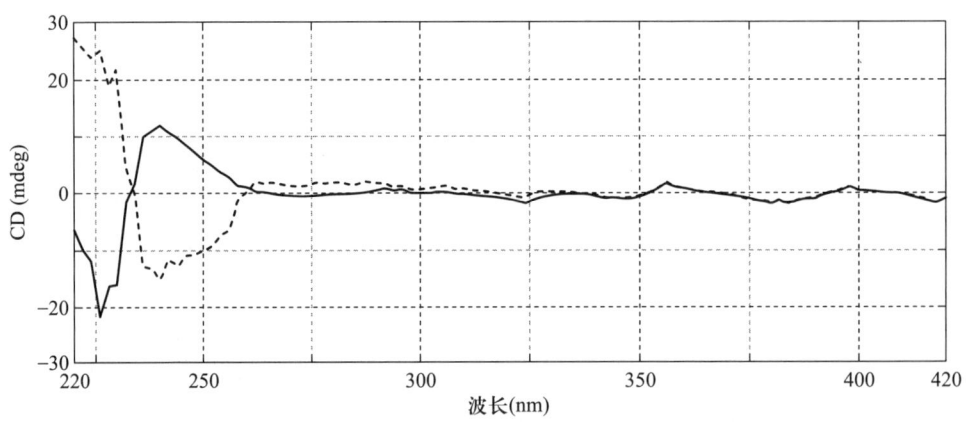

图 2-125 敌草胺对映体的圆二色扫描图(实线表示先流出对映体,虚线表示后流出对映体)

2.6.2.2 敌草胺对映体在高效液相色谱 Chiralcel OD 色谱柱上反相条件下的拆分

(1) 仪器及试剂

高效液相色谱仪(配有紫外可见光、DAD、圆二色、旋光等检测器);

色谱柱:Chiralcel OD,250 mm×4.6 mm(I.D.)(或者具有相同手性固定相的其他商品名称的

手性色谱柱);

柱温箱(非必备);

超纯水、甲醇、乙腈:色谱纯或者分析纯经过重蒸,用前过膜。

(2) 色谱条件

流动相:乙腈-水,甲醇-水;

检测波长:230 nm;

流量:0.8 mL/min;

温度:室温,或者控制温度 0~40 ℃(柱温箱);

进样体积:20 μL。

(3) 方法提要

称取一定量的敌草胺标准品或样品于容量瓶中,用流动相溶解并定容。色谱体系更换成所需要的流动相体系,连接手性色谱柱,调整流动相至设定比例,待基线稳定后,连续进样,连续两次进样分析的峰面积及保留时间偏差在 2% 以内,便可对样品进行分析测定。

(4) 拆分结果

在 Chiralcel OD 上甲醇-水或乙腈-水流动相条件下敌草胺对映体能达到部分分离(表 2-106)。230 nm 波长下,甲醇-水作流动相,出峰顺序为+/-,乙腈-水作流动相,出峰顺序为-/+。

表 2-106　敌草胺对映体在 Chiralcel OD 上反相条件下的分离结果(流量:0.8 mL/min,室温)

流动相	$V:V$	k_1	k_2	α	R_S
甲醇-水	100:0	0.67	0.67	1.00	—
	90:10	1.27	1.40	1.11	0.93
	85:15	1.90	2.12	1.12	1.08
	80:20	2.99	3.35	1.12	1.16
	75:25	5.05	5.66	1.12	1.23
	70:30	8.69	9.76	1.12	1.48
乙腈-水	100:0	0.58	0.70	1.20	0.74
	80:20	0.68	0.74	1.09	0.61
	70:30	1.14	1.23	1.08	0.83
	60:40	2.10	2.27	1.08	0.98
	50:50	4.53	4.88	1.08	1.16
	40:60	12.36	13.22	1.07	1.16

2.6.2.3　敌草胺对映体在高效液相色谱 Chiralpak AD 色谱柱上反相条件下的拆分

(1) 仪器及试剂

高效液相色谱仪(配有紫外可见光、DAD、圆二色、旋光等检测器);

色谱柱:Chiralpak AD,250 mm×4.6 mm(I.D.)(或者具有相同手性固定相的其他商品名称的手性色谱柱);

柱温箱(非必需);

超纯水、甲醇、乙腈:色谱纯或者分析纯经过重蒸,用前过膜。

(2) 色谱条件

流动相:甲醇-水,乙腈-水;

检测波长:230 nm;

流量:1.0 mL/min;

温度:室温,或者控制温度 0~40 ℃(柱温箱);

进样体积:20 μL。

(3) 方法提要

称取一定量的敌草胺标准品或样品于容量瓶中,用流动相溶解并定容。色谱体系更换成所需要的流动相体系,连接手性色谱柱,调整流动相至设定比例,待基线稳定后,连续进样,连续两次进样分析的峰面积及保留时间偏差在2%以内,便可对样品进行分析测定。

(4) 拆分结果

在 Chiralcel AD 上,敌草胺对映体在乙腈-水流动相中能部分分离(表 2-107),在甲醇-水流动相中完全没有分离趋势。图 2-126 为敌草胺对映体在 Chiralpak AD 色谱柱上反相条件下的拆分色谱图。圆二色出峰顺序为+/-。

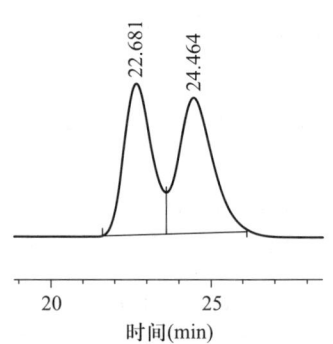

图 2-126 敌草胺对映体在 Chiralpak AD 色谱柱上的拆分色谱图(乙腈-水为 40∶60)

表 2-107 敌草胺对映体在 Chiralcel AD 上反相条件下的拆分结果

流动相	$V:V$	k_1	k_2	α	R_S
乙腈-水	100∶0	0.38	0.38	1.00	—
	70∶30	0.69	0.69	1.00	—
	60∶40	1.19	1.29	1.08	0.60
	50∶50	2.64	2.86	1.08	0.80
	40∶60	7.10	7.74	1.09	1.05

2.6.2.4 敌草胺对映体在高效液相色谱 Chiralcel AY-H 色谱柱上的拆分[39]

(1) 仪器及试剂

高效液相色谱仪(配有紫外可见光、DAD、圆二色、旋光等检测器);

色谱柱:Chiralcel AY-H,250 mm×4.6 mm(I.D.)(或者具有相同手性固定相的其他商品名称的手性色谱柱);

柱温箱(非必备);

正己烷、乙醇、异丙醇:色谱纯或者分析纯经过重蒸,用前过膜。

(2) 色谱条件

流动相:正己烷-醇;

检测波长:220 nm;

流量:0.4~0.6 mL/min;

温度:室温,或者控制温度 0~40 ℃(柱温箱);

进样体积:10 μL。

(3) 方法提要

称取一定量的敌草胺标准品或样品于容量瓶中,用流动相溶解并定容。色谱体系更换成所需要的流动相体系,连接手性色谱柱,调整流动相至设定比例,待基线稳定后,连续进样,连续两次进样分析的峰面积及保留时间偏差在 2%以内,便可对样品进行分析测定。

(4) 拆分结果

在 Chiralcel AY-H 上正己烷异丙醇体系下敌草胺能得到较好的分离,异丙醇是最好的极性改性剂,当含量为 5%时,分离度为 6.0。敌草胺对映体的拆分色谱图如图 2-127 所示。

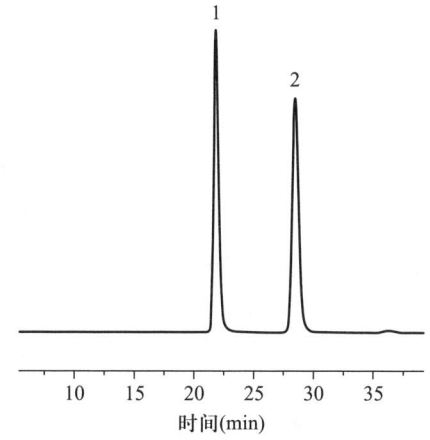

图 2-127 敌草胺对映体在 Chiralcel AY-H 上的拆分色谱图
(正己烷-异丙醇为 95∶5,220 nm,室温)

2.6.3 噁唑禾草灵

2.6.3.1 噁唑禾草灵对映体在高效液相色谱 Chiralpak AD 色谱柱正相条件下的拆分

(1) 仪器及试剂

高效液相色谱仪(配有紫外可见光、DAD、圆二色、旋光等检测器);

色谱柱:Chiralpak AD,250 mm×4.6 mm(I.D.)(或者具有相同手性固定相的其他商品名称的手性色谱柱);

柱温箱(非必备);

正己烷、异丙醇:色谱纯或者分析纯经过重蒸,用前过膜。

(2) 色谱条件

流动相:正己烷-异丙醇;

检测波长:230 nm;

流量:1.0 mL/min;

温度:室温或控制温度0~40 ℃(柱温箱);

进样体积:20 μL。

(3) 方法提要

称取一定量的噁唑禾草灵标准品或样品于容量瓶中,用流动相溶解并定容。色谱体系更换成所需要的流动相体系,连接手性色谱柱,调整流动相至设定比例,待基线稳定后,连续进样,连续两次进样分析的峰面积及保留时间偏差在2%以内,便可对样品进行分析测定。

(4) 拆分结果

流动相正己烷-异丙醇,流量1.0 mL/min,温度20 ℃,噁唑禾草灵对映体在Chiralpak AD上中可以实现基线分离(表2-108),在异丙醇含量为0.5%时,最大分离度达1.75。典型色谱图如图2-128。

表2-108 噁唑禾草灵对映体在Chiralpak AD上正相条件下的拆分结果

异丙醇含量(%)	k_1	k_2	α	R_S
15	2.37	2.58	1.09	0.50
10	3.03	3.34	1.10	0.65
5	4.46	4.98	1.12	0.92
2	7.04	8.25	1.17	1.35
1	8.25	9.86	1.20	1.43
0.5	21.62	36.23	1.68	1.75

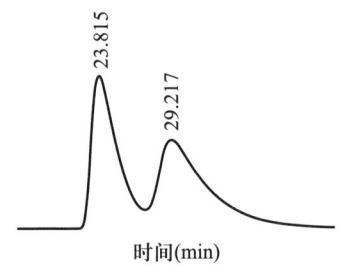

图2-128 噁唑禾草灵对映体在Chiralpak AD上的拆分色谱图

(正己烷-异丙醇为99:1)

(5) 圆二色特性

圆二色扫描图如图2-129,在220~250 nm范围内CD吸收较明显,最大吸收波长为225 nm,250 nm后基本无CD吸收。先流出对映体为(-),后流出对映体为(+)。

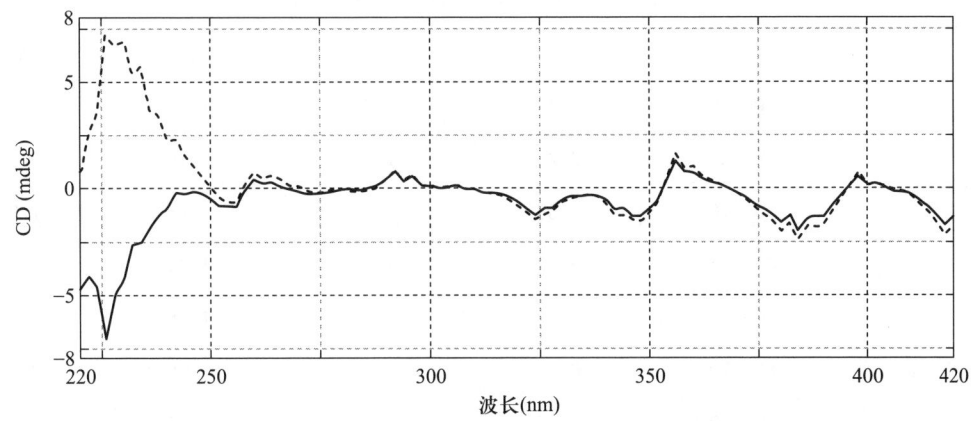

图 2-129　噁唑禾草灵对映体的圆二色扫描图（实线为先流出对映体，虚线为后流出对映体）

2.6.3.2　噁唑禾草灵对映体在 Chiralpak AD 色谱柱上反相条件下的拆分

(1) 仪器及试剂

高效液相色谱仪(配有紫外可见光、DAD、圆二色、旋光等检测器);

色谱柱:Chiralpak AD,250 mm×4.6 mm(I.D.)(或者具有相同手性固定相的其他商品名称的手性色谱柱);

柱温箱(非必备);

超纯水、甲醇、乙腈:色谱纯或者分析纯经过重蒸,用前过膜。

(2) 色谱条件

流动相:甲醇-水,乙腈-水;

检测波长:230 nm;

流量:1.0 mL/min;

温度:室温,或者控制温度 0~40 ℃(柱温箱);

进样体积:20 μL。

(3) 方法提要

称取一定量的敌草胺标准品或样品于容量瓶中,用流动相溶解并定容。色谱体系更换成所需要的流动相体系,连接手性色谱柱,调整流动相至设定比例,待基线稳定后,连续进样,连续两次进样分析的峰面积及保留时间偏差在 2% 以内,便可对样品进行分析测定。

(4) 拆分结果

在 Chiralpak AD 上反相条件下对噁唑禾草灵对映体的分离结果见表 2-109,在甲醇-水和乙腈-水作流动相条件下,最大分离度分别可达 1.27 和 2.76。典型色谱图如图 2-130 所示。

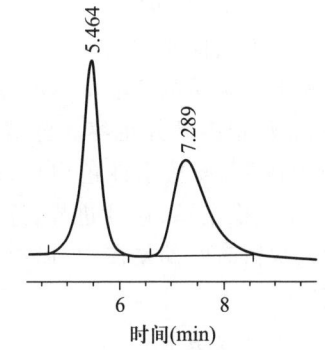

图 2-130　噁唑禾草灵在 Chiralpak AD 色谱柱上的拆分色谱图（乙腈-水为 80∶20）

表 2-109　噁唑禾草灵对映体在 Chiralpak AD 上的拆分结果

流动相	$V:V$	k_1	k_2	α	R_s
甲醇-水	100:0	1.34	1.55	1.16	0.76
	95:5	2.39	2.85	1.19	0.92
	90:10	4.68	5.67	1.21	1.27
	85:15	9.07	11.25	1.24	1.05
乙腈-水	100:0	0.44	0.87	1.98	1.73
	80:20	0.95	1.59	1.68	2.16
	70:30	2.03	3.34	1.65	2.76

2.6.3.3　噁唑禾草灵对映体在高效液相色谱 Chiralpak AS 色谱柱上的拆分

(1) 仪器及试剂

高效液相色谱仪(配有紫外可见光、DAD、圆二色、旋光等检测器);

色谱柱:Chiralpak AS,250 mm×4.6 mm(I.D.)(或者具有相同手性固定相的其他商品名称的手性色谱柱);

柱温箱(非必备);

正己烷、乙醇、丙醇、异丙醇、丁醇、异丁醇:色谱纯或者分析纯经过重蒸,用前过膜。

(2) 色谱条件

流动相:正己烷-醇;

检测波长:230 nm;

流量:1.0 mL/min;

温度:室温或控制温度 0~40 ℃(柱温箱);

进样体积:20 μL。

(3) 方法提要

称取一定量的噁唑禾草灵标准品或样品于容量瓶中,用流动相溶解并定容。色谱体系更换成所需要的流动相体系,连接手性色谱柱,调整流动相至设定比例,待基线稳定后,连续进样,连续两次进样分析的峰面积及保留时间偏差在 2% 以内,便可对样品进行分析测定。

(4) 拆分结果

在 Chiralpak AS 上,正己烷体系下丙醇和丁醇都可以实现噁唑禾草灵两对映体的完全分离(表 2-110 所示),其中丁醇的效果最好,在含量 10% 时,最大分离度可达 1.80,异丙醇对噁唑禾草灵的拆分效果最差。图 2-131 为噁唑禾草灵对映体的拆分色谱图。圆二色出

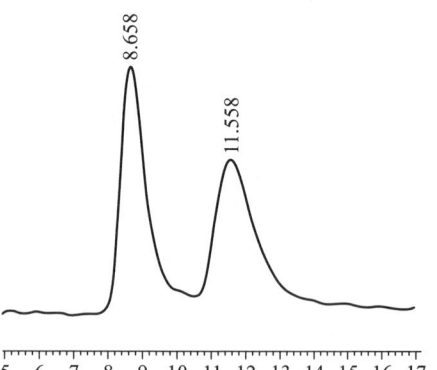

图 2-131　噁唑禾草灵对映体在
Chiralpak AS 上的拆分色谱图
(正己烷-丁醇为 90:10,230 nm,室温)

峰顺序为+/-。

表 2-110 噁唑禾草灵对映体在 Chiralpak AS 上正己烷体系下的拆分结果

含量(%)	乙醇			丙醇			异丙醇			丁醇			异丁醇		
	k_1	α	R_S	k_1	α	R_S	k_1	α	R_S	k_1	α	R_S	k_1	α	R_S
15	1.52	1.19	1.23	2.28	1.35	1.42	2.24	1.18	0.88	2.31	1.42	1.70	2.38	1.36	1.17
10	1.79	1.20	1.33	2.87	1.36	1.46	2.81	1.20	0.93	3.03	1.45	1.80	3.13	1.37	1.38
5	2.23	1.22	1.42	4.82	1.43	1.54	3.94	1.22	0.98	3.41	1.42	1.72	3.81	1.37	1.42
2							6.07	1.24	1.02						

2.6.3.4 噁唑禾草灵对映体在高效液相色谱(R,R)Whelk-O 1 色谱柱上的拆分

(1) 仪器及试剂

高效液相色谱仪(配有紫外可见光、DAD、圆二色、旋光等检测器);

色谱柱:(R,R)Whelk-O 1,250 mm×4.6 mm(I.D.)(或者具有相同手性固定相的其他商品名称的手性色谱柱);

柱温箱(非必需);

正己烷、乙醇、丙醇、异丙醇、丁醇、异丁醇:色谱纯或者分析纯经过重蒸,用前过膜。

(2) 色谱条件

流动相:正己烷-醇;

检测波长:240 nm;

流量:1.0 mL/min;

温度:室温或控制温度 0~40 ℃(柱温箱);

进样体积:20 μL。

(3) 方法提要

称取一定量的噁唑禾草灵标准品或样品于容量瓶中,用流动相溶解并定容。色谱体系更换成所需要的流动相体系,连接手性色谱柱,调整流动相至设定比例,待基线稳定后,连续进样,连续两次进样分析的峰面积及保留时间偏差在 2%以内,便可对样品进行分析测定。

(4) 拆分结果

表 2-111 为正己烷体系下噁唑禾草灵对映体在 (R,R)Whelk-O 1 上的拆分结果,检测波长 240 nm,流量 1.0 mL/min。乙醇、丙醇、异丙醇、丁醇都可以实现噁唑禾草灵对映体的基线分离,在乙醇含量为 2%时有最大的分离度 2.36。噁唑禾草灵对映体在(R,R)Whelk-O 1 色谱柱上的流出顺序为:先流出为 S 体,后流出为 R 体。拆分色谱图如图 2-132 所示。

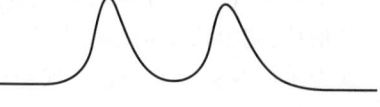

图 2-132 噁唑禾草灵对映体在 (R,R)Whelk-O 1 上的拆分色谱图 (正己烷-异丙醇为 99:1)

表 2-111 噁唑禾草灵对映体在 (R,R) Whelk-O 1 上的拆分结果

醇含量(%)	乙醇			丙醇			异丙醇			丁醇			异丁醇		
	k_1	α	R_S	k_1	α	R_S	k_1	α	R_S	k_1	α	R_S	k_1	α	R_S
2	5.85	1.16	2.36	7.13	1.17	2.20	10.79	1.21	1.96	5.75	1.17	1.62			
5	3.47	1.13	1.86	4.65	1.16	1.84	7.08	1.20	1.79	5.17	1.16	1.61	9.17	1.18	1.18
10	2.29	1.12	1.42	3.09	1.15	1.57	4.77	1.18	1.77	3.74	1.16	1.43	6.20	1.18	1.12
15	1.92	1.11	1.27	2.30	1.14	1.40	3.85	1.17	1.64	3.09	1.16	1.32	3.83	1.16	1.05
20	1.66	1.11	1.14	2.09	1.14	1.32	3.17	1.16	1.60	2.60	1.15	1.22	3.79	1.16	0.98
30	1.24	1.10	0.89	1.69	1.13	1.14	2.48	1.16	1.37	1.97	1.14	1.06	3.11	1.16	0.96

2.6.3.5 噁唑禾草灵对映体在高效液相色谱 Chiralcel OD 色谱柱上反相条件下的拆分

(1) 仪器及试剂

高效液相色谱仪(配有紫外可见光、DAD、圆二色、旋光等检测器);

色谱柱:Chiralcel OD,250 mm×4.6 mm(I.D.)(或者具有相同手性固定相的其他商品名称的手性色谱柱);

柱温箱(非必备);

超纯水、甲醇、乙腈:色谱纯或者分析纯经过重蒸,用前过膜。

(2) 色谱条件

流动相:甲醇-水,乙腈-水;

检测波长:230 nm;

流量:1.0 mL/min;

温度:室温或控制温度 0~40 ℃(柱温箱);

进样体积:20 μL。

(3) 方法提要

称取一定量的噁唑禾草灵标准品或样品于容量瓶中,用流动相溶解并定容。色谱体系更换成所需要的流动相体系,连接手性色谱柱,调整流动相至设定比例,待基线稳定后,连续进样,连续两次进样分析的峰面积及保留时间偏差在 2% 以内,便可对样品进行分析测定。

(4) 拆分结果

噁唑禾草灵对映体在 Chiralcel OD 上甲醇-水作流动相条件下,分离度分别可达 1.01(表 2-112),而在乙腈-水作流动相的条件下却都没有拆分趋势。拆分色谱图如图 2-133。噁唑禾草灵对映体在 Chiralcel OD 上分别以甲醇-水和乙腈-水作流动相时,圆二色流出顺序均为+/-。

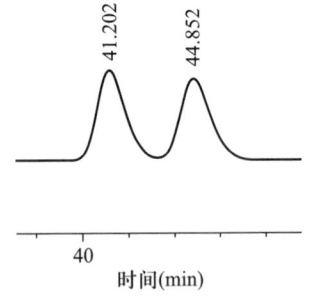

图 2-133 噁唑禾草灵对映体在 Chiralcel OD 上的拆分色谱图 (甲醇-水为 80:20)

表 2-112　噁唑禾草灵对映体在 Chiralcel OD 上反相条件下的拆分结果

流动相	$V:V$	k_1	k_2	α	R_s
甲醇-水	100∶0	0.74	0.74	1.00	—
	95∶5	1.47	1.54	1.05	0.42
	90∶10	2.52	2.72	1.08	0.64
	85∶15	4.14	4.53	1.09	0.89
	80∶20	7.64	8.43	1.10	1.01

2.6.4　氟草烟异辛酯

2.6.4.1　氟草烟异辛酯对映体在高效液相色谱 Chiralcel OD 色谱柱上正相条件下的拆分

（1）仪器及试剂

高效液相色谱仪（配有紫外可见光、DAD、圆二色、旋光等检测器）；

色谱柱：Chiralcel OD,250 mm×4.6 mm（I.D.）（或者具有相同手性固定相的其他商品名称的手性色谱柱）；

柱温箱（非必备）；

正己烷、正庚烷、乙醇、丙醇、异丙醇、丁醇、异丁醇：色谱纯或者分析纯经过重蒸,用前过膜。

（2）色谱条件

流动相：正己烷-醇,正庚烷-醇；

检测波长：230 nm；

流量：1.0 mL/min；

温度：室温或控制温度 0~50 ℃；

进样体积：20 μL。

（3）方法提要

称取一定量的氟草烟异辛酯标准品或样品于容量瓶中,用流动相溶解并定容。色谱体系更换成所需要的流动相体系,连接手性色谱柱,调整流动相至设定比例,待基线稳定后,连续进样,连续两次进样分析的峰面积及保留时间偏差在2%以内,便可对样品进行分析测定。

（4）拆分结果

正己烷体系下氟草烟异辛酯对映体在 Chiralcel OD 上的拆分结果见表 2-113。检测波长 230 nm,流量 1.0 mL/min,异丙醇可实现接近基线分离,含量1%时分离度为 1.40,丙醇和乙醇也有一定的分离效果,丁醇和异丁醇的分离效果最差。正庚烷-异丙醇和正戊烷-异丙醇体系对氟草烟异辛酯对映体的拆分效果见表 2-114,和正己烷相比正庚烷没有特别明显的优势,而正戊烷优势非常明显,在异丙醇含量为5%时,分离度为 1.82,拆分色谱图如图 2-134 所示。

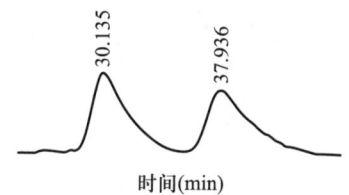

图 2-134　氟草烟异辛酯对映体在 Chiralcel OD 上的拆分色谱图
（正戊烷-异丙醇为 95∶5,室温,230 nm）

表 2-113　氟草烟异辛酯对映体在 Chiralcel OD 上正己烷体系下的拆分结果

含量(%)	乙醇			丙醇			异丙醇			丁醇			异丁醇		
	k_1	α	R_s	k_1	α	R_s	k_1	α	R_s	k_1	α	R_s	k_1	α	R_s
15	0.68	1.24	0.91	0.52	1.15	0.56	0.68	1.24	0.91	0.56	1.15	0.50	0.64	1.00	—
10	1.01	1.25	1.05	0.81	1.12	0.54	1.00	1.25	1.06	0.85	1.12	0.58	0.85	1.11	0.53
5	1.58	1.21	1.08	1.41	1.17	0.88	1.71	1.25	1.23	1.46	1.11	0.65	1.47	1.10	0.62
1	2.49	1.18	1.06	2.60	1.17	1.01	2.99	1.26	1.40	2.60	1.10	0.60	2.68	1.10	0.69

表 2-114　氟草烟异辛酯对映体在 Chiralcel OD 上正庚烷和正戊烷体系下的拆分结果

异丙醇含量(%)	正庚烷			正戊烷		
	k_1	α	R_s	k_1	α	R_s
20	1.78	1.22	0.95	2.07	1.26	1.30
15	2.53	1.23	1.11	3.00	1.28	1.47
10	4.46	1.26	1.41	5.00	1.29	1.70
5	23.05	—	—	12.39	1.28	1.82

(5) 圆二色特性

图 2-135 为氟草烟异辛酯两对映体的圆二色扫描图,圆二色吸收随波长没有一定的规律,两对映体的 CD 吸收曲线也不以"0"刻度线对称,因此很难找到一个波长使得 CD 色谱图为一正一负的对称峰形。先流出对映体如实线所示,虚线表示后流出的对映体,只有在 235 nm 处具有较好的对称关系,先流出对映体为(-)CD 吸收,后流出对映体为(+)CD 吸收。

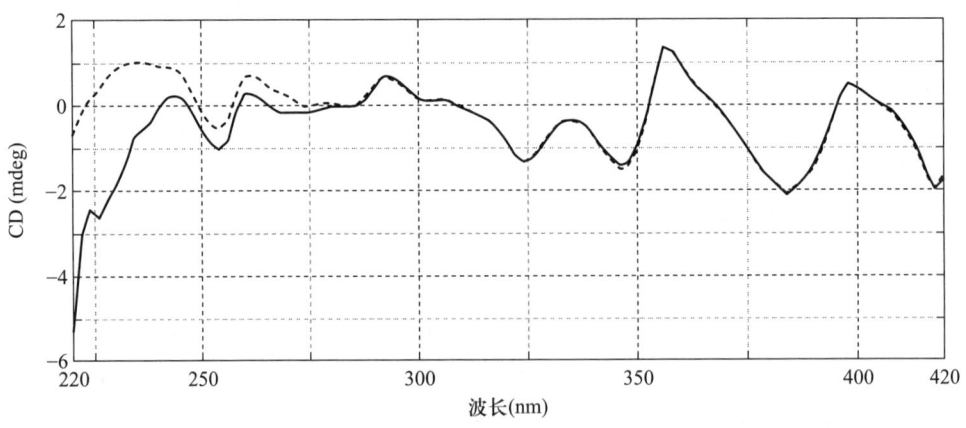

图 2-135　氟草烟异辛酯对映体的 CD 扫描图(实线代表先流出对映体,虚线代表后流出对映体)

2.6.4.2 氟草烟异辛酯对映体在高效液相色谱(R,R)Whelk-O 1色谱柱上的拆分

(1) 仪器及试剂

高效液相色谱仪(配有紫外可见光、DAD、圆二色、旋光等检测器);

色谱柱:(R,R)Whelk-O 1,250 mm×4.6 mm(I.D.)(或者具有相同手性固定相的其他商品名称的手性色谱柱);

柱温箱;

正己烷、乙醇、丙醇、异丙醇、丁醇、异丁醇:色谱纯或者分析纯经过重蒸,用前过膜。

(2) 色谱条件

流动相:正己烷-醇;

检测波长:230 nm;

流量:1.0 mL/min;

温度:室温,或者控制温度 0~40 ℃(柱温箱);

进样体积:20 μL。

(3) 方法提要

称取一定量氟草烟异辛酯标准品或样品于容量瓶中,用流动相溶解并定容。色谱体系更换成所需要的流动相体系,连接手性色谱柱,调整流动相至设定比例,待基线稳定后,连续进样,连续两次进样分析的峰面积及保留时间偏差在2%以内,便可对样品进行分析测定。

(4) 拆分结果

表2-115为氟草烟异辛酯对映体在(R,R)Whelk-O 1上正己烷体系下的拆分结果,检测波长230 nm,流量 1.0 mL/min。所有的醇都可以实现氟草烟异辛酯对映体的基线分离,在异丙醇含量为5%时有最大的分离度2.49。图2-136为氟草烟异辛酯对映体的拆分色谱图。

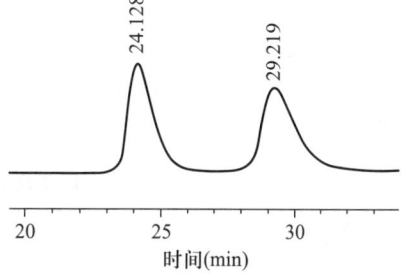

图2-136 氟草烟异辛酯对映体在(R,R)Whelk-O 1 上的拆分色谱图
(正己烷-异丙醇为 95:5,室温,230 nm)

表2-115 氟草烟异辛酯对映体在(R,R)Whelk-O 1上的拆分结果

含量(%)	乙醇			丙醇			异丙醇			丁醇			异丁醇		
	k_1	α	R_S	k_1	α	R_S	k_1	α	R_S	k_1	α	R_S	k_1	α	R_S
5	4.20	1.15	1.87	5.51	1.19	2.32	9.85	1.23	2.49	6.00	1.20	2.18	10.44	1.24	2.11
10	1.91	1.12	1.20	2.84	1.16	1.67	5.09	1.21	2.03	3.26	1.18	1.64	5.73	1.21	1.64
15	1.41	1.11	0.88	1.77	1.15	1.19	3.34	1.19	1.66	2.21	1.16	1.39	2.92	1.18	1.35
20	1.08	1.10	0.72	1.41	1.14	1.11	2.45	1.17	1.55	1.59	1.15	1.20	2.49	1.18	1.21
30	0.66	1.08	0.43	0.94	1.12	0.78	1.48	1.16	1.25	1.02	1.15	0.87	1.90	1.17	0.90

2.6.4.3 氟草烟异辛酯对映体在高效液相色谱 Chiralpak AD 色谱柱上反相条件下的拆分

(1) 仪器及试剂

高效液相色谱仪(配有紫外可见光、DAD、圆二色、旋光等检测器);

色谱柱:Chiralpak AD,250 mm×4.6 mm(I.D.)(或者具有相同手性固定相的其他商品名称的手性色谱柱);

柱温箱(非必备);

超纯水、甲醇、乙腈:色谱纯或者分析纯经过重蒸,用前过膜。

(2) 色谱条件

流动相:甲醇-水,乙腈-水;

检测波长:230 nm;

流量:1.0 mL/min;

温度:室温,或者控制温度0~50 ℃(柱温箱);

进样体积:20 μL。

(3) 方法提要

称取一定量的氟草烟异辛酯标准品或样品于容量瓶中,用流动相溶解并定容。色谱体系更换成所需要的流动相体系,连接手性色谱柱,调整流动相至设定比例,待基线稳定后,连续进样,连续两次进样分析的峰面积及保留时间偏差在2%以内,便可对样品进行分析测定。

(4) 拆分结果

氟草烟异辛酯对映体在 Chiralpak AD 上反相条件下仅能实现部分分离(表2-116)。图2-137为对映体的拆分色谱图。

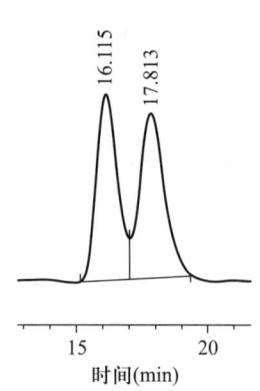

图2-137 氟草烟异辛酯对映体在 Chiralpak AD 上的拆分色谱图(甲醇-水为80:20)

表2-116 氟草烟异辛酯对映体在 Chiralpak AD 上的拆分结果

流动相	$V:V$	k_1	k_2	α	R_s
甲醇-水	100:0	0.37	0.37	1.00	—
	90:10	1.10	1.19	1.09	0.64
	80:20	4.75	5.36	1.13	1.13
	75:25	11.18	12.68	1.13	1.10
乙腈-水	100:0	0.30	0.30	1.00	—
	70:30	1.56	1.56	1.00	—
	60:40	3.90	4.07	1.04	0.55
	55:45	6.90	7.28	1.05	0.56

2.6.5 弗丁酰草胺

弗丁酰草胺对映体在高效液相色谱 Lux Cellulose-2 色谱柱上的拆分[40]

(1) 仪器及试剂

高效液相色谱仪(配有紫外可见光、DAD、圆二色、旋光等检测器);

色谱柱:Lux Cellulose-2,250 mm×4.6 mm(I.D.)(或者具有相同手性固定相的其他商品名称

的手性色谱柱);

柱温箱(非必备);

正己烷、异丙醇:色谱纯或者分析纯经过重蒸,用前过膜。

(2) 色谱条件

流动相:正己烷-异丙醇(97∶3);

检测波长:285 nm;

流量:1.0 mL/min;

温度:50 ℃;

进样体积:20 μL。

(3) 方法提要

称取一定量的弗丁酰草胺标准品或样品于容量瓶中,用流动相溶解并定容。色谱体系更换成所需要的流动相体系,连接手性色谱柱,调整流动相至设定比例,待基线稳定后,连续进样,连续两次进样分析的峰面积及保留时间偏差在2%以内,便可对样品进行分析测定。

(4) 拆分结果

在正己烷-异丙醇(97∶3)流动相条件下,流量1.0 mL/min,温度50 ℃,弗丁酰草胺对映体在 Lux Cellulose-2 上可以实现完全分离,流出顺序为旋光信号:+/-。

2.6.6 禾草灵

2.6.6.1 禾草灵对映体在高效液相色谱 Chiralcel OD 色谱柱上正相条件下的拆分

(1) 仪器及试剂

高效液相色谱仪(配有紫外可见光、DAD、圆二色、旋光等检测器);

色谱柱:Chiralcel OD,250 mm×4.6 mm(I.D.)(或者具有相同手性固定相的其他商品名称的手性色谱柱);

柱温箱(非必备);

正己烷、正庚烷、乙醇、丙醇、异丙醇、丁醇、异丁醇:色谱纯或者分析纯经过重蒸,用前过膜。

(2) 色谱条件

流动相:正己烷、正庚烷、乙醇、丙醇、异丙醇、丁醇、异丁醇;

检测波长:230 nm;

流量:1.0 mL/min;

温度:室温或控制温度 5~40 ℃;

进样体积:20 μL。

(3) 方法提要

称取一定量的禾草灵标准品或样品于容量瓶中,用流动相溶解并定容。色谱体系更换成所需要的流动相体系,连接手性色谱柱,调整流动相至设定比例,待基线稳定后,连续进样,连续两次进样分析的峰面积及保留时间偏差在2%以内,便可对样品进行分析测定。

(4) 拆分结果

禾草灵对映体在 Chiralcel OD 上正己烷体系下的拆分结果见表 2-117,所有的醇都能够使对映体完全分离,其中异丁醇、丙醇和异丙醇在含量2%时分离度都在5以上。图 2-138 为禾草灵对映体的拆分色谱图。

表 2-117　禾草灵对映体在 Chiralcel OD 上的拆分结果

含量(%)	乙醇			丙醇			异丙醇			丁醇			异丁醇		
	k_1	α	R_S	k_1	α	R_S	k_1	α	R_S	k_1	α	R_S	k_1	α	R_S
20	0.48	1.79	1.25	0.47	2.05	1.51	0.71	2.57	3.07	0.46	2.18	2.52	0.54	2.43	2.73
15	0.55	1.79	1.67	0.56	2.08	2.41	0.80	2.71	3.52	0.53	2.21	2.05	0.67	2.65	3.22
10	0.66	1.86	2.01	0.70	2.18	2.87	0.85	2.80	3.79	0.64	2.05	1.83	0.79	2.62	3.49
5	0.90	2.16	2.49	1.01	2.32	3.32	1.11	2.94	4.45	0.86	2.06	2.87	1.06	2.78	4.39
2	1.34	2.37	3.55	1.44	2.59	5.62	1.45	3.14	5.32	1.43	1.84	2.88	1.64	3.14	6.15

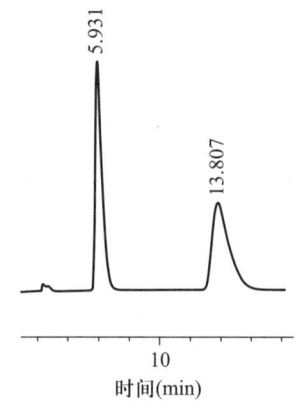

图 2-138　禾草灵对映体在 Chiralcel OD 上的拆分色谱图
（正己烷-异丁醇为 98∶2,230 nm,室温）

（5）圆二色特性

禾草灵对映体在 220~420 nm 范围内的圆二色扫描图见图 2-139,先流出对映体为(-)CD 吸收,后流出对映体为(-)CD 吸收,230 nm 为最大吸收,在 280 nm 处也有较大的 CD 吸收。

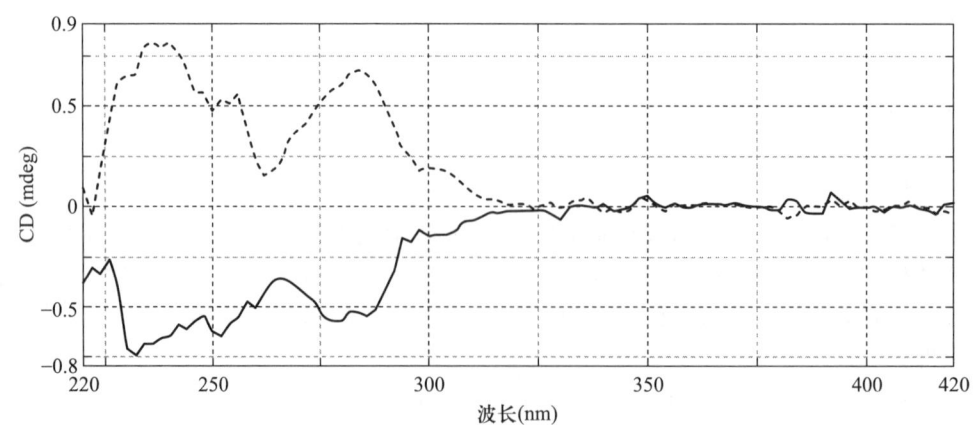

图 2-139　禾草灵对映体的 CD 扫描图（实线为先流出对映体,虚线为后流出对映体）

2.6.6.2 禾草灵对映体在高效液相色谱(R,R)Whelk-O 1 色谱柱上的拆分

(1) 仪器及试剂

高效液相色谱仪(配有紫外可见光、DAD、圆二色、旋光等检测器);

色谱柱:(R,R)Whelk-O 1,250 mm×4.6 mm(I.D.)(或者具有相同手性固定相的其他商品名称的手性色谱柱);

柱温箱;

正己烷、乙醇、丙醇、异丙醇、丁醇、异丁醇:色谱纯或者分析纯经过重蒸,用前过膜。

(2) 色谱条件

流动相:正己烷-醇;

检测波长:230 nm;

流量:1.0 mL/min;

温度:室温,或者控制温度 0~40 ℃(柱温箱);

进样体积:20 μL。

(3) 方法提要

称取一定量的禾草灵标准品或样品于容量瓶中,用流动相溶解并定容。色谱体系更换成所需要的流动相体系,连接手性色谱柱,调整流动相至设定比例,待基线稳定后,连续进样,连续两次进样分析的峰面积及保留时间偏差在 2%以内,便可对样品进行分析测定。

(4) 拆分结果

表 2-118 为禾草灵对映体在(R,R)Whelk-O 1 上正己烷体系下的拆分结果,检测波长 230 nm,流量 1.0 mL/min。所有的醇都可以实现禾草灵对映体的基线分离,其中在异丙醇含量为 5%时有最大的分离度 2.29。图 2-140 为禾草灵对映体的拆分色谱图。在(R,R)Whelk-O 1 色谱柱上的流出顺序为:先流出为 S 体,后流出为 R 体。

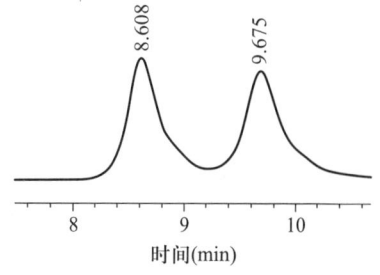

图 2-140 禾草灵对映体在(R,R)Whelk-O 1 上的拆分色谱图
(正己烷-异丙醇为 95:5,室温,230 nm)

表 2-118 禾草灵对映体在(R,R)Whelk-O 1 上的拆分结果

醇含量(%)	乙醇			丙醇			异丙醇			丁醇			异丁醇		
	k_1	α	R_S	k_1	α	R_S	k_1	α	R_S	k_1	α	R_S	k_1	α	R_S
5	1.84	1.19	2.18	1.96	1.20	2.13	2.60	1.25	2.29	1.97	1.20	1.95	2.89	1.27	2.04
10	1.32	1.16	1.89	1.47	1.18	1.91	2.00	1.23	1.99	1.53	1.18	1.87	2.35	1.24	1.69
15	1.08	1.15	1.47	1.12	1.17	1.51	1.56	1.22	1.62	1.20	1.18	1.50	1.83	1.23	1.39
20	0.97	1.15	1.22	1.03	1.16	1.28	1.37	1.21	1.47	1.09	1.17	1.25	1.46	1.22	1.17
30	0.76	1.14	0.99	0.84	1.16	1.02	1.06	1.20	1.10	0.92	1.16	1.02	1.19	1.22	0.92
40	0.65	1.13	0.78	0.70	1.15	0.83	0.94	1.19	1.01	0.77	1.15	0.81	1.03	1.21	0.83

2.6.6.3 禾草灵对映体在高效液相色谱 Chiralcel OD 色谱柱上反相条件下的拆分

(1) 仪器及试剂

高效液相色谱仪(配有紫外可见光、DAD、圆二色、旋光等检测器);

色谱柱:Chiralcel OD,250 mm×4.6 mm(I.D.)(或者具有相同手性固定相的其他商品名称的手性色谱柱);

超纯水、甲醇、乙腈:色谱纯或者分析纯经过重蒸,用前过膜。

(2) 色谱条件

流动相:甲醇-水,乙腈-水;

检测波长:230 nm;

流量:0.8 mL/min;

温度:室温,或者控制温度 0~50 ℃(柱温箱);

进样体积:20 μL。

(3) 方法提要

称取一定量的禾草灵标准品或样品于容量瓶中,用流动相溶解并定容。色谱体系更换成所需要的流动相体系,连接手性色谱柱,调整流动相至设定比例,待基线稳定后,连续进样,连续两次进样分析的峰面积及保留时间偏差在 2% 以内,便可对样品进行分析测定。

(4) 拆分结果

禾草灵对映体在 Chiralcel OD 上在甲醇-水中没有拆分趋势,在乙腈-水中可达到基线分离(表 2-119),分离度为 1.53。拆分结果如图 2-141 所示。

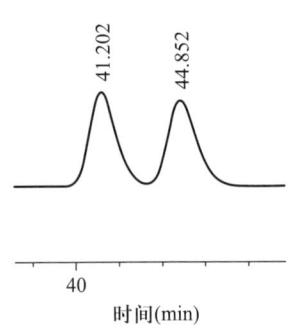

图 2-141 禾草灵对映体在 Chiralcel OD 上的拆分色谱图 (乙腈-水为 50:50)

表 2-119 禾草灵对映体在 Chiralcel OD 上反相条件下的拆分结果

流动相	$V:V$	k_1	k_2	α	R_s
乙腈-水	100:0	0.34	0.34	1.00	—
	90:10	0.86	0.86	1.00	—
	80:20	0.87	0.95	1.10	0.72
	70:30	1.87	2.05	1.10	0.97
	60:40	4.35	4.76	1.09	1.22
	50:50	12.73	13.95	1.10	1.53

2.6.7 甲草胺

甲草胺对映体在高效液相色谱 Chiralcel OD 色谱柱上反相条件下的拆分

(1) 仪器及试剂

高效液相色谱仪(配有紫外可见光、DAD、圆二色、旋光等检测器);

色谱柱:Chiralcel OD,250 mm×4.6 mm(I.D.)(或者具有相同手性固定相的其他商品名称的手性色谱柱);

超纯水、甲醇、乙腈:色谱纯或者分析纯经过重蒸,用前过膜

(2) 色谱条件

流动相:甲醇-水、乙腈-水;

检测波长:230 nm;

流量:0.8 mL/min;

温度:室温,或者控制温度 0~40 ℃(柱温箱);

进样体积:20 μL。

(3) 方法提要

称取一定量的甲草胺标准品或样品于容量瓶中,用流动相溶解并定容,配制成 100~1 000 mg/L 溶液。色谱体系更换成所需要的流动相体系,连接手性色谱柱,调整流动相至设定比例,待基线稳定后,连续进样,连续两次进样分析的峰面积及保留时间偏差在 2% 以内,便可对样品进行分析测定。

(4) 拆分结果

甲草胺对映体在 Chiralcel OD 上反相条件下仅能实现部分分离(表 2-120),乙腈-水拆分效果优于甲醇-水。典型拆分色谱图如图 2-142 所示。230 nm 波长下圆二色出峰顺序为 -/+。

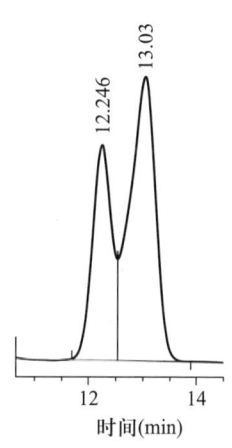

图 2-142 甲草胺对映体在 Chiralcel OD 上的拆分色谱图 (乙腈-水为 50∶50)

表 2-120 甲草胺对映体在 Chiralcel OD 上的分离结果(流量 0.8 mL/min,室温)

流动相	$V:V$	k_1	k_2	α	R_s
甲醇-水	100∶0	0.48	0.48	1.00	—
	90∶0	0.84	0.84	1.00	—
	80∶20	1.66	1.77	1.07	0.64
	70∶30	3.66	3.98	1.09	0.86
	65∶35	5.89	6.47	1.10	—
乙腈-水	100∶0	0.38	0.38	1.00	—
	80∶20	0.53	0.53	1.00	—
	70∶30	0.85	0.91	1.07	0.57
	60∶40	1.58	1.71	1.08	0.84
	50∶50	3.37	3.66	1.08	1.08
	40∶60	8.78	9.59	1.09	1.43

2.6.8 喹禾灵

2.6.8.1 喹禾灵对映体在高效液相色谱 Chiralpak AD 液相色谱柱上正相条件下的拆分

(1) 仪器及试剂

高效液相色谱仪(配有紫外可见光、DAD、圆二色、旋光等检测器);

色谱柱:Chiralpak AD,250 mm×4.6 mm(I.D.)(或者具有相同手性固定相的其他商品名称的手性色谱柱);

正己烷、异丙醇:色谱纯或者分析纯经过重蒸,用前过膜。

(2) 色谱条件

流动相:正己烷-异丙醇;

检测波长:230 nm;

流量:1.0 mL/min;

温度:室温或控制温度 10~40 ℃;

进样体积:20 μL。

(3) 方法提要

称取一定量的喹禾灵标准品或样品于容量瓶中,用流动相溶解并定容。色谱体系更换成所需要的流动相体系,连接手性色谱柱,调整流动相至设定比例,待基线稳定后,连续进样,连续两次进样分析的峰面积及保留时间偏差在 2% 以内,便可对样品进行分析测定。

(4) 拆分结果

喹禾灵对映体在 Chiralpak AD 上正己烷体系下能够实现基线分离,结果如表 2-121 所示,检测波长 230 nm,流量 1.0 mL/min。在异丙醇含量为 2% 时可实现对映体的完全分离(R_s = 1.71)。拆分色谱图见图 2-143。

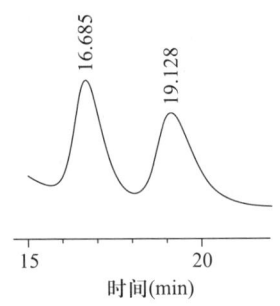

图 2-143 喹禾灵对映体在 Chiralpak AD 上的拆分色谱图 (正己烷-异丙醇为 98∶2)

表 2-121 喹禾灵对映体在 Chiralpak AD 上的拆分结果

异丙醇含量(%)	k_1	k_2	α	R_S
15	2.57	2.86	1.11	0.87
10	3.18	3.67	1.16	1.20
5	4.83	5.53	1.15	1.26
2	7.09	8.28	1.17	1.71
1	9.50	11.34	1.19	1.64

(5) 圆二色特性

圆二色扫描图如图 2-144 所示,先流出对映体响应(-)CD 信号,后流出对映体为(+)CD 信号,240 nm 处为最大吸收波长,在 220~275 nm 范围内出峰顺序都为 -/+,没有发现 CD 吸收信号发生翻转的现象。

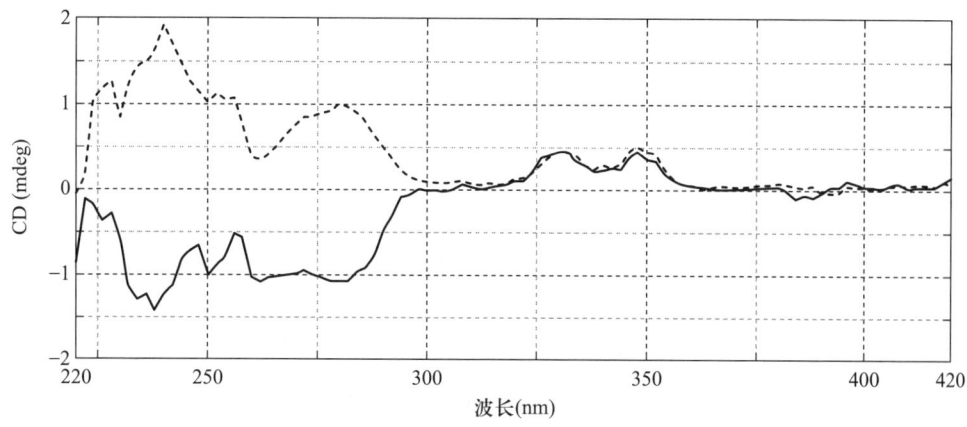

图 2-144 喹禾灵对映体的圆二色扫描谱图(实线为先流出对映体,虚线为后流出对映体)

2.6.8.2 喹禾灵对映体在高效液相色谱 Chiralcel OC 色谱柱上的拆分

(1) 仪器及试剂

高效液相色谱仪(配有紫外可见光、DAD、圆二色、旋光等检测器);

色谱柱:Chiralcel OC,250 mm×4.6 mm(I.D.)(或者具有相同手性固定相的其他商品名称的手性色谱柱);

正己烷、异丙醇:色谱纯或者分析纯经过重蒸,用前过膜。

(2) 色谱条件

流动相:正己烷-异丙醇;

检测波长:230 nm;

流量:1.0 mL/min;

温度:室温,或者控制温度 0~50 ℃(柱温箱);

进样体积:20 μL。

(3) 方法提要

称取一定量的喹禾灵标准品或样品于容量瓶中,用流动相溶解并定容。色谱体系更换成所需要的流动相体系,连接手性色谱柱,调整流动相至设定比例,待基线稳定后,连续进样,连续两次进样分析的峰面积及保留时间偏差在 2% 以内,便可对样品进行分析测定。

(4) 拆分结果

喹禾灵对映体在 Chiralcel OC 色谱柱上不能实现基线分离,结果如表 2-122 所示,异丙醇含量 5% 时最大分离度 1.00,其拆分色谱图如图 2-145。

表 2-122 喹禾灵对映体在 Chiralcel OC 上的拆分结果

异丙醇含量(%)	k_1	k_2	α	R_s
15	3.22	3.59	1.11	0.74
10	4.88	5.47	1.12	0.85
5	7.49	8.50	1.14	1.00

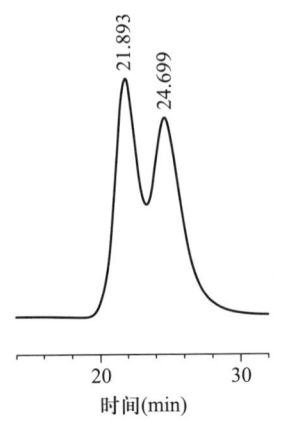

图 2-145　喹禾灵对映体在 Chiralcel OC 上的拆分色谱图
（正己烷-异丙醇为 95∶5）

2.6.8.3　喹禾灵对映体在高效液相色谱（R,R）Whelk-O 1 色谱柱上的拆分

（1）仪器及试剂

高效液相色谱仪（配有紫外可见光、DAD、圆二色、旋光等检测器）；

色谱柱：（R,R）Whelk-O 1,250 mm×4.6 mm（I.D.）（或者具有相同手性固定相的其他商品名称的手性色谱柱）；

正己烷、乙醇、丙醇、异丙醇、丁醇、异丁醇：色谱纯或者分析纯经过重蒸，用前过膜。

（2）色谱条件

流动相：正己烷-醇；

检测波长：240 nm；

流量：1.0 mL/min；

温度：室温，或者控制温度 5~40 ℃（柱温箱）；

进样体积：20 μL。

（3）方法提要

称取一定量的喹禾灵标准品或样品于容量瓶中，用流动相溶解并定容。色谱体系更换成所需要的流动相体系，连接手性色谱柱，调整流动相至设定比例，待基线稳定后，连续进样，连续两次进样分析的峰面积及保留时间偏差在 2% 以内，便可对样品进行分析测定。

（4）拆分结果

表 2-123 为喹禾灵对映体在（R,R）Whelk-O 1 上正己烷体系下的拆分结果，检测波长 240 nm，流量 1.0 mL/min。所有的醇都可以实现喹禾灵对映体的基线分离，在异丙醇含量为 5% 时有最大的分离度 2.69。异丙醇和丙醇的拆分效果较好，异丁醇相对较差。图 2-146 为喹禾灵对映体的拆分色谱图。喹禾灵对映体在（R,R）Whelk-O 1 色谱柱上的流出顺序

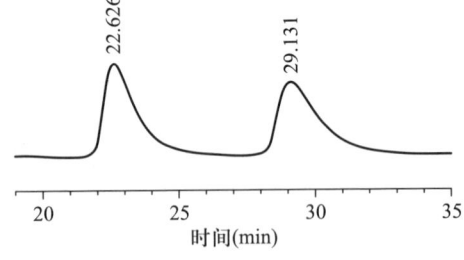

图 2-146　喹禾灵对映体在（R,R）Whelk-O 1 上的拆分色谱图
（正己烷-异丙醇为 95∶5）

为:先流出为 S 体,后流出为 R 体。

表 2-123 喹禾灵对映体在 (R,R) Whelk-O 1 上的拆分结果

醇含量(%)	乙醇			丙醇			异丙醇			丁醇			异丁醇		
	k_1	α	R_S	k_1	α	R_S	k_1	α	R_S	k_1	α	R_S	k_1	α	R_S
5	4.22	1.22	2.82	5.89	1.26	2.72	9.18	1.32	2.69	6.59	1.26	2.32	10.15	1.29	1.84
10	2.58	1.19	2.29	3.90	1.24	2.32	6.30	1.30	2.53	4.87	1.25	2.04	7.43	1.28	1.63
15	2.34	1.18	1.79	2.99	1.23	2.16	4.86	1.28	2.42	3.97	1.25	1.91	5.01	1.27	1.53
20	1.88	1.18	1.58	2.08	1.23	1.95	4.02	1.27	2.32	3.27	1.24	1.78	4.86	1.26	1.45
30	1.50	1.17	1.37	2.05	1.22	1.86	3.16	1.26	2.07	2.55	1.23	1.62	4.03	1.26	1.44
40	1.31	1.16	1.19	1.81	1.21	1.62	2.70	1.24	1.90	2.13	1.22	1.48	4.48	1.25	1.28

2.6.8.4 喹禾灵对映体在高效液相色谱 Chiralcel OD 色谱柱上反相条件下的拆分

(1) 仪器及试剂

高效液相色谱仪(配有紫外可见光、DAD、圆二色、旋光等检测器);

色谱柱:Chiralcel OD,250 mm×4.6 mm(I.D.)(或者具有相同手性固定相的其他商品名称的手性色谱柱);

超纯水、甲醇、乙腈:色谱纯或者分析纯经过重蒸,用前过膜。

(2) 色谱条件

流动相:甲醇-水,乙腈-水;

检测波长:230 nm;

流量:0.8 mL/min;

温度:室温或控制温度 0~40 ℃(柱温箱);

进样体积:20 μL。

(3) 方法提要

称取一定量的喹禾灵标准品或样品于容量瓶中,用流动相溶解并定容。色谱体系更换成所需要的流动相体系,连接手性色谱柱,调整流动相至设定比例,待基线稳定后,连续进样,连续两次进样分析的峰面积及保留时间偏差在 2% 以内,便可对样品进行分析测定。

(4) 拆分结果

如表 2-124 所示,在 Chiralcel OD 上,在甲醇-水流动相条件下,最大分离度为 0.69,其色谱图如图 2-147 所示,而在乙腈-水流动相条件下没有拆分趋势。圆二色流出顺序为+/-。

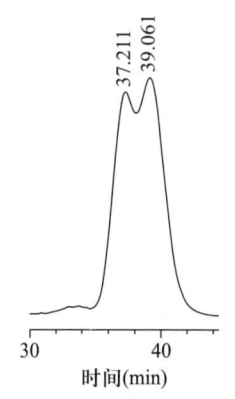

图 2-147 喹禾灵对映体在 Chiralcel OD 上的拆分色谱图 (甲醇-水为 80∶20)

表 2-124　喹禾灵对映体在 Chiralcel OD 上的拆分结果

流动相	$V:V$	k_1	k_2	α	R_S
甲醇-水	100∶0	1.20	1.20	1.00	—
	95∶5	2.11	2.11	1.00	—
	90∶10	3.40	3.56	1.05	0.45
	85∶15	6.06	6.38	1.05	0.54
	80∶20	11.40	12.02	1.05	0.59
	75∶25	21.48	22.61	1.05	0.69

2.6.8.5　喹禾灵对映体在高效液相色谱 Chiralpak AD 色谱柱上反相条件下的拆分

(1) 仪器及试剂

高效液相色谱仪(配有紫外可见光、DAD、圆二色、旋光等检测器);

色谱柱:Chiralpak AD,250 mm×4.6 mm(I.D.)(或者具有相同手性固定相的其他商品名称的手性色谱柱);

超纯水、甲醇、乙腈:色谱纯或者分析纯经过重蒸,用前过膜。

(2) 色谱条件

流动相:甲醇-水、乙腈-水;

检测波长:230 nm;

流量:0.8 mL/min;

温度:室温,或者控制温度 0~40 ℃(柱温箱);

进样体积:20 μL。

(3) 方法提要

称取一定量的喹禾灵标准品或样品于容量瓶中,用流动相溶解并定容。色谱体系更换成所需要的流动相体系,连接手性色谱柱,调整流动相至设定比例,待基线稳定后,连续进样,连续两次进样分析的峰面积及保留时间偏差在2%以内,便可对样品进行分析测定。

(4) 拆分结果

喹禾灵对映体在 Chiralpak AD 上反相条件下的分离结果见表 2-125,在甲醇-水或乙腈-水流动相下,最大分离度分别可达 1.62 和 1.45。喹禾灵在乙腈-水流动相下色谱图见图 2-148。

表 2-125　喹禾灵对映体在 Chiralpak AD 上反相条件下的拆分结果

流动相	$V:V$	k_1	k_2	α	R_S
甲醇-水	100∶0	1.60	1.90	1.18	1.19
	95∶5	2.80	3.36	1.20	1.31
	90∶10	5.43	6.58	1.21	1.62
	85∶15	10.09	12.37	1.23	1.36

续表

流动相	$V:V$	k_1	k_2	α	R_s
乙腈-水	100∶0	0.54	0.64	1.18	0.79
	90∶10	0.56	0.74	1.33	0.97
	80∶20	1.19	1.39	1.17	0.86
	70∶30	2.47	2.88	1.16	1.15
	60∶40	5.58	6.50	1.16	1.45

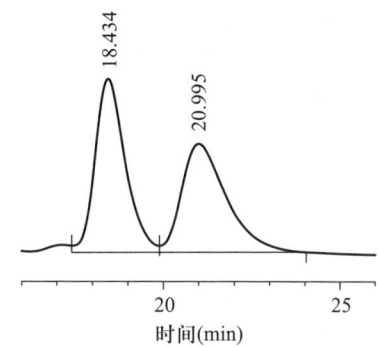

图 2-148 喹禾灵在 Chiralpak AD 上的拆分色谱图
（乙腈-水为 60∶40）

2.6.9 乳氟禾草灵

2.6.9.1 乳氟禾草灵对映体在高效液相色谱 Chiralcel OD 色谱柱上正相条件下的拆分

(1) 仪器及试剂

高效液相色谱仪(配有紫外可见光、DAD、圆二色、旋光等检测器)；

色谱柱:Chiralcel OD,250 mm×4.6 mm(I.D.)(或者具有相同手性固定相的其他商品名称的手性色谱柱)；

正己烷、正庚烷、乙醇、丙醇、异丙醇、丁醇、异丁醇:色谱纯或者分析纯经过重蒸,用前过膜。

(2) 色谱条件

流动相:正己烷、正庚烷、乙醇、丙醇、异丙醇、丁醇、异丁醇；

检测波长:230 nm；

流量:1.0 mL/min；

温度:室温或控制温度 0~50 ℃（柱温箱）；

进样体积:20 μL。

(3) 方法提要

称取一定量乳氟禾草灵标准品或样品于容量瓶中,用流动相溶解并定容。色谱体系更换成所需要的流动相体系,连接手性色谱柱,调整流动相至设定比例,待基线稳定后,连续进样,连续两次进样分析的峰面积及保留时间偏差在 2% 以内,便可对样品进行分析测定。

(4) 拆分结果

乳氟禾草灵对映体在 Chiralcel OD 色谱柱上也可得到对映体的完全分离,正己烷体系下的拆分结果见表 2-126,异丁醇、异丙醇和丙醇的拆分效果都比较好(含量 1%时的分离度分别为 1.87、1.84 和 1.73),丁醇也可基本实现其对映体的基线分离,但乙醇的拆分效果非常差,在含量为 1%是分离度也只有 0.60。乳氟禾草灵对映体的拆分色谱图见图 2-149。正庚烷和正戊烷流动相的拆分结果如表 2-127,效果比正己烷流动相略好些,在异丙醇含量为 2%时分离度分别为 1.80 和 2.03。

表 2-126 乳氟禾草灵对映体在 Chiralcel OD 上正己烷体系下的拆分结果

醇含量(%)	乙醇			丙醇			异丙醇			丁醇			异丁醇		
	k_1	α	R_S	k_1	α	R_S	k_1	α	R_S	k_1	α	R_S	k_1	α	R_S
20	0.70	1.00	—	0.68	1.19	0.33	0.95	1.00	—	0.90	1.00	—	0.97	1.00	—
15	0.90	1.00	—	0.79	1.21	0.42	1.07	1.26	0.55	0.83	1.18	0.37	0.95	1.13	0.29
10	0.93	1.17	0.31	1.05	1.25	0.85	1.29	1.31	0.70	1.06	1.22	0.61	1.16	1.24	0.63
5	1.32	1.22	0.58	1.57	1.30	1.33	1.82	1.36	1.27	1.99	1.37	1.28	1.78	1.33	1.38
2	2.23	1.07	0.56	2.26	1.34	1.53	3.14	1.49	1.62	2.52	1.26	1.39	3.05	1.42	1.67
1	2.80	1.16	0.60	3.60	1.43	1.73	3.79	1.50	1.84	3.53	1.27	1.48	4.63	1.54	1.87

表 2-127 乳氟禾草灵对映体在 Chiralcel OD 上正庚烷和正戊烷体系下的拆分结果

异丙醇含量(%)	正庚烷			正戊烷		
	k_1	α	R_S	k_1	α	R_S
20	0.75	1.30	0.66	0.85	1.30	0.75
15	1.07	1.35	0.99	1.17	1.35	1.03
10	1.41	1.38	1.19	1.43	1.37	1.16
5	1.91	1.66	1.96	2.28	1.44	1.53
2	3.50	1.54	1.80	3.71	1.55	2.03

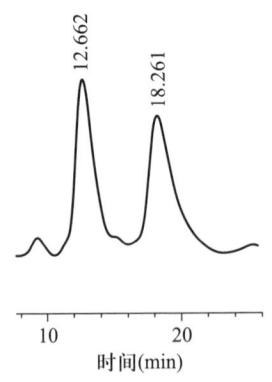

图 2-149 乳氟禾草灵对映体的拆分色谱图(正己烷-异丁醇为 99∶1)

（5）圆二色特性

乳氟禾草灵两对映体的 CD 吸收非常弱,如图 2-150 所示,在 220~250 nm 范围内先流出对映体为 CD(+),后流出为 CD(-),但两对映体的 CD 吸收随波长的变化有两处翻转现象,先后流出对映体分别用实、虚线表示,230 nm 是其中一个较为合适的波长用来标识对映体的圆二色信息。

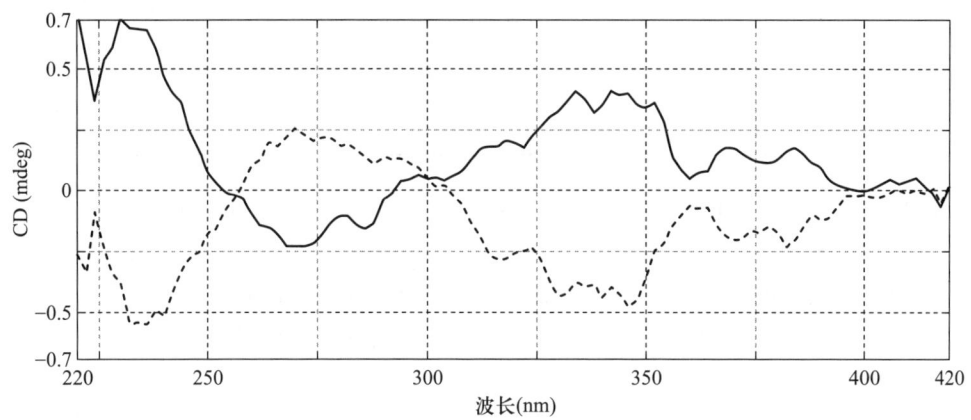

图 2-150　乳氟禾草灵对映体的 CD 扫描图(实线代表先流出对映体,虚线代表后流出对映体)

2.6.9.2　乳氟禾草灵对映体在高效液相色谱 Chiralpak AD 色谱柱上正相条件下的拆分

（1）仪器及试剂

高效液相色谱仪(配有紫外可见光、DAD、圆二色、旋光等检测器);

色谱柱:Chiralpak AD,250 mm×4.6 mm(I.D.)(或者具有相同手性固定相的其他商品名称的手性色谱柱);

正己烷、异丙醇:色谱纯或者分析纯经过重蒸,用前过膜。

（2）色谱条件

流动相:正己烷-醇;

检测波长:230 nm;

流量:1.0 mL/min;

温度:室温或控制温度 0~40 ℃(柱温箱);

进样体积:20 μL。

（3）方法提要

称取一定量的乳氟禾草灵标准品或样品于容量瓶中,用流动相溶解并定容。色谱体系更换成所需要的流动相体系,连接手性色谱柱,调整流动相至设定比例,待基线稳定后,连续进样,连续两次进样分析的峰面积及保留时间偏差在 2% 以内,便可对样品进行分析测定。

（4）拆分结果

正己烷体系下乳氟禾草灵对映体在 Chiralpak AD 上的拆分结果见表 2-128,在异丙醇含量为 5% 时,乳氟禾草灵对映体可实现基线分离,分离度为 1.52,在含量 1% 时得到最大分离度 2.26。圆二色检测确定乳氟禾草灵对映体在 230 nm 波长下的出峰顺序为-/+。

表 2-128 乳氟禾草灵对映体在 Chiralpak AD 上的拆分结果

异丙醇含量(%)	k_1	k_2	α	R_s
15	2.54	2.93	1.16	1.06
10	3.45	4.04	1.17	1.22
5	5.17	6.12	1.18	1.52
2	8.00	9.64	1.20	1.84
1	10.59	13.10	1.24	2.26

2.6.9.3 乳氟禾草灵对映体在高效液相色谱(R,R)Whelk-O 1 色谱柱上的拆分

(1) 仪器及试剂

高效液相色谱仪(配有紫外可见光、DAD、圆二色、旋光等检测器);

色谱柱:(R,R)Whelk-O 1,250 mm×4.6 mm(I.D.)(或者具有相同手性固定相的其他商品名称的手性色谱柱);

正己烷、乙醇、丙醇、异丙醇、丁醇、异丁醇:色谱纯或者分析纯经过重蒸,用前过膜。

(2) 色谱条件

流动相:正己烷-醇;

检测波长:230 nm;

流量:1.0 mL/min;

温度:室温,或者控制温度 0~50 ℃(柱温箱);

进样体积:20 μL。

(3) 方法提要

称取一定量的乳氟禾草灵标准品或样品于容量瓶中,用流动相溶解并定容。色谱体系更换成所需要的流动相体系,连接手性色谱柱,调整流动相至设定比例,待基线稳定后,连续进样,连续两次进样分析的峰面积及保留时间偏差在 2%以内,便可对样品进行分析测定。

(4) 拆分结果

表 2-129 为正己烷体系乳氟禾草灵对映体在(R,R)Whelk-O 1 上的拆分结果,检测波长 230 nm,流量 1.0 mL/min。乙醇、丙醇、异丙醇和丁醇都可以实现乳氟禾草灵对映体的基线分离,其中在丙醇含量为 2%时有最大的分离度 2.37。图 2-151 为乳氟禾草灵对映体的拆分色谱图。230 nm 圆二色流出顺序为$(+)/(-)$。

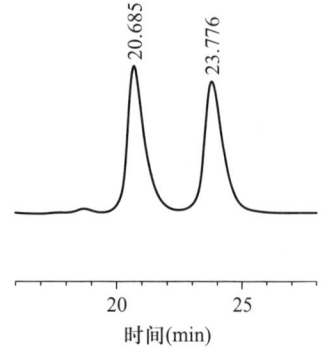

图 2-151 乳氟禾草灵对映体在(R,R)Whelk-O 1 上的拆分色谱图
(正己烷-丙醇为 98∶2)

表 2-129 乳氟禾草灵对映体在 (R,R) Whelk-O 1 上的拆分结果

醇含量(%)	乙醇			丙醇			异丙醇			丁醇			异丁醇		
	k_1	α	R_S	k_1	α	R_S	k_1	α	R_S	k_1	α	R_S	k_1	α	R_S
2	6.87	1.15	2.26	8.31	1.17	2.37	12.22	1.18	2.11	5.84	1.15	1.77	—	—	—
5	4.13	1.12	1.75	5.07	1.15	1.83	8.25	1.18	1.89	4.16	1.15	1.50	—	—	—
10	2.46	1.10	1.06	3.13	1.13	1.39	5.29	1.16	1.62	3.57	1.14	1.25	5.70	1.16	1.10
15	1.90	1.10	0.90	2.32	1.12	1.17	4.13	1.15	1.50	2.78	1.13	1.23	4.40	1.15	1.00
20	1.53	1.09	0.76	1.89	1.11	1.04	3.19	1.14	1.38	2.07	1.12	1.08	2.96	1.13	0.94
30	1.05	1.08	0.64	1.44	1.10	0.86	2.22	1.13	1.12	1.59	1.11	0.87	2.67	1.13	0.85
40	0.82	1.06	0.43	1.13	1.09	0.71	1.86	1.12	0.99	1.35	1.10	0.75	2.25	1.12	0.72

2.6.9.4 乳氟禾草灵对映体在高效液相色谱 Chiralcel OC 色谱柱上的拆分

(1) 仪器及试剂

高效液相色谱仪(配有紫外可见光、DAD、圆二色、旋光等检测器);

色谱柱:Chiralcel OC,250 mm×4.6 mm(I.D.)(或者具有相同手性固定相的其他商品名称的手性色谱柱);

正己烷、异丙醇:色谱纯或者分析纯经过重蒸,用前过膜。

(2) 色谱条件

流动相:正己烷-异丙醇;

检测波长:230 nm;

流量:1.0 mL/min;

温度:室温,或者控制温度 0~50 ℃(柱温箱);

进样体积:20 μL。

(3) 方法提要

称取一定量乳氟禾草灵标准品或样品于容量瓶中,用流动相溶解并定容。色谱体系更换成所需的流动相体系,连接手性色谱柱,调整流动相至设定比例,待基线稳定后,连续进样,连续两次进样分析的峰面积及保留时间偏差在 2% 以内,便可对样品进行分析测定。

(4) 拆分结果

乳氟禾草灵对映体在 Chiralcel OC 上不能实现基线分离,如表 2-130 所示,异丙醇含量 5% 时最大分离度为 0.95,其色谱图如图 2-152 所示。

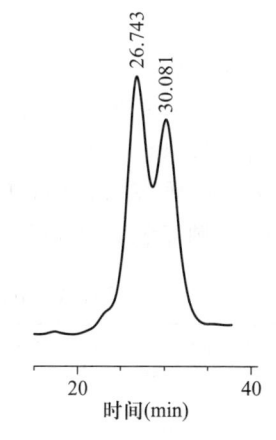

图 2-152 乳氟禾草灵对映体在 Chiralcel OC 上的拆分色谱图 (正己烷-异丙醇为 95:5)

表 2-130　乳氟禾草灵对映体在 Chiralcel OC 上的拆分结果

异丙醇含量(%)	k_1	k_2	α	R_S
15	3.75	4.05	1.08	0.49
10	6.23	6.96	1.12	0.87
5	11.16	12.67	1.14	0.95

2.6.9.5　乳氟禾草灵对映体在高效液相色谱 Chiralcel OD 色谱柱上反相条件下的拆分

(1) 仪器及试剂

高效液相色谱仪(配有紫外可见光、DAD、圆二色、旋光等检测器);

色谱柱:Chiralcel OD,250 mm×4.6 mm(I.D.)(或者具有相同手性固定相的其他商品名称的手性色谱柱);

超纯水、甲醇、乙腈:色谱纯或者分析纯经过重蒸,用前过膜。

(2) 色谱条件

流动相:甲醇-水,乙腈-水;

检测波长:230 nm;

流量:1.0 mL/min;

温度:室温,或者控制温度 0~50 ℃(柱温箱);

进样体积:20 μL。

(3) 方法提要

称取一定量的乳氟禾草灵标准品或样品于容量瓶中,用流动相溶解并定容。色谱体系更换成所需要的流动相体系,连接手性色谱柱,调整流动相至设定比例,待基线稳定后,连续进样,连续两次进样分析的峰面积及保留时间偏差在 2% 以内,便可对样品进行分析测定。

(4) 拆分结果

如表 2-131 所示,乳氟禾草灵对映体在甲醇-水作流动相条件下,在 Chiralcel OD 上分离度可达 1.07,其典型色谱图如图 2-153 所示,而在乙腈-水作流动相的条件下没有拆分趋势。在 230 nm 下圆二色出峰顺序为(-/+)。

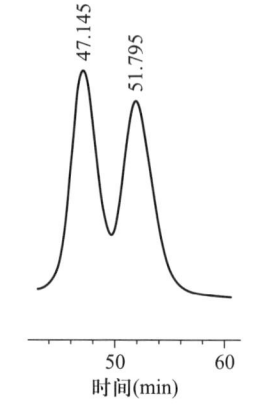

图 2-153　乳氟禾草灵对映体在 Chiralcel OD 上的拆分色谱图（甲醇-水为 75∶25）

表 2-131　甲乳氟禾草灵对映体在 Chiralcel OD 上反相条件下的拆分结果

流动相	$V:V$	k_1	k_2	α	R_S
甲醇-水	100∶0	0.77	0.77	1.00	—
	95∶5	0.79	0.88	1.11	0.63
	90∶10	1.52	1.69	1.11	0.66
	85∶15	3.13	3.46	1.11	0.83
	80∶20	7.01	7.75	1.10	0.92
	75∶25	14.71	16.26	1.11	1.07

2.6.9.6 乳氟禾草灵对映体在高效液相色谱 Chiralpak AD 色谱柱上反相条件下的拆分

（1）仪器及试剂

高效液相色谱仪（配有紫外可见光、DAD、圆二色、旋光等检测器）；

色谱柱：Chiralpak AD，250 mm×4.6 mm（I.D.）（或者具有相同手性固定相的其他商品名称的手性色谱柱）；

柱温箱；

超纯水、甲醇、乙腈：色谱纯或者分析纯经过重蒸，用前过膜。

（2）色谱条件

流动相：甲醇-水，乙腈-水；

检测波长：230 nm；

流量：1.0 mL/min；

温度：室温，或者控制温度 0~40 ℃（柱温箱）；

进样体积：20 μL。

（3）方法提要

称取一定量的乳氟禾草灵标准品或样品于容量瓶中，用流动相溶解并定容。色谱体系更换成所需要的流动相体系，连接手性色谱柱，调整流动相至设定比例，待基线稳定后，连续进样，连续两次进样分析的峰面积及保留时间偏差在 2% 以内，便可对样品进行分析测定。

（4）拆分结果

乳氟禾草灵对映体在 Chiralpak AD 上反相条件下的拆分结果见表 2-132，在两种流动相中都有拆分趋势，在乙腈-水中可实现部分分离，在甲醇-水（80∶20）流动相条件下分离度可达 2.07，图 2-154 为拆分色谱图。230 nm 波长下圆二色出峰顺序都为（+/−）。

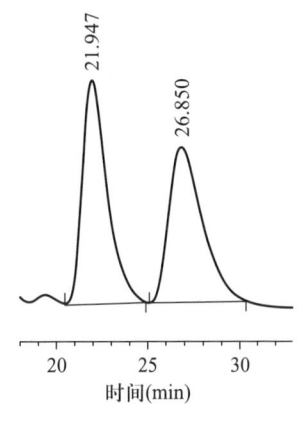

图 2-154 乳氟禾草灵对映体在 Chiralpak AD 上的拆分色谱图（甲醇-水为 80∶20）

表 2-132 乳氟禾草灵对映体在 Chiralpak AD 上反相条件下的拆分结果

流动相	$V:V$	k_1	k_2	α	R_s
甲醇-水	100∶0	0.44	0.51	1.17	0.77
	95∶5	0.73	0.88	1.21	1.034
	90∶10	1.51	1.87	1.24	1.44
	85∶15	3.00	3.73	1.24	1.50
	80∶20	6.84	8.59	1.26	2.07
乙腈-水	100∶0	0.19	0.19	1.00	—
	70∶30	1.05	1.05	1.00	—
	60∶40	3.00	3.25	1.09	0.74
	55∶45	5.66	6.15	1.09	0.88

2.6.10 乙草胺

乙草胺对映体在高效液相色谱 Chiralcel OD 色谱柱上的拆分

（1）仪器及试剂

高效液相色谱仪（配有紫外可见光、DAD、圆二色、旋光等检测器）；

色谱柱：Chiralcel OD,250 mm×4.6 mm(I.D.)（或者具有相同手性固定相的其他商品名称的手性色谱柱）；

柱温箱（非必备）；

正己烷、正戊烷、正庚烷、乙醇、丙醇、异丙醇、丁醇、异丁醇：色谱纯或者分析纯经过重蒸，用前过膜。

（2）色谱条件

流动相：正己烷-醇，正戊烷-醇，正庚烷-醇；

检测波长：254 nm；

流量：1.0 mL/min；

温度：室温或控制温度 0~25 ℃（柱温箱）；

进样体积：20 μL。

（3）方法提要

称取一定量的乙草胺标准品或样品于容量瓶中，用流动相溶解并定容。色谱体系更换成所需要的流动相体系，连接手性色谱柱，调整流动相至设定比例，待基线稳定后，连续进样，连续两次进样分析的峰面积及保留时间偏差在 2% 以内，便可对样品进行分析测定。

（4）拆分结果

乙草胺对映体在 Chiralcel OD 上的识别能力不强，正己烷体系下，异丙醇的效果最好，在含量为 2% 时，最大分离度为 0.92（表 2-133），乙醇和异丁醇有一定的分离效果，而丙醇和丁醇完全无分离效果。表 2-134 为石油醚-异丙醇体系的拆分结果，最大分离度为 0.83。

表 2-133 乙草胺对映体在 Chiralcel OD 上正己烷体系下的拆分结果

含量(%)	乙醇			丙醇			异丙醇			丁醇			异丁醇		
	k_1	α	R_S	k_1	α	R_S	k_1	α	R_S	k_1	α	R_S	k_1	α	R_S
15	1.92	1.00	—	—	—	—	1.90	1.06	0.58	—	—	—	1.90	1.06	0.40
10	2.15	1.00	—	2.18	1.00	—	2.15	1.08	0.65	2.20	1.00	—	2.15	1.08	0.54
5	2.40	1.07	0.61	2.61	1.00	—	2.67	1.10	0.77	2.49	1.00	—	2.67	1.10	0.60
2	3.04	1.09	0.73	3.28	1.00	—	3.69	1.13	0.92	2.78	1.00	—	3.69	1.10	0.56

表 2-134 乙草胺对映体在 Chiralcel OD 上石油醚体系下的拆分结果

异丙醇含量(%)	k_1	α	R_S
15	1.88	1.07	0.49
10	2.14	1.07	0.64

续表

异丙醇含量(%)	k_1	α	R_S
5	2.81	1.10	0.76
2	3.85	1.12	0.83

(5) 圆二色特性

乙草胺对映体的 CD 扫描图如图 2-155,在 220~260 nm 范围内的出峰顺序为 -/+,而 260~400 nm 基本没有 CD 吸收,先流出对映体与后流出对映体的圆二色吸收信号分别为(-)和(+),并以"0"刻度线对称,最大 CD 吸收波长为 230 nm。

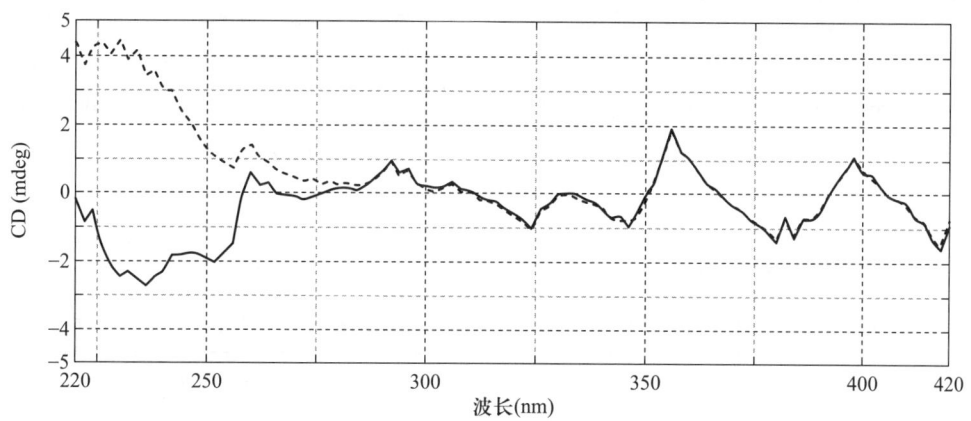

图 2-155 乙草胺两对映体的 CD 扫描图(实线代表先流出对映体,虚线代表后流出对映体)

2.6.11 乙氧呋草黄

2.6.11.1 乙氧呋草黄对映体在高效液相色谱 Chiralcel OD 色谱柱上正相条件下的拆分

(1) 仪器及试剂

高效液相色谱仪(配有紫外可见光、DAD、圆二色、旋光等检测器);

色谱柱:Chiralcel OD,250 mm×4.6 mm(I.D.)(或者具有相同手性固定相的其他商品名称的手性色谱柱);

柱温箱;

正己烷、正庚烷、乙醇、丙醇、异丙醇、丁醇、异丁醇:色谱纯或者分析纯经过重蒸,用前过膜。

(2) 色谱条件

流动相:正己烷-醇,正庚烷-醇;

检测波长:230 nm;

流量:1.0 mL/min;

温度:室温或控制温度 5~40 ℃(柱温箱);

进样体积:20 μL。

(3) 方法提要

称取一定量乙氧呋草黄标准品或样品于容量瓶中,用流动相溶解并定容。色谱体系更换成所需要的流动相体系,连接手性色谱柱,调整流动相至设定比例,待基线稳定后,连续进样,连续两次进样分析的峰面积及保留时间偏差在2%以内,便可对样品进行分析测定。

（4）拆分结果

乙氧呋草黄对映体在 Chiralcel OD 上正己烷体系下的分离效果非常好（表 2-135）,异丁醇的效果最好,含量为 5% 时分离度达 7.05,其他醇在含量 5% 时,分离度都在 5 左右。正庚烷-异丙醇和正戊烷-异丙醇体系的拆分效果也较好,结果见表 2-136,拆分能力和正己烷体系相差不大。图 2-156 为典型拆分色谱图。

表 2-135　乙氧呋草黄对映体在 Chiralcel OD 上正己烷体系下的拆分结果

含量(%)	乙醇			丙醇			异丙醇			丁醇			异丁醇		
	k_1	α	R_S	k_1	α	R_S	k_1	α	R_S	k_1	α	R_S	k_1	α	R_S
20	1.52	1.27	2.22	1.66	1.43	3.07	1.99	1.52	4.15	1.77	1.41	3.04	2.00	1.54	4.04
15	1.90	1.28	2.57	2.03	1.46	3.68	2.47	1.56	4.77	2.19	1.43	3.50	2.48	1.58	4.65
10	2.54	1.31	3.14	2.77	1.51	4.27	3.25	1.63	5.66	2.87	1.47	4.17	3.27	1.63	5.45
5	4.07	1.45	5.13	4.36	1.63	5.61	5.36	1.78	5.64	4.34	1.56	5.42	5.01	1.73	7.05

表 2-136　乙氧呋草黄对映体在 Chiralcel OD 上正庚烷和正戊烷体系下的拆分结果

异丙醇含量(%)	正庚烷			正戊烷		
	k_1	α	R_S	k_1	α	R_S
20	0.88	1.82	2.99	0.95	1.86	3.25
15	1.23	1.95	3.80	1.24	1.93	3.78
10	1.65	2.01	4.27	1.58	2.00	4.24
5	2.49	2.14	4.49	2.68	2.17	5.20
2	4.81	2.41	6.68	—	—	—

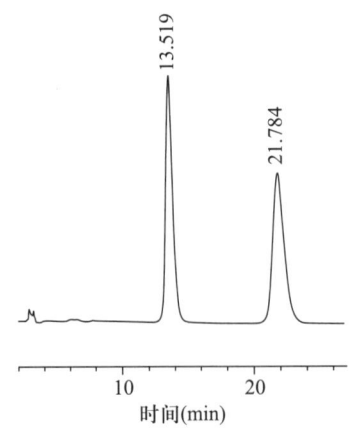

图 2-156　乙氧呋草黄对映体在 Chiralcel OD 上的拆分色谱图（正己烷-异丁醇为 95∶5）

2.6 手性除草剂

(5) 圆二色特性

乙氧呋草黄对映体的圆二色扫描图如图2-157,先流出对映体在220~246 nm范围内响应(+)CD信号,在246~260 nm处CD吸收非常弱,在260~300 nm范围内为弱(+)吸收,后流出对映体大体与先流出对映体以"0"刻度线对称,显示(-)CD响应,两对映体的最大CD吸收为220 nm,246 nm以后不适合选作标识对映体的波长。

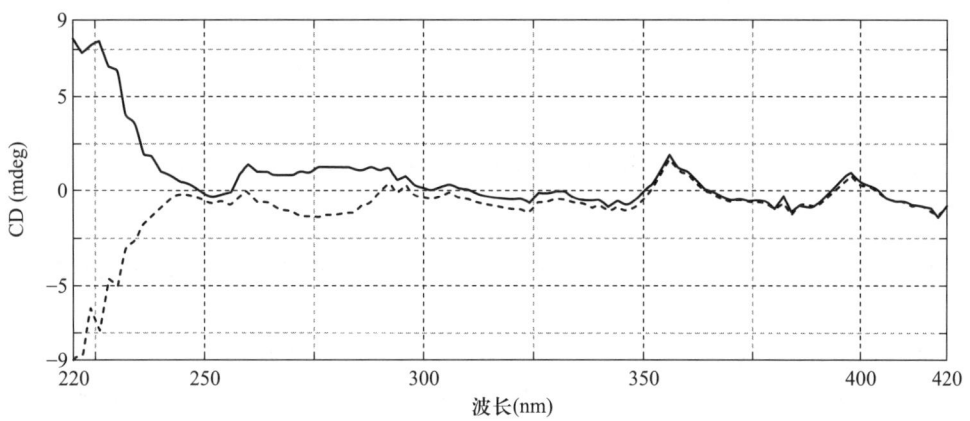

图2-157 乙氧呋草黄两对映体的CD扫描图(实线为先流出对映体,虚线为后流出对映体)

2.6.11.2 乙氧呋草黄对映体在高效液相色谱Chiralpak AS色谱柱上的拆分

(1) 仪器及试剂

高效液相色谱仪(配有紫外可见光、DAD、圆二色、旋光等检测器);

色谱柱:Chiralpak AS,250 mm×4.6 mm(I.D.)(或者具有相同手性固定相的其他商品名称的手性色谱柱);

柱温箱;

正己烷、乙醇、丙醇、异丙醇、丁醇、异丁醇:色谱纯或者分析纯经过重蒸,用前过膜。

(2) 色谱条件

流动相:正己烷-醇;

检测波长:220 nm;

流量:1.0 mL/min;

温度:室温,或者控制温度0~40 ℃(柱温箱);

进样体积:20 μL。

(3) 方法提要

称取一定量乙氧呋草黄标准品或样品于容量瓶中,用流动相溶解并定容。色谱体系更换成所需要的流动相体系,连接手性色谱柱,调整流动相至设定比例,待基线稳定后,连续进样,连续两次进样分析的峰面积及保留时间偏差在2%以内,便可对样品进行分析测定。

(4) 拆分结果

乙氧呋草黄对映体在Chiralpak AS上的拆分效果很差,乙醇无分离效果,使用5%异丙醇时分离度为0.63,拆分色谱图如图2-158。圆二色检测器显示在220 nm波长下乙氧呋草黄对映体的出峰顺序为+/-。

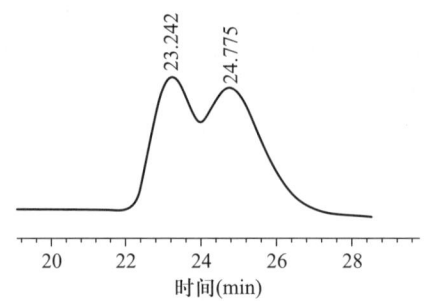

图 2-158　乙氧呋草黄对映体在 Chiralpak AS 上的拆分色谱图
（正己烷-异丙醇为 98∶2）

2.6.11.3　乙氧呋草黄对映体在高效液相色谱 Chiralcel OD 色谱柱上反相条件下的拆分

（1）仪器及试剂

高效液相色谱仪（配有紫外可见光、DAD、圆二色、旋光等检测器）；

色谱柱：Chiralcel OD,250 mm×4.6 mm(I.D.)（或者具有相同手性固定相的其他商品名称的手性色谱柱）；

柱温箱；

超纯水、甲醇、乙腈、水：色谱纯或者分析纯经过重蒸，用前过膜。

（2）色谱条件

流动相：甲醇-水、乙腈-水；

检测波长：230 nm；

流量：1.0 mL/min；

温度：室温，或者控制温度 0~40 ℃（柱温箱）；

进样体积：20 μL。

（3）方法提要

称取一定量的乙氧呋草黄标准品或样品于容量瓶中，用流动相溶解并定容。色谱体系更换成所需要的流动相体系，连接手性色谱柱，调整流动相至设定比例，待基线稳定后，连续进样，连续两次进样分析的峰面积及保留时间偏差在 2% 以内，便可对样品进行分析测定。

（4）拆分结果

乙氧呋草黄对映体在 Chiralcel OD 上反相条件下仅能得到部分分离，结果见表 2-137，在甲醇-水流动相中最大分离度 0.88，而在乙腈-水中没有拆分趋势。典型色谱图见图 2-159。230 nm 圆二色出峰顺序为（+/-）。

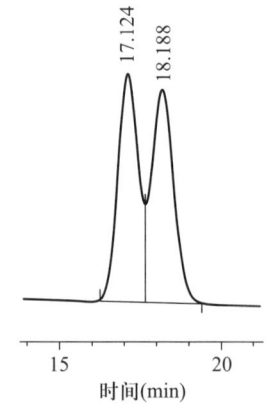

图 2-159　乙氧呋草黄对映体在
Chiralcel OD 上反相条件下的拆分色谱图
（甲醇-水为 65∶35）

表 2-137　乙氧呋草黄对映体在 Chiralcel OD 上反相条件下的拆分结果

流动相	$V:V$	k_1	k_2	α	R_S
甲醇-水	90:10	0.71	0.71	1.00	—
	80:20	1.44	1.44	1.00	—
	75:25	2.01	2.12	1.05	0.62
	70:30	3.17	3.37	1.06	0.74
	65:35	5.12	5.50	1.07	0.88

2.6.11.4　乙氧呋草黄对映体在高效液相色谱 Chiralpak AD 色谱柱上反相条件下的拆分

（1）仪器及试剂

高效液相色谱仪（配有紫外可见光、DAD、圆二色、旋光等检测器）；

色谱柱：Chiralpak AD, 250 mm×4.6 mm（I.D.）（或者具有相同手性固定相的其他商品名称的手性色谱柱）；

柱温箱（非必备）；

超纯水、甲醇、乙腈、水：色谱纯或者分析纯经过重蒸，用前过膜。

（2）色谱条件

流动相：甲醇-水、乙腈-水；

检测波长：230 nm；

流量：1.0 mL/min；

温度：室温，或者控制温度 0~40 ℃（柱温箱）；

进样体积：20 μL。

（3）方法提要

称取一定量的乙氧呋草黄标准品或样品于容量瓶中，用流动相溶解并定容。色谱体系更换成所需要的流动相体系，连接手性色谱柱，调整流动相至设定比例，待基线稳定后，连续进样，连续两次进样分析的峰面积及保留时间偏差在 2% 以内，便可对样品进行分析测定。

（4）拆分结果

乙氧呋草黄对映体在 Chiralpak AD 上反相条件下的拆分结果见表 2-138，两种流动相中最大分离度 0.82，只能实现部分分离，图 2-160 为拆分色谱图。230 nm 波长下圆二色出峰顺序为（+/-）。

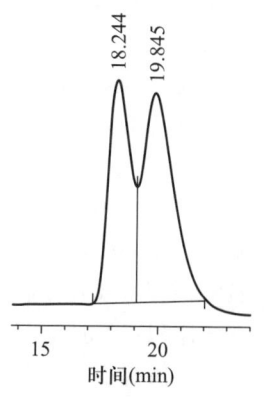

图 2-160　乙氧呋草黄对映体在 Chiralpak AD 上的拆分色谱图（甲醇-水为 65:35）

表 2-138　乙氧呋草黄对映体在 Chiralpak AD 上反相条件下的拆分结果

流动相	$V:V$	k_1	k_2	α	R_S
甲醇-水	100:0	0.35	0.35	1.00	—
	90:10	0.62	0.62	1.00	—

续表

流动相	$V:V$	k_1	k_2	α	R_S
甲醇-水	80:20	1.26	1.38	1.09	0.63
	70:30	3.24	3.58	1.10	0.78
	65:35	5.52	6.09	1.10	0.81
乙腈-水	100:0	0.19	0.19	1.00	—
	70:30	0.42	0.42	1.00	—
	60:40	0.77	0.77	1.00	—
	50:50	1.90	1.99	1.05	0.54
	40:60	5.62	6.00	1.07	0.82

2.6.12 唑草酮

2.6.12.1 唑草酮对映体在高效液相色谱(R,R)Whelk O-1色谱柱上的拆分

(1) 仪器及试剂

高效液相色谱仪(配有紫外可见光、DAD、圆二色、旋光等检测器);

色谱柱:(R,R)Whelk-O 1,250 mm×4.6 mm(I.D.)(或者具有相同手性固定相的其他商品名称的手性色谱柱);

柱温箱;

正己烷、乙醇、丙醇、异丙醇、丁醇、异丁醇:色谱纯或者分析纯经过重蒸,用前过膜。

(2) 色谱条件

流动相:正己烷-醇;

检测波长:240 nm;

流量:1.0 mL/min;

温度:室温,或者控制温度0~50 ℃(柱温箱);

进样体积:20 μL。

(3) 方法提要

称取一定量的唑草酮标准品或样品于容量瓶中,用流动相溶解并定容。色谱体系更换成所需要的流动相体系,连接手性色谱柱,调整流动相至设定比例,待基线稳定后,连续进样,连续两次进样分析的峰面积及保留时间偏差在2%以内,便可对样品进行分析测定。

(4) 拆分结果

表2-139中列出了唑草酮对映体在(R,R)Whelk-O 1上正己烷体系下的拆分结果,流量1.0 mL/min,唑草酮对映体仅能得到部分分离,乙醇对唑草酮对映体有相对较好的分离效果,在乙醇含量为1%时有最大的分离度1.26。图2-161为唑草酮对映体的拆分色谱图。

表 2-139　唑草酮对映体在 (R,R) Whelk-O 1 上的拆分结果

含量(%)	乙醇			丙醇			异丙醇			丁醇			异丁醇		
	k_1	α	R_S	k_1	α	R_S	k_1	α	R_S	k_1	α	R_S	k_1	α	R_S
1	9.70	1.07	1.26	14.4	1.08	0.83	13.7	1.08	0.81	7.78	1.07	0.74	—	—	—
2	7.49	1.07	1.04	9.03	1.07	0.94	8.62	1.08	0.79	6.80	1.07	0.73	—	—	—
5	4.36	1.06	0.91	5.64	1.07	0.84	5.40	1.07	0.76	5.99	1.06	0.75	10.2	1.07	0.62
10	2.74	1.05	0.72	3.78	1.06	0.74	4.30	1.07	0.75	4.05	1.06	0.67	6.59	1.06	0.50
15	2.19	1.05	0.62	2.74	1.05	0.65	3.58	1.07	0.69	3.48	1.05	0.58	4.27	1.05	0.48
20	1.84	1.04	0.51	2.38	1.05	0.57	2.65	1.06	0.61	2.78	1.05	0.53	3.96	1.05	0.40

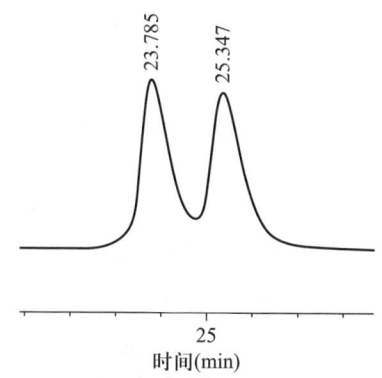

图 2-161　唑草酮对映体在 (R,R) Whelk-O 1 上的拆分色谱图
（正己烷-乙醇为 99∶1）

（5）圆二色特性

如图 2-162 所示，实线表示先流出对映体，虚线表示后流出对映体，先流出对映体在 230~290 nm 呈（-）圆二色吸收，后流出对映体恰好相反，两吸收曲线以"0"刻度线对称，圆二色最大吸收在 250 nm，在 290 nm 以后，基本无吸收。

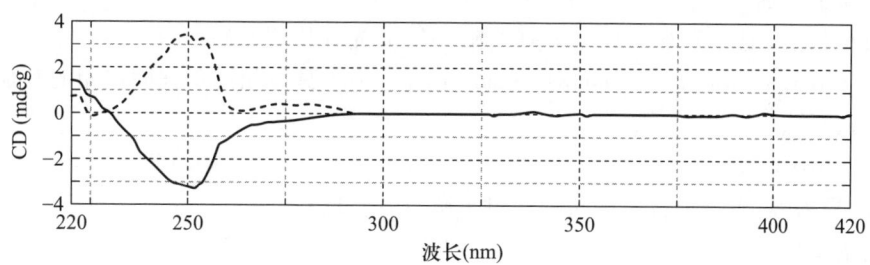

图 2-162　唑草酮两对映体的 CD 扫描图（实线为先流出对映体，虚线为后流出对映体）

2.6.12.2 唑草酮对映体在高效液相色谱 Lux Cellulose-2 色谱柱正相条件下的拆分[32]

(1) 仪器及试剂

高效液相色谱(配有紫外可见光、DAD、圆二色、旋光等检测器);

色谱柱:Lux Cellulose-2,250 mm×4.6 mm(I.D.)(或者具有相同手性固定相的其他商品名称的手性色谱柱);

柱温箱(非必备);

正己烷、异丙醇:色谱纯或者分析纯经过重蒸,用前过膜;

(2) 色谱条件

流动相:正己烷-异丙醇;

检测波长:220 nm;

流量:0.8 mL/min;

温度:室温,或者控制温度 0~50 ℃(柱温箱);

进样体积:10 μL。

(3) 方法提要

称取一定量唑草酮标准品或样品于容量瓶中,用流动相溶解并定容。色谱体系更换成所需要的流动相体系,连接手性色谱柱,调整流动相至设定比例,待基线稳定后,连续进样,连续两次进样分析的峰面积及保留时间偏差在 2% 以内,便可对样品进行分析测定。

(4) 拆分结果

Lux Cellulose-2 色谱柱正相条件下唑草酮对映体的拆分(表 2-140),当异丙醇含量为 2% 时,分离度为 1.15。圆二色流出顺序为-/+(426 nm)。

表 2-140 唑草酮对映体在 Lux Cellulose-2 上的拆分结果

异丙醇含量(%)	k_1	k_2	α	R_S
2	3.09	3.30	1.07	1.15
10	1.48	1.59	1.07	1.15
20	0.98	1.02	1.04	0.80

2.6.12.3 唑草酮对映体在高效液相色谱 Lux Cellulose-3 色谱柱正相条件下的拆分

(1) 仪器及试剂

高效液相色谱(配有紫外可见光、DAD、圆二色、旋光等检测器);

色谱柱:Lux Cellulose-3,250 mm×4.6 mm(I.D.)(或者具有相同手性固定相的其他商品名称的手性色谱柱);

柱温箱(非必备);

正己烷、异丙醇:色谱纯或者分析纯经过重蒸,用前过膜;

(2) 色谱条件

流动相:正己烷-异丙醇;

检测波长:220 nm;

流量:0.8 mL/min;

温度:室温,或者控制温度0~50 ℃(柱温箱);
进样体积:10 μL。

(3) 方法提要

称取一定量唑草酮标准品或样品于容量瓶中,用流动相溶解并定容,配制成 100 mg/L 溶液。色谱体系更换成所需要的流动相体系,连接手性色谱柱,调整流动相至设定比例,待基线稳定后,连续进样,连续两次进样分析的峰面积及保留时间偏差在2%以内,便可对样品进行分析测定。

(4) 拆分结果

Lux Cellulose-3 色谱柱正相条件下对唑草酮对映体具有较好的拆分效果(表 2-141),两对映体很容易达到完全分离的效果。圆二色流出顺序为-/+(220 nm)。

表 2-141 唑草酮对映体在 Lux Cellulose-3 上的拆分结果

异丙醇含量(%)	k_1	k_2	α	R_s
5	3.25	3.79	1.17	3.08
10	2.13	2.45	1.15	2.72
20	1.34	1.54	1.14	2.20

参 考 文 献

[1] Nillos M G, Rodriguez-Fuentes G, Gan J, et al. Enantioselective acetylcholinesterase inhibition of the organophosphorous insecticides profenofos, fonofos and crotoxyphos[J]. Environmental Toxicology & Chemistry, 2007, 26(9): 1949-1954.

[2] Wang C, Zhang N, Li L, et al. Enantioselective interaction with acetylcholinesterase of an organophosphate insecticide fenamiphos[J]. Chirality, 2010, 22(6): 612-617.

[3] Ellington J J, Evans J J, Prickett K B, et al. High-performance liquid chromatographic separation of the enantiomers of organophosphorus pesticides on polysaccharide chiral stationary phases[J]. Journal of Chromatography, 2001, 928(2): 145-154.

[4] García-Ruiz C, Alvarez-Llamas G, Puerta Á, et al. Enantiomeric separation of organophosphorus pesticides by capillary electrophoresis: application to the determination of malathion in water samples after preconcentration by off-line solid-phase extraction[J]. Analytica Chimica Acta, 2005, 543(1): 77-83.

[5] Huang L, Lin J, Xu L, et al. Nonaqueous and aqueous-organic media for the enantiomeric separations of neutral organophosphorus pesticides by CE[J]. Electrophoresis, 2007, 28(15): 2758-2764.

[6] Li L, Zhou S, Jin L, et al. Enantiomeric separation of organophosphorus pesticides by high-performance liquid chromatography, gas chromatography and capillary electrophoresis and their applications to environmental fate and toxicity assays[J]. Journal of Chromatography B, 2010, 878(18): 1264-1276.

[7] Fidalgo-Used N, Blanco-Gonzalez E, Sanz-Medel A. Evaluation of two commercial capillary columns for the enantioselective gas chromatographic separation of organophosphorus pesticides[J]. Talanta, 2006, 70(5): 1057-1063.

[8] Anigbogu V C, Woldeab H, Garrison A W, et al. Enantioseparation of malathion, Cruformate, and fensulfothion organophosphorus pesticides by mixed-mode electrokinetic capillary chromatography[J]. International Journal of Environ-

mental & Analytical Chemistry,2003,83(2):89-100.

[9] Schmitt P,Garrison A W,Freitag D,et al. Application of cyclodextrin-modified micellar electrokinetic chromatography to the separations of selected neutral pesticides and their enantiomers[J]. Journal of Chromatography A,1997, 792(1-2):419-429.

[10] Zhou S,Lin K,Li L,et al. Separation and toxicity of salithion enantiomers[J]. Chirality,2009,21(10):922-928.

[11] Xu Z,Xu W,Huang H,et al. Direct chiral resolution and its application to the determination of the pesticide tetramethrin in soil by high-performance liquid chromatography using polysaccharide-type chiral stationary phase[J]. Journal of Chromatographic Science,2008,46(9):783-786.

[12] Li Z Y,Luo X N,Li Q L,et al. Stereo and enantioselective separation and identification of synthetic pyrethroids,and photolytical isomerization analysis[J]. Bulletin of environmental contamination and toxicology,2015,94(2): 254-259.

[13] 高如瑜,祝凌燕,陈志远. 手性菊酯类农药甲氰菊酯、氟胺氰菊酯光学异构体在HPLC上的分离[J]. 农药,1998,37(9):22-24.

[14] Yang G S. Separation and simultaneous deter mination of enantiomers of tau-fluvalinate and permethrin in drinking water[J]. Chromatographia,2004,60(9-10):523-526.

[15] 刘一平,胡昌弟,李晓刚,等. 液相色谱手性拆分高效氯氟氰菊酯对映体[J]. 农药,2011,50(2):105-108.

[16] 聂铭. 四种手性农药在CHIRALPAK AS-H柱上的直接拆分[J]. 甘肃农业大学学报,2010,5(45):143-146.

[17] Xu C,Tu W,Lou C,et al. Enantioselective separation and zebrafish embryo toxicity of insecticide beta-cypermethrin[J]. Journal of Environmental Sciences,2010,22(5):738-743.

[18] Tian Q,Lv C,Wang P,et al. Enantiomeric separation of chiral pesticides by high performance liquid chromatography on cellulose tris-3,5-dimethyl carbamate stationary phase under reversed phase conditions[J]. Journal of Separation Science,2007,30(3):310-321.

[19] 陆娴婷,蔡文书. 氯菊酯和联苯菊酯的高效液相色谱手性分离[J]. 杭州电子科技大学学报,2009,29(3):71-74.

[20] Liu W,Gan J J,Qin S. Separation and aquatic toxicity of enantiomers of synthetic pyrethroid insecticides[J]. Chirality,2005,17(S1):S127-S133.

[21] Liu W,Gan J J. Separation and analysis of diastereomers and enantiomers of cypermethrin and cyfluthrin by gas chromatography[J]. Journal of Agriculture & Food Chemistry,2004,52(4):755-761.

[22] 武彤,李朝阳,李巧玲,等. 手性农药高效液相色谱分离的研究[J]. 河北师范大学学报,2009,29(4):219-223.

[23] 赵鹏,刘晓星,李健,等. 微乳电动毛细管色谱拆分氰戊菊酯对映异构体[J]. 大连海事大学学报,2007,33(s1):15-18.

[24] Perez-Fernandez V,Garcia M A,Marina M L. Enantiomeric separation of cis-bifenthrin by CD-MEKC:quantitative analysis in a commercial insecticide formulation[J]. Electrophoresis,2010,31(9):1533-1539.

[25] Liu H,Zhao M,Zhang C,et al. Enantioselective cytotoxicity of the insecticide bifenthrin on a human amnion epithelial(FL) cell line[J]. Toxicology,2008,253(1-3):89-96.

[26] Yang Y H,Zhou S S,Li Y Y,et al. Residues and chiral signatures of organochlorine pesticides in sediments from Xiangshan Bay,East China Sea[J]. Journal of Environmental Science & Health. Part. B,Pesticides,Food Contaminants & Agricultural Wastes,2011,46(2):105-111.

[27] Ali I, Aboul-Enein H Y. Determination of chiral ratio of o,p-DDT and o,p-DDD pesticides on polysaccharides chiral stationary phases by HPLC under reversed-phase mode[J]. Environmental Toxicology, 2002, 17(4): 329-33.

[28] Champion W L, Lee J, Garrison A W, et al. Liquid chromatographic separation of the enantiomers of trans-chlordane, cis-chlordane, heptachlor, heptachlor epoxide and α-hexachlorocyclohexane with application to small-scale preparative separation[J]. Journal of Chromatography A, 2004, 1024(1): 55-62.

[29] Zhang C, Liu H, Liu D, et al. Enantiomeric separations of pyriproxyfen and its six chiral metabolites by high-performance liquid chromatography[J]. Chirality, 2016, 28(3): 245-252.

[30] Gao J, Qu H, Zhang C, et al. Direct chiral separations of the enantiomers of phenylpyrazole pesticides and the metabolites by HPLC[J]. Chirality, 2017, 29(1): 19-25.

[31] Liu N, Dong F, Xu J, et al. Enantioselective separation and pharmacokinetic dissipation of cyflumetofen in field soil by ultra performance convergence chromatography with tandem mass spectrometry[J]. Journal of Separation Science, 2016, 39(7): 1363-1370.

[32] Chai T, Yang W, Jing Q, et al. Direct enantioseparation of nitrogen-heterocyclic pesticides on cellulose-based chiral column by high-performance liquid chromatography[J]. Chirality, 2015, 27(1): 32.

[33] Cheng Y, Zheng Y, Dong F, et al. Stereoselective analysis and dissipation of propiconazole in wheat, grapes, and soil by supercritical fluid chromatography tandem mass spectrometry[J]. Journal of Agricultural & Food Chemistry, 2017, 65(1): 234-243.

[34] Qi P, Yuan Y, Wang Z, et al. Use of liquid chromatography-quadrupole time-of-flight mass spectrometry for enantioselective separation and determination of pyrisoxazole in vegetables, strawberry and soil[J]. Journal of Chromatography A, 2016, 1449: 62-70.

[35] Pan X, Dong F, Xu J, et al. Stereoselective analysis of novel chiral fungicide pyrisoxazole in cucumber, tomato and soil under different application methods with supercritical fluid chromatography/tandem mass spectrometry[J]. Journal of Hazardous Materials, 2016, 311: 115-124.

[36] He J, Fan J, Yan Y, et al. Triticonazole enantiomers: separation by supercritical fluid chromatography and the effect of the chromatographic conditions[J]. Journal of Separation Science, 2016, 39(21): 4251-4257.

[37] Wang P, Liu D, Jiang S, et al. The chiral separation of triazole pesticides enantiomers by amylose-tris(3,5-dimethylphenylcarbamate) chiral stationary phase[J]. Journal of Chromatographic Science, 2008, 46(9): 787-792.

[38] Wang P, Liu D, Jiang S, et al. The direct chiral separations of fungicide enantiomers on amylopectin based chiral stationary phase by HPLC[J]. Chirality, 2010, 19(2): 114-119.

[39] Xie J, Zhao L, Liu K, et al. Enantioseparation of four amide herbicide stereoisomers using high-performance liquid chromatography[J]. Journal of Chromatography A, 2016, 1471: 145-154.

[40] Buerge I J, Bächli A, De Joffrey J P, et al. The chiral herbicide beflubutamid(I): isolation of pure enantiomers by HPLC, herbicidal activity of enantiomers, and analysis by enantioselective GC-MS[J]. Environmental Science & Technology, 2013, 47(13): 6806-6811.

第 3 章 手性农药对映体在环境中的残留行为

3.1 前　　言

手性农药在非手性环境下其对映体具有相同的物理性质和化学性质,而在生物体内等手性环境下其生物活性、毒性毒理、吸收、转移及代谢等方面却存在着显著差别[1]。残留在生态系统中的手性农药,由于具有手性特征的环境因子和生物体的影响,手性农药对映体会发生构型转化或优先降解,从而导致最终残留于环境介质中的手性农药并非以施用时的形式存在,而是转化为某种异构体的形式,形成对映体的选择性污染。然而由于不同对映体具有十分相似的物理化学性质,长期以来,人类在研究手性农药的环境行为及生态效应时,多数情况下仍是将含有两种或两种以上对映体的外消旋体农药当作一种农药来处理,不能真实地反映其对环境可能造成的危害和对人类健康的潜在影响。这就迫使我们必须对手性农药对映体的选择性残留行为进行研究,重新考虑其对环境和人类健康所造成的影响,从而为治理环境和研发高效、低毒、低残留的新型农药提供依据[2,3]。

3.1.1 手性农药在土壤中的立体选择性行为

土壤是陆地生态系统物质循环和能量交换的中心,在地球上构成一个特殊的生物地质化学外壳,成为生物圈最重要的组成部分。研究表明,使用的农药中 80%~90% 最终将进入土壤,因此,土壤被称为农药在环境中的"贮藏库"和"集散地"[4]。进入土壤中的农药,将发生被土壤颗粒和有机质吸附、随水分向四周流动(地表径流)或向深层土壤移动(淋溶)、向大气中挥发扩散、被作物吸收、被土壤和土壤微生物降解等一系列物理、化学和生物过程。农药在土壤中的降解性能,是评价农药对整个环境危害影响十分重要的指标,研究农药在土壤中的环境行为和它们对各种生物的影响,以及农药在土壤生物和其他因素影响下的代谢过程具有重要的意义。

目前关于手性农药在土壤中的立体选择性行为研究已有较多报道,但大部分研究都是把外消旋体当作一种化合物来看待,忽略了对映体间的差异,从而导致了毒性、毒理及环境风险性评价的数据与真实值产生偏差,不能反映手性农药对环境的真正影响。因此,只有在对映体水平上研究手性农药在土壤中的选择性行为才能获取准确、科学的数据,从而为指导合理用药、进行环境风险性评价提供依据。

农药在土壤中会发生多种反应,其中微生物降解是农药消解并最终转化为水、二氧化碳等小分子物质的最重要的环节。农药在土壤中发生微生物降解的主要过程有氧化、还原、水解和轭合作用等。目前已证实对农药有降解作用的微生物涵盖了包括细菌、真菌、放线菌在内的多个种群[5]。手性农药在土壤中发生立体选择性行为的主要原因在于微生物降解过程中的手性选择性及环境变化而引起的变化。

从土壤中分离出的可降解手性除草剂 2-甲-4-氯丙酸[6,7]与 2,4-滴丙酸[8]的微生物 Sphingomonas herbicidovorans MH, 在该微生物的选择性降解作用下, S 体降解迅速, R 体的比例逐渐增加。产生选择性的原因在于此类化合物的降解是由两种 α-酮戊二酸盐加双氧酶催化的, 特异性催化 S 体的加双氧酶活性较高, 而特异性催化 R 体的加双氧酶在有 S 体存在时不表现出活性[9-11]。从土壤中分离出的 9 种降解 2-甲-4-氯丙酸的细菌菌株中, DP522 菌株能优先降解 S 体 2-甲-4-氯丙酸[12]。对 2-甲-4-氯丙酸与 2,4-滴丙酸在三种土壤中的降解进行监测, 发现不同土壤中对映体选择性存在明显差异, 而且也证实有机肥料的加入对该选择性产生显著影响[13]。在石灰石蓄水土层中 2,4-滴丙酸残留的研究表明, 环境载体氧化还原条件的改变对 2,4-滴丙酸对映体的选择性降解会产生显著影响[14]。2-甲-4-氯丙酸两种对映体在土壤中的降解速率差异显著, S-(-)-体降解速率高于 R 体; 在灭菌土壤中则没有表现出选择性[6,15]。添加有机磷杀虫剂蔬果磷(salition)的外消旋体于土壤中, 培养一段时间后 R 体比例增加, 而灭菌土壤中则仍为外消旋体; 以单一对映体培养的结果表明, 未灭菌土壤中 S 体降解速率高于 R 体[16]。通过比较土壤中的微生物种类发现:细菌对蔬果磷的降解活性高于放线菌和真菌[17]。土壤中含有对氯氰菊酯和氰戊菊酯有选择性降解作用的菌株, 在这些降解菌作用下, 氰戊菊酯的 $(2R, \alpha S)$体的降解速率快于其他 3 种异构体; 氯氰菊酯的 8 种异构体中, $(1R\text{-trans-}\alpha S)$, $(1S\text{-cis-}\alpha S)$和$(1S\text{-trans-}\alpha S)$异构体降解速率很快, 其余 5 种异构体却几乎不发生降解, 土壤中存在具有高度选择性的微生物降解酶[18]。

通过测定 40 份土壤中 11 种有机氯农药的残留量, 发现在其中 30 份土壤中存在明显的立体选择性降解, 其中(+)-反式氯丹被优先降解; 顺式氯丹中, (-)-氯丹转化的快一些; (-)-氧化七氯残留量在所有土壤中也超过其对映体; 而 o,p'-DDT 左右旋对映体在不同土壤中的选择性不同[19,20]。另外 35 份土壤样本的研究结果表明 o,p'-DDT 在不同土壤中的选择性不一致; 而氯丹及其手性降解产物在所有样本中的选择性都是一致的[21]。在多数土壤中, (+)-α-六六六的浓度相对较高, 这表明(-)-α-六六六降解速率较高[22]。α-六六六在三种粪肥土壤中是选择性降解的, 但在英国哥伦比亚的淤泥肥土中却没有选择性[22]。另外, 对采集到的土壤、雨水、空气和动物样本进行了初步测定, 结果表明在所有样品中(+)-体含量都明显高于其对映体; 在一个前六六六工厂附近的土壤中, α-六六六仅发现很小的对映体选择性(ER = 1.099)[23]。在厌氧污泥中, 六六六降解的半衰期为 20~178 h, 按顺序为 γ-六六六>(+)-α-六六六>(-)-α-六六六>δ-六六六>β-六六六[24]。Middeldorp 等人报道了一种细菌群落在产烷条件下能降解 β-, α-, γ-与 δ-六六六。从被污染的土壤中分离出两种杆状菌株, Bacillus circulans 和 B.brevis, 能高速率降解 β-, α-, γ-与 δ-六六六。从农用土壤中分离出两种假单胞菌能降解 γ-六六六[25]。英国 Fraser 地区土壤中 α-六六六的 ER 值表面, 在当地的腐殖型土壤中(-)-α-六六六也被优先降解[22]。

甲霜灵及其单一对映体在温和热带土壤中的降解实验表明, 甲霜灵在喀麦隆与德国土壤中都有较低的降解率。但在这两个区域中, 对映体选择性相反。在德国的土壤中 R 体降解比 S 体快,但在喀麦隆土壤中 S 体降解得快一些。表明在降解过程中涉及不同微生物群落。在另一个最近的研究中表明,对映体选择性与土壤的 pH 有关,在有氧,pH>5 的土壤中, R 体降解比 S 体降解快[26]。在有氧,pH4~5 的土壤中,两种对映体的降解很相似,然而在有氧,pH<4,及在厌氧土壤中,对映体选择性相反[27]。另外,2-甲-4-氯丙酸,2,4-滴丙酸有着相似的关系。酰胺类农药(甲草胺、乙草胺、异丙甲草胺和甲霜灵)在土壤和淤泥中的对映体选择性降解结果表明,甲霜灵表现出较高的立体选择性,主要依赖于环境体系:在土壤中,甲霜灵 R 体的降解快于 S 体,但是在污泥中结果却是相反的[28,29]。而且,在土壤与植物中会有不同降解速率与对映体选择性:有活性的 R 体在土壤中降解得快,在植物中 S 体降解得快[30],同时也发现,只有 40%~50% 的甲霜灵降解为手性中间产物——甲霜灵酸(2-[(2,6-dimethylphenyl)methoxy-acetylamino]propanoic acid),结构中的手性碳原子构型是保持的。在进一步的甲霜灵羧基酸降解中也是立体选择性的, S 体转化的更快一些[31]。

3.1.2 手性农药在水体中立体选择性行为

目前,在水体中手性农药立体选择性降解的研究中,报道最多的是有机氯农药[32]。有研究表明,在北冰洋微生物降解六六六的速率是水解的 3~10 倍,并且观察到了对映体选择性降解,(+)-α-六六六优先被降解。在白令(Bering)及楚科奇海中,(−)-α-六六六被优先降解[33]。在一些小的 Amituk 湖中立体选择性降解更为明显一些,对映体比率在 0.3~0.7[34],这是由于生物膜构成及环境条件造成的[35]。在北海的东部包括德意志湾和斯卡格拉克海峡优先降解(+)-α-六六六,但往东至大不列颠海岸的地区则优先降解(−)-α-六六六[35]。在德意志湾和波罗的海的研究结果证实北海东部水域优先降解(−)-α-六六六[35,36]。中国的海河河口和新港港湾水域中 α-六六六的对映体浓度比值结果表明,初春和初夏季节新港港湾水体中 α-六六六的微生物降解具有对映体选择性,(+)-α-六六六被优先降解;海河河口水体中 α-六六六基本以外消旋体存在[37]。反式氯丹在北极的表层水中,EF 接近 0.5,在楚科奇海中的 EF 值小于 0.5,而在格陵兰海中,EF 却大于 0.5[33]。

在被 2,4-滴丙酸污染的海运水系中, R 体优先被微生物降解。在垃圾场沥出液中 R 体与 S 体的浓度一样,这表明在垃圾场中,2-甲-4-氯丙酸是以外消旋体形式存在的;但是在垃圾场下游的地下水中却发现 2-甲-4-氯丙酸 ER 值增加了,表明 R 体含量较高[11]。在垃圾场下游的石灰质水层中 2-甲-4-氯丙酸的降解是依靠氧化还原作用[14]。在去除硝酸盐的条件下, R 体易被降解,而 S 体较稳定;与此相比, S 体在有氧条件下比 R 体降解得快。在瑞典,只有 R 体 2-甲-4-氯丙酸可以登记为农用[38],理论上,EF 值应接近 1,但是在瑞典的废水处理厂、河流、径流和湖泊中的 EF 值都小于 0.5[39]。这是选择性分解 R 对映体的结果。

对于异丙甲草胺来说,普遍存在着外消旋体向 S 体的手性转化, S 体异丙甲草胺是具有较高除草活性的对映体。在瑞士的地表水中,对映体成分方面发生了快速转变,外消旋异丙甲草胺很快被优势对映体取代[40]。

3.1.3 手性农药作为气-土、气-水交换示踪物的研究

手性农药的对映体可以作为气-土、气-水交换示踪物。手性农药在不同环境载体中的 ER 值可能偏离 1,在向大气中挥发时不涉及生物反应,且由于在大气中的迁移和消除等均为物理化

学过程,因此其 ER 值保持不变,所以环境中的手性化合物就可以成为一种类似放射性元素一样的"示踪物",帮助人们了解大气-土壤、大气-水体之间的物质交换过程,并可以区别大气中新施用的农药和通过挥发作用从土壤、水体进入大气的"再循环"农药。

斯堪的纳维亚半岛环境样品中的手性氯丹化合物测定结果表明,环境大气中的氯丹是以外消旋体的形式存在,这说明像氯丹这样的化合物在大气运输的过程中,其分解是非生物过程[41]。通过比较不同年份瑞典两个农业产区内的湖泊中异丙甲草胺的对映体比例发现,1998年以前的湖水中异丙甲草胺异构体比例与施用到农田中的外消旋体比例一致,而其后湖水中的 $1'S$ 体的过量值由 1998 年的 0.25 升至 1999 年的 0.65,这是由于当地开始使用富含活性 $1'S$ 体的制剂,这一方面表明湖水中的异丙甲草胺主要来自当地农田,另一方面也表明农药制剂形式的改变能够在环境中得到迅速的体现,因此对环境样本的监测可以有效地反映新措施的实施情况。

手性农药在水-气之间的交换受气相控制,通常用水-气逸度系数之比来表示,它反映了不同化合物在水中饱和程度与其在大气中分压之间的关系。因为两种对映体显示出相同的亨利系数,所以大气和水体不同的 ER 值可以用来估计不同海域中蒸发和分解的相对比例。1993 年 5 月至 10 月间安大略湖水样、空气、雨水和尼亚加拉河水中 α-六六六的 ER 值,结果发现安大略湖的表层水与深层水的 ER 值小于 1(0.85);在湖上方 10 m 高处大气样品中 α-六六六的 ER 值不是一成不变的,而是随季节更替呈现规律性变化,春秋季接近 1.0,夏季为 0.9;雨水中 α-六六六基本以外消旋体形式存在;尼亚加拉河水样中的 ER 值相对较高(0.91)。据此建立了一个简单的气-水物质交换模型,用来解释湖泊上方大气中 α-六六六的非外消旋现象,并推算出其中约 60%的 α-六六六是从湖水中直接挥发来的[42]。美国中西部种玉米地带的 37 个室内空气样品中的氯丹测定结果表明氯丹是以外消旋体形式存在的,但是曾有报道在这个地区的土壤和空气中检测到了氯丹的非外消旋体混合物,这主要是由于室内农药残留受环境降解过程的影响较小[43]。北冰洋和北极附近海域水体中 α-六六六的浓度和 ER 值的结果显示 α-六六六的净交换方式在 20 世纪 80 年代为沉降,90 年代转为挥发为主;这些开放海域上空大气中 α-六六六的 ER 值与相应水面中保持一致,表明大气与水体之间的交换是一个双向的动态平衡过程[33]。有报道研究了从哥伦比亚的农业土壤中释放到大气中的有机氯农药,表明大气中的农药浓度随距离地面高度增加而减少,但是 ER 值并不随高度变化,而是与土壤中的 ER 值保持一致,这说明当地大气中的有机氯农药主要来自土壤挥发;同时土壤中微生物作用下导致环氧七氯(+)对映体的富集也通过无选择性的挥发作用反映在大气中。土壤上空手性化合物的 ER 值可以成为了解手性有机氯农药在环境中循环的工具[22]。

3.2 手性农药在环境中的选择性残留行为研究实例

3.2.1 苯霜灵在土壤中的立体选择性降解[44]

(1) 供试土样

供试土壤采集自不同地区未施用过苯霜灵的农田(0~10 cm),风干;利用浓硫酸-重铬酸钾消化法测定土壤有机质含量、电位计法测定土壤 pH,利用激光粒径分析仪测定土壤颗粒含量,采用国际制确定土壤质地[45],具体结果见表3-1。土壤培养前,调整含水量为20%~30%,置于室温避光培养1周,活化土壤中微生物。添加外消旋体苯霜灵浓度达20 mg/kg,25 ℃培养箱中避光培养。

表3-1 苯霜灵对映体降解供试土壤来源与理化性质

编号	有机质含量(%)	pH	沙粒含量(%)	粉粒含量(%)	黏粒含量(%)	质地	采集地点
1#	3.82	4.8	32	27	41	粉沙壤土	广西南宁
2#	2.03	5.3	12	38	50	粉沙壤土	四川金堂
3#	5.17	6.8	46	52	2	粉沙壤土	黑龙江哈尔滨
4#	5.59	8.1	66	31	3	沙壤土	内蒙古赤峰
5#	4.32	7.8	64	34	2	沙壤土	江苏昆山

(2) 样品前处理和色谱分析

土壤样品用丙酮提取,提取液加入饱和NaCl溶液,用乙酸乙酯进行液液分配,减压浓缩至干,用正己烷溶解。采用硅胶柱层析净化,浓缩提取液上柱后先用正己烷-乙酸乙酯(95∶5, V/V)10 mL进行淋洗,用正己烷-乙酸乙酯(70∶30, V/V)10 mL洗脱,收集流出液,浓缩至近干,异丙醇定容,过0.45 μm滤膜。

高效液相色谱分析,Chiralcel OD手性色谱柱(固定相为纤维素-三(3,5-二甲基苯基氨基甲酸酯),250 mm×4.6 mm I.D.),流动相为正己烷与异丙醇,体积比为95∶5,流量为1.0 mL/min,检测波长为220 nm,进样量20 μL。苯霜灵两种对映体出峰顺序为R-(−)/S-(+)。

(3) 苯霜灵对映体在酸性土壤中的降解

苯霜灵对映体在广西南宁和四川金堂土壤中的降解是非线性的,不符合一级反应动力学规律[46,47],整个降解过程表现为"慢—逐渐加快—逐渐减慢"的非单调变化,如图3-1所示,横坐标代表时间,单位为天(d),纵坐标为土壤中的浓度,单位为mg/kg。在酸性土壤中,苯霜灵左右旋对映体降解速率基本一致,在整个降解周期内EF值在0.5上下浮动,且随时间增加变化趋势不明显。苯霜灵的两对映体在酸性土壤中的立体选择性行为不明显。

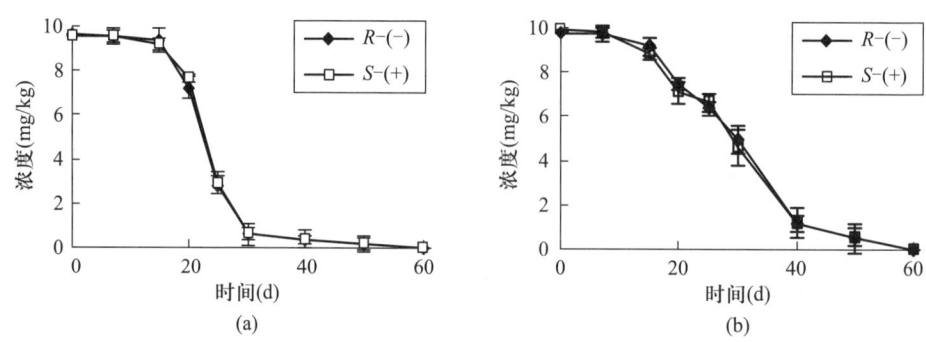

图3-1 苯霜灵对映体在酸性土壤中的降解曲线:(a) 广西南宁;(b) 四川金堂

回归方程符合三元多项式模型[48],拟合方程、降解半衰期见表3-2。在两种酸性土壤中,苯霜灵对映体的半衰期相近,对映体之间降解速率无选择性差异。

表 3-2 苯霜灵对映体在酸性土壤中降解动态的回归方程

土壤	对映体	回归方程	相关系数 R^2	半衰期 $T_{1/2}(d)$
广西	R-(−)	$C_t = 0.000\ 2t^3 - 0.014\ 9t^2 + 0.019t + 10.092$	0.921 3	23.3
南宁	S-(+)	$C_t = 0.000\ 2t^3 - 0.015\ 5t^2 + 0.034\ 2t + 10.037$	0.931 1	23.1
四川	R-(−)	$C_t = 0.000\ 2t^3 - 0.014\ 6t^2 + 0.101\ 8t + 9.712\ 3$	0.992 4	30.7
金堂	S-(+)	$C_t = 0.000\ 2t^3 - 0.013\ 2t^2 + 0.058\ 2t + 9.876\ 1$	0.990 4	31.1

(4) 苯霜灵对映体在中性土壤中的降解

两对映体在黑龙江哈尔滨土壤中的降解动态符合三元多项式模型,拟合方程、降解半衰期见表3-3。苯霜灵对映体在黑龙江哈尔滨土壤中的半衰期分别为28.4 d和30.8 d。从图3-2中可以看到,在20天后苯霜灵对映体的降解趋势出现差异,R-(−)体的降解速率稍快于S-(+)体,图3-2(b)为EF值变化动态图,横坐标为时间(d,天),纵坐标为EF值。在20天内,EF值无明显变化,随后EF比值逐渐减小,并在第50天达到0.383,黑龙江哈尔滨土壤中存在选择性降解现象,即R-(−)体被优先降解,S-(+)体在土壤中过量。

表 3-3 苯霜灵对映体在中性土壤中降解动态的回归方程

土壤	对映体	回归方程	相关系数 R^2	半衰期 $T_{1/2}(d)$
黑龙江	R-(−)	$C_t = 0.000\ 2t^3 - 0.022\ 4t^2 + 0.310\ 5t + 9.357\ 5$	0.974 9	28.4
哈尔滨	S-(+)	$C_t = 0.000\ 2t^3 - 0.022\ 8t^2 + 0.364\ 2t + 9.135\ 3$	0.954 3	30.8

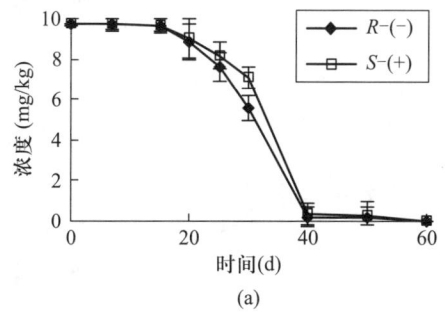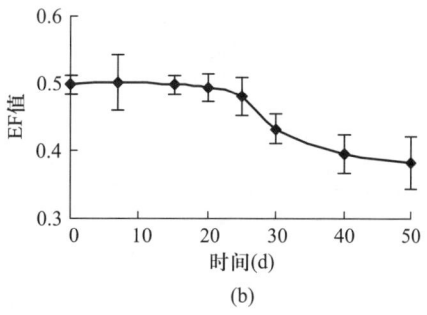

图 3-2 苯霜灵对映体在中性土壤中的降解:(a) 降解曲线;(b) EF值变化动态

(5) 苯霜灵对映体在碱性土壤中的降解

两种对映体在两种碱性土壤中的降解动态回归方程符合三元多项式模型,拟合方程、降解半衰期见表3-4。在碱性土壤中,两种对映体的降解半衰期均出现差异,在内蒙古赤峰土壤中,两种对映体的降解速率有明显差异,二者半衰期相差约10 d(37.4 d和47.0 d);在江苏昆山土壤中二者半衰期相差约 4 d(34.1 d 和 38.4 d),差异都达到了统计学显著水平。

表 3-4　苯霜灵对映体在碱性土壤中降解动态的回归方程

土壤	对映体	回归方程	相关系数 R^2	半衰期(d)
内蒙古	R-(-)	$C_t = 0.000\,06t^3 - 0.006\,2t^2 - 0.020\,8t + 9.530\,2$	0.991 9	37.4
赤峰	S-(+)	$C_t = 0.000\,02t^3 - 0.003\,7t^2 + 0.029\,4t + 9.423\,1$	0.981 0	47.0
江苏	R-(-)	$C_t = 0.000\,2t^3 - 0.016t^2 + 0.179\,1t + 9.165\,2$	0.991 4	34.1
昆山	S-(+)	$C_t = 0.000\,2t^3 - 0.019\,1t^2 + 0.318\,9t + 9.182\,7$	0.984 0	38.4

图 3-3 直观地反映了两种对映体在两种碱性土壤中残留量的差异:从处理后第 20 天两种对映体的残留量的差异就逐渐扩大。在碱性土壤中两种对映体发生了选择性降解,其中 R-(-)体被优先降解。图 3-4 显示了内蒙古赤峰和江苏昆山土壤中苯霜灵对映体降解 50 d 的色谱图,先流出对映体为 R-(-)体,后流出为 S-(+)体,出峰时间在 15~25 min,两对映体色谱峰差异显著,两种碱性土壤样品中 S-(+)体的量明显高于其对映体。

内蒙古赤峰和江苏昆山土壤中各取样时间点的 EF 值见图 3-3(c~d)。在 15 天内,EF 值无明显变化,20 天后 EF 值开始降低,并随着取样时间延长,EF 比值逐渐减小,并在第 60 天达到最低(内蒙古赤峰 0.326,江苏昆山 0.369),在碱性土壤中存在立体选择性降解现象,即 R-(-)体被优先降解。

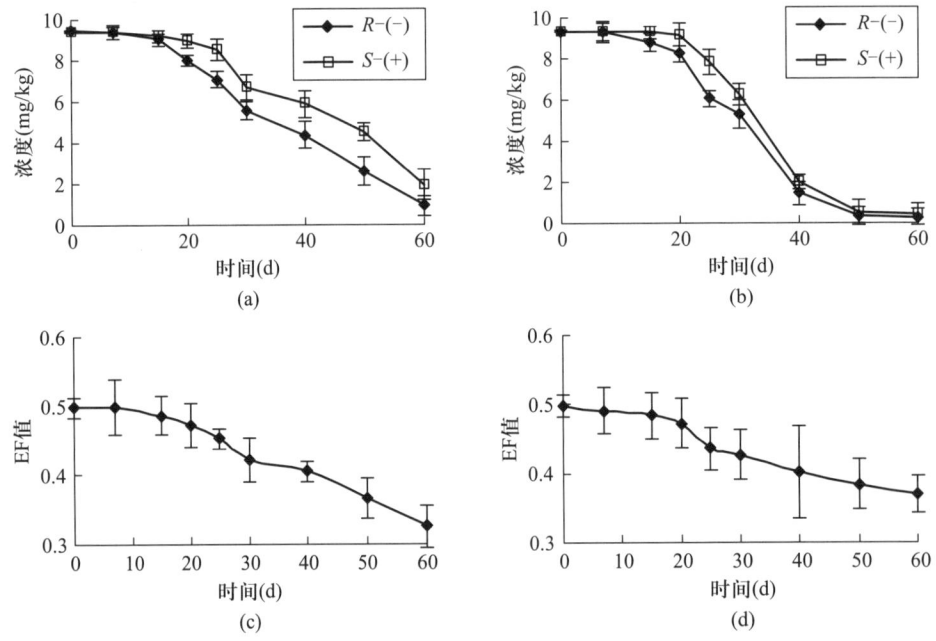

图 3-3　苯霜灵对映体在碱性土壤中的降解:(a)赤峰土壤中的降解趋势;
(b)昆山土壤中的降解趋势;(c)赤峰土壤中 EF 值变化趋势;(d)昆山土壤中 EF 值变化趋势

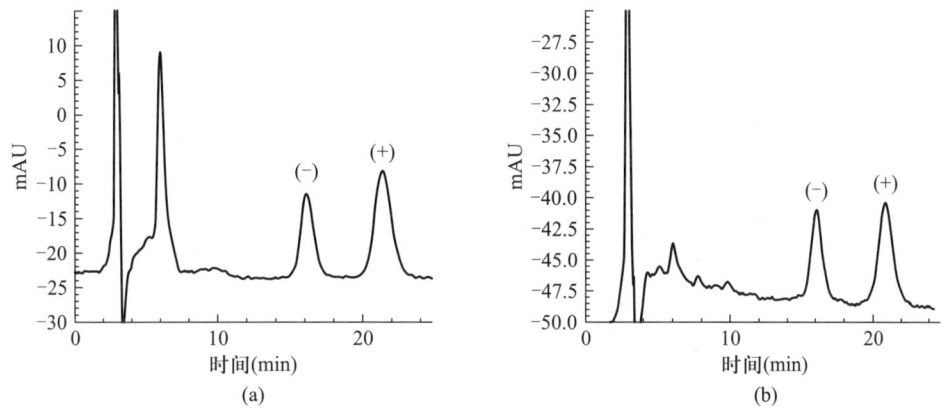

图 3-4 苯霜灵对映体在碱性土壤中的选择性降解的色谱图：
（a）内蒙古赤峰土壤,第 50 天；（b）江苏昆山土壤,第 50 天

（6）灭菌条件下苯霜灵对映体在碱性土壤中的降解

灭菌实验是为了明确土壤微生物是否影响降解速率及选择性特征。在灭菌条件下苯霜灵在两种碱性土壤（内蒙古赤峰和江苏昆山土壤）中的降解非常缓慢（图 3-5），80 天内只降解了约 15%。由此可得知,土壤微生物降解是苯霜灵在土壤中的主要降解途径。

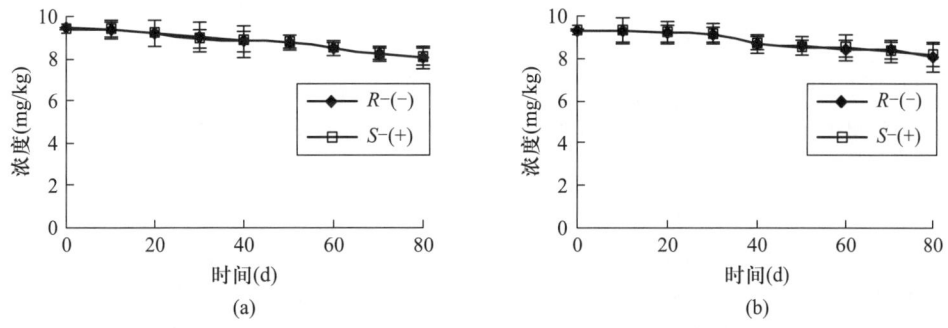

图 3-5 苯霜灵对映体在灭菌土壤中的降解曲线：（a）赤峰土壤；（b）昆山土壤

在灭菌条件下,苯霜灵对映体在两种碱性土壤中 EF 值在 0.5 上下浮动,且随时间增加变化趋势不明显。表明在灭菌条件下苯霜灵的两对映体在土壤中不存在立体选择性行为。由此可以得出：苯霜灵对映体在碱性土壤中的立体选择性行为是由土壤中的特有微生物造成的。

（7）结论

苯霜灵对映体在不同土壤中的降解速率是有差异的。总体上苯霜灵在粉沙壤土质、偏酸性条件及低有机质含量的土壤中降解速率较快,而在碱性条件的沙壤土中降解较慢。在广西南宁和四川金堂酸性土壤中对映体的降解没有显著差异,而在中性及碱性土壤中 R 体降解快于 S 体。通过灭菌实验推断对映体的立体选择性行为是由土壤中的特有微生物造成的。

3.2.2 吡氟氯禾灵对映体在土壤中的选择性降解

(1) 供试土样

供试土壤采集自不同地区,采集地均未施用过几种供试农药。新鲜土壤采集后风干,过筛,混合均匀;土壤性质见表3-5。吡氟氯禾灵对映体在土壤中的培养浓度为 2.5 mg/kg。

表 3-5 吡氟氯禾灵对映体降解供试土壤来源与理化性质

编号	有机质含量(%)	pH	沙粒含量(%)	粉粒含量(%)	黏粒含量(%)	质地	采集地点
1#	4.19	6.4	26.49	71.29	2.22	粉沙质壤土	辽宁丹东
2#	3.63	6.3	38.17	59.81	2.03	沙质壤土	北京
3#	5.26	6.5	56.82	42.47	0.71	沙质壤土	河北承德
4#	3.49	6.1	44.08	53.74	2.17	沙质壤土	河北承德

(2) 样品前处理和色谱分析

土壤样品采用丙酮提取,活性炭、中性氧化铝净化,提取液加入饱和氯化钠溶液,用二氯甲烷液液分配萃取,合并萃取液,浓缩至干,异丙醇定容至 1 mL,过 0.25 um 滤膜。

高效液相色谱分析检测,(R,R) Whelk O-1 手性色谱柱(250 mm×4.6 mm I.D.),流动相为正己烷-异丙醇(95∶5),流量 1.0 mL/min,检测波长 225 nm,进样量 20 μL,室温。

(3) 吡氟氯禾灵对映体在土壤中的降解

吡氟氯禾灵对映体在分析条件下,先流出对映体为 S 体,后流出对映体为 R 体。吡氟氯禾灵对映体在不同的土壤中表现出不同程度的降解趋势,且都具有一定的选择性差异。两对映体在实验条件下降解非常迅速,60 h 几乎降解完全。在降解前一阶段,S 体降解速率均快于 R 体,导致 R 体相对过剩,而在后一阶段,R 体降解速率又快于 S 体,S 体相对过剩。吡氟氯禾灵对映体在土壤中的典型降解色谱图见图 3-6(以辽宁丹东土壤为代表),先流出对映体为 S 体,后流出对映体为 R 体,降解曲线见图 3-7,横坐标为时间,单位为 h(小时);纵坐标为对映体在土壤中的浓度,单位为 mg/kg。EF 值的变化动态见图 3-8,横坐标为时间(h),纵坐标为 EF 值。

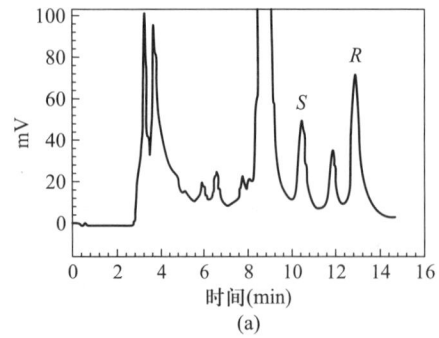 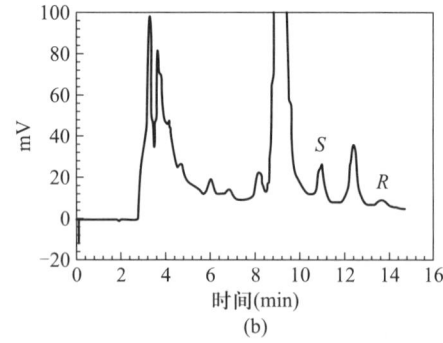

图 3-6 吡氟氯禾灵对映体在辽宁丹东土壤中的选择性降解色谱图:(a) 降解 3 h;(b) 降解 16 h

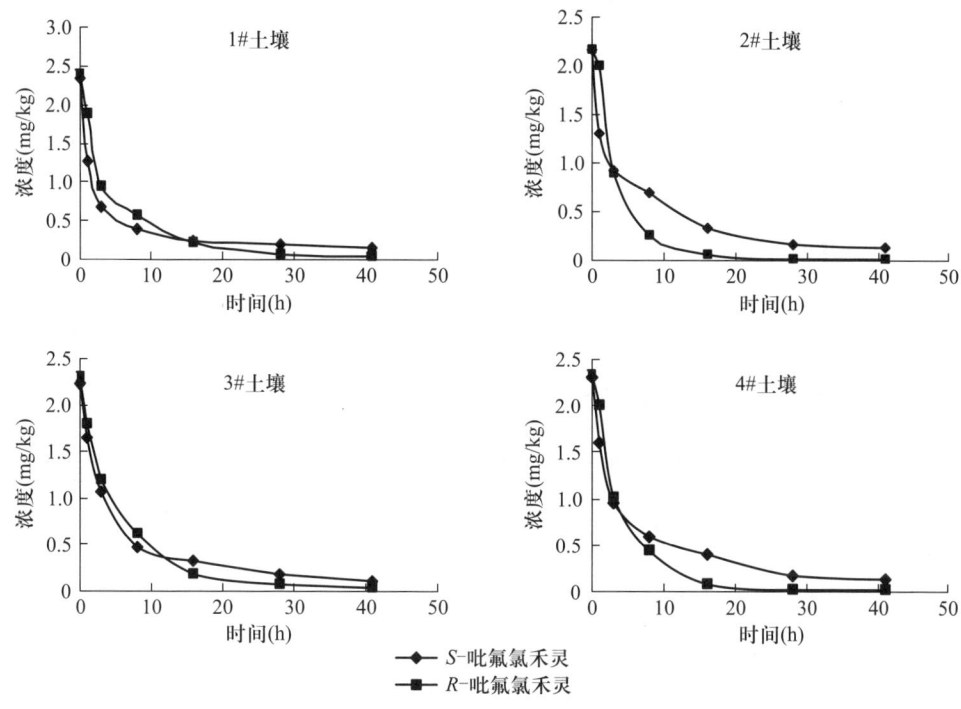

图 3-7　吡氟氯禾灵对映体在土壤中的降解动态(1~4#土壤)

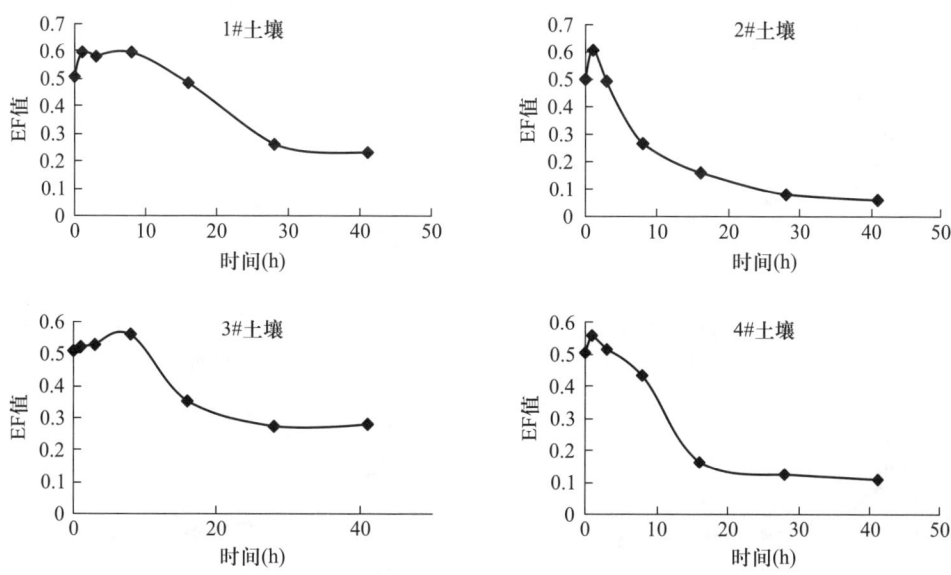

图 3-8　吡氟氯禾灵对映体在土壤中的 EF 变化动态(1~4#土壤)

对降解动态进行动力学回归,结果显示,R 体在四种土壤中的降解基本符合一级反应动力学规律,而 S 体的降解与拟合方程偏差较大。对映体降解的回归方程、相关系数和降解半衰期列于表 3-6 中。

表 3-6 吡氟氯禾灵对映体在土壤中降解动态的回归方程

土壤	对映体	回归方程	相关系数 R^2	半衰期 $T_{1/2}$(h)
1#	S 体	$C_t = 2.064e^{-0.0791t}$	0.445 8	8.76
	R 体	$C_t = 2.187e^{-0.1083t}$	0.905 6	6.40
2#	S 体	$C_t = 2.173e^{-0.0818t}$	0.776 4	8.47
	R 体	$C_t = 2.162e^{-0.1593t}$	0.904 2	4.35
3#	S 体	$C_t = 2.229e^{-0.0857t}$	0.797 3	8.09
	R 体	$C_t = 2.294e^{-0.1129t}$	0.911 7	6.14
4#	S 体	$C_t = 2.312e^{-0.0825t}$	0.786 0	8.40
	R 体	$C_t = 2.325e^{-0.143t}$	0.895 0	4.85

吡氟氯禾灵在土壤中的降解存在对映体转化现象,降解过程中部分 R 体可能会转化为 S 体,从而使得相对过剩的对映体由降解初期的 R 体变为降解后期的 S 体,是否存在转化现象还需使用单一异构体进一步深入探讨证实。

(4) 吡氟氯禾灵对映体在灭菌土壤中的降解

在灭菌条件下吡氟氯禾灵在土壤中的降解相对较慢(图 3-9),EF 值均在 0.5 上下浮动,没有发生明显的变化,表明在灭菌条件下吡氟氯禾灵的两对映体在土壤中不存在立体选择性行为。从而证明吡氟氯禾灵降解的对映体选择性主要是由土壤中的微生物降解造成的,土壤微生物降解是吡氟氯禾灵在土壤中的主要降解途径之一。

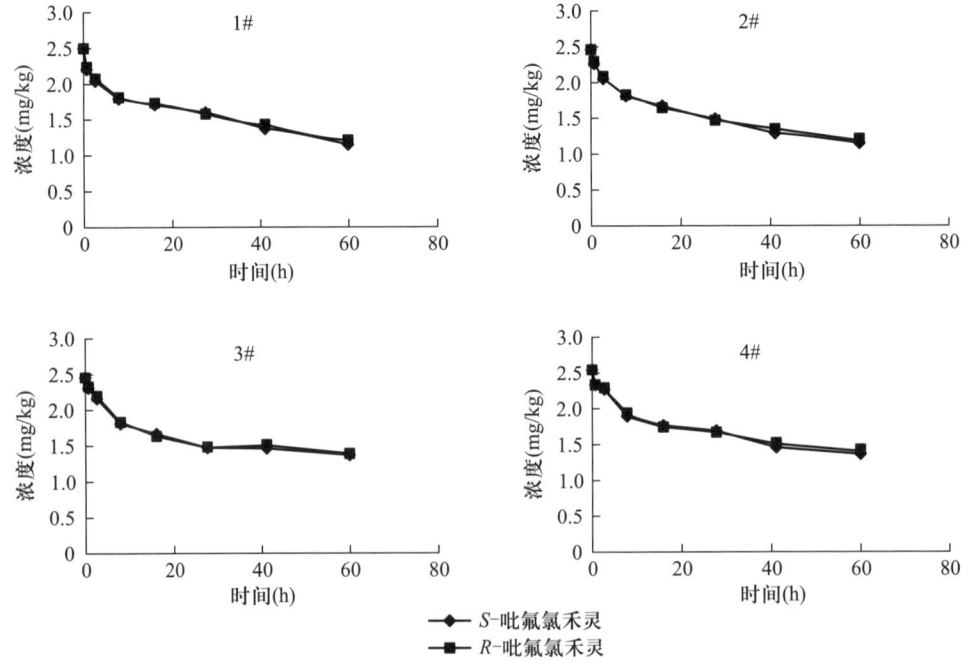

图 3-9 吡氟氯禾灵对映体在灭菌土壤中的降解曲线

3.2.3 丙溴磷对映体在土壤中的选择性降解

（1）供试土样

土壤来源于中国农业大学校园草坪土壤,风干,过筛。土壤性质:有机质含量1.78%,沙粒含量55.03%,粉粒含量34.74%,黏粒含量10.23%,pH8.3。

（2）样品前处理和色谱分析

土壤样品采用丙酮提取,活性炭、中性氧化铝净化,提取液加入饱和氯化钠溶液,用二氯甲烷液液分配萃取,合并萃取液,浓缩至干,异丙醇定容至1 mL,过0.25 um滤膜。

高效液相色谱分析检测,AS手性色谱柱[固定相为直链淀粉-三((S)-1-苯基乙基氨基甲酸酯)],250 mm×4.6 mm I.D.),流动相为正己烷-异丙醇(98∶2),检测波长208 nm,室温,进样量20 μL,流量1.0 mL/min。

（3）丙溴磷对映体在土壤中的降解

先流出对映体(对映体1)第3天降解92.86%,第7天降解98.90%,后流出对映体(对映体2)第7天降解96.55%,ER值外消旋体为1,而降解7天后变为0.33(表3-7)。先流出对映体的回归方程为 $C_t = 7.8762e^{-0.6766t}$ ($R^2 = 0.9743$),半衰期为1.03 d ($T_{1/2} = 1.03$ d),后流出对映体的回归方程为 $C_t = 14.229e^{-0.508t}$ ($R^2 = 0.9837$),半衰期为1.36 d ($T_{1/2} = 1.36$ d)。两对映体的降解都符合一级动力学。

表3-7 丙溴磷对映体在土壤中的降解数据

时间(d)	对映体1降解率(%)	对映体2降解率(%)	EF
0			1.03
1	53.45	41.41	0.82
2	77.52	66.31	0.69
3	92.86	83.63	0.45
4	95.36	88.40	0.41
5	97.88	94.09	0.37
6	98.66	96.09	0.35
7	98.90	96.55	0.33

3.2.4 2,4-滴丙酸在安大略湖中的对映体选择性残留[8]

（1）供试样品

在2003—2004年和2006—2007年间,分别采集安大略湖的地表水样品。对其中2,4-滴丙酸的含量和对映体的比例进行了测定。

（2）样品前处理方法和色谱分析条件

水样本采用二氯甲烷液液萃取。样品中加入硫酸调节pH至2.5,并在净化前将2,4-滴丙酸衍生化为五氟苄基酯。用失活硅胶SPE净化,用10 mL含5%甲醇的甲苯溶液淋洗。

五氟苄基酯衍生化的 2,4-滴丙酸定量分析采用气相色谱质谱,色谱柱为 HP-5(30 m× 0.25 mm×0.25 μm)。五氟苄基酯衍生化的 2,4-滴丙酸对映体采用气相色谱质谱检测,色谱柱为 Rtx-b DEXcst(30 m×0.25 mm×0.25 μm)。

(3) 2,4-滴丙酸在安大略湖中的对映体选择性残留

经过测定发现,2,4-滴丙酸对映体在湖水中呈对映体选择性分布。具体如下表 3-8 所示:

表 3-8 各个年份安大略湖中 2,4-滴丙酸的 EF 值

	EF 值
2003—2004 年	
范围	0.152~0.549
均值	0.300
SD	0.123
中值	0.286
n	10
2006—2007 年	
范围	0.247~0.519
均值	0.352
SD	0.095
中值	0.351
n	6

3.2.5 噁唑禾草灵对映体在土壤中的选择性降解

(1) 供试土样

土壤采集地均未施用过几种供试农药。新鲜土壤采集后风干,过筛,混合均匀;土壤性质见表 3-9。噁唑禾草灵对映体在土壤中的培养浓度为 2.5 mg/kg。

表 3-9 噁唑禾草灵对映体降解供试土壤来源与理化性质

编号	有机质含量(%)	pH	沙粒含量(%)	粉粒含量(%)	黏粒含量(%)	质地	采集地点
1#	4.19	6.4	26.49	71.29	2.22	粉沙质壤土	辽宁丹东
2#	3.63	6.3	38.17	59.81	2.03	沙质壤土	北京
3#	3.49	6.1	44.08	53.74	2.17	沙质壤土	河北承德

(2) 样品前处理和色谱分析

土壤样品采用丙酮提取,活性炭、中性氧化铝净化,提取液加入饱和氯化钠溶液,用二氯甲烷液液分配萃取,合并萃取液,浓缩至干,异丙醇定容至 1 mL,过 0.25 um 滤膜。

(R,R) Whelk O-1 手性色谱柱(250 mm×4.6 mm I.D.),流动相为正己烷-异丙醇(95∶5),

3.2 手性农药在环境中的选择性残留行为研究实例

流量 1.0 mL/min,检测波长 240 nm,进样量 20 μL,室温。

(3) 噁唑禾草灵对映体在土壤中的降解

噁唑禾草灵对映体在分析条件下,先流出对映体为 S 体,后流出对映体为 R 体。噁唑禾草灵对映体降解较为迅速,半衰期只有 16~30 h。噁唑禾草灵对映体在土壤中的降解符合一级反应动力学规律,整个降解过程分为快速降解的初期阶段和相对平缓的后期阶段,拟合方程、降解半衰期及 ES 值列于表 3-10 中。在辽宁丹东土壤中,噁唑禾草灵对映体降解相对较慢,并且表现出了较为明显的选择性差异,S 体降解速率大于 R 体,导致 R 体相对过剩,且随着培养时间的增加,EF 值增大,S 体和 R 体的降解半衰期分别为 22.2 h 和 27.2 h,ES 值为 -0.101,选择性差异较为显著。而在其他土壤中,未发现明显的选择性降解。图 3-10 为噁唑禾草灵两对映体在各种土壤中的降解曲线。图 3-11 为噁唑禾草灵对映体在各种土壤中的降解色谱图。

表 3-10 噁唑禾草灵对映体在土壤中降解动态的回归方程

土壤	对映体	回归方程	相关系数 R^2	半衰期 $T_{1/2}$(h)	ES 值
1#	S 体	$C_t = 2.394e^{-0.0312t}$	0.9808	22.2	-0.101
	R 体	$C_t = 2.370e^{-0.0255t}$	0.9506	27.2	
2#	S 体	$C_t = 2.343e^{-0.0423t}$	0.9185	16.3	-0.014
	R 体	$C_t = 2.356e^{-0.0413t}$	0.9380	16.8	
3#	S 体	$C_t = 2.282e^{-0.0412t}$	0.9270	16.8	-0.027
	R 体	$C_t = 2.351e^{-0.0390t}$	0.9353	17.8	

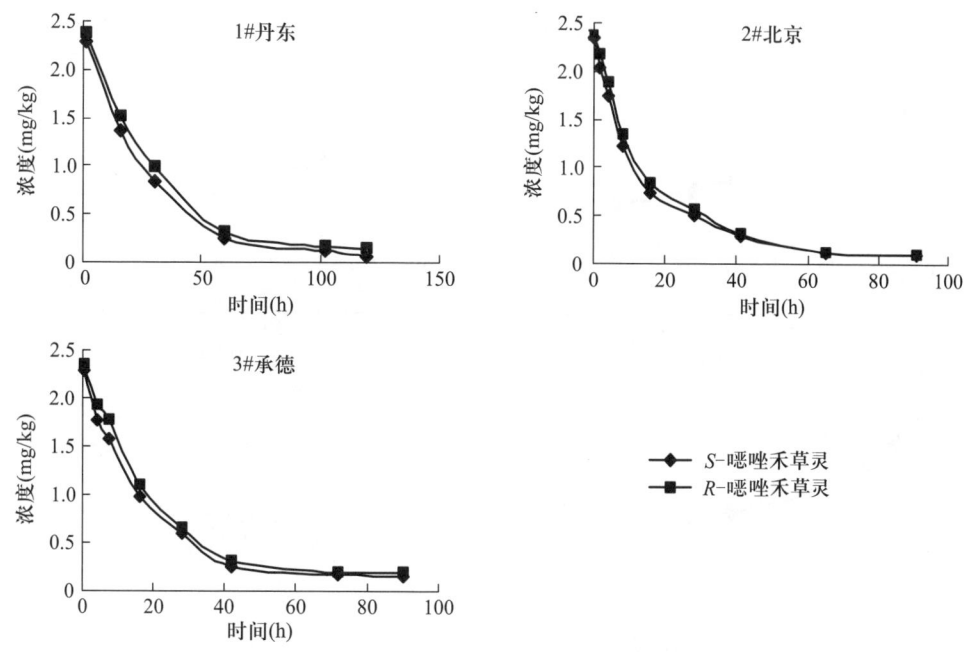

图 3-10 噁唑禾草灵对映体在三种土壤中的降解动态

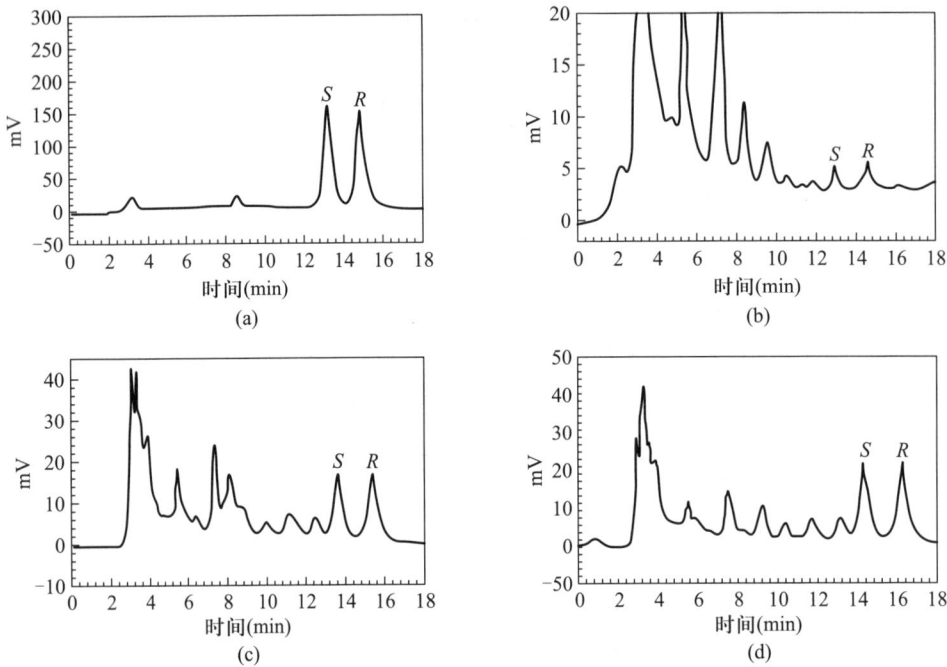

图 3-11 噁唑禾草灵对映体在土壤中的选择性降解色谱图:(a) 标准样品;
(b) 在丹东土壤中降解 120 h;(c) 在北京土壤中降解 90 h;(d) 在承德土壤中降解 90 h

(4) 噁唑禾草灵对映体在灭菌土壤中的降解

在灭菌条件下噁唑禾草灵在土壤中的降解较为缓慢(图 3-12),且 EF 值均在 0.5 上下浮动,没有发生明显的变化,在灭菌条件下噁唑禾草灵的两对映体在土壤中不存在立体选择性行为。

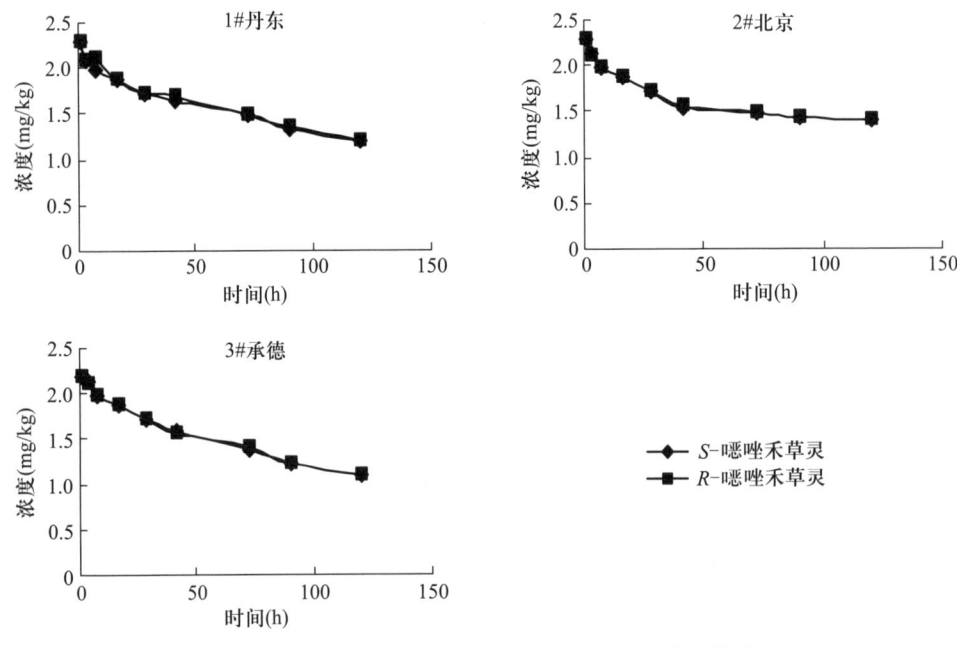

图 3-12 噁唑禾草灵对映体在灭菌土壤中的降解曲线

从而证明噁唑禾草灵降解的对映体选择性主要是由土壤中的微生物降解造成的,土壤微生物降解是噁唑禾草灵在土壤中的主要降解途径之一。

3.2.6 氟虫腈对映体在土壤中的选择性降解

(1) 供试土壤

采集自不同地区,采集地均未施用过几种供试农药。新鲜土壤采集后风干,过筛,混合均匀;土壤性质见表3-11。土壤中氟虫腈的培养浓度为 5 mg/kg。

表3-11 氟虫腈对映体降解供试土壤来源与理化性质

编号	有机质含量(%)	pH	沙粒含量(%)	粉粒含量(%)	黏粒含量(%)	质地	采集地点
1#	3.63	6.3	38.17	59.81	2.03	沙质壤土	北京
2#	5.26	6.5	56.82	42.47	0.71	沙质壤土	河北承德
3#	3.49	6.1	44.08	53.74	2.17	沙质壤土	河北承德
4#	4.17	6.8	41.37	57.26	1.38	沙质壤土	河北承德

(2) 样品前处理和色谱分析

土壤样品采用丙酮提取,活性炭、中性氧化铝净化,提取液加入饱和氯化钠溶液,用二氯甲烷液液分配萃取,合并萃取液,浓缩至干,异丙醇定容至 1 mL,过 0.25 um 滤膜。

高效液相色谱分析,(R,R) Whelk O-1 手性色谱柱(250 mm×4.6 mm I.D.),流动相为正己烷-异丙醇(95:5),流量 1.0 mL/min,检测波长 225 nm,进样量 20 μL,室温。

(3) 氟虫腈对映体在土壤中的降解结果

氟虫腈对映体在分析条件下,先流出对映体为 S 体,后流出对映体为 R 体。氟虫腈的两对映体在避光条件下降解较为缓慢,半衰期在 30~90 d。氟虫腈对映体在土壤中的降解基本符合一级反应动力学规律,整个降解过程分为快速降解的初期阶段和相对平缓的后期阶段,拟合方程、降解半衰期及 ES 值列于表 3-12 中。从表中可以看出,在供试的四种土壤中,氟虫腈对映体的降解均表现出了不同程度的选择性,其中在河北承德土壤中,氟虫腈对映体的降解表现出了明显的选择性差异,且随着培养时间的增加,逐渐出现明显的对映体浓度比值差异,S 体和 R 体的降解半衰期分别为 41.5 d 和 31.4 d,ES 值为 0.139。

表3-12 氟虫腈对映体在土壤中降解动态的回归方程

土壤	对映体	回归方程	相关系数 R^2	半衰期 $T_{1/2}$(d)	ES 值
1#	S 体	$C_t = 4.970\,4e^{-0.010\,5t}$	0.996 9	66.0	0.079
	R 体	$C_t = 4.798\,8e^{-0.012\,3t}$	0.985 2	56.3	
2#	S 体	$C_t = 5.586\,7e^{-0.016\,7t}$	0.946 9	41.5	0.139
	R 体	$C_t = 5.546\,4e^{-0.022\,1t}$	0.963 0	31.4	
3#	S 体	$C_t = 5.531\,0e^{-0.014\,7t}$	0.973 5	47.1	0.036
	R 体	$C_t = 5.231\,0e^{-0.015\,8t}$	0.981 6	43.9	
4#	S 体	$C_t = 4.890e^{-0.007\,3t}$	0.978 2	94.9	0.093
	R 体	$C_t = 4.831\,2e^{-0.008\,8t}$	0.988 6	78.8	

图 3-13 和图 3-14 分别为氟虫腈两对映体在各种土壤中的降解曲线和 ER 值的变化曲线，图 3-15 为氟虫腈对映体在各种土壤中降解的典型色谱图。

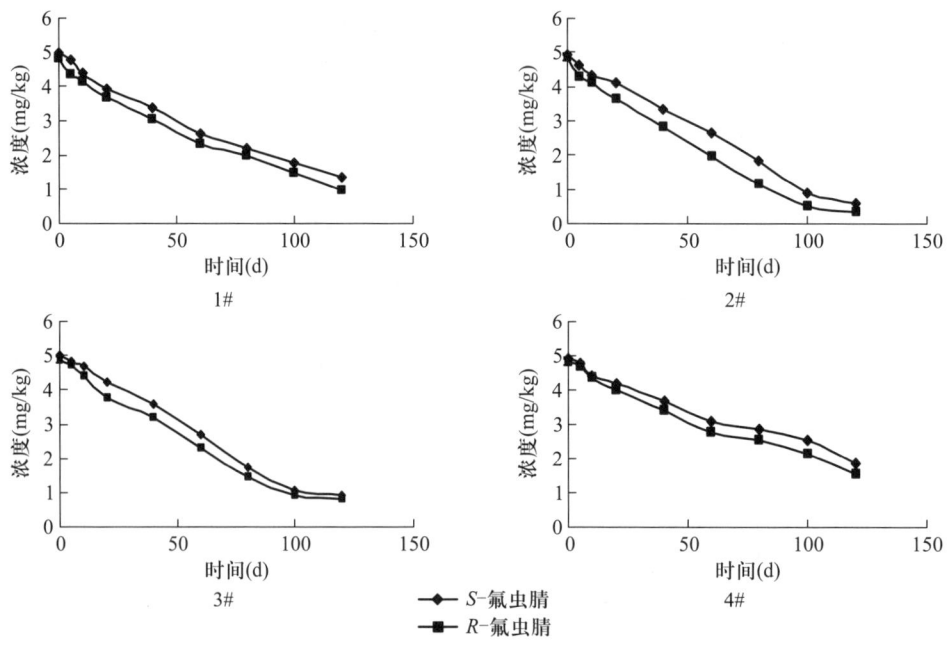

图 3-13　氟虫腈对映体在土壤中的降解动态

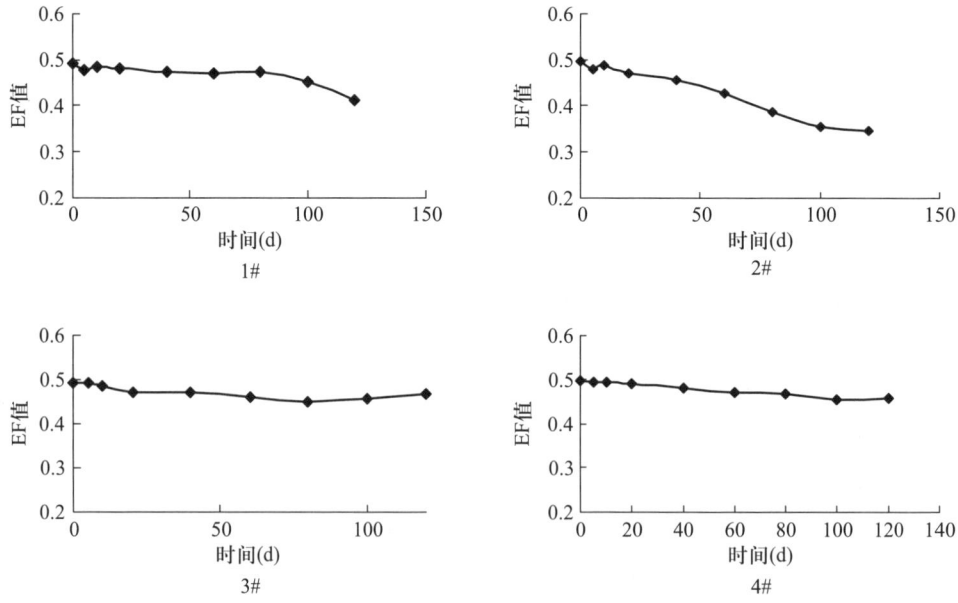

图 3-14　氟虫腈对映体在土壤中选择性降解 EF 值的变化

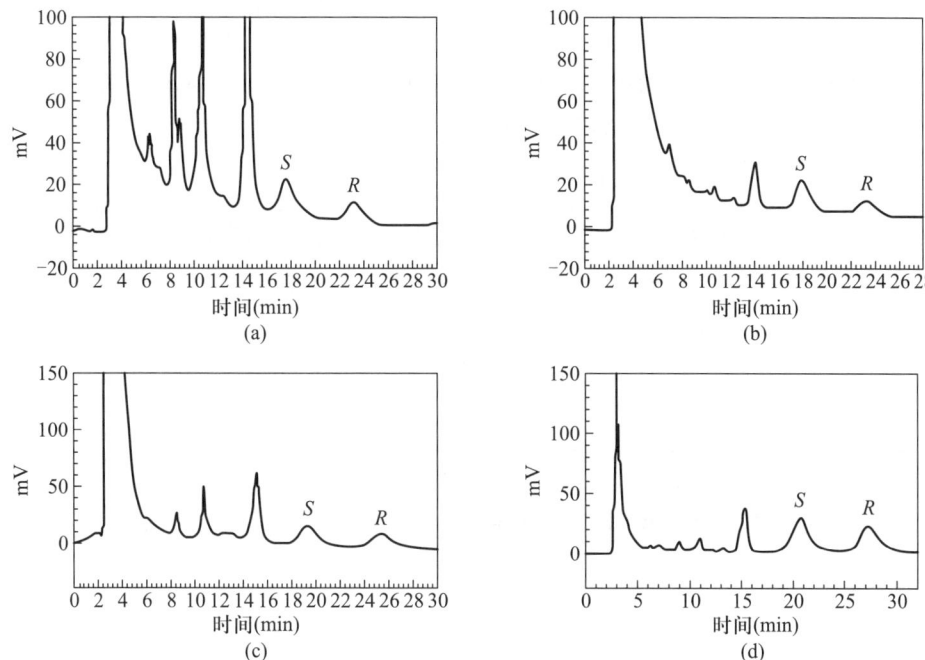

图 3-15 氟虫腈对映体在土壤中的降解色谱图:(a)在 1#土壤中降解 100 d;
(b)在 2#土壤中降解 100 d;(c)在 3#土壤中降解 100 d;(d)在 4#土壤中降解 100 d

3.2.7 氟醚唑对映体在土壤中的立体选择性降解行为[49]

(1) 供试土壤

供试土壤的性质如表 3-13 所示,土壤通过 2.0 mm 的筛进行筛分,在室温下风干。测试土壤中的水分含量调节到 25%,并保持在黑暗中(25±2)℃两个星期。

表 3-13 氟醚唑对映体降解土壤来源及理化性质

土壤来源	有机质含量(%)	pH	沙粒含量(%)	粉粒含量(%)	黏粒含量(%)
北京	1.16	7.82	15.12	45.09	39.79
黑龙江	3.81	5.86	16.75	51.13	32.12

(2) 样品前处理和色谱分析

土壤样品用乙腈提取,加入 $MgSO_4$ 和 NaCl,提取液用 Pesti-Carb 石墨化炭黑 SPE 柱净化。高效液相色谱分析,Chiralcel OJ-H 手性色谱柱(250 mm×4.6 mm),流动相为正己烷-乙醇(90:10),流量 0.8 mL/min,柱温 20 ℃,检测波长 225 nm。

(3) 氟醚唑对映体在土壤中的降解结果

氟醚唑对映体 R 体和 S 体分别具有右旋光和左旋光特性,在分析条件下的流出顺序为 S-(-)/R-(+),保留时间在 15~20 min。实验室条件下,氟醚唑的两种对映体在土壤的降解遵循第一级动力学(表 3-14)。北京土壤中,R-(+)-氟醚唑降解的速率比对映体迅速。在北京土壤中,两种对映体的降解半衰期明显不同,R-(+)和S-(-)对映体的半衰期分别为70.71 d和92.40 d。氟醚唑在北京土壤的EF值始终在0.5以上,表示具有对映体立体选择性。处理后第64天EF值为0.542。黑龙江土壤中氟醚唑的两对映体在64天内以具有类似的速率降解,这表明氟醚唑在黑龙江土壤中没有立体选择性降解。

表3-14 氟醚唑对映体在土壤中的降解

实验材料	对映体	降解方程	相关系数	半衰期(d)
北京土壤	R-(+)-氟醚唑	$C_t = 3.848\,2\mathrm{e}^{-0.009\,8t}$	0.977 3	70.71
	S-(-)-氟醚唑	$C_t = 3.815\,1\mathrm{e}^{-0.007\,5t}$	0.951 4	92.40
黑龙江土壤	R-(+)-氟醚唑	$C_t = 4.146\,5\mathrm{e}^{-0.007\,0t}$	0.955 7	99.00
	S-(-)-氟醚唑	$C_t = 4.166\,8\mathrm{e}^{-0.195\,1t}$	0.955 6	101.91

3.2.8 禾草灵对映体在土壤中的立体选择性残留行为

(1) 供试土壤

采集自不同地区(0~15 cm),采集地五年内均未施用过禾草灵。新鲜土壤采集后风干,过筛,混合均匀。土壤性质见表3-15。土壤调整含水量接近30%,于25 ℃下在恒温培养箱中避光培养1周,活化微生物。对映体在土壤中的培养浓度为25 μg/g。

表3-15 禾草灵对映体降解供试土壤来源与理化性质

编号	有机质含量(%)	pH	沙粒含量(%)	粉粒含量(%)	黏粒含量(%)	质地	采集地点
1#	1.73	8.62	73.11	20.31	6.58	沙质壤土	内蒙古赤峰
2#	1.55	6.90	71.05	21.15	7.80	沙质壤土	山东济南
3#	1.58	7.73	76.79	11.70	11.51	沙质壤土	辽宁大连
4#	1.32	6.40	46.32	39.64	14.04	粉沙质壤土	宁夏银川
5#	0.59	6.24	64.06	26.31	9.64	沙质壤土	辽宁大连
6#	0.66	7.82	17.99	72.38	9.63	沙质壤土	江苏太仓
7#	2.85	6.50	60.23	32.68	7.09	沙质壤土	贵州贵阳
8#	1.35	4.68	43.67	47.27	9.06	粉沙质壤土	辽宁丹东
9#	1.96	5.81	44.72	46.31	8.97	粉沙质壤土	江苏昆山
10#	0.95	6.84	35.97	53.80	10.23	粉沙质壤土	北京

(2) 样品前处理和色谱分析

土壤样品采用乙酸乙酯提取,加入硅胶、活性炭净化,合并提取液,浓缩至干,异丙醇定容至1 mL,过0.45 μm滤膜。

高效液相色谱检测,OD手性色谱柱(纤维素-三(3,5-二甲基苯基氨基甲酸酯,250 mm×4.6 mm I.D.),流动相为正己烷与异丙醇,体积比为90∶10,流量为1.0 mL/min,检测波长为

210 nm,柱温 20 ℃,进样量 20 μL。R 和 S 体分别显示右旋与左旋光特性,在分析条件下出峰顺序为 $S-(-)/R-(+)$。

(3) 禾草灵对映体在土壤中的降解

禾草灵对映体在避光条件下降解较快,半衰期为 0.5~4.9 d,禾草灵在贵州贵阳土壤中降解最快,半衰期为 0.5 d,在江苏太仓土壤中降解最慢,半衰期为 4.9 d。禾草灵对映体在土壤中的降解基本符合一级反应动力学规律,整个降解过程分为快速降解的初期阶段和相对平缓的后期阶段,如图 3-17 所示,对映体在十种土壤中的回归拟合方程、降解半衰期和 ES 值见表 3-16。

宁夏银川土壤中禾草灵对映体的半衰期无明显差异,ES 值约等于 0,说明禾草灵对映体在该土壤中的降解没有明显的立体选择性差异。3#土壤中 $R-(+)$-禾草灵的降解速率快于 S 体,R 体和 S 体的降解半衰期分别为 27.7 h 和 30.8 h,ES 值为 -0.053。禾草灵对映体在其他供试土壤中的降解存在不同程度的选择性,随着培养时间的增加,对映体浓度比值差异明显,其中辽宁丹东、江苏昆山、北京土壤中禾草灵对映体的降解立体选择性差异明显,均是 S 体降解快于 R 体,ES 值均大于 0,辽宁丹东土壤中 S 体和 R 体的降解半衰期分别为 20.32 h 和 27.72 h,ES 值为 0.963;江苏昆山土壤中 S 体和 R 体的半衰期分别为 21.93 h 和 57.75 h,ES 值为 0.420;北京土壤中 S 体和 R 体的半衰期分别为 141.43 h 和 17.77 h,ES 值为 0.105。

表 3-16 禾草灵对映体在土壤中降解动态的回归方程

土壤	对映体	回归方程	相关系数 R^2	半衰期 $T_{1/2}(h)$	ES 值
1#	$S-(-)$	$C_t = 398.82e^{-0.0313t}$	0.939 2	22.14	0.035
	$R-(+)$	$C_t = 436.98e^{-0.0292t}$	0.934 6	23.73	
2#	$S-(-)$	$C_t = 527.48e^{-0.041t}$	0.923 3	16.9	0.054
	$R-(+)$	$C_t = 549.56e^{-0.0368t}$	0.926 1	18.8	
3#	$S-(-)$	$C_t = 773.00e^{-0.0225t}$	0.898 6	30.8	-0.053
	$R-(+)$	$C_t = 834.93e^{-0.0250t}$	0.927 2	27.7	
4#	$S-(-)$	$C_t = 509.45e^{-0.0447t}$	0.958 2	15.5	0.002
	$R-(+)$	$C_t = 508.87e^{-0.0445t}$	0.958 8	15.6	
5#	$S-(-)$	$C_t = 823.67e^{-0.0155t}$	0.950 1	44.2	0.026
	$R-(+)$	$C_t = 892.37e^{-0.0147t}$	0.948 5	47.1	
6#	$S-(-)$	$C_t = 1175.3e^{-0.0062t}$	0.987 3	111.8	0.051
	$R-(+)$	$C_t = 1145.1e^{-0.0056t}$	0.985 8	123.8	
7#	$S-(-)$	$C_t = 589.22e^{-0.0553t}$	0.927 6	12.5	0.032
	$R-(+)$	$C_t = 622.96e^{-0.0519t}$	0.935 0	13.4	
8#	$S-(-)$	$C_t = 772.9e^{-0.0341t}$	0.941 2	20.3	0.863
	$R-(+)$	$C_t = 922.67e^{-0.025t}$	0.936 8	27.7	
9#	$S-(-)$	$C_t = 1026.9e^{-0.012t}$	0.959 9	57.8	0.420
	$R-(+)$	$C_t = 1311.0e^{-0.0049t}$	0.958 9	141.4	
10#	$S-(-)$	$C_t = 525.17e^{-0.039t}$	0.890 5	17.8	0.105
	$R-(+)$	$C_t = 407.39e^{-0.0316t}$	0.893 9	21.9	

禾草灵对映体在各个供试土壤中的降解曲线如图3-16所示,横坐标代谢时间(h),纵坐标代表浓度(mg/kg)。

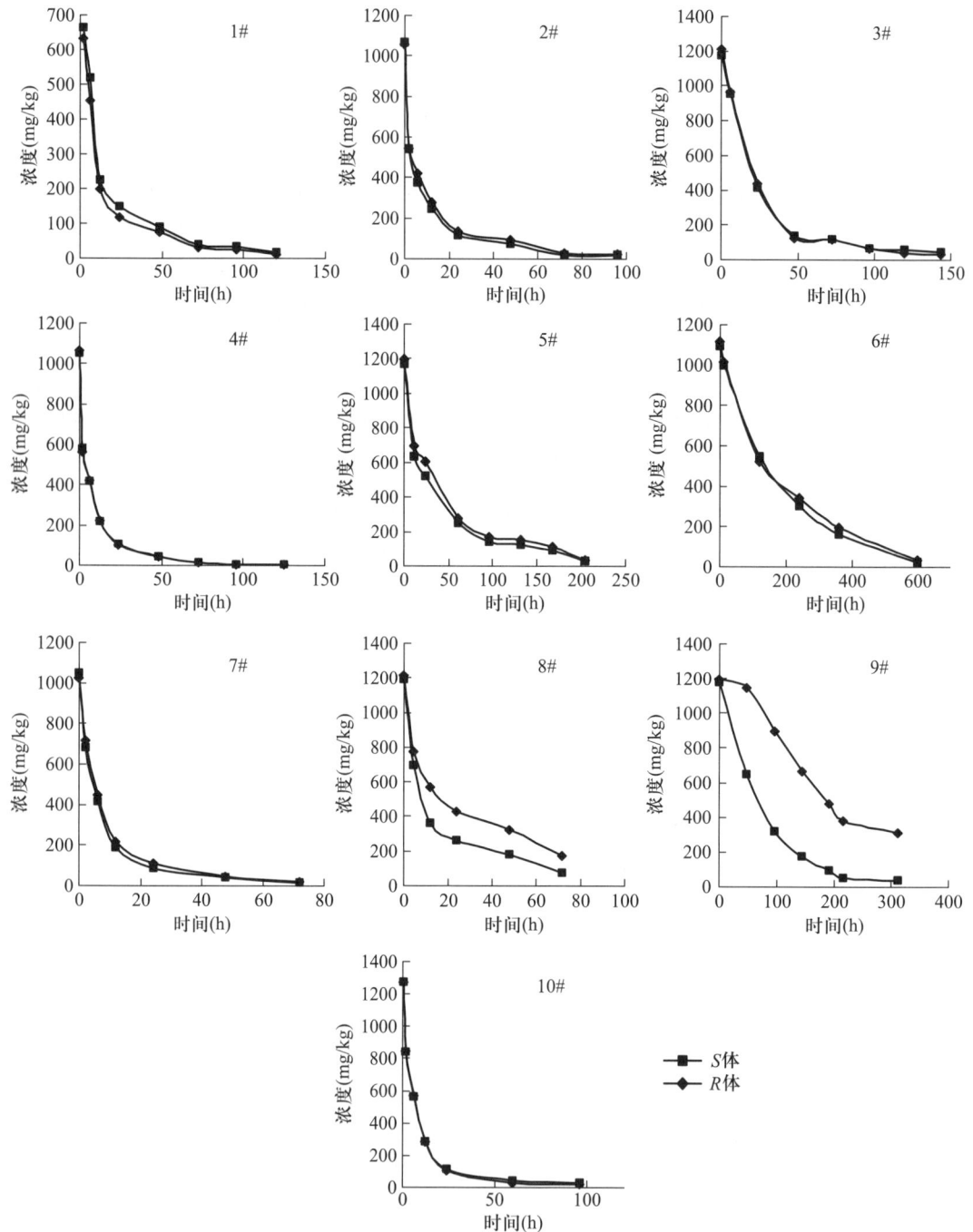

图3-16 禾草灵对映体在供试土壤中的降解动态曲线

(4) 禾草灵对映体在灭菌土壤中的降解

在灭菌条件下禾草灵在土壤中的降解十分缓慢,对映体降解的降解半衰期均大于 15 d,且供试土壤中禾草灵的 ER 值均在 1 上下浮动,没有发生明显的变化,在灭菌条件下禾草灵的两对映体在土壤中不存在立体选择性行为,禾草灵对映体在灭菌土壤中各时间点残留量及 ER 值如表 3-17 和表 3-18 所示。10 种供试土壤中禾草灵降解产生的立体选择性主要是由土壤中的微生物降解造成的,土壤微生物降解是禾草灵在土壤中的主要降解途径之一[50]。

表 3-17 禾草灵对映体在灭菌土壤中各时间点残留量

编号	残留量(mg/kg)					
	第 2 天		第 5 天		第 15 天	
	$S-(-)$	$R-(+)$	$S-(-)$	$R-(+)$	$S-(-)$	$R-(+)$
1#	21.1	20.7	17.6	17.0	15.0	15.1
2#	16.9	16.5	15.2	14.5	13.7	13.7
3#	23.8	23.5	23.3	23.4	19.0	18.6
4#	20.4	19.7	19.0	18.7	13.3	13.5
5#	27.9	27.6	24.3	24.6	18.2	18.7
6#	24.4	24.0	20.6	20.6	16.3	16.3
7#	23.0	22.8	22.5	22.3	18.9	18.7
8#	25.3	25.7	22.8	22.9	20.4	20.5
9#	25.0	25.1	23.6	23.8	18.5	18.5
10#	18.5	18.4	17.4	17.1	14.5	14.6

表 3-18 禾草灵对映体在灭菌土壤中各时间点 ER 值

编号	ER 值($S:R$)		
	第 2 天	第 5 天	第 15 天
1#	1.04	1.02	0.99
2#	1.02	1.05	1.00
3#	1.02	1.05	1.00
4#	1.04	1.02	0.99
5#	1.02	0.99	0.97
6#	1.01	1.00	1.00
7#	1.01	1.01	1.01
8#	0.98	0.99	1.00
9#	1.00	1.00	0.99
10#	1.00	1.02	1.00

3.2.9 己唑醇对映体在土壤中的降解

(1) 供试土壤

供试土壤采集自不同地区未施用过己唑醇的农田(0~10 cm),风干,土壤性质如表 3-19 所示。土壤调整含水量为 20%~30%,避光培养 1 周,活化土壤微生物,添加己唑醇 20 μg/g。

表 3-19 己唑醇对映体降解供试土壤来源与理化性质

编号	有机质含量(%)	pH	沙粒含量(%)	粉粒含量(%)	黏粒含量(%)	质地	采集地点
1#	3.82	4.8	32	27	41	粉沙壤土	广西南宁
2#	2.03	5.3	12	38	50	粉沙壤土	四川金堂
3#	5.59	8.1	66	31	3	沙壤土	内蒙古赤峰

(2) 样品前处理和色谱分析

土壤样品用甲醇涡旋提取,减压浓缩后,提取液加入 NaCl 饱和溶液,用乙酸乙酯进行液液分配,合并有机相,浓缩至干,异丙醇定容过膜。

高效液相色谱检测,OD 手性色谱柱(纤维素-三(3,5-二甲基苯基氨基甲酸酯 250 mm×4.6 mm I.D.),流动相为正己烷-异丙醇 95:5,流量为 1.0 mL/min,检测波长为 230 nm,进样量 20 μL。

(3) 己唑醇对映体在土壤中的降解

己唑醇对映体在三种土壤中的降解趋势符合一级反应动力学规律,拟合方程、降解半衰期及 ES 值列于表 3-20 中。

表 3-20 己唑醇对映体在土壤中降解动态的回归方程

土壤	对映体	回归方程	相关系数 R^2	半衰期 $T_{1/2}$(d)	ES 值
1#	(+)	$C_t = 9.3032e^{-0.0256t}$	0.9882	27.1	0.013
	(−)	$C_t = 9.2700e^{-0.0263t}$	0.9889	26.3	
2#	(+)	$C_t = 9.5398e^{-0.0299t}$	0.9885	25.7	0.010
	(−)	$C_t = 9.6136e^{-0.0305t}$	0.9909	25.2	
3#	(+)	$C_t = 9.0266e^{-0.0355t}$	0.9045	19.5	−0.006
	(−)	$C_t = 8.8548e^{-0.0351t}$	0.9722	19.7	

己唑醇在三种土壤中降解速率存在差异,在内蒙古赤峰碱性土壤中的降解速率快于其他两种酸性土壤。供试土壤中,己唑醇对映体的降解速率无明显差异,ES 值变化不大,己唑醇在整个降解周期内两种对映体在土壤中残留量的差异不大(图 3-17)。

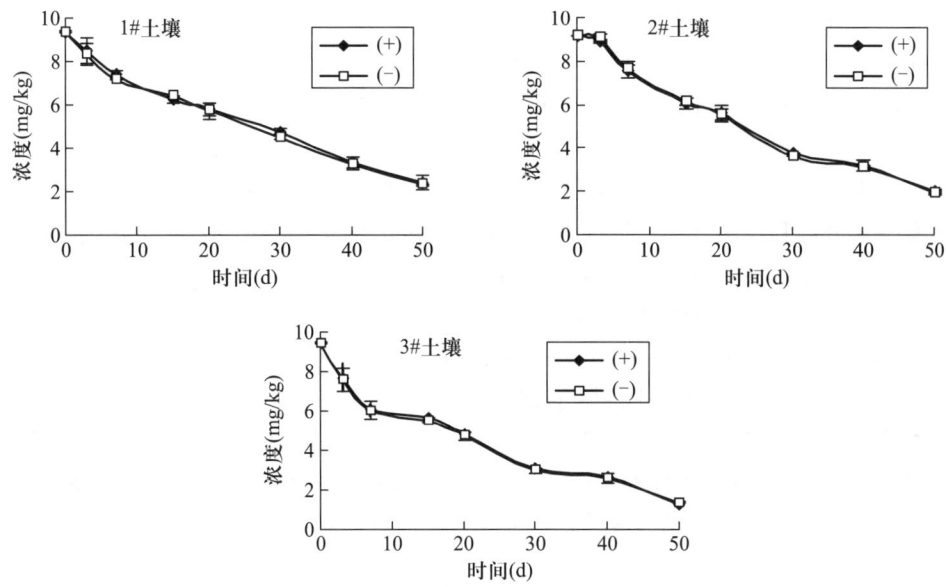

图 3-17 己唑醇对映体在土壤中的降解曲线

三种土壤中各取样时间点的 EF 值如图 3-18 所示,己唑醇对映体在各取样时间点的 EF 值均在 0.5 左右波动,说明己唑醇在供试土壤中没有出现选择性降解。

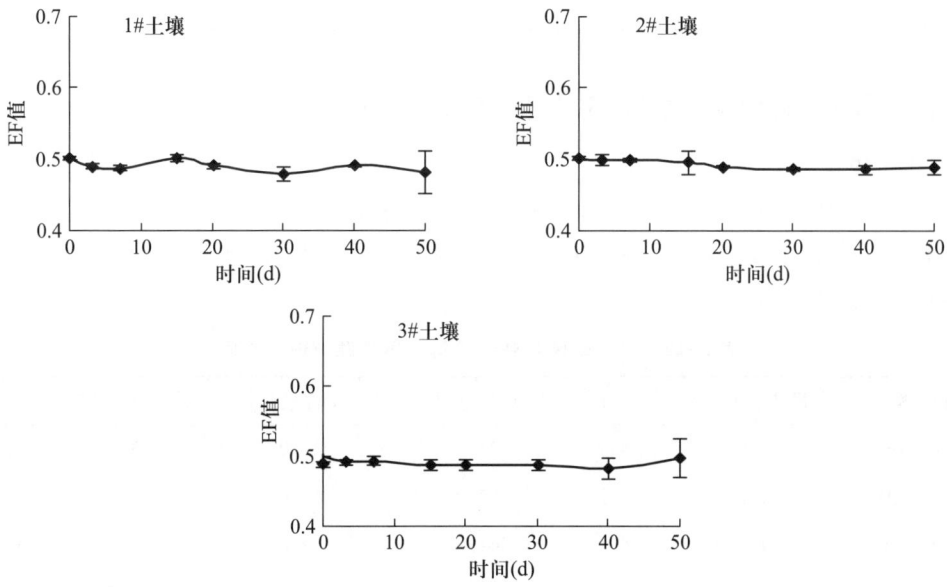

图 3-18 己唑醇对映体在土壤中的 EF 值变化动态

3.2.10 α-六六六在土壤中的降解[51]

(1) 供试土壤

加拿大安大略省多伦多市高公园(High Park)采集的含有 5.6% 有机质的土壤。

(2) 样品前处理和色谱分析

土壤样本采用索氏提取,用 200 mL 二氯甲烷萃取 1 g 土壤,旋蒸近干,异辛烷定容至 1 mL,过 3 g 中性氧化铝柱净化。用 35 mL 含 20%二氯甲烷的正己烷溶液洗脱。浓缩,异辛烷定容至 1 mL。

GCMS 定量分析:负离子模式,灭蚁灵作为内标,色谱柱:DB-5MS 柱(15 m×0.25 mm I.D.,0.10 μm 膜厚),升温程序为:90 ℃保持 1 min,10 ℃/min 升至 160 ℃,3 ℃/min 加热至 250 ℃并保持 10 min。进样口温度 250 ℃。反应气为甲烷。

手性分析:使用 BGB-176MS 柱分离 α-六六六,温度程序为:80 ℃保持 1 min,5 ℃/min 升至 135 ℃,保持 30 min,10 ℃/min 升至 220 ℃,保持 10 min。

(3) α-六六六在对映体土壤中的降解结果

α-六六六加药量为 25 ng/g,密封于广口瓶中,在实验室中室温避光培养。于加药后 10 d、30 d、60 d、90 d、180 d 和 360 d 分别取样。土壤中 α-六六六的 EF 值从 0.503 增加到 0.533,表明(−)-α-六六六优先被降解,从表 3-21 中的半衰期也可以看出,(−)-α-六六六降解速率快。

表 3-21　α-六六六的半衰期

半衰期(d)	第一阶段(0~90 d)	第二阶段(90~360 d)
α-HCH	195	1 112
α-HCH(+)	234	1 266
α-HCH(−)	165	980

3.2.11　马拉硫磷对映体在土壤中的选择性行为

(1) 供试土壤

在中国江苏无锡、江西南昌、内蒙古赤峰、山东兖州和辽宁大连五种土壤中添加马拉硫磷外消旋体,观察其降解行为。5 种实验土壤的理化性质见表 3-22。土壤预先 30 ℃活化 1 周,添加马拉硫磷 10 mg/kg。

表 3-22　马拉硫磷对映体降解土壤来源与理化性质

土壤来源	有机质含量(%)	pH	沙粒含量(%)	粉粒含量(%)	黏粒含量(%)	质地
内蒙古赤峰(SC)	1.9	8.1	74.4	21.9	3.7	沙壤土
辽宁大连(SD)	1.3	7.2	83.2	15.0	1.7	沙壤土
山东兖州(SY)	1.1	6.9	41.9	52.6	5.5	粉沙壤土
江西南昌(SN)	0.7	5.0	30.2	28.1	41.7	黏土
江苏无锡(SW)	1.7	4.8	36.8	61.5	1.7	粉沙壤土

(2) 样品前处理和色谱分析

土壤样本采用乙酸乙酯进行提取,涡旋、超声、离心,提取液过无水硫酸钠,减压浓缩,用异丙醇定容。

高效液相色谱条件:OD 手性色谱柱[固定相为纤维素-三(3,5-二甲基苯基氨基甲酸酯),250 mm×4.6 mm I.D.],流动相为正己烷-异丙醇(98∶2),流量 1.0 mL/min,柱温 10 ℃,检测波长 230 nm。流出顺序为 $R-(+)/S-(-)$。

(3) 马拉硫磷对映体在土壤中的降解

马拉硫磷对映体的降解符合一阶动力学,相关系数 R^2 范围为 0.88~0.96,半衰期为 0.76~4.21 d(表 3-23)。其中,马拉硫磷在南昌土壤中的半衰期比其他土壤中的大 2~3 倍,这种差异可能是由土壤性质不同造成的。南昌土壤在实验中是唯一的黏壤土,其孔隙率和空气流通速率低于粉质和沙质土,可能是造成降解缓慢的主要原因。在所有实验中 S 体的降解速率大于 R 体,导致 $R-(+)$ 对映体在五种土壤中的相对富集。

表 3-23 马拉硫磷对映体在土壤中的降解结果

土壤	实验编号	培养形式	对映体	降解速率常数 $k(\text{d}^{-1})$	半衰期 $T_{1/2}(\text{d})$	相关系数 R^2	ES
赤峰	SC1	外消旋体	$R-(+)$	0.365 9	1.89	0.91	0.058
			$S-(-)$	0.411 2	1.69	0.91	
	SC2	$R-(+)$ 体	$R-(+)$	0.378 4	1.83	0.88	
	SC3	$S-(-)$ 体	$S-(-)$	0.550 4	1.26	0.93	
南昌	SN1	外消旋体	$R-(+)$	0.164 8	4.21	0.93	0.018
			$S-(-)$	0.170 7	4.06	0.93	
	SN2	$R-(+)$ 体	$R-(+)$	0.285 9	2.42	0.92	
	SN3	$S-(-)$ 体	$S-(-)$	0.236 1	2.94	0.91	
兖州	SY1	外消旋体	$R-(+)$	0.336 0	2.06	0.93	0.020
			$S-(-)$	0.349 4	1.98	0.95	
	SY2	$R-(+)$ 体	$R-(+)$	0.630 5	1.10	0.96	
	SY3	$S-(-)$ 体	$S-(-)$	0.907 4	0.76	0.96	
大连	SD1	外消旋体	$R-(+)$	0.493 0	1.40	0.91	0.018
			$S-(-)$	0.510 6	1.36	0.94	
无锡	SW1	外消旋体	$R-(+)$	0.495 8	1.40	0.93	0.055
			$S-(-)$	0.553 7	1.26	0.93	

在供试的五种土壤中,ES 均为正值(0.018~0.058)。ES 和土壤有机碳、沙砾、粉粒含量呈线性相关。ES 随土壤有机碳、沙砾、粉粒含量的增加而增大。ES 和土壤的 pH 没有相关性。可见,马拉硫磷在土壤中的选择性降解与土壤质地和有机碳含量有很大的关系。

在仅培养 $R-(+)$-马拉硫磷的土壤中(SC2,SY2)检测到生成的 S-马拉硫磷,在仅培养了 S-马拉硫磷的土壤中(SC3,SY3)也检测到生成的 $R-(+)$-马拉硫磷。表明两种对映体在赤峰和兖州土壤中存在相互转化的现象。然而,在南昌土壤中培养光学纯马拉硫磷单体(SN2 和 SN3)的实验中发现,对映体在这种土壤中的降解均保持手性稳定性,并未相互转化。

3.2.12 马拉硫磷对映体在水体中的降解

(1) 供试水样

水样本来自于北京市上庄水库河水、雨水、京密运河河水、清河河水及地下水。水样本添加 1 mg/L 马拉硫磷,25 ℃ 避光培养。

(2) 样品前处理和色谱分析

采用固相萃取前处理技术对水样品进行处理,萃取柱为 C18-SPE 小柱。

高效液相色谱条件:OD 手性色谱柱[固定相为纤维素-三(3,5-二甲基苯基氨基甲酸酯),250 mm×4.6 mm I.D.],流动相为正己烷-异丙醇(98∶2),流量 1.0 mL/min,柱温 10 ℃,检测波长 230 nm。

(3) 马拉硫磷对映体在水中的降解

表 3-24 显示了马拉硫磷对映体在不同性质水中的降解结果,分别添加马拉硫磷的外消旋体、R 体和 S 体,结果表明马拉硫磷在水体中的降解均较快,半衰期在雨水中最大,介于 3~4 d 之间,培养外消旋体未出现显著的对映体选择性。单独培养单体的降解速率比外消旋体快。

表 3-24 马拉硫磷对映体在水体中的降解结果

水样来源	化合物	对映体	降解速率常数(d^{-1})	半衰期 $T_{1/2}$(d)	相关系数 R^2	ES
地下水	外消旋体	R-(+)	0.359 6	1.93	0.89	0.007 3
		S-(-)	0.364 9	1.90	0.91	
	R-(+)体	R-(+)	0.897 3	0.77	0.88	
	S-(-)体	S-(-)	0.852 9	0.81	0.84	
上庄水库河水	外消旋体	R-(+)	0.414 2	1.67	0.91	0.010
		S-(-)	0.422 7	1.64	0.88	
	R-(+)体	R-(+)	0.830 5	0.79	0.88	
	S-(-)体	S-(-)	0.750 4	0.92	0.86	
雨水	外消旋体	R-(+)	0.175 7	3.94	0.92	0.002 8
		S-(-)	0.176 7	3.92	0.92	
	R-(+)体	R-(+)	0.211 4	3.28	0.86	
	S-(-)体	S-(-)	0.219 2	3.16	0.85	
清河河水	外消旋体	R-(+)	0.657 1	1.05	0.95	0.021
		S-(-)	0.685 7	1.01	0.96	
京密运河河水	外消旋体	R-(+)	0.435 4	1.59	0.93	0.013
		S-(-)	0.447 3	1.43	0.93	

3.2.13 三种咪唑啉酮类除草剂在土壤中的立体选择性降解[52]

三种咪唑啉酮类除草剂分别为灭草烟、咪草烟、咪唑喹啉酸。

(1) 供试土壤

土壤来源于下表中的澳大利亚的 6 个地区(Otterbourne, Clare, Collie, Jacka, Roseworthy, Alo-Kingaroy),选择不同理化性质的 6 种大田土壤(0~15 cm 层),在 25 ℃烘干,过 2 mm 筛,并在 4 ℃保存 3 周。水分测定采用 110 ℃烘干样本 24 h,具体理化性质见表 3-25。土壤在采集 3 周内用于培养,调节土壤湿度为 50%,25 ℃在黑暗中培养 14 d,使微生物活力处于平稳状态。在此之后,称取 25 g 土壤(干重)加入 0.3 mg/kg 的除草剂,加水使其湿度保持在 50%。每组实验设置对照实验。所有样本均在有氧条件下培养。

表 3-25 三种咪唑啉酮类除草剂对映体降解供试土壤的理化性质

土壤	pH	水分(%)	有机质含量(%)	粒度		
				<0.002 mm	0.002~0.02 mm	0.02~2 mm
Otterbourne(OT)	5.0	30.1	3.0	10.3	19.4	64.2
Clare(CL)	5.2	22.7	1.9	19.2	13.0	67.8
Collie(CO)	6.0	21.7	4.4	4.8	5.2	85.1
Jacka(JA)	7.6	38.7	2.9	29.6	38.3	27.4
Roseworthy(RC)	8.2	22.4	1.7	19.8	4.7	75.6
Alo-Kingaroy(AK)	8.7	26.1	2.8	35.6	14.1	49.2

(2) 样品前处理和色谱分析

提取:在土壤样本中加入 40 mL 0.5 mol/L 的 NaOH 水溶液,震荡 1 h 后,离心 10 min。倒出上清液,用盐酸调节 pH 至 2,然后加入 15 g 硅藻土,过滤。提取液过 C18 柱,用甲醇-水(50∶50)洗脱,滤液再过强离子交换吸附剂,用 pH5 的磷酸缓冲液洗脱,再调节 pH 至 2,最后用二氯甲烷 15 mL 萃取三次,合并提取液,旋干用异丙醇定容至 1 mL。

分析:采用高效液相色谱分析,Chiralcel OJ 柱(250 mm×4.6 mm I.D., 10 μm 粒径)进行拆分,流动相为乙腈(1%乙酸)-水 = 55∶45,流量 1 mL/min,进样量 20 μL,检测波长 254 nm,最低检出限为 0.5 μg/mL。淋出顺序为 $S(-)/R(+)$。

(3) 三种咪唑啉酮类除草剂在土壤中的立体选择性降解结果

降解动力学:三种除草剂的对映体满足一级降解动力学方程,标准偏差从 0.86 到 0.99。具体实验结果如下表 3-26 所示。

表 3-26 三种咪唑啉酮类除草剂对映体在几种土壤中的降解情况

土壤	对映体	灭草烟			咪草烟			咪唑喹啉酸		
		$T_{1/2}$(d)	k(d^{-1})	R^2	$T_{1/2}$(d)	k(d^{-1})	R^2	$T_{1/2}$(d)	k(d^{-1})	R^2
OT	$S(-)$	49.5	0.014 0	0.95	42.8	0.016 2	0.95	49.2	0.014 1	0.93
	$R(+)$	39.4	0.017 6	0.97	38.5	0.018 0	0.93	45.6	0.015 2	0.91

续表

土壤	对映体	灭草烟			咪草烟			咪唑喹啉酸		
		$T_{1/2}$(d)	k(d^{-1})	R^2	$T_{1/2}$(d)	k(d^{-1})	R^2	$T_{1/2}$(d)	k(d^{-1})	R^2
CL	S(−)	44.7	0.015 5	0.96	38.5	0.018 0	0.95	49.5	0.014 0	0.87
	R(+)	36.7	0.019 0	0.96	33.8	0.020 5	0.96	39.6	0.017 5	0.92
CO	S(−)	36.3	0.019 1	0.96	37.9	0.018 3	0.91	42.3	0.016 4	0.93
	R(+)	29.1	0.023 8	0.96	32.5	0.021 3	0.86	29.7	0.023 3	0.96
JA	S(−)	32.0	0.021 7	0.92	33.2	0.020 9	0.89	24.8	0.028 0	0.93
	R(+)	22.1	0.031 4	0.94	27.3	0.025 4	0.90	18.0	0.038 6	0.94
RC	S(−)	35.9	0.018 5	0.97	37.5	0.018 5	0.91	31.4	0.022 1	0.94
	R(+)	26.0	0.026 7	0.99	30.8	0.022 4	0.93	26.1	0.026 6	0.96
AK	S(−)	36.9	0.018 8	0.97	37.3	0.018 6	0.86	35.9	0.019 4	0.95
	R(+)	26.6	0.026 2	0.97	31.9	0.021 7	0.90	27.6	0.025 1	0.96

在所有实验土壤中,三种除草剂中 R 体的降解速率均高于 S 体,而 R 体的除草活性高于 S 体。EF 值随着培养时间的持续增大,但在酸性土壤中的立体选择性降解不如其他土壤中的显著性明显。可推断立体选择性降解与 pH 有关,与土壤的其他性质没有关联。培养 60 天后,三种除草剂 EF 值如下表 3-27 所示。

表 3-27　三种咪唑啉酮类除草剂对映体在土壤中的 EF 值

土壤	pH	EF 值(n=3)		
		灭草烟	咪草烟	咪唑喹啉酸
OT	5.02	0.546	0.516	0.510
CL	5.20	0.542	0.527	0.559
CO	6.07	0.576	0.543	0.584
JA	7.60	0.632	0.568	0.664
RC	8.20	0.619	0.555	0.584
AK	8.70	0.604	0.565	0.593
平均	—	0.586	0.546	0.582

3.2.14　水胺硫磷对映体在土壤中的选择性降解

(1) 供试土壤

中国农业大学校园草坪土壤,培养浓度为 10 mg/kg。

(2) 样品前处理和色谱分析

土壤样品采用丙酮提取,活性炭、中性氧化铝净化,提取液加入饱和氯化钠溶液,用二氯甲烷液液分配萃取,合并萃取液,浓缩至干,异丙醇定容至 1 mL,过 0.25 um 滤膜。

高效液相色谱条件:OD 手性色谱柱(250 mm×4.6 mm I.D.),流动相为正己烷-异丙醇(95:5),检测波长 230 nm,室温。

(3) 水胺硫磷在土壤中的立体选择性降解结果

水胺硫磷两对映体在土壤中的降解结果见表 3-28,前两天降解缓慢,三天后迅速降解,培养 7 天后,先流出对映体降解 91.8%,后流出对映体降解 97.5%。两对映体在土壤中的降解存在明显的选择性行为,先流出对映体降解速率慢,后流出对映体降解速率相对较快,第 2 天就有显著的差异,ER 值为 0.90,随后 ER 值逐渐变小,第 7 天后 ER 值变为 0.31。图 3-19 为降解色谱图。两对映体的降解符合一级降解动力学,先流出对映体的回归方程为 $C_t = 12.103e^{-0.3781t}$ ($R^2 = 0.9692$),计算半衰期为 1.83 d($T_{1/2} = 1.83$ d),后流出对映体的指数回归方程为 $C_t = 13.986e^{-0.5641t}$ ($R^2 = 0.9743$),半衰期为 1.23 d($T_{1/2} = 1.23$ d)。

表 3-28 水胺硫磷对映体在土壤中的降解($n = 3$)

时间(d)	E1			E2			ER 值
	检测浓度	变异系数 RSD(%)	降解率(%)	检测浓度	变异系数 RSD(%)	降解率(%)	
0	9.58	1.16		9.74	2.09		1.02
1	8.73	0.55	8.85	8.49	0.68	12.88	0.97
2	7.90	1.06	17.52	7.07	1.34	27.41	0.90
3	3.78	2.88	60.52	2.55	1.58	73.78	0.68
4	2.54	1.75	73.51	1.52	2.27	84.37	0.60
5	1.70	1.87	82.24	0.76	5.07	92.16	0.45
6	1.37	2.06	85.66	0.47	4.41	95.13	0.35
7	0.79	4.05	91.80	0.25	3.23	97.48	0.31

E1 和 E2 分别表示在 Chiralcel OD 色谱柱正己烷体系下先后流出的对映体。

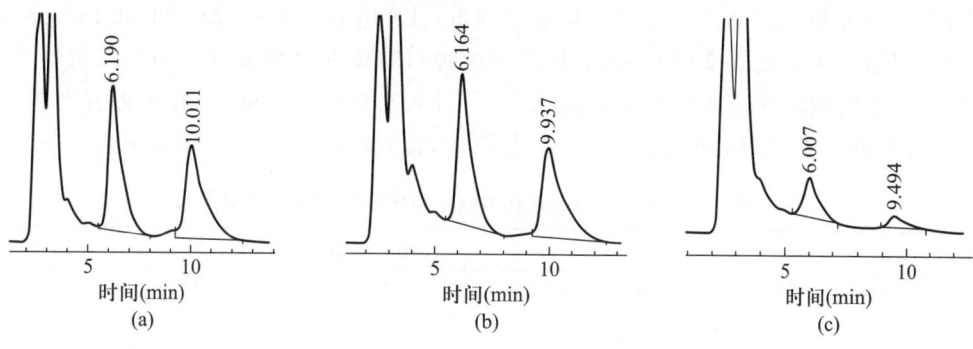

图 3-19 水胺硫磷对映体在土壤中的选择性降解色谱图:(a) 降解 0 d;(b) 降解 2 d;(c) 降解 6 d

3.2.15 乳氟禾草灵对映体在土壤中立体选择性降解行为

（1）供试土样

供试土壤采集自不同地区未施用过乳氟禾草灵的农田（0～10 cm），风干，土壤性质见表 3-29。调整土壤样品至含水量为 20%～30%，置于室温避光培养 1 周，活化土壤中微生物。添加乳氟禾草灵添浓度为 10 mg/kg 放入 25 ℃ 培养箱中避光培养。

表 3-29 乳氟禾草灵对映体降解供试土壤来源与理化性质

编号	有机质含量(%)	pH	沙粒含量(%)	粉粒含量(%)	黏粒含量(%)	质地	采集地点
1#	3.82	4.8	33	28	39	粉沙壤土	广西南宁
2#	2.88	4.3	57	23	20	粉沙壤土	江西德兴
3#	5.17	6.8	46	52	2	粉沙壤土	黑龙江哈尔滨
4#	1.39	6.9	22	36	42	黏质土	山东兖州
5#	5.59	8.1	66	31	3	沙壤土	内蒙古赤峰
6#	4.72	7.8	52	40	8	沙壤土	内蒙古通辽
7#	1.64	8.1	77	21	4	沙质土	辽宁大连

（2）样品前处理和色谱分析

土壤样品用甲醇涡旋提取，减压浓缩后，提取液加入 NaCl 饱和溶液，用乙酸乙酯进行液液分配，合并有机相，浓缩至干，异丙醇定容过膜。

高效液相色谱条件：OD 手性色谱柱（固定相为纤维素-三(3,5-二甲基苯基氨基甲酸酯，250 mm×4.6 mm I.D.），流动相为正己烷与异丙醇，体积比为 98：2，流量为 1.0 mL/min，检测波长为 230 nm，进样量 20 μL。乳氟禾草灵对映体在分析条件下的出峰顺序分别为右旋体（+）和左旋体（-），分别用（+）-LN 和（-）-LN 表示。

（3）乳氟禾草灵对映体在酸性土壤中的降解

乳氟禾草灵对映体在土壤中的降解趋势基本一致，符合一级反应动力学规律，整个降解过程分为快速降解的初期阶段和相对平缓的后期阶段。对映体在两种酸性土壤中的回归方程，降解半衰期及 ES 值列于表 3-30。在供试的两种酸性土壤中，两种对映体的降解半衰期不同，相差约 10 h（广西，19.2 h 和 31.2 h；江西，19.5 h 和 25.4 h），ES 值分别为 -0.238 和 -0.132，差异都达到了统计学显著水平。图 3-20 为不同取样时间两种对映体在两种酸性土壤中残留量的差异：从处理后第 6 小时两种对映体的残留量就已有所不同，在此后的时间里，这种差异有扩大的趋势，这表明在酸性土壤中两对映体发生了选择性降解，优先降解（+）-乳氟禾草灵。

表 3-30 乳氟禾草灵对映体在酸性土壤中降解动态的回归方程

土壤	对映体	回归方程	相关系数 R^2	半衰期 $T_{1/2}$(h)	ES 值
广西	（+）-LN	$\ln(C_0/C) = 0.036\ 1t + 0.215\ 8$	0.975 6	19.2	-0.238
	（-）-LN	$\ln(C_0/C) = 0.022\ 2t + 0.07$	0.984 9	31.2	
江西	（+）-LN	$\ln(C_0/C) = 0.036\ 5t + 0.213\ 6$	0.986 1	19.5	-0.132
	（-）-LN	$\ln(C_0/C) = 0.027\ 3t + 0.061\ 2$	0.994 1	25.4	

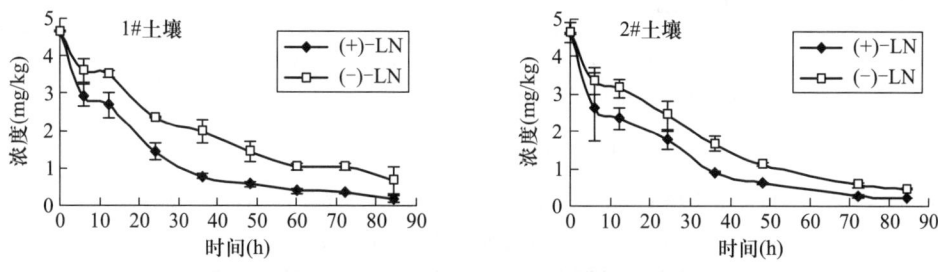

图 3-20　乳氟禾草灵对映体在酸性土壤中的降解曲线

广西和江西土壤中各取样时间点的 EF 值如图 3-21 所示。6 h 后广西土壤在各个取样时间点的 EF 值开始升高(0.551)，在第 84 h 达到最高(0.766)；6 h 后江西土壤的 EF 值为(0.568)，并随着取样时间延长，EF 比值逐渐增大，在第 84 h 达到最高(0.68)。由此表明在供试的两种酸性土壤中存在立体选择性降解现象，即(+)-乳氟禾草灵被优先降解。

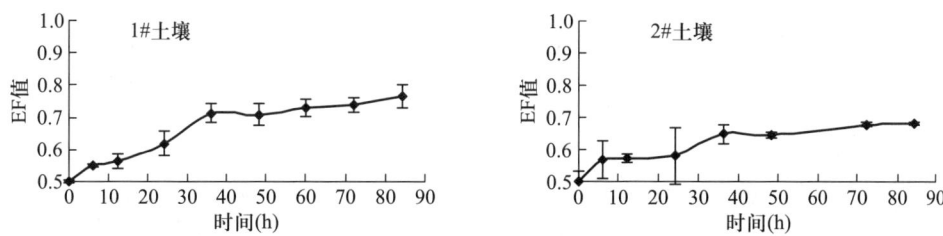

图 3-21　乳氟禾草灵对映体在酸性土壤中的 EF 值变化动态

广西和江西土壤中添加外消旋乳氟禾草灵培养 24 h 的色谱图如图 3-22 所示，与外消旋乳氟禾草灵标样相比，两种酸性土壤样品中(-)-乳氟禾草灵的量明显高于其对映体。

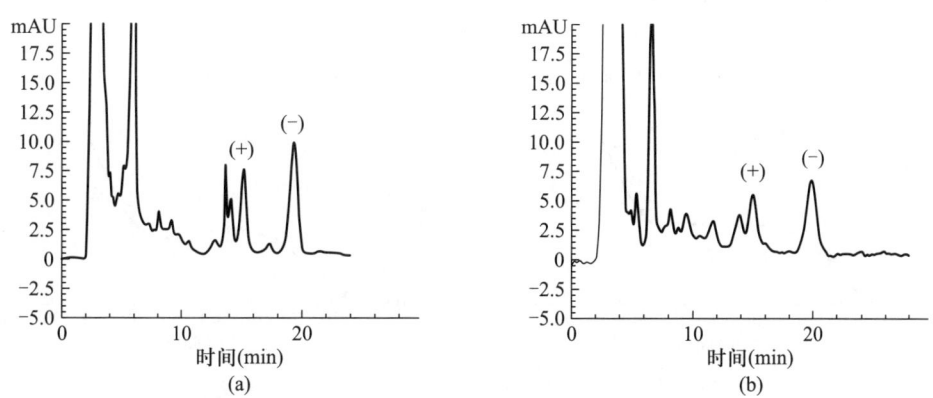

图 3-22　乳氟禾草灵对映体在酸性土壤中的选择性降解：
(a) 广西土壤,培养 24 h；(b) 江西土壤,培养 24 h

(4) 乳氟禾草灵对映体在中性土壤中的降解

对映体在两种中性土壤中的回归方程，降解半衰期及 ES 值列于表 3-31。

表 3-31　乳氟禾草灵对映体在中性土壤中降解动态的回归方程

土壤	对映体	回归方程	相关系数 R^2	半衰期 $T_{1/2}$(h)	ES 值
黑龙江	(+)-LN	$\ln(C_0/C)=0.0624t+0.3309$	0.9485	11.1	-0.201
	(-)-LN	$\ln(C_0/C)=0.0415t+0.1716$	0.9734	16.7	
山东	(+)-LN	$\ln(C_0/C)=0.0755t+0.0999$	0.9751	9.2	-0.163
	(-)-LN	$\ln(C_0/C)=0.0543t+0.0479$	0.9837	12.8	

黑龙江土壤中两种对映体的降解速率出现差异,降解半衰期相差超过 6 h(11.1 h 和 16.7 h),ES 值为-0.201;在山东土壤中降解半衰期相差约 4 h(9.2 h 和 12.8 h),ES 值为-0.201,差异都达到了统计学显著水平。在中性土壤中两种对映体存在选择性降解,其中(+)-乳氟禾草灵被优先降解。与外消旋乳氟禾草灵标样相比,中性土壤样品中(-)-乳氟禾草灵的量明显高于其对映体(图 3-23)。

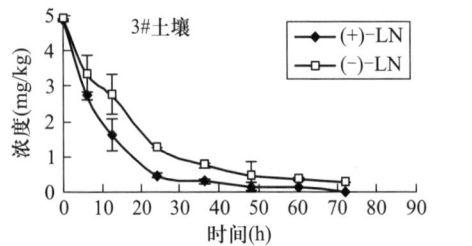 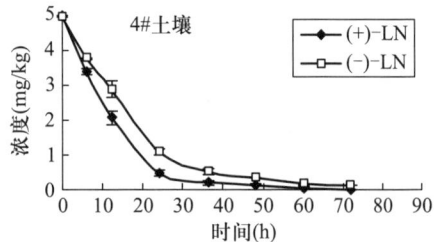

图 3-23　乳氟禾草灵对映体在中性土壤中降解曲线

中性土壤中各取样时间点的 EF 值如图 3-24 所示。6 h 后黑龙江土壤中取样时间点的 EF 值为 0.534,并随着取样时间延长,EF 比值逐渐增大,在第 84 h 达到最高 1.00;山东土壤与黑龙江土壤情况相似,EF 值在第 84 h 达到 1.00,说明(+)-乳氟禾草灵已经完全降解。由此表明在中性供试土壤中也存在立体选择性降解现象,即(+)-乳氟禾草灵被优先降解。

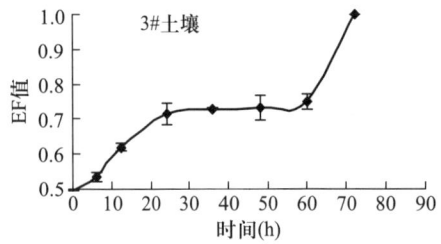 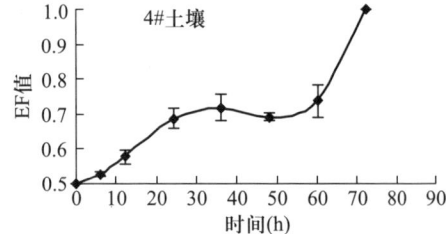

图 3-24　乳氟禾草灵对映体在中性土壤中的 EF 值变化动态

(5) 乳氟禾草灵对映体在碱性土壤中的降解

乳氟禾草灵对映体在三种碱性土壤中的降解趋势符合一级反应动力学规律(图 3-25)。回归方程、降解半衰期及 ES 值列于表 3-32。

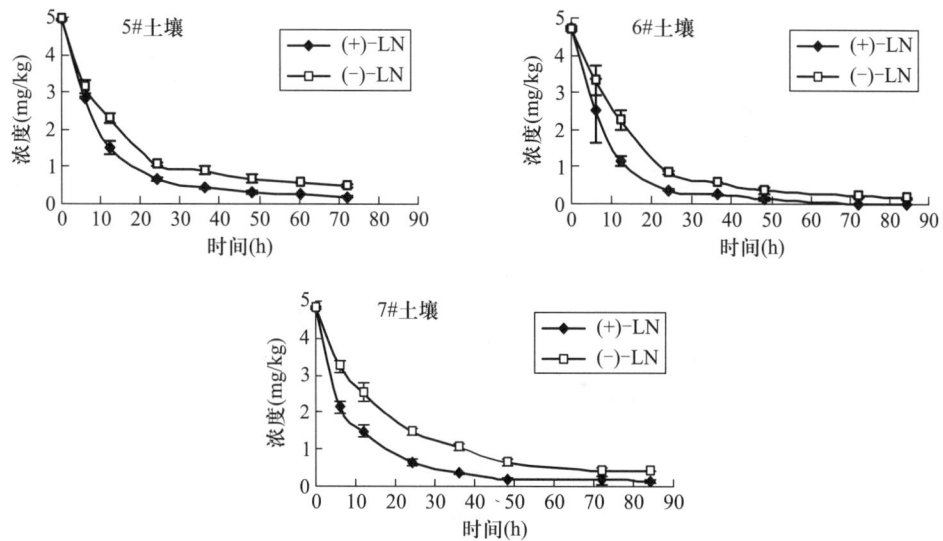

图 3-25 乳氟禾草灵对映体在碱性土壤中的降解曲线

表 3-32 乳氟禾草灵对映体在碱性土壤中降解动态的回归方程

土壤	对映体	回归方程	相关系数 R^2	半衰期 $T_{1/2}(h)$	ES 值
赤峰	(+)-LN	$\ln(C_0/C)=0.0433t+0.4944$	0.9131	16.0	−0.159
	(−)-LN	$\ln(C_0/C)=0.0314t+0.3614$	0.9110	22.1	
通辽	(+)-LN	$\ln(C_0/C)=0.0741t+0.2969$	0.9536	9.4	−0.300
	(−)-LN	$\ln(C_0/C)=0.0399t+0.3429$	0.9360	17.4	
大连	(+)-LN	$\ln(C_0/C)=0.0556+0.6864$	0.8753	12.5	−0.212
	(−)-LN	$\ln(C_0/C)=0.0361t+0.2879$	0.9463	19.2	

碱性供试土壤中,两种对映体的降解半衰期均出现差异,在赤峰土壤中,两种对映体的降解半衰期相差超过 6 h,ES 值为 −0.159;在通辽土壤中二者降解半衰期相差为 8 h,ES 值为 −0.30;在大连土壤中二者降解半衰期相差约为 6 h,ES 值为 −0.212,都达到了统计学的显著水平。图 3-25 直观地反映了两种对映体在三种碱性土壤中的残留量差异:从处理后第 6 h 取样点两种对映体的残留量就有较大差别,在此后的时间里,这种差异有扩大的趋势。这表明在碱性土壤中两种对映体发生了选择性降解,其中(+)-乳氟禾草灵被优先降解。与外消旋乳氟禾草灵标样相比,两种碱性土壤样品中(−)-乳氟禾草灵的量明显高于其对映体。

碱性土壤中各取样时间点的 EF 值如图 3-26 所示。乳氟禾草灵对映体在赤峰土壤中第 6 h 取样时间点的 EF 值变化不大(0.525),随着取样时间延长,EF 比值逐渐增大,在第 84 h 达到最高(0.719);在通辽土壤中,第 6 h 取样点的 EF 值就已经迅速升高,并在 70 h 达到 1.00,说明 (+)-乳氟禾草灵已经降解完全;相似的结果也出现在大连土壤中,EF 值在 84 h 达到最高(0.850)。说明在三种碱性供试土壤中存在立体选择性降解现象,即(+)-乳氟禾草灵被优先降解。典型降解色谱图如图 3-27。

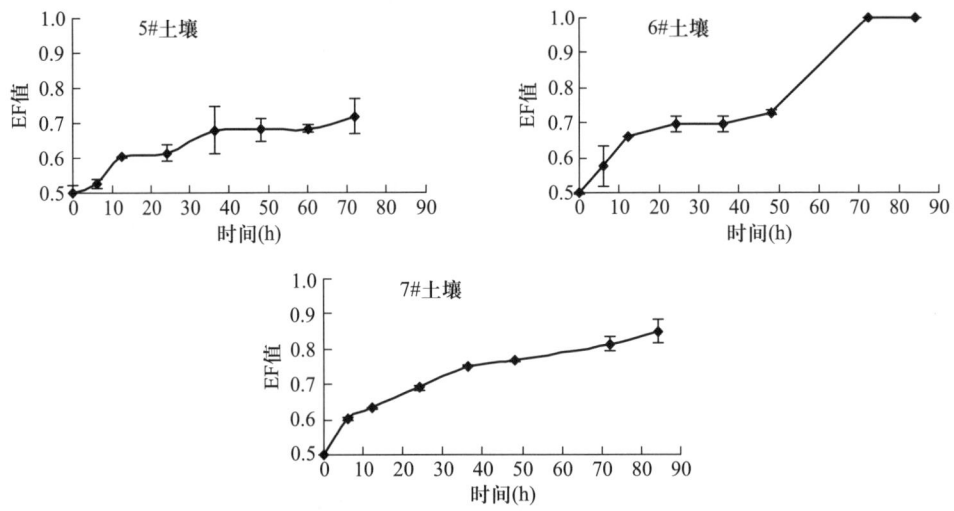

图 3-26　乳氟禾草灵对映体在碱性土壤中的 EF 值变化动态

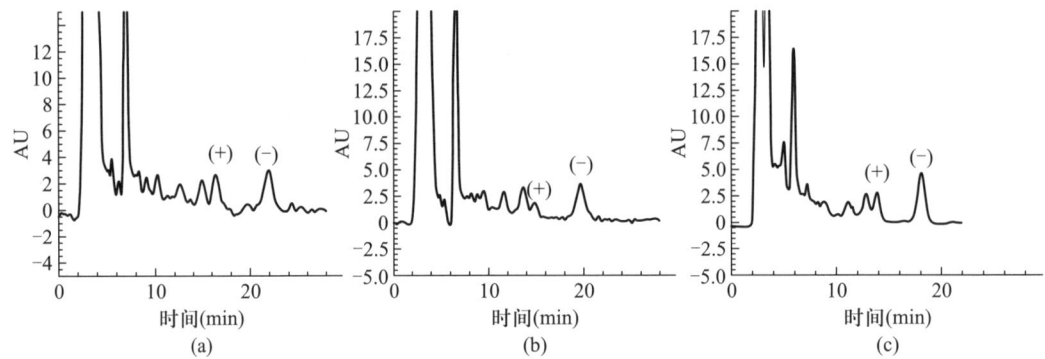

图 3-27　乳氟禾草灵对映体在碱性土壤中的选择性降解色谱图：
(a) 赤峰土壤,培养 24 h;(b) 通辽土壤,培养 24 h;(c) 大连土壤,培养 24 h

(6) 灭菌条件下乳氟禾草灵对映体在土壤中的降解

采用赤峰土壤灭菌进行降解实验,灭菌条件下乳氟禾草灵在赤峰土壤中的降解非常缓慢(图 3-28),7 天内没有发生降解。由此可得出,土壤微生物降解是乳氟禾草灵在土壤中的主要降解途径。

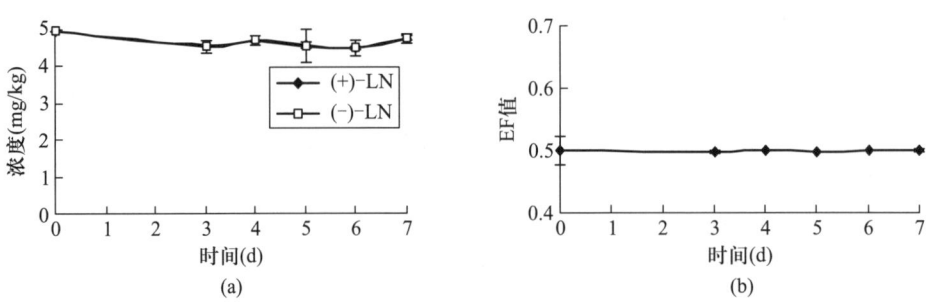

图 3-28　乳氟禾草灵对映体在灭菌赤峰土壤中的降解曲线(a)及 EF 值变化动态(b)

灭菌条件下,乳氟禾草灵对映体在两种碱性土壤中 EF 值随时间变化趋势图(图 3-28)中,在整个降解周期内 EF 值在 0.5 上下浮动,随时间增加变化趋势不明显。表明灭菌条件下乳氟禾草灵对映体在土壤中不存在立体选择性行为。由此看出,乳氟禾草灵对映体在土壤中的立体选择性行为是由于土壤中特定的微生物造成。

3.2.16 三唑酮对映体在土壤中的降解[56]

(1) 供试土壤

采集自不同地区未施用过三唑酮的农田(0~10 cm),风干,土壤性质见表 3-33。土壤调整含水量为 20%~30%,避光培养 1 周,活化土壤微生物,添加三唑酮 20 mg/kg。

表 3-33 三唑酮对映体降解供试土壤来源与理化性质

编号	有机质含量(%)	pH	沙粒含量(%)	粉粒含量(%)	黏粒含量(%)	质地	采集地点
1#	5.59	8.1	66	31	3	沙壤土	内蒙古赤峰
2#	4.72	7.8	52	40	8	沙壤土	内蒙古通辽
3#	1.64	8.1	77	21	4	沙质土	辽宁大连

(2) 样品前处理和色谱分析

土壤样品用甲醇涡旋提取,减压浓缩后,提取液加入 NaCl 饱和溶液,用乙酸乙酯进行液液分配,合并有机相,浓缩至干,异丙醇定容过膜。

高效液相色谱检测,OD 手性色谱柱[纤维素-三(3,5-二甲基苯基氨基甲酸酯)250 mm×4.6 mm I.D.],流动相为正己烷-异丙醇(98:2),流量为 1.0 mL/min,检测波长为 230 nm,进样量 20 μL。

(3) 三唑酮对映体在土壤中的降解结果

三唑酮对映体在赤峰、通辽和大连土壤中的降解趋势基本一致,符合一级反应动力学降解规律,整个降解过程分为快速降解的初期阶段和相对平缓的后期阶段(图 3-29)。对映体在三种土壤中的回归方程,降解半衰期及 ES 值如表 3-34 所示。

表 3-34 三唑酮对映体在土壤中降解动态的回归方程

土壤	对映体	回归方程	相关系数 R^2	半衰期 $T_{1/2}$(d)	ES 值
赤峰	(+)	$C_t = 7.9061e^{-0.0175t}$	0.9941	39.6	-0.151
	(−)	$C_t = 7.3781e^{-0.0129t}$	0.9188	53.7	
通辽	(+)	$C_t = 10.233e^{-0.0245t}$	0.9210	21.7	-0.131
	(−)	$C_t = 10.947e^{-0.0318t}$	0.9191	28.3	
大连	(+)	$C_t = 13.536e^{-0.0378t}$	0.9045	18.3	-0.212
	(−)	$C_t = 11.08e^{-0.0246t}$	0.9152	28.2	

三种土壤中三唑酮的降解速率差别较大,其中在赤峰土壤中的降解最为缓慢。三种供试土壤中,两种对映体的降解半衰期均出现差异(表 3-34)。赤峰土壤中,两对映体降解半衰期相差

约 14 d,ES 值为-0.151;在通辽土壤中,两对映体降解半衰期差异约为 7 d,ES 值为-0.131;大连土壤中,两种对映体的降解半衰期相差约 10 d,ES 值为-0.212;在三种土壤中,三唑酮对映体的半衰期与 ES 值差异都达到了统计学显著水平。图 3-29 直观地反映了不同取样时间两种对映体在三种土壤中残留量的差异:赤峰土壤中,从处理后 40 d 内两种对映体的残留量无明显差异,但第 50 d 取样时间点出现差异,(+)-三唑酮降解明显加快,在此后的时间里,这种差异有扩大的趋势;通辽土壤中,在 20 d 后对映体降解速率已经出现差异;大连土壤中,40 d 后对映体之间的降解出现选择性。这表明在这三种土壤中两对映体发生了不同程度的选择性降解,其中(+)-三唑酮被优先降解。这一现象在三种土壤添加外消旋三唑酮培养 60 d 的色谱图中也明显地体现出来(图 3-30),土壤样品中(-)-三唑酮的量明显高于其对映体。

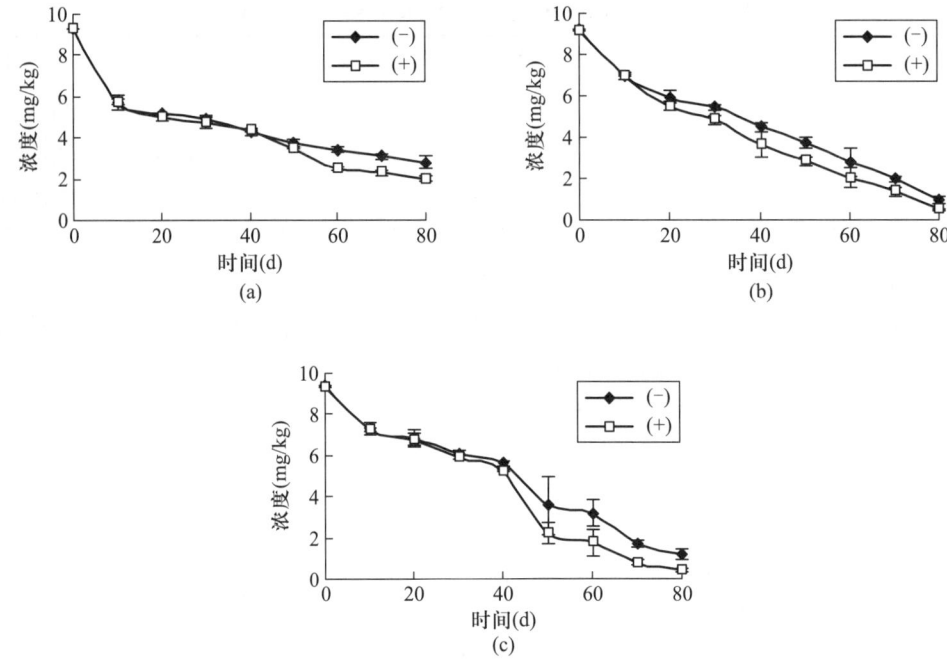

图 3-29 三唑酮对映体在土壤中的降解曲线:(a) 赤峰土壤;(b) 通辽土壤;(c) 大连土壤

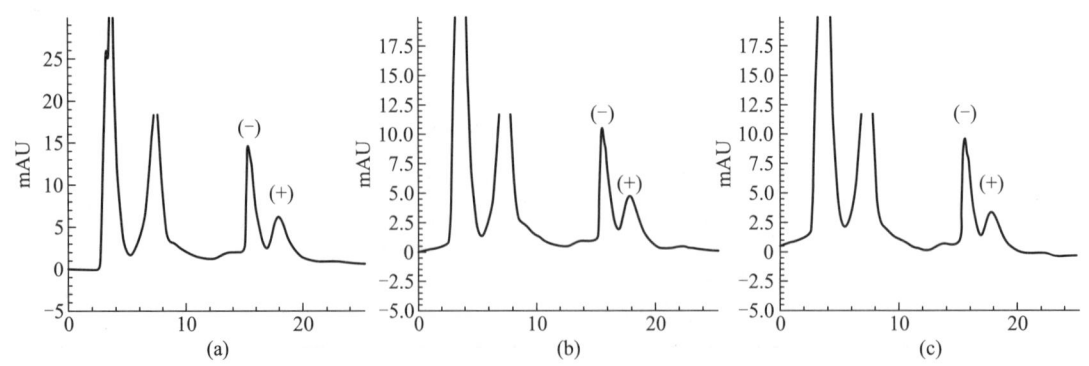

图 3-30 三唑酮对映体在土壤中的选择性降解:(a) 赤峰土壤,培养 60 d;
(b) 通辽土壤,培养 60 d;(c) 大连土壤,培养 60 d

3.2 手性农药在环境中的选择性残留行为研究实例

三唑酮在不同土壤中各取样时间点的 EF 值如图 3-31 所示。赤峰土壤在 40 d 内,EF 值无显著差异,但在 50 d 取样时间点 EF 值略有升高(0.514),随着取样时间延长,EF 比值逐渐增大,在第 80 d 达到最高(0.585);通辽土壤在 20 d 取样时间点 EF 值就已经开始升高(0.518),并随着取样时间延长,EF 比值逐渐增大,在第 80 d 达到最高(0.655);大连土壤在 40 d 取样时间点 EF 值略有升高(0.517),随着取样时间延长,在第 80 d EF 值达到最高(0.731)。由此表明在供试的三种土壤中存在立体选择性降解现象,即(+)-三唑酮被优先降解。

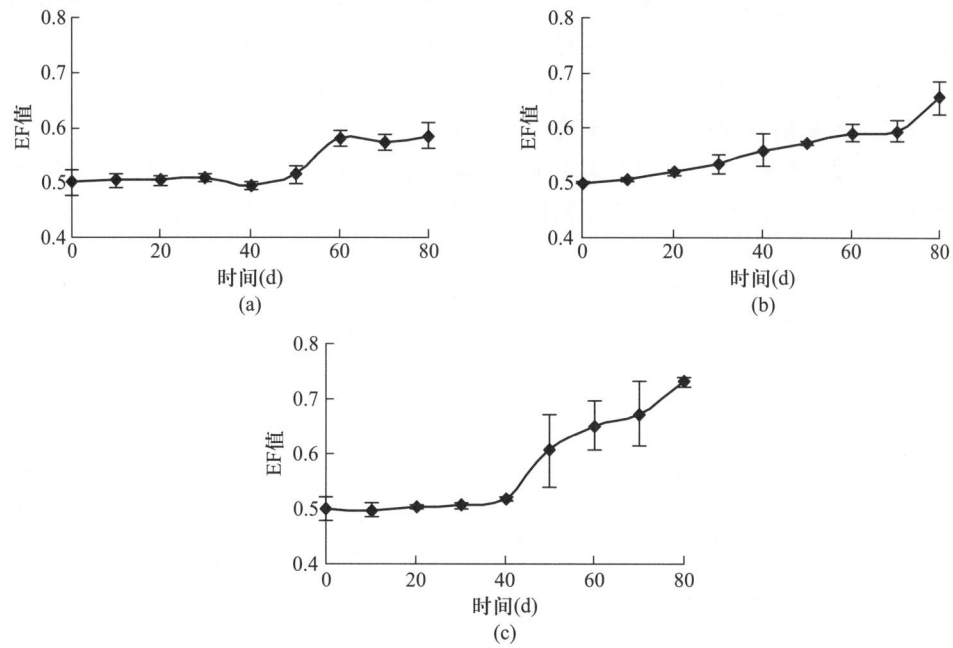

图 3-31 三唑酮对映体在土壤中的 EF 值变化动态:(a) 赤峰土壤;(b) 通辽土壤;(c) 大连土壤

3.2.17 顺式氯氰菊酯对映体在土壤中的立体选择性降解行为

(1) 供试土壤

供试土壤采集自不同地区(0~15 cm),新鲜土壤采集后风干,过筛,混合均匀,其具体来源与性质见表 3-35。调整土壤样品至含水量为 20%~30%,置于室温避光培养 1 周,活化土壤中的微生物。添加外消旋顺式氯氰菊酯浓度为 10 mg/kg。25 ℃ 培养箱中避光培养。

表 3-35 顺式氯氰菊酯对映体降解供试土壤来源与理化性质

编号	有机质含量(%)	pH	沙粒含量(%)	粉粒含量(%)	黏粒含量(%)	质地	采集地点
1#	1.73	8.62	73.11	20.31	6.58	沙质壤土	内蒙古赤峰
2#	1.55	6.90	71.05	21.15	7.80	沙质壤土	山东济南
3#	1.58	7.73	76.79	11.70	11.51	沙质壤土	辽宁大连
4#	1.32	6.40	46.32	39.64	14.04	粉沙质壤土	宁夏银川
5#	0.59	6.24	64.06	26.31	9.64	沙质壤土	辽宁大连

（2）样品前处理和色谱分析

土壤样品用丙酮提取,提取液加入饱和 NaCl 溶液,用乙酸乙酯进行液液分配,减压浓缩至干,用正己烷溶解。采用硅胶柱层析净化,浓缩提取液上柱后先用正己烷-乙酸乙酯(97.5∶2.5)10 mL 进行淋洗,用正己烷-乙酸乙酯(95∶5)10 mL 洗脱,收集流出液,浓缩至近干,异丙醇定容,过 0.45 μm 滤膜。

高效液相色谱检测,OD 手性色谱柱[纤维素-三(3,5-二甲基苯基氨基甲酸酯)250 mm×4.6 mm I.D.],流动相为正己烷-异丙醇(99∶1),流量为 0.8 mL/min,检测波长为 230 nm,进样量 20 μL。在分析条件下顺式氯氰菊酯对映体的出峰顺序为右旋体(+)和左旋体(-),标记为(+)-ACYM(右旋顺式氯氰菊酯)和(-)-ACYM(左旋顺式氯氰菊酯)。

（3）顺式氯氰菊酯对映体在酸性土壤中的降解

顺式氯氰菊酯对映体在赤峰和济南土壤中的降解趋势基本一致,符合一级反应动力学规律,整个降解过程分为快速降解的初期阶段和相对平缓的后期阶段(图 3-32)。

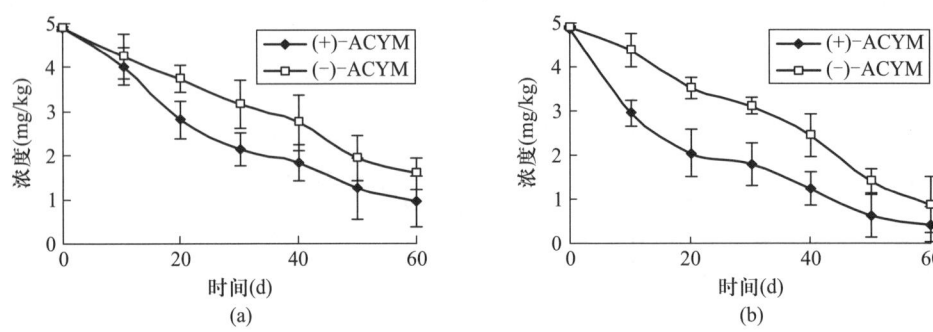

图 3-32 顺式氯氰菊酯对映体在酸性土壤中的降解曲线:(a) 赤峰土壤;(b) 济南土壤

对映体在两种酸性土壤中的回归方程,降解半衰期及 ES 值如表 3-36 所示。在两种酸性供试土壤中,两种对映体的降解半衰期均出现差异,赤峰土壤中,两种对映体的降解半衰期相差超过 10 d(25.3 d 和 36.9 d),ES 值为-0.186;在济南土壤中二者降解半衰期相差约 7 d(17.8 d 和 24.9 d),ES 值为-0.167,差异都达到了统计学显著水平。在酸性土壤中两种对映体发生了选择性降解,其中(+)-顺式氯氰菊酯被优先降解。

表 3-36 顺式氯氰菊酯对映体在酸性土壤中降解动态的回归方程

土壤	对映体	回归方程	相关系数 R^2	半衰期 $T_{1/2}$(d)	ES 值
1#赤峰	(+)-ACYM	$C_t = 5.0435e^{-0.0274t}$	0.9939	25.3	-0.186
	(-)-ACYM	$C_t = 5.2367e^{-0.0188t}$	0.9714	36.9	
2#济南	(+)-ACYM	$C_t = 4.8373e^{-0.0389t}$	0.9768	17.8	-0.167
	(-)-ACYM	$C_t = 5.8839e^{-0.0278t}$	0.9211	24.9	

赤峰和济南土壤中各取样时间点的 EF 值如图 3-33 所示。赤峰土壤在 10 天内,EF 值无明显变化,第 20 天取样时间点 EF 值开始升高,并随着取样时间延长,EF 比值逐渐增大,在第 60 天达到最高(0.628);济南土壤在 10 天的取样时间点 EF 值就已经迅速升高(0.5958),并随着取

样时间延长,EF 比值逐渐增大,在第 50 天达到最高(0.702)。顺式氯氰菊酯在酸性土壤中典型降解色谱图如图 3-34 所示。

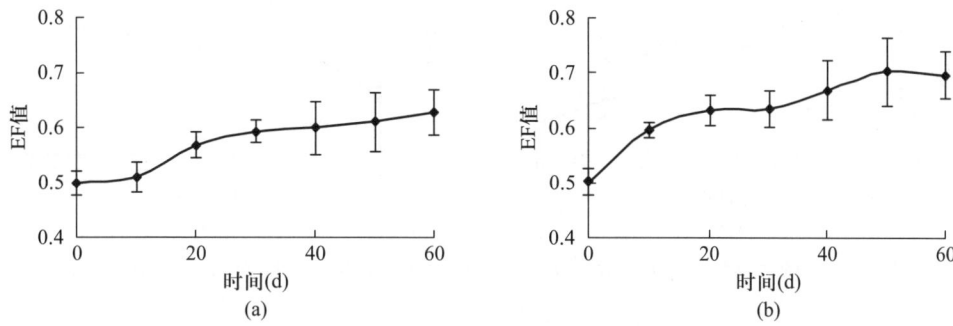

图 3-33　顺式氯氰菊酯对映体在酸性土壤中的 EF 值变化动态:(a) 赤峰土壤;(b) 济南土壤

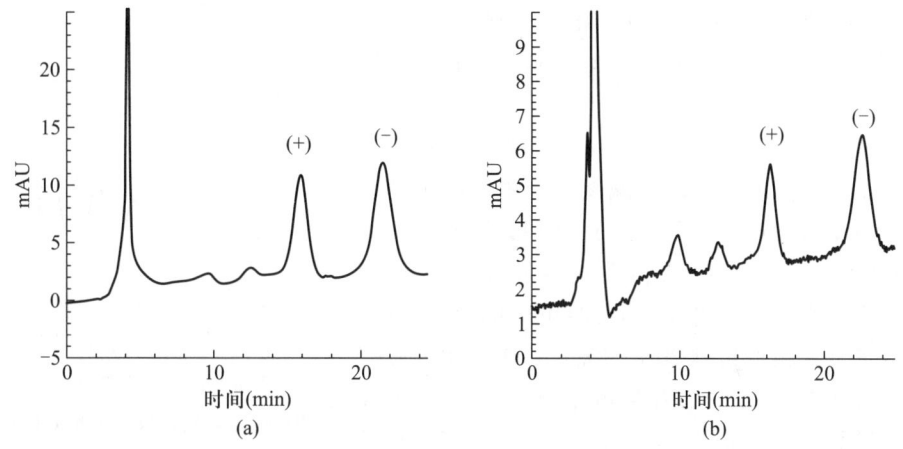

图 3-34　顺式氯氰菊酯对映体在酸性土壤中的选择性降解:
(a) 1#赤峰土壤,培养 40 天;(b) 2#济南土壤,培养 40 天

(4) 顺式氯氰菊酯对映体在中性土壤中的降解

大连土壤中顺式氯氰菊酯对映体的降解动态回归方程、降解半衰期及 ES 值列于表 3-37。

表 3-37　顺式氯氰菊酯对映体在 3#大连土壤中降解动态的回归方程

土壤	对映体	回归方程	相关系数 R^2	半衰期 $T_{1/2}$(d)	ES 值
3#大连	(+)-ACYM	$C_t = 4.7667e^{-0.0289t}$	0.9827	24.0	−0.170
	(−)-ACYM	$C_t = 5.4038e^{-0.0205t}$	0.9423	33.8	

大连土壤中两种对映体的降解速率出现差异,降解半衰期相差约 10 d(24.0 d 和 33.8 d),ES 值为−0.170,差异达到了统计学显著水平。培养 10 天后两种对映体的残留量就已有所不同,在此后的时间里,这种差异有扩大的趋势,(+)-顺式氯氰菊酯被优先降解(图 3-35a)。

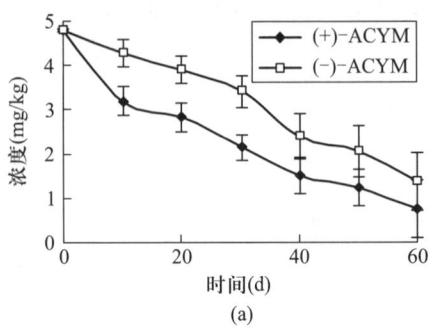
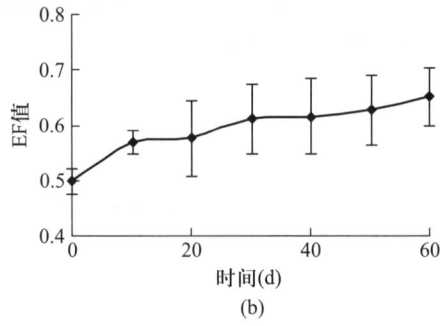

图 3-35　顺式氯氰菊酯对映体在大连土壤中的降解曲线(a) 和 EF 值变化动态(b)

大连土壤中各取样时间点的 EF 值如图 3-35(b)所示。在 10 天的取样时间点 EF 值就已经迅速升高(0.569),并随着取样时间延长,EF 比值逐渐增大,在第 60 天达到最高(0.652)。顺式氯氰菊酯典型降解色谱图见图 3-36。

(5) 顺式氯氰菊酯对映体在碱性土壤中的降解

顺式氯氰菊酯对映体在两种碱性土壤中的降解趋势符合一级反应动力学规律(图 3-37)。回归方程,降解半衰期及 ES 值列于表 3-38。在两种碱性供试土壤中,两种对映体的降解半衰期均出现差异,银川土壤中,两种对映体的降解半衰期相差超过 20 d(40.1 d 和 60.8 d),ES 值为-0.21;在大连土壤中二者降解半衰期相差约 25 d(27.7 d 和 52.7 d),ES 值为-0.31,差异都达到了统计学显著水平。两种碱性土壤样品中(-)-顺式氯氰菊酯的量明显高于其对映体。

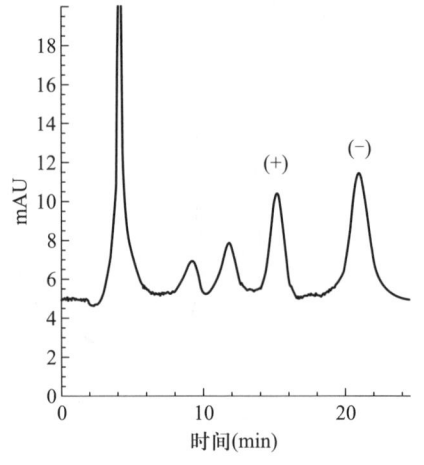

图 3-36　顺式氯氰菊酯对映体在大连土壤中培养 40 天后的降解色谱图

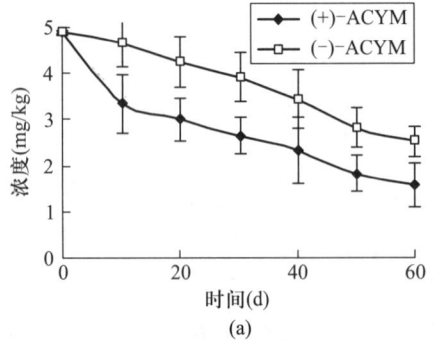
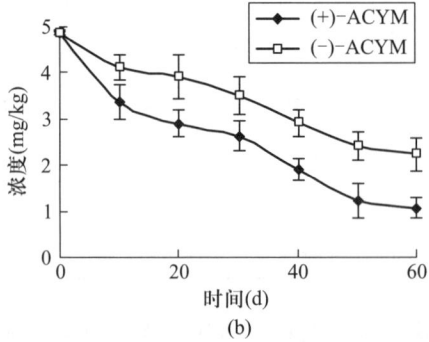

图 3-37　顺式氯氰菊酯对映体在碱性土壤中的降解曲线:(a) 银川土壤;(b) 大连土壤

表 3-38 顺式氯氰菊酯对映体在碱性土壤中降解动态的回归方程

土壤	对映体	回归方程	相关系数 R^2	半衰期 $T_{1/2}(d)$	ES 值
4#银川	(+)-ACYM	$C_t = 4.4254e^{-0.0173t}$	0.9689	40.1	-0.21
	(-)-ACYM	$C_t = 5.1925e^{-0.0114t}$	0.9661	60.8	
5#大连	(+)-ACYM	$C_t = 4.8054e^{-0.0250t}$	0.9709	27.7	-0.31
	(-)-ACYM	$C_t = 4.9149e^{-0.0132t}$	0.9807	52.7	

碱性土壤中各取样时间点的 EF 值如图 3-38 所示。顺式氯氰菊酯对映体在银川土壤和大连土壤中的第 10 天取样时间点的 EF 值就已经迅速升高,并随着取样时间延长,EF 值逐渐增大,在第 60 天达到最大(银川 0.615;大连 0.5462)。典型降解色谱图如图 3-39。

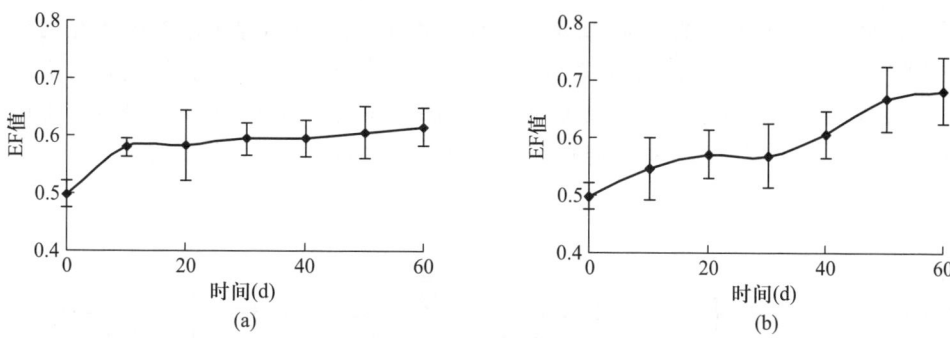

图 3-38 顺式氯氰菊酯对映体在碱性土壤中的 EF 值变化动态:(a) 银川土壤;(b) 大连土壤

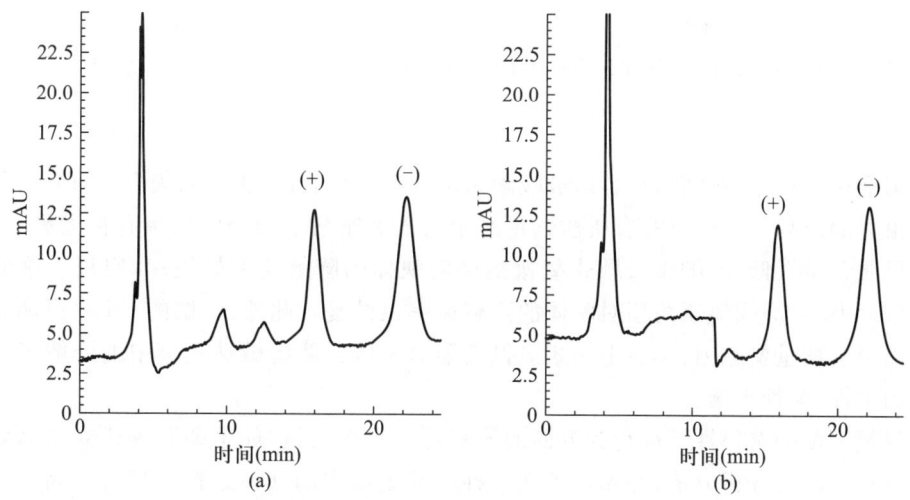

图 3-39 顺式氯氰菊酯对映体在碱性土壤中的选择性降解色谱图:
(a) 银川土壤,40 天;(b) 大连土壤,40 天

(6) 灭菌条件下顺式氯氰菊酯对映体在碱性土壤中的降解

灭菌条件下顺式氯氰菊酯在两种碱性土壤中的降解非常缓慢(图 3-40),60 天内降解了约

40%。由此可得出，土壤微生物降解是顺式氯氰菊酯在土壤中的主要降解途径之一。

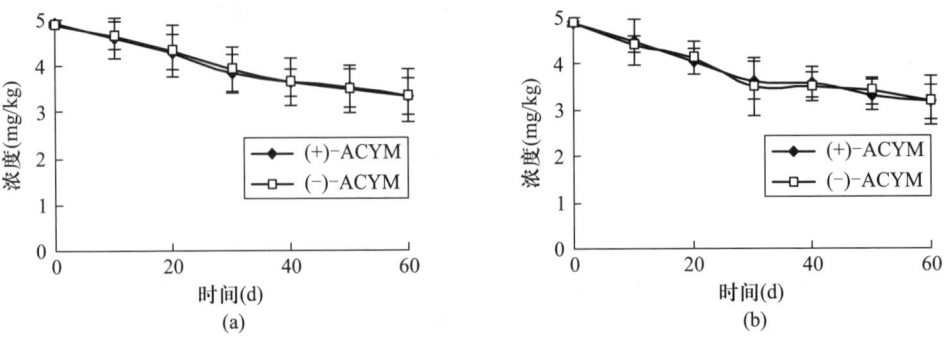

图3-40　顺式氯氰菊酯对映体在灭菌碱性土壤中的降解曲线：(a) 银川土壤；(b) 大连土壤

各取样时间点的 EF 值如图3-41所示。在灭菌条件下，顺式氯氰菊酯对映体在两种碱性土壤中 EF 值随时间变化趋势图中，整个降解周期内 EF 值在 0.5 上下浮动，且随时间增加变化趋势不明显。在表明灭菌条件下顺式氯氰菊酯的两对映体在土壤中不存在立体选择性降解。故顺式氯氰菊酯对映体在土壤中的立体选择性行为是由土壤中的特有微生物造成的。

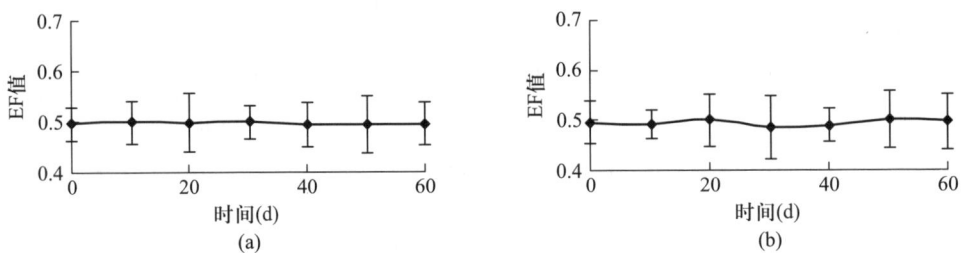

图3-41　顺式氯氰菊酯对映体在灭菌碱性土壤中的 EF 值变化动态：(a) 银川土壤；(b) 大连土壤

(7) 讨论

氯氰菊酯是一种非极性农药，容易被吸附和结合在土壤表面，土壤的碳含量对吸附的氯氰菊酯的量有很大的影响。土壤中的有机质含量对于顺式氯氰菊酯的降解速率有很大影响：2#济南土壤的有机质含量最低（2.03%），顺式氯氰菊酯对映体的降解速率最快；4#银川土壤的有机质含量最高（5.59%），顺式氯氰菊酯对映体的降解速率也最慢。此外，土壤的 pH 也可能是影响顺式氯氰菊酯降解的重要原因，实验中顺式氯氰菊酯对映体在两种碱性土壤中的降解半衰期都远长于其他的中性、酸性土壤。

关于氯氰菊酯的选择性环境行为方面的研究还有很多报道，如李朝阳等建立了高效氯氰菊酯的手性对映体浓度分析方法，并测定了在一种酸性土壤中的立体选择性降解。高效氯氰菊酯也存在明显的对映体选择性降解[18]。

微生物对氯氰菊酯的降解影响非常大，顺式氯氰菊酯对映体在灭菌的碱性土壤中降解比在非灭菌条件中的降解缓慢，证明了微生物降解的重要性。微生物的活动对顺式氯氰菊酯在土壤中的选择性降解有着重要作用，而其他物理化学过程对立体异构体的降解没有选择性作用。Sakata 等从土壤中筛选出了多种对氯氰菊酯有选择性降解作用的菌株，在这些降解菌作用下，氯氰菊酯8种异构体中,(1R,trans,αS),(1S,cis,αS)和(1S,trans,αS)异构体降解速率很快,其余5种异构体几乎不发生降解;研究发现这种选择性是由于降解菌不同降解机理的酶共同作用的结果,表明土壤中存在对手性化合物具有高度选择性的降解酶[57]。

顺式氯氰菊酯在土壤中的选择性降解行为可能与土壤pH和有机质有关,在两种碱性、有机质含量高的土壤中出现了最大的选择性差异,但是在中性和酸性土壤中选择性差异变化不大。

3.2.18 戊唑醇对映体在土壤中的降解

(1)供试土壤

供试土壤采集自不同地区未施用过戊唑醇的农田(0~10 cm),风干,土壤性质见表3-39。土壤调整含水量为20%~30%,避光培养一周,活化土壤微生物,添加戊唑醇20 μg/g。

表3-39 戊唑醇对映体降解供试土壤来源与理化性质

编号	有机质含量(%)	pH	沙粒含量(%)	粉粒含量(%)	黏粒含量(%)	质地	采集地点
1#	3.82	4.8	32	27	41	粉沙壤土	广西南宁
2#	1.39	6.9	22	36	42	黏质土	山东兖州
3#	5.59	8.1	66	31	3	沙壤土	内蒙古赤峰

(2)样品前处理和色谱分析

土壤样品用甲醇涡旋提取,减压浓缩后,提取液加入NaCl饱和溶液,用乙酸乙酯进行液液分配,合并有机相,浓缩至干,异丙醇定容过膜。

高效液相色谱检测,OD手性色谱柱[纤维素-三(3,5-二甲基苯基氨基甲酸酯)250 mm×4.6 mm I.D.],流动相为正己烷-异丙醇(90:10),流量为1.0 mL/min,检测波长为230 nm,进样量20 μL。

(3)戊唑醇对映体在土壤中的降解

戊唑醇对映体在三种土壤中的降解趋势符合一级反应动力学规律(图3-42)。降解动态在土壤中的回归方程、降解半衰期及ES值如表3-40所示。戊唑醇在土壤中的降解极为缓慢,在三种土壤中降解速率存在差异,3#赤峰碱性土壤中的降解速率稍快于酸性和中性土壤。供试土壤中,(-)-戊唑醇的降解半衰期均快于(+)-戊唑醇,但差异不显著,EF值变化也不大(图3-43),由此说明戊唑醇在供试土壤中不存在选择性降解行为。

表3-40 戊唑醇对映体在土壤中降解动态的回归方程

土壤	对映体 S	回归方程	相关系数 R^2	半衰期 $T_{1/2}$(d)	ES 值
1#南宁	(+)	$C_t = 8.9981e^{-0.0090t}$	0.9860	77.0	0.011
	(-)	$C_t = 9.0802e^{-0.0092t}$	0.9889	75.3	
2#兖州	(+)	$C_t = 9.0330e^{-0.0095t}$	0.9604	72.9	0.021
	(-)	$C_t = 9.2529e^{-0.0097t}$	0.9695	70.0	
3#赤峰	(+)	$C_t = 8.1311e^{-0.0123t}$	0.9642	56.3	0.012
	(-)	$C_t = 8.1481e^{-0.0126t}$	0.9749	55.0	

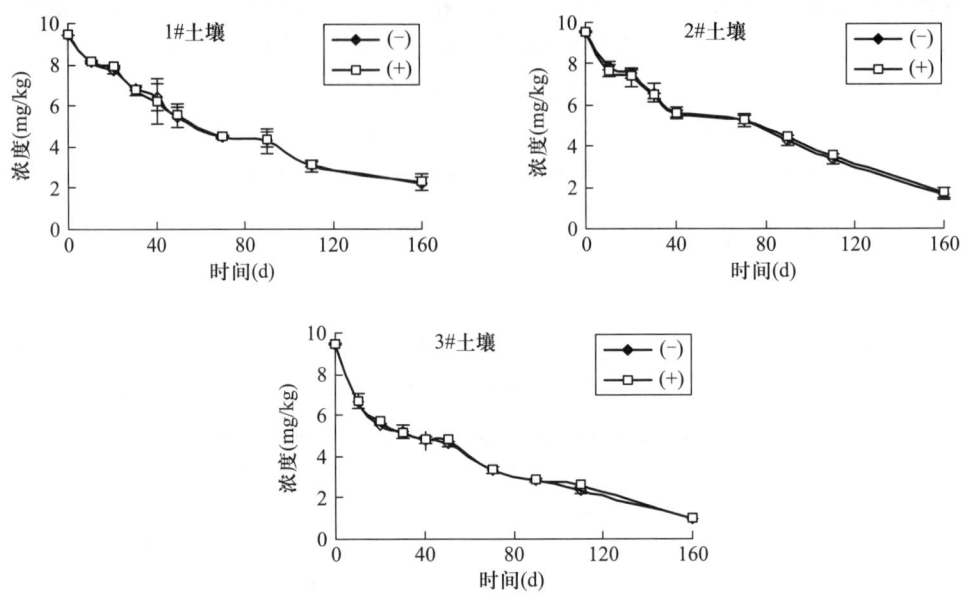

图 3-42　戊唑醇对映体在土壤中的降解曲线

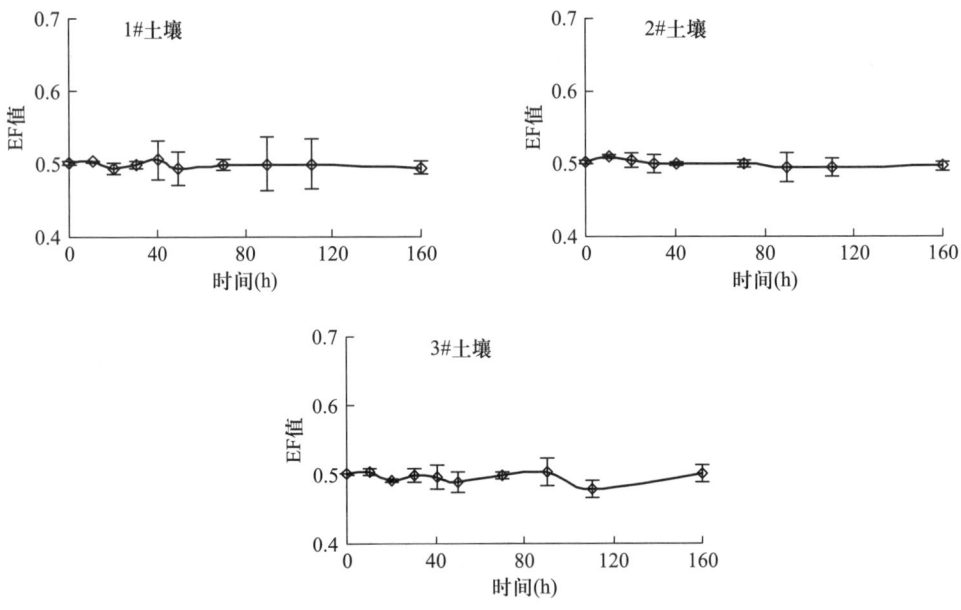

图 3-43　戊唑醇对映体在土壤中的 EF 值变化动态

3.2.19　异丙甲草胺在安大略湖中的残留和对映体比例[8]

(1) 供试水样

在 2003—2004 年和 2006—2007 年间,分别采集安大略湖的地表水样品。对其中异丙甲草胺的含量和对映体的比例进行测定。

（2）样品前处理和色谱分析

水样本采用二氯甲烷液液萃取。使用佛罗里硅土层析柱净化。

异丙甲草胺四种对映体在 LC-MS/MS 系统上进行分析检测,所用色谱柱为 Chiralcel OD-H (250 mm×4.6 mm,Chiral Technologies,Inc.,West Chester,PA,U.S.A.),流动相为含 0.2%异丙醇的正己烷溶液,流出顺序为 $(\alpha R,1'R)$,$(\alpha R,1'S)$,$(\alpha S,1'R)$ 和 $(\alpha S,1'S)$。异丙甲草胺对映体的情况采用除草活性对映体的比率 SF 来表示。

（3）异丙甲草胺在安大略湖中的立体选择性残留

经测定发现,异丙甲草胺对映体在湖水中呈对映体选择性分布。具体如表 3-41 所示。

表 3-41　各个年份中异丙甲草胺的对映体选择性

	异丙甲草胺 SF 值
2003—2004 年	
范围	0.519~0.927
均值	0.851
SD	0.077
中值	0.880
n	148
2006—2007 年	
范围	0.528~0.908
均值	0.842
SD	0.062
中值	0.863
n	92

3.2.20　氯丹在美国室内空气的对映体分布[43]

（1）样品采集

在 1996 年的秋季、1997 年的春秋两季以及 1998 年的春冬两季,分别在宾夕法尼亚州、俄亥俄州、印第安纳州和伊利诺伊州采集 37 份室内空气样本。其中 23 份样本用小体积取样器取得,用来进行有机氯浓度测定以及对映体含量分析;另外 14 份样本用大体积取样器取得,仅用来做对映体含量分析。小体积取样器中含 3.5 cm×5 cm 的泡沫聚氨酯,在一楼或地下室取样,取样速率为 0.03 m^3/min,取样时间为 6~8 h。14 份大体积样本中,13 份和小体积样本在同一房间同一时间取得,取样器中含 10 cm×10 cm 的泡沫聚氨酯,0.54 m^3/min 取样 6~8 h。取样后,所有样本分别存于干净的玻璃管中,保存温度为 4 ℃。

（2）样品前处理和色谱分析

小体积样本的泡沫聚氨酯用索氏提取法提取 18~24 h,石油醚作为提取溶剂,旋转蒸发后用 20 mL 正己烷溶解提取物,再氮气吹干,用 1 mL 异辛烷溶解。过柱净化,所用层析柱从下到上依次是硅胶、中性氧化铝和无水硫酸钠。先用 30 mL 石油醚淋洗,再用 30 mL 二氯甲烷淋洗。

用于对映体含量分析的大体积样本,索氏提取法提取 24 h,所用溶剂为丙酮-正己烷(1:1),旋干后加入 1mL 正己烷,过硅胶柱净化,分别用 25 mL 正己烷、二氯甲烷-正己烷(1:1)和二氯甲烷分三步淋洗,其中目标分析物在第二部分中淋出。氮气吹干后用正己烷定容至 50 μL。

小体积样本中顺式氯丹和反式氯丹对映体含量的分析,使用气质联用仪,采用 Betadex-120 色谱柱(30 m,0.25 mm I.D.,0.25 μm)对对映体进行分离。进样体积为 2 μL,不分流进样,升温程序:起始温度 90 ℃,保持 1 min,15 ℃/min 升温到 140 ℃,1 ℃/min 升温到 190 ℃,保持 10 min,20 ℃/min 升温到 230 ℃,保持 10 min。氦气作为载气,流量为 50 cm/s。进样口温度为 250 ℃。离子源和四级杆温度分别为 150 ℃ 和 100 ℃。

大体积样本中氯丹对映体的分析采用气质联用仪,使用两种手性色谱柱进行分离:BGB-172(25% tert-butyldimethylsilyl,25 m,0.20 mm I.D.,0.18 μm)和 α-cyclodextrin-120(α-DEX:20% permethylated α-cyclodextrin in SPB-35,30 m,0.25 mm I.D.,0.25 μm)。采用不分流进样,氦气作为载气,BGB-172 程序升温条件:起始柱温为 50 ℃,保持 1 min,3 ℃/min 升温到 150 ℃,1 ℃/min 升温到 225 ℃,20 ℃/min 升温到 230 ℃,保持 1 min,1 ℃/min 升温到 140 ℃,0.5 ℃/min 升温到 177 ℃,30 ℃/min 升温到 230 ℃,保持 1 min。

(3)氯丹对映体在美国室内空气中的含量

37 个样本中,部分样本中的氯丹残留量能够进行对映体分析。大体积和小体积室内空气样本均进行了顺式氯丹和反式氯丹的对映体含量分析,具体结果见表 3-42。在所有的样本中,仅在 IN7 样本中发现反式氯丹 EF 值为 0.47,其他样本中的 EF 值都接近 0.50,说明在室内环境中都以外消旋体的形式存在。

表 3-42 反式氯丹和顺式氯丹在室内空气中的对映体的比例(EF)

样品名称	反式氯丹		顺式氯丹	
	小体积	大体积	小体积	大体积
标准品	0.50	0.50	0.50	0.50
宾夕法尼亚州				
PA1	0.50	—	—	—
PA3	0.50	—	0.49	—
俄亥俄州				
OH1	0.50	—	0.50	—
OH2	0.49	—	0.50	—
OH3	0.50	—	0.50	—
OH4	0.50	—	0.49	—
OH5	0.50	—	0.50	—
OH7	0.50	—	0.50	—
OH8	—	0.50	—	0.50

续表

样品名称	反式氯丹		顺式氯丹	
	小体积	大体积	小体积	大体积
印第安纳州				
IN1	0.50	0.50	0.50	0.51
IN2	0.49	—	0.49	—
IN3	0.50	0.49	0.49	0.49
IN4	0.50	0.51	0.50	0.50
IN5	0.50	0.50	0.50	0.50
IN6	0.50	0.49	0.50	0.50
IN7	0.50	0.47	0.50	0.50
IN8	0.50	0.50	0.50	0.50
伊利诺伊州				
IL1	—	0.50	—	0.49
IL2	0.49	0.50	0.50	0.50
IL3	0.50	0.51	0.49	0.50
IL4	0.50	0.50	0.50	0.51
IL5	0.50	—	0.50	—
均值	0.50	0.50	0.50	0.50
	$n=20$	$n=12$	$n=19$	$n=12$

参 考 文 献

[1] 徐逸楣. 光学活性农药开发的现状与展望(上)[J]. 世界农药,1998,(2):6-16.

[2] Liu W,Gan J,Schlenk D,et al. Enantioselectivity in environmental safety of current chiral insecticides[J]. Proceedings of the National Academy of Sciences of the United States of America,2005,102(3):701-706.

[3] 刘维屏. 农药环境化学[M]. 北京:化学工业出版社,2006.

[4] 牟树森,青长乐. 环境土壤学. 农业环境保护专业用[M]. 北京:农业出版社,1993.

[5] 金志刚,环境保护,张彤,等. 污染物生物降解[M]. 上海:华东理工大学出版社,1997.

[6] Garrison A,Schmitt P,Martens D,et al. Enantiomeric selectivity in the environmental degradation of dichlorprop as determined by high-performance capillary electrophoresis[J]. Environmental Science & Technology,1996,30(8):2449-2455.

[7] Smejkal C W,Vallaeys T,Seymour F A,et al. Characterization of(*R/S*)-mecoprop[2-(2-methyl-4-chlorophenoxy) propionic acid]-degrading alcaligenes *sp*. CS1 and ralstonia *sp*. CS2 isolated from agricultural soils[J]. Envi-

ronmental Microbiology,2001,3(4):288-293.

[8] Kurt-Karakus P B,Bidleman T F,Muir D C G,et al. Comparison of concentrations and stereoisomer ratios of mecoprop,dichlorprop and metolachlor in ontario streams. 2006—2007 vs. 2003—2004[J]. Environmental Pollution,2010,158(5):1842-1849.

[9] Zipper C,Nickel K,Angst W,et al. Complete microbial degradation of both enantiomers of the chiral herbicide mecoprop[(RS)-2-(4-chloro-2-methylphenoxy) propionic acid]in an enantioselective manner by *sphingomonas herbicidovorans sp.* nov[J]. Applied and Environmental Microbiology,1996,62(12):4318-4322.

[10] Nickel K,Suter M,Kohler H. Involvement of two alpha-ketoglutarate-dependent dioxygenases in enantioselective degradation of(R)-and (S)-mecoprop by sphingomonas herbicidovorans MH[J]. Journal of Bacteriology,1997,179(21):6674-6679.

[11] Zipper C,Bunk M,Zehnder A J B,et al. Enantioselective uptake and degradation of the chiral herbicide dichlorprop[(RS)-2-(2,4-dichlorophenoxy) propanoic acid]by sphingomonas herbicidovorans MH[J]. Journal of Bacteriology,1998,180(13):3368-3374.

[12] Park H D,Ka J O. Genetic and phenotypic diversity of dichlorpropdegrading bacteria isolated from soils[J]. Journal of Microbiology-Seoul,2003,41(1):7-15.

[13] Romero E,Matallo M,Peña A,et al. Dissipation of racemic mecoprop and dichlorprop and their pure R-enantiomers in three calcareous soils with and without peat addition[J]. Environmental Pollution,2001,111(2):209-215.

[14] Williams G,Harrison I,Carlick C,et al. Changes in enantiomeric fraction as evidence of natural attenuation of mecoprop in a limestone aquifer[J]. Journal of Contaminant Hydrology,2003,64(3):253-267.

[15] Ma Y,Xu C,Chen S,et al. Enantioselective degradation of 2,4-dichlorprop methyl ester by sediment bacteria[J]. Environmental Science,2005,26(4):152-155.

[16] Itoh K. Stereoselective degradation of organophosphorus insecticide salithion in upland soils[J]. Jounral of Pesticide Science,1991,16(1):35-40.

[17] Itoh K. Characteristics of microflora degrading insecticide salithion in soil[J]. Journal of Pesticide Science,1991,16(1):77-83.

[18] Sakata S,Mikami N,Yamada H. Degradation of pyrethroid optical isomers by soil microorganisms[J]. Journal of Pesticide Science,1992,17:181-189.

[19] Aigner E J,Leone A D,Falconer R L. Concentrations and enantiomeric ratios of organochlorine pesticides in soils from the U. S. corn belt[J]. Environmental Science & Technology,1998,32(9):1162-1168.

[20] Zhang A,Chen Z,Liu W,et al. Concentrations of ddts and enantiomeric fractions of chiral DDTs in agricultural soils from Zhejiang province,china,and correlations with total organic carbon and pH[J]. Journal of Agricultural & Food Chemistry,2012,60(34):8294-8301.

[21] Wiberg K,Harner T,Wideman J L,et al. Chiral analysis of organochlorine pesticides in alabama soils[J]. Chemosphere,2001,45(6-7):843-848.

[22] Finizio A,Bidleman T,Szeto S. Emission of chiral pesticides from an agricultural soil in the fraser valley,British Columbia[J]. Chemosphere,1998,36(2):345-355.

[23] Mueller M D,Schlabach M,Oehme M. Fast and precise determination of Alpha-hexachlorocyclohexane enantiomers in environmental samples using chiral high-resolution gas chromatography[J]. Environmental Science & Technology,1992,26(3):566-569.

[24] Ngabe B,Bidleman T F,Falconer R L. Base hydrolysis of Alpha- and Gamma-hexachlorocyclohexanes[J]. Environmental Science & Technology,1993,27(9):1930-1933.

[25] Middeldorp P J M,Jaspers M,Zehnder A J B,et al. Biotransformation of α-,β-,γ-,and δ-hexachlorocyclo-

hexane under methanogenic conditions[J]. Environmental Science & Technology,1996,30(7):2345-2349.

[26] Monkiedje A,Spiteller M,Bester K. Degradation of racemic and enantiopure metalaxyl in tropical and temperate soils[J]. Environmental Science & Technology,2003,37(4):707-712.

[27] Buerge I J,Poiger T,Müller M D,et al. Enantioselective degradation of metalaxyl in soils:chiral preference changes with soil pH[J]. Environmental Science & Technology,2003,37(12):2668-2674.

[28] Buser H R,Mueller M D. Environmental behavior of acetamide pesticide stereoisomers. 1.Stereo-and enantioselective determination using chiral high-resolution gas chromatography and chiral HPLC[J]. Environmental Science & Technology,1995,29(8):2023-2030.

[29] Mueller M D,Buser H R. Environmental behavior of acetamide pesticide stereoisomers. 2.Stereo-and enantioselective degradation in sewage sludge and soil[J]. Environmental Science & Technology,1995,29(8):2031-2037.

[30] Marucchini C,Zadra C. Stereoselective degradation of metalaxyl and metalaxyl-M in soil and sunflower plants[J]. Chirality. 2002,14(1):32-38.

[31] Buser H R,Müller M D,Poiger T et al. Environmental behavior of the chiral acetamide pesticide metalaxyl: enantioselective degradation and chiral stability in soil[J]. Environmental Science & Technology,2002,36(2):221-226.

[32] Vetter W,Bartha R,Stern G et al. Enantioselective determination of two persistent chlorobornane congeners in sediment from a toxaphene-treated yukon lake[J]. Environmental Toxicology & Chemistry,2010,18(12):2775-2781.

[33] Jantunen L,Bidleman T. Organochlorine pesticides and enantiomers of chiral pesticides in arctic ocean water[J]. Archives of Environmental Contamination and Toxicology,1998,35(2):218-228.

[34] Falconer R L,Bidleman T F,Gregor D J,et al. Enantioselective breakdown of Alpha-hexachlorocyclohexane in a small arctic lake and its watershed[J]. Environmental Science & Technology,1995,29(5):1297-1302.

[35] Law S A,Diamond M L,Helm P A,et al. Factors affecting the occurrence and enantiomeric degradation of hexachlorocyclohexane isomers in northern and temperate aquatic systems[J]. Environmental Toxicology & Chemistry,2001,20(12):2690-2698.

[36] Huehnerfuss H,Faller J,Koenig W A,et al. Gas chromatographic separation of the enantiomers of marine pollutants. 4.Fate of hexachlorocyclohexane isomers in the baltic and north sea[J]. Environmental Science & Technology,1992,26(11):2127-2133.

[37] 张智超,戴树桂,朱昌寿,等. 海河河口水和新港港湾水中 α-六六六对映体选择性降解及 $\alpha,\beta,\gamma,\delta$-六六六浓度[J]. 中国环境科学,1998,18(3):197-201.

[38] Ludwig P,Hühnerfuss H,König W A,et al. Gas chromatographic separation of the enantiomers of marine pollutants. Part 3.Enantioselective degradation of α-hexachlorocyclohexane and γ-hexachlorocyclohexane by marine microorganisms[J]. Marine Chemistry,1992,38(1-2):13-23.

[39] Zipper C,Suter M J F,Haderlein S B,et al. Changes in the enantiomeric ratio of (R)- to (S)-mecoprop indicate in situ biodegradation of this chiral herbicide in a polluted aquifer[J]. Environmental Science & Technology,1998,32(14):2070-2076.

[40] Buser H R,Poiger T,Müller M D. Changed enantiomer composition of metolachlor in surface water following the introduction of the enantiomerically enriched product to the market[J]. Environmental Science & Technology,2000,34(13):2690-2696.

[41] Buser H R,Mueller M D. Enantioselective determination of chlordane components,metabolites,and photoconversion products in environmental samples using chiral high-resolution gas chromatography and mass spectrometry[J]. Environmental Science & Technology,1993,27(6):1211-1220.

[42] Ridal J J,Bidleman T F,Kerman B R,et al. Enantiomers of α-hexachlorocyclohexane as tracers of air-water

gas exchange in lake ontario[J]. Environmental Science & Technology,1997,31(7):1940-1945.

[43] Leone A D,Ulrich E M,E Bodnar C,et al. Organochlorine pesticide concentrations and enantiomer fractions for chlordane in indoor air from the US corn belt[J]. Atmospheric Environment,2000,34(24):4131-4138.

[44] Wang X Q,Jia G F,Qiu J,et al. Stereoselective degradation of fungicide benalaxyl in soils and cucumber plants[J]. Chirality,2007,19(4):300-306

[45] 鲍士旦. 土壤农化分析[M]. 北京:中国农业出版社,2000.

[46] 汪枞生,刘多森. 土壤中农药的降解动力学模型研究进展[J]. 土壤,1997,29(3):125-129.

[47] 王增辉,安希忠,李长虹. 农药降解规律的数学方法探讨[J]. 农业环境科学学报,1992,(6):283-285.

[48] 朱建,胡庆永. 农药残留动态的多项式回归分析研究[J]. 农业环境科学学报,1988,7(5):27-29.

[49] Li J,Dong F,Xu J,et al. Enantioselective determination of triazole fungice tetraconazole by chiral high-performance liquid chromatography and its application to pharmacokinetic study in cucumber, muskmelon, and soils[J]. Chirality,2012,24(4):294-302.

[50] Bromilow R H,Evans A A,Nicholls P H. Factors affecting degradation rates of five triazole fungicides in two soil types:1.Laboratory incubations[J]. Pest Management Science,2015,55(12):1129-1134.

[51] Wong F,Kurt Karakus P,Bidleman T F. Fate of brominated flame retardants and organochlorine pesticides in urban soil:volatility and degradation[J]. Environmental Science & Technology,2012,46(5):2668-2674.

[52] Ramezani M K,Oliver D P,Kookana R S,et al. Faster degradation of herbicidally-active enantiomer of imidazolinones in soils[J]. Chemosphere,2010,79(11):1040-1045.

[53] Colby S,Humburg N,Lym R,et al. Herbicide handbook of the weed science society of america[M]. Weed Science Society of America,1989.

[54] Wauchope R D,Buttler T,Hornsby A,et al. The scs/ars/ces pesticide properties database for environmental decision-making[J]. Reviews of Environmental Contamination and Toxicology,1992,123(6):1-155.

[55] Mccall P,Swann R,Laskowski D,et al. Estimation of chemical mobility in soil from liquid chromatographic retention times[J]. Bulletin of Environmental Contamination and Toxicology,1980,24(1):190-195.

[56] Patil S G,Nicholls P H,Chamberlain K,et al. Degradation rates in soil of 1-benzyltriazoies and two triazole fungicides[J]. Pest Management Science,1988,22(4):333-342.

[57] Sakata S,Mikami N,Yamada H. Degradation of pyrethroid optical isomers by soil microorganisms[J]. Journal of Pesticide Science,1992,17:181-189.

第4章 手性农药在动物体中的立体选择性行为

4.1 前　言

手性医药在动物体内立体选择性行为的研究已经非常深入,但对于手性农药而言,这方面的研究还不够广泛,在分子水平上对诸如对映体选择性主动膜运输、结合及降解等过程的认识并不完全清楚。目前手性农药在动物体内的立体选择性行为的研究主要集中在药物动力学的立体选择性及其导致的立体选择性富集。

4.1.1 药物动力学立体选择性

药物动力学(pharmacokinetics),也称药代动力学或药物代谢动力学,它主要研究药物在体内量变过程的规律,采用数学方法定量分析药物在体内的吸收、分布、代谢和排泄消除的量变特征,特别是研究药物在体内房室中的量变规律[1]。药物动力学一般用来研究医药在生物体内的量变,目前在农药研究上的应用也越来越广泛。

手性是生物系统的基本特征,构成生物系统的基本成分蛋白质、糖类、脂肪均为手性成分。许多内源物质如激素、酶、载体等都具有手性。药物在体内吸收、分布、排泄和代谢等过程涉及与这些生物大分子间的相互作用,必然存在手性识别问题,导致药物动力学的立体选择性差异。

4.1.1.1 药物吸收

药物由给药部位进入体内静脉血液循环的过程称为药物吸收。当静脉给药时,由于药物直接进入血液循环,所以无须吸收过程。通过肌肉注射、皮下注射、腹腔注射等途经给药时,药物需经历在给药部位扩散,进入周围毛细血管或淋巴管,再进入血液循环的吸收过程。而口服给药时,药物的吸收要经历经过胃肠道吸收部位进入肝门静脉系统的吸收过程。处于吸收过程中的药物称为处在"吸收相",吸收过程完成后,进入"吸收后相"或"分布相"。大多数药物的吸收是被动扩散过程,其吸收程度和速率取决于药物的脂溶性,没有立体选择性。然而,药物外消旋体的水溶性和晶型与其单个对映体有一定的差别,这就使得它们在给药部位的溶出速率有相应的差异。例如沙利度胺的单个对映体在一些溶剂中的溶解性比它们的外消旋体大5~9倍。由于外消旋体表现出作为一个复合物存在于溶液中,它有着不同于单个异构体的生物学性质[2],当药物通过主动转运过程或借助载体转运而吸收时,在吸收方面就出现立体选择性,如氨基酸、糖类和肽、结构类似的药物等是通过主动转运或载体转运机制吸收的。左旋多巴(levodopa)在肠中通过氨基酸转运系统吸收,其吸收速率比通过简单扩散的右旋体吸收快得多[3]。

4.1.1.2 药物分布

药物吸收并进入体循环后向体内各个组织器官或体液转运的过程为分布。药物在血浆与机体的组织器官或体液间分布达到动态平衡后,就认为分布过程已经完成,药物从"分布相"进入"分布后相"或"消除相"。药物分布程度取决于药物与血浆蛋白、组织的结合能力及药物的脂溶性。对于多数药物而言,药物的分布与药物的理化性质有关,不存在立体选择性,但药物与血浆蛋白结合及与组织结合可能存在立体选择性。

(1) 药物与血浆蛋白结合的立体选择性[3]

药物与血浆蛋白结合的立体选择性表现为对映体与蛋白质最大结合量和亲和力的差异。常用血浆中药物游离分数表示药物与血浆蛋白的结合程度,血浆中药物游离分数与药物和血浆蛋白的结合程度成反比,结合程度大,游离分数小。与药物结合的血浆蛋白主要为白蛋白(albumin)和 α1-酸性糖蛋白(α1-acidglycoprotein)。前者通常与酸性药物结合,后者易与碱性药物结合。手性药物的两种对映体往往与这两类蛋白质的结合能力是不同的,如在人血浆中普萘洛尔的 R-对映体与人体 α1-酸性糖蛋白结合力小于 S-对映体,但 R-对映体人体白蛋白结合力大于 S-对映体。对于一些与血浆蛋白结合力大的药物,微小的改变往往会引起药物分布和药物活性较大的变化。如华法林在体外的抗凝活性 S-对映体比 R-对映体强 6~8 倍;但在体内,S-对映体抗凝活性仅为 R-对映体的 2~5 倍,这是由于 S-对映体的血浆蛋白结合率高于 R-对映体。血浆中药物游离分数改变也会改变药物在组织中的分布,如布洛芬的两种对映体在血浆和滑腔液中分布的不同是两种对映体的游离药物浓度不同所致。

(2) 药物与组织结合的立体选择性

一些手性药物在组织中的分布往往存在立体选择性。这种选择性除与血浆中药物游离分数有关外,也和药物与组织结合、跨膜转运等特性有关。一些非甾体抗炎药的表观分布容积也存在立体选择性差异。由于分布容积不同,S-依托度酸血药浓度低于 R-对映体。S-普萘洛尔、S-阿替洛尔等选择性地被心脏等组织的交感神经末梢摄取与储存[3]。大鼠单剂量服用美西律消旋体 1 小时后,在心、脑、肝、肺、肾和脂肪组织中 S-对映体浓度高于 R-对映体[4]。

4.1.1.3 药物代谢

药物在体内,受酶系统或消化道菌丛的作用发生结构的生物转化,这一过程为药物代谢过程。药物代谢可以从体内消除,也可进一步代谢。代谢的能力用清除率表示,清除率是指单位时间内从体内所清除的药物表观分布容积数,即单位时间内有多少容积体液中的药物被清除。大多数代谢在肝中进行,也有在其他部位代谢的。肝的药物代谢能力通常用肝清除率表示,其大小取决于肝血流速率、血浆蛋白结合率和药酶内在活性。对于高摄取的药物来说,肝清除率主要依赖于肝血流速率,而对于低摄取的药物,药酶活性和血浆蛋白结合率则成为主要影响因素。从生物化学的角度观察药物代谢过程,可分为三个步骤,包括药物的渗透、药-酶识别和酶催化反应,其中药物代谢的手性识别现象一般发生在后面两个步骤中,导致药物对映体具有不同的酶亲和性和酶促反应活性。手性药物立体选择性代谢可表现为多种类型的差异,主要有手性药物底物的立体选择性、前手性药物代谢产物的立体选择性、底物-产物的立体选择性及药物对映体代谢过程的手性转化。

(1) 药物代谢的底物立体选择性[2-4]

手性药物代谢的底物立体选择性,是指药物对映体在相同条件下被同一生物系统代谢时,表现出的量(代谢速率)和质(代谢途径)的差异。单一途径代谢的手性药物表现出很高的立体选择性,如茚达立酮对映体在恒河猴体内均是以苯环对位羟基化的途径被代谢,但 R 体的代谢速率是 S 体的 40 倍。由于药物可以通过一种以上的途径进行代谢,内在清除率的立体选择性反映的是各种不同酶的选择性的平衡结果。在某些情况下,对映体的代谢清除率的差异可通过完全不同的代谢途径的专属选择性体现出来,如在人体内,S-华法林主要进行 7-羟基化代谢,R-华法林则主要进行 6-羟基化反应和酮基还原代谢。对映体的代谢不仅存在速率差异,而且由于酶结合部位的立体选择性竞争,生成的主要代谢产物也不尽相同。除肝代谢酶表现出立体选择性外,肝外组织代谢过程中也存在立体选择性。利用人肺和支气管上皮细胞研究表明,沙丁胺醇的硫酸结合反应存在显著的立体选择性。非微粒体代谢酶介导的代谢也存在立体选择性。

(2) 药物代谢产物立体选择性[3]

药物代谢产物立体选择性指药物在代谢时产生的立体异构体之间质与量的差异。代谢产物对映体的立体选择性表现为代谢时产生手性中心,出现这一情形的前提条件是底物存在前手性中心或前手性面。药物代谢的立体选择性反应往往是酮的还原、碳-碳双键的氢化、前手性取代基氧化、卤代反应等。苯妥英在人体内代谢后,在分子中的一个苯环上引入对位羟基形成一个手性中心,该产物以 S 体为主,S 体产物是 R 体的 10~20 倍,即氧化反应对前手性的 S-面苯环有高度的立体选择性。手性药物代谢时还会引入第二个手性中心,形成非对映体,例如,R-华法林的酮基还原成消旋的非对映异构醇。另外,硫的氧化也会形成手性中心。

(3) 药物代谢底物-产物立体选择性[4]

当手性药物体内代谢同时出现底物的立体选择性与产物的立体选择性时,称之为底物-产物立体选择性。这一现象可以理解为在特定分子中存在的手性中心对代谢产生的新手性中心的影响,这与化学合成中的不对称诱导类似。通过对狗分别给药 R 体、S 体及外消旋体戊巴比妥的体内立体选择性代谢研究,发现两种对映体代谢产生的非对映体产物 3-羟基戊巴比妥的比值明显地随手性药物底物而发生变化;R-戊巴比妥产生等量的 $(1R,3'S)$- 和 $(1R,3'R)$-非对映体,而 S-戊巴比妥则产生 1∶5 的 $(1S,3'R)$- 和 $(1S,3'S)$-非对映体。显然对于 R-异构体来说,不存在产物的立体选择性,但 S 体代谢产物的形成存在立体选择性。

(4) 药物对映体间代谢转化[3-4]

非甾体类抗炎药中的 2-芳基丙酸类药物在生物体内酶系作用下,形成乙酰辅酶 A 硫酯中间体,再通过不对称碳原子的旋转变构,由 R 体单向不可逆地转变为具有生物活性的 S 体。这一转化现象比其他常规代谢途径(氧化、葡萄糖醛酸化等)更复杂。而且转化程度存在明显的种属差异。实验结果证实,布洛芬、苯噁洛芬、非诺洛芬等的 R 体在体内可转化为 S 体。沙利度胺对映体在血液中可以相互转化。

4.1.1.4 排泄

进入机体内的药物或在体内形成的代谢物排除到体外的过程为排泄。主要经肾由尿排泄,也有主要经胆汁由粪便排泄的,或由呼吸排泄、皮肤腺体排泄。

(1) 肾排泄

药物的肾排泄包括肾小球的被动滤过、主动转运、主动和被动再吸收及肾代谢过程的综合结果。由于肾小球的被动滤过不可能区分药物对映体,因此立体选择性肾排泄是指肾的主动转运过程,但也不能排除主动再吸收和肾代谢过程的立体选择性作用。特布他林右旋对映体在肾小管再吸收过程中,与左旋对映体发生竞争而增加后者的肾消除。另外,肾小管的主动排泄对吲哚洛尔、氯喹与丙吡胺对映体有立体选择性。

（2）胆汁排泄

胆汁排泄是药物及其代谢产物的主要排泄途径之一。药物及代谢产物在胆汁中排泄涉及主动转运过程和被动转运过程,被动转运过程依赖于血浆和胆汁中药物浓度的梯度,属于非立体选择性过程;而主动转运则是立体选择性过程,可以向胆汁转运大量的药物和代谢产物。现已知在胆管存在三种转运系统,即有机酸、有机碱和中性化合物转运系统。这些转运系统的转运可能存在对映体立体选择性。有关药物对映体及其代谢产物经胆汁排泄方面的报道较少。人和大鼠体内酮洛芬对映体的代谢过程是先与葡萄糖醛酸结合,然后再排出体外。人体有90%的结合物由尿排出,而大鼠却主要由胆汁排出。大鼠的胆汁排泄可能就是一个立体选择性过程,因为排出的S体与R体比率是血液中的2倍。当然,在确定胆汁排泄有无立体选择性特征时,仅仅根据胆汁中对映体的ER值是不够的,还需要同时考虑血液中的ER值,因为有时胆汁中的ER值往往是血液中ER值的反映。

4.1.2 手性农药在动物体内的立体选择性行为研究进展

药物动力学立体选择性导致手性农药在生物体内立体选择性富集。Hegeman和Laane[5]综合大量关于手性有机氯农药在不同环境载体中立体选择性行为的文献,在对结果进行系统分析后,建立了手性化合物偏离的模式:在空气及其他非生物介质中手性农药的EF值等于或接近0.5,即以外消旋形式存在;手性农药在水体中表现微弱的选择性,EF值偏离0.5的幅度较小;土壤对手性农药的立体选择性较空气和水体明显,即偏离EF=0.5的程度由小到大依次为:空气<水体<土壤;与上述环境介质相比,生物体对手性农药表现出高度的立体选择性,而且越是位于食物链高等级的生物其选择性越明显。在生物体中的富集趋势为:较低营养级<较高营养级,肝、肾器官<脑组织。

鲸类动物,海豚类动物表现出优先积累(+)-α-六六六,(+)-α-六六六在斑海豹、灰海豹、格陵兰海豹的鲸脂中,以及在鸭子的肝、肾及肌肉组织中比(-)-α-六六六含量更多;与此相反,在海豹中的ER<1[6]。1991年,Kallenborn就关于酶的对映体选择性降解进行报道。他们利用手性气相色谱检测α-六六六在绒鸭肝、肾和肌肉组织中的分布情况。(+)-α-六六六在这三种器官中有明显富集,其中肝中(+)-α-六六六几乎是纯的对映体,这说明在肝中(-)-α-六六六比(+)-α-六六六更易于被酶降解[7]。Wiberg等报道α-六六六和氯丹在北极熊食物链中发生生物富集现象,而且在富集过程中存在选择性,在鳕鱼体内ER=1,而在北极熊肝中则增加至2.3,表明右旋体更易于在生物体内富集[8]。这与此前Tanabe等报道的α-六六六的ER由空气、水和低等生物中的0.8～1增加至鲸鱼脂肪中的1.6～2.8的结论一致[9]。Pfaffenberger等报道在北海德意志湾内不同海域中绒鸭与比目鱼对α-六六六有选择性富集,在绒鸭、比目鱼肝中(-)-α-六六六比(+)-α-六六六降解得快;还发现处于高污染海域的比目鱼肝中的ER值要高于低污染海域的ER值,这说明污染物可能会提高降解酶的活性[10]。Pfaffenberger[11]等收集两个不同地区的狍的肝样品,分析结果表明它们均优先降解(+)-α-六六六,并且优先富集(+)-氧化氯丹和(+)-顺-环氧七氯,后者的EF值更高达0.92～0.95,几乎以单一的光学纯对映体存在。1992年Mossner等[12]对赤道以北出生海豹的脑、肝和肺等器官中的α-六六六的ER值进行测

定,发现α-六六六在其他器官的ER值远远低于脑中。在羊、人脑和海港海豹样品中发现同样立体选择性的结果[13,14]。结合生物统计学对α-六六六的ER值与生物因素之间的关系进行分析后,Wiberg等认为ER值可以作为研究食物链等级的一个有力的工具[15]。同样Iwata等对监测结果进行统计分析后认为,高等动物体内α-六六六的ER值受物种特定的代谢和体内运转方式控制,同时生态因子如取食习惯也会造成一定影响;而与性别成熟度、年龄、繁殖活动等无明显相关[16]。Ulrich[17]用α-六六六喂食大鼠,然后测定不同部位α-六六六的浓度与ER值。结果表明脂肪中的浓度最高,而大脑中的ER值则远远高于其他部位;并且证实实验室模型可以拟合自然生物样品。

Fisk等[18]的研究结果表明氧化氯丹和七氯环氧化物的右旋对映体在Northwater(北极地区冰涧湖)冰隙地带的几种北极海鸟体内有富集;这与报道的企鹅、灰海豹以及北极鳕、极地熊体内富集(+)-对映体一致[95];但与此相反,Wiberg等[19]的研究结果表明左旋对映体在海豹体内优先富集。Wiberg等[15]的研究结果表明对于氯丹来说,随着营养成分的增加没有发现统一的ER值变化趋势,海豹的性别和种类对EF值影响也不大,所以很难预测哪种对映体更易富集,立体选择性富集依赖于种属与器官。Karlsson等[19]的研究结果却显示,顺式和反式氯丹对映体在鳕鱼体内的选择性均与性别有关,雌性更易于累积二者的左旋对映体。反式氯丹在多数生物体中EF值都小于0.5。在瑞典海域中,不同类海豹的大多数器官都优先富集左旋对映体[20,21];青鱼体内与斑海豹肝中的EF值低于0.5[22]。而瑞典一河流中大马哈鱼肌肉中的EF值却高于0.5[23]。在生物体中,顺式氯丹的EF值从0.15变化到0.72,在斑海豹的脂肪、灰海豹的肝、灰海豹的脂肪和大马哈鱼样品中都检测到相对较高浓度的左旋对映体;而在青鱼和鲸脂的肝中却检测到相对较高浓度的右旋对映体[24]。

Wong等[23]在研究水体和河岸生物中手性多氯联苯(PCBs)的对映体组成时,发现在相同的取样点中,鱼和贝类体内的EF值与沉积物中存在显著差异。DDT中o,p'-DDT的在制剂中以外消旋体存在,因为ER值为1;而人体脂肪中却富含$(+)-o,p'$-DDT,表明在生物富集过程中存在立体选择性过程[24]。Lee等[25,26]系统研究地虫硫磷(fonofos)及其氧化物(fonofos oxon)在家蝇和大鼠体内、体外的选择性降解情况,研究结果表明高活性的R-对映体在肝多功能氧化酶作用下定向生成S-fonofos oxon,S-对映体则被氧化为R-fonofos oxon;R-地虫硫磷的氧化速率大大超过其对映体,而此前的研究表明代谢产物S-fonofos oxon的杀虫活性很高,因此这一结果证实R-fonofos活性高于其对映体的原因;另外血清中的降解结果也显示出明显的立体选择性。Ueji等[27]研究异柳磷(isofenphos)在离体大鼠肝微粒体悬浮液中的选择性降解,结果表明左右旋异柳磷的代谢产物量存在明显差异。

4.2 典型手性农药对映体在动物体内体外代谢行为研究实例

4.2.1 α-六六六对映体在小鼠体内的立体选择性行为[28]

通过单剂量经口给药的方式研究α-六六六在小鼠体内的立体选择性行为。

4.2.1.1 α-六六六在小鼠组织中的富集动态

单剂量给药后,α-六六六在组织中的浓度快速上升达到峰值,之后逐渐降低,符合一级动力学的典型模式。血液中 α-六六六迅速达到峰值,达到峰值的时间为 40 min。肠和肝中 α-六六六达到峰值时间为 500 min。大脑相对于血液的峰浓度的平均比率为 44.4。

4.2.1.2 α-六六六对映体在小鼠体内的立体选择性富集

单剂量暴露于 α-六六六后,小鼠体内持续的对映体选择性排泄(+)-α-六六六,所有小鼠的非脑组织中 EF_s 显著下降到 0.17(肝)~0.31(脂肪)范围之内。然而,在脑中的趋势相反,在暴露之后,小鼠对照组中(+)-α-六六六的 EF 值高达 0.84 并且进一步增高到 0.96,显示出大脑中(+)-α-六六六的高度对映体选择性富集。

4.2.2 α-六六六对映体在鹌鹑体内的立体选择性行为[28]

通过单剂量经口给药的方式研究 α-六六六在鹌鹑体内的立体选择性行为。

4.2.2.1 α-六六六在鹌鹑组织中的富集动态

单剂量给药后 α-六六六在鹌鹑各组织中的浓度快速上升达到峰值,之后逐渐降低,符合一级动力学的典型模式。血液中 α-六六六最快达到峰值,达到峰值的时间为 50 min,接下来的是肠和肝。大脑组织中浓度的峰值与其血液中观测到的最大浓度几乎在同时出现。鹌鹑大脑相对于血液的峰浓度的平均比率为 77.8。

4.2.2.2 α-六六六对映体在鹌鹑体内的立体选择性富集

(+)-α-六六六在鹌鹑肝、心脏和肾中呈明显对映体选择性富集,暴露 20 min 后,EF 值分别是 0.72、0.54 和 0.60;在血液和脂肪中呈轻微对映体选择性富集,EF 值分别为 0.47 和 0.45;在肌肉、肠和胃中没有对映体选择性富集发生。在鹌鹑的肝组织中,EF 值总是高于 0.5 并且高于其他组织中的 EF 值,表明肝组织是鹌鹑最初的对映体选择性生物转化点并且是在其他非脑组织中使得 EF 值发生改变的初始推动力。α-六六六在鹌鹑非脑组织中的 EF 值及其动态变化是不同的,在鹌鹑的血液、脂肪、肠组织中 EF 值随时间增加而增加,到 500 min 的时候平稳。然而,在肝中 EF 值从 20 min 时的 0.72 下降到 40 min 时的 0.58,并随时间逐渐增加,最终达到 0.78。在肌肉组织中,EF 值开始随时间增加,在 500 min 的时候达到峰值,而后逐渐下降。

4.2.3 α-六六六对映体在泥鳅体内的立体选择性行为

通过泥鳅水体暴露实验研究 α-六六六在泥鳅体内的立体选择性行为。

4.2.3.1 α-六六六在泥鳅体内的富集行为

泥鳅暴露于含有 α-六六六的水中,4~5 天后其体内 α-六六六浓度达到最大富集,随后开始进入排放并伴随着一定程度重吸收的过程,富集动力学参数见表 4-1。

表 4-1 α-六六六在泥鳅体内的富集动力学参数

暴露浓度 (mg/kg)	对映体	消除速率常数 $k(\mathrm{d}^{-1})$	相关系数 R^2	半衰期(d)
2	(+)-α-六六六	0.68	0.977	1.02
	(−)-α-六六六	0.67	0.964	1.03

暴露浓度 (mg/kg)	对映体	消除速率常数 $k(d^{-1})$	相关系数 R^2	半衰期(d)
10	(+)-α-六六六	0.85	0.82	0.992
	(-)-α-六六六	0.84	0.83	0.985

4.2.3.2 α-六六六对映体在泥鳅体内的降解动力学

α-六六六在泥鳅体内降解较快,降解曲线符合一级动力学模型,右旋体和左旋体降解半衰期分别为 4.2 d 和 4.3 d,降解动力学参数见表 4-2。

表 4-2 α-六六六在泥鳅体内的降解动力学参数

对映体	初始浓度(mg/kg)	消除速率常数 $k(d^{-1})$	相关系数 R^2	半衰期(d)
(+)-α-六六六	1.789	0.16	0.971	4.2
(-)-α-六六六	1.699	0.15	0.973	4.3

4.2.3.3 α-六六六对映体在泥鳅体内的选择性行为

在泥鳅对 α-六六六的富集过程中,泥鳅体内(+)-α-六六六对映体浓度高于(-)-α-六六六,富集过程中存在立体选择性,(+)-α-六六六被优先吸收,选择性富集于泥鳅体内。在降解过程中,α-六六六在泥鳅体内发生立体选择性代谢,(+)-α-六六六的代谢速率大于(-)-α-六六六。水中 α-六六六两对映体 EF 值表明水体中的 α-六六六来自泥鳅体内代谢后的排放。

4.2.4 α-六六六对映体在蚯蚓体内的立体选择性行为

在土壤中添加 α-六六六外消旋体,蚯蚓暴露于染毒土壤,考察其对映体在蚯蚓体内的富集情况。将富集达到平衡态的蚯蚓转移到没有添加 α-六六六的土壤中继续培养,并按不同时间间隔取样,研究 α-六六六在蚯蚓体内的降解趋势。

4.2.4.1 α-六六六对映体在蚯蚓体内的富集行为

α-六六六在蚯蚓体内的富集较快,整个富集过程土壤中 α-六六六对映体浓度一直保持微弱的下降态势。非线性模拟显示(表 4-3)α-六六六的两种对映体分别以 0.80/d((+)-α-六六六)和 0.74/d((-)-α-六六六)的速率达到最大浓度 0.102 mg/kg、0.109 mg/kg。蚯蚓对有机氯农药 α-六六六的富集能力一般,生物富集因子见表 4-4。

表 4-3 富集和降解过程 α-六六六浓度随时间变化的动力学模拟结果

拟合方程	对映体	C_m 或 c_0 (mg/kg)	$k(d^{-1})$	最大富集半数值 或半衰期(d)	R^2
富集:蚯蚓 $C_t = C_m(1-\exp(-kt))$	(+)-α-六六六	0.102	0.80	0.87	0.99
	(-)-α-六六六	0.109	0.74	0.93	0.99

续表

拟合方程	对映体	C_m 或 c_0 (mg/kg)	$k(\mathrm{d}^{-1})$	最大富集半数值或半衰期(d)	R^2
降解:土壤 $C_t = C_m(1-\exp(-kt))$	(+)-α-六六六	0.004	1.00	0.69	0.84
	(−)-α-六六六	0.004	0.75	0.92	0.99
降解:蚯蚓 $C_t = C_0 \exp(-kt) +$ Plateau	(+)-α-六六六	0.087	0.99	0.70	1.00
	(−)-α-六六六	0.094	0.99	0.70	1.00

注:C_m:样品中 α-六六六的最大浓度(mg/kg);

C_t:t 时样品中的 α-六六六的浓度;

C_0:降解初始时蚯蚓体内的浓度;

k:降解速率常数(d^{-1})。

表 4-4　α-六六六对映体在蚯蚓体内的生物富集因子

实验阶段	对映体	BAF*	BSAF**
富集过程	(+)-α-六六六	2.82	11.6
	(−)-α-六六六	2.75	11.3
降解过程	(+)-α-六六六	3.08	12.4
	(−)-α-六六六	3.01	12.7

* 生物富集因子(bioaccumulation factor, BAF) = [蚯蚓浓度]/[土壤浓度],污染物的计算基于湿重;

** 生物土壤浓缩因子(biota-soil accumulation factor, BSAF) = [蚯蚓浓度]$F_{土壤有机质}$/1.7[土壤浓度](1−$F_{土壤含水量}$)$F_{蚯蚓脂肪含量}$。

4.2.4.2　α-六六六对映体在蚯蚓体内的降解行为

在无药剂处理的空白土壤中,蚯蚓体内已富集的 α-六六六浓度迅速下降,而在空白土壤中 α-六六六的浓度也迅速升高,且之后基本保持不变。整个降解过程符合一级反应动力学规律,拟合方程、降解半衰期等见表 4-3。

α-六六六对映体在蚯蚓体内降解的半衰期均为 0.7 天,3 天后蚯蚓和土壤中 α-六六六的浓度达到平衡,在平衡状态下 α-六六六的 BAF 分别为(+)-α-六六六:3.08,(−)-α-六六六:3.01,BSAF 值分别为(+)-α-六六六:12.4,(−)-α-六六六:12.7,结果见表 4-4。

4.2.4.3　α-六六六对映体在蚯蚓和土壤中的立体选择性

在富集过程中,蚯蚓体内的 α-六六六 EF 值从 0.501 逐渐减小到 0.490,土壤中 EF 值从 0.499 减小到 0.487,而对照土中 EF 值略微低于 0.5,从开始的 0.499 到富集平衡时的 0.492。在降解实验中,蚯蚓体内的 α-六六六 EF 值从第 1 天的 0.490 降低到第 20 天的 0.465,土中 EF 值从第 1 天的 0.484 降到第 20 天的 0.469。

在富集和降解过程中 α-六六六在蚯蚓-土壤系统中存在明显的立体选择性,EF 值小于 0.5 且持续降低,表明蚯蚓对(+)-α-六六六的降解速率比其(−)-α-六六六快,导致右旋体优先降解,左旋体相对过量。

4.2.5 α-六六六对映体在鸡体内的降解与分布

通过单剂量经口给药的方式研究 α-六六六在鸡体内的立体选择性行为。

4.2.5.1 α-六六六在蛋鸡血浆中的药代动力学

α-六六六在进入蛋鸡体内 0.5 小时至 48 小时之间,血浆中(−)-α-六六六的浓度略大于(+)-α-六六六的浓度,并且随着时间的推移这一差值逐渐增大。血浆中 α-六六六药代动力学拟合结果见表 4-5。

表 4-5 血浆中 α-六六六药代动力学拟合结果

房室参数	单位	参数值
$t_{1/2\alpha}$	h	0.92
$t_{1/2\beta}$	h	36.02
V	L/kg	768.50
CL	L/(kg·h)	84.92
$AUC_{(0-t)}$	μg/(L·h)	83.54
$AUC_{(0-\infty)}$	μg/(L·h)	117.75

4.2.5.2 α-六六六对映体在组织中的残留

脂肪中 α-六六六的含量最高,其次为脑组织与皮肤组织,这是由于这三个组织中脂肪含量远大于其他组织(图 4-1)。各组织中 α-六六六的 EF 值见图 4-2。脑组织具有最强的选择性,这是由于大脑的毛细血管外存在由大脑毛细血管的外层细胞、脉络丛的外皮细胞和蛛网膜细胞紧密结合而形成的具有选择性的血脑屏障,极大地限制了分子的运转,除了小分子气体,大部分离子和液体的运动均需经过转运蛋白或胞饮等途径进入脑组织。蛋鸡的大脑对(+)-α-六六六有强烈的富集作用,并且随着时间的增加对映体之间的浓度差异略有减小;这说明 α-六六六的两种对映体中(+)-α-六六六容易通过血脑屏障,而(−)-α-六六六很难通过。其他剩余的所有组织中 EF 均小于 0.5,表明各组织中(+)-α-六六六的浓度低于(−)-α-六六六并且随着时间的增加对映体之间的浓度差异增大。典型色谱图见图 4-3。

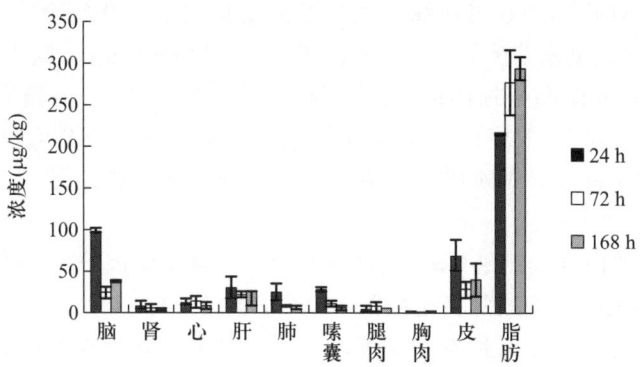

图 4-1 不同时间 α-六六六在组织中的残留

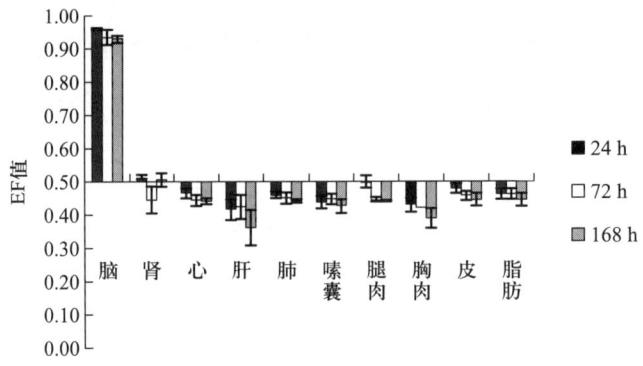

图 4-2 不同时间 α-六六六在组织中的 EF 值

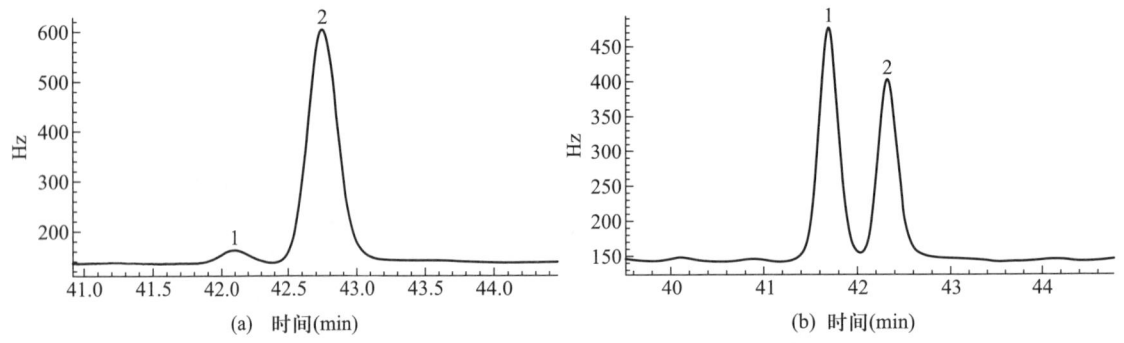

图 4-3 72 小时 α-六六六在组织中的典型色谱图
（a）脑；（b）肝；1：(−)-α-六六六；2：(+)-α-六六六

4.2.6 顺式氯氰菊酯对映体在蚯蚓体内的立体选择性行为

利用自然土壤法研究顺式氯氰菊酯对映体在蚯蚓体内的选择性富集及代谢。

4.2.6.1 顺式氯氰菊酯对映体在蚯蚓体内的富集

顺式氯氰菊酯对映体在蚯蚓体内的浓度在培养初期逐渐增加，在第 10 天左右达到最大浓度，10 天以后，蚯蚓体内顺式氯氰菊酯对映体浓度有一定程度下降，并在 20~40 天达到平衡期。蚯蚓对顺式氯氰菊酯对映体的富集曲线呈现峰型的富集曲线。在整个富集过程中，蚯蚓体内 (−)-(1S-cis-αR)-顺式氯氰菊酯的浓度一直高于 (+)-(1R-cis-αS)-顺式氯氰菊酯。

T 检验显示，富集过程中蚯蚓体内顺式氯氰菊酯对映体的 EF 值偏离 0.5 非常显著 ($p<0.001$)，随着暴露时间延长，土壤样本中顺式氯氰菊酯对映体的 EF 值也有所偏离 0.5 ($p \leqslant 0.005$)。蚯蚓对顺式氯氰菊酯对映体的富集存在显著的立体选择性，优先富集 (−)-(1S-cis-αR)-顺式氯氰菊酯。

富集过程中蚯蚓体内顺式氯氰菊酯对映体的生物-土壤富集因子 (BSAF) 见表 4-6。在富集过程中，(−)-(1S-cis-αR)-顺式氯氰菊酯的 BSAF 值高于 (+)-(1R-cis-αS)-顺式氯氰菊酯。配对 T 检验显示，对映体 BSAF 值间存在显著差异 ($p<0.001$)，蚯蚓对顺式氯氰菊酯对映体的富集过程存在立体选择性。

表 4-6　富集过程中蚯蚓体内顺式氯氰菊酯对映体的 BSAF 值

	暴露时间(d)									
	0.5	1	3	5	7	10	14	20	28	40
BSAF-(+)-(1R-cis-αS)	0.005 9	0.003 6	0.014 5	0.020 4	0.018 5	0.031 7	0.026 9	0.016 6	0.019 5	0.015 2
BSAF-(−)-(1S-cis-αR)	0.009 5	0.005 1	0.018 5	0.024 8	0.023 1	0.037 0	0.033 3	0.020 6	0.020 5	0.019 2

4.2.6.2　顺式氯氰菊酯对映体在蚯蚓体内的代谢

顺式氯氰菊酯在蚯蚓体内的代谢过程符合一级反应动力学规律，拟合方程、降解半衰期列于表 4-7。顺式氯氰菊酯两对映体的半衰期分别为 0.76 天和 0.61 天，顺式氯氰菊酯对映体在蚯蚓体内的降解代谢过程较快。降解曲线见图 4-4(a)，蚯蚓体内 EF 值变化见图 4-4(b)。

表 4-7　顺式氯氰菊酯对映体在蚯蚓体内代谢动态的回归方程

对映体	回归方程	相关系数 R^2	半衰期 $T_{1/2}$ (d)
(+)-(1R-cis-αS)-顺式氯氰菊酯	$y=0.183e^{-0.91x}$	0.957	0.76
(−)-(1S-cis-αR)-顺式氯氰菊酯	$y=0.266e^{-1.14x}$	0.978	0.61

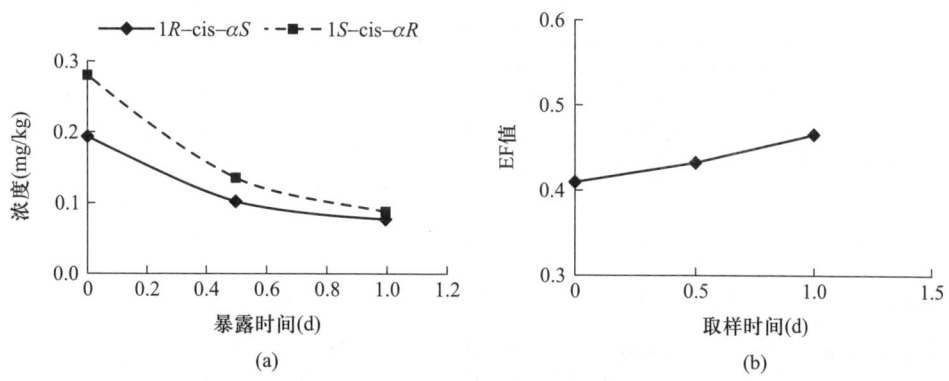

图 4-4　(a) 在代谢过程中蚯蚓体内顺式氯氰菊酯对映体降解曲线；(b) 蚯蚓体内 EF 值变化

4.2.7　反式氯氰菊酯对映体在家兔体内的立体选择性行为

采用静脉注射外消旋体的给药方式研究反式氯氰菊酯左右旋对映体在家兔体内的立体选择性药代动力学及降解行为，考察给药后不同时间点的血药浓度以及心脏、肝、肾、肺、脾、脑、肌肉组织中左右旋体的残留量。

4.2.7.1　反式氯氰菊酯对映体在家兔体内的药代动力学

家兔静脉注射反式氯氰菊酯外消旋体后两对映体的平均血药浓度-时间曲线见图 4-5(a)。左右旋对映体均以相似的方式进行降解，血浆中两种对映体的残留量存在明显差异，在每一个采样点左旋体的量都显著高于右旋体。反式氯氰菊酯对映体分数 EF 值随时间变化趋势见图 4-5

(b),在用药后初期,EF 值就已远远大于外消旋体的 EF 值(0.5),并且随着时间变化,EF 值是逐渐增大的,90 min 后 EF 值已达到 1。

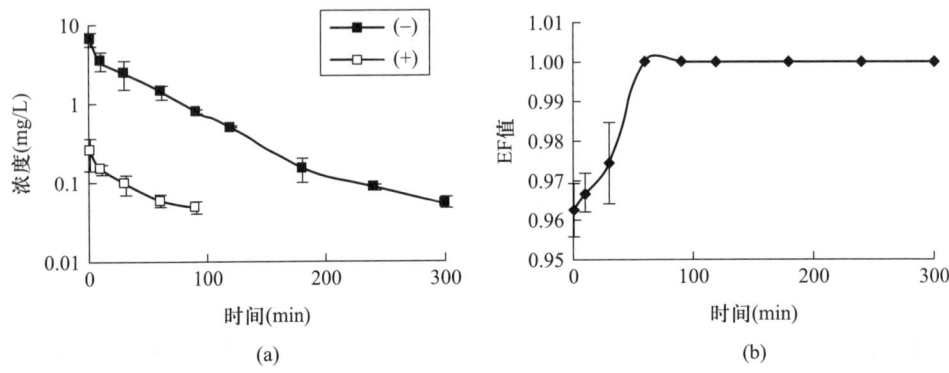

图 4-5 (a)家兔血浆中反式氯氰菊酯对映体药-时曲线;(b)家兔血浆中 EF 值变化动态

两对映体的药代动力学参数见表 4-8。两对映体的分布半衰期($T_{1/2\alpha}$)相差不大,但是(+)-反式氯氰菊酯的消除半衰期($T_{1/2\beta}$)是(-)-反式氯氰菊酯的 1.43 倍;(+)-反式氯氰菊酯的中室的表观分布容积(V_1)、清除率(CL)分别是(-)-反式氯氰菊酯的 25.93、20.7 倍;而(-)-反式氯氰菊酯的血药浓度-时间曲线下面积($AUC\ 0\sim\infty$)是其对映体的 20.62 倍。这些参数存在的差异表明,反式氯氰菊酯在家兔体内的药代动力学呈立体选择性。

表 4-8 家兔静注外消旋反式氯氰菊酯 15 mg/kg 后药代动力学参数

参数	(-)-反式氯氰菊酯	(+)-反式氯氰菊酯	参数	(-)-反式氯氰菊酯	(+)-反式氯氰菊酯
$T_{1/2\alpha}$(min)	4.547	4.383	k_{21}(1/min)	0.037	0.024
$T_{1/2\beta}$(min)	39.008	55.795	T_{max}(min)	1.000	1.000
V_1(L/kg)	1.068	27.690	C_{max}(mg/L)	6.536	0.250
CL[L/(kg·min)]	0.030	0.621	A	2.943	0.131
AUC_{0-300}[mg/(L·min)]	246.077	—	α, ke	0.152	0.158
AUC_{0-90}[mg/(L·min)]	—	8.213	B	4.080	0.140
$AUC_{0-\infty}$[mg/(L·min)]	248.936	12.073	β	0.018	0.012
k_{10}(1/min)	0.074	0.083	R^2	1.000	0.998
k_{12}(1/min)	0.060	0.064			

4.2.7.2 反式氯氰菊酯对映体在家兔组织中的降解动力学
(1) 反式氯氰菊酯对映体在家兔不同组织中降解速率差异
反式氯氰菊酯对映体在家兔各组织中的降解速率不同。两对映体在各组织中降解半衰期见

图 4-6。(−)-反式氯氰菊酯在肝中降解最快,其次为肾、心脏、肺,在脾中降解最慢;(−)-反式氯氰菊酯在各组织中降解速率快慢变化趋势与(−)-反式氯氰菊酯类似。

(2) 反式氯氰菊酯对映体在家兔不同组织中残留量差异

不同取样时间点反式氯氰菊酯对映体在各组织中的残留差异见图 4-7。在所有取样点,两对映体都是在肺中残留量最多,在肌肉组织中最少。在用药后初期,肝及脾中两对映体残留量相对其他组织较高,随时间增加这种差异逐渐减小,在最后一个取样点,两对映体在各组织中的残留量大小顺序分别为:(−)-反式氯氰菊酯:肺>脾>心脏>肌肉>肝>肾;(+)-反式氯氰菊酯:肺>脾>肌肉>肝>肾>心脏。

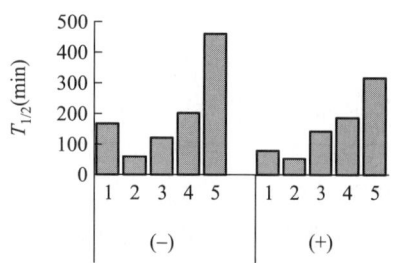

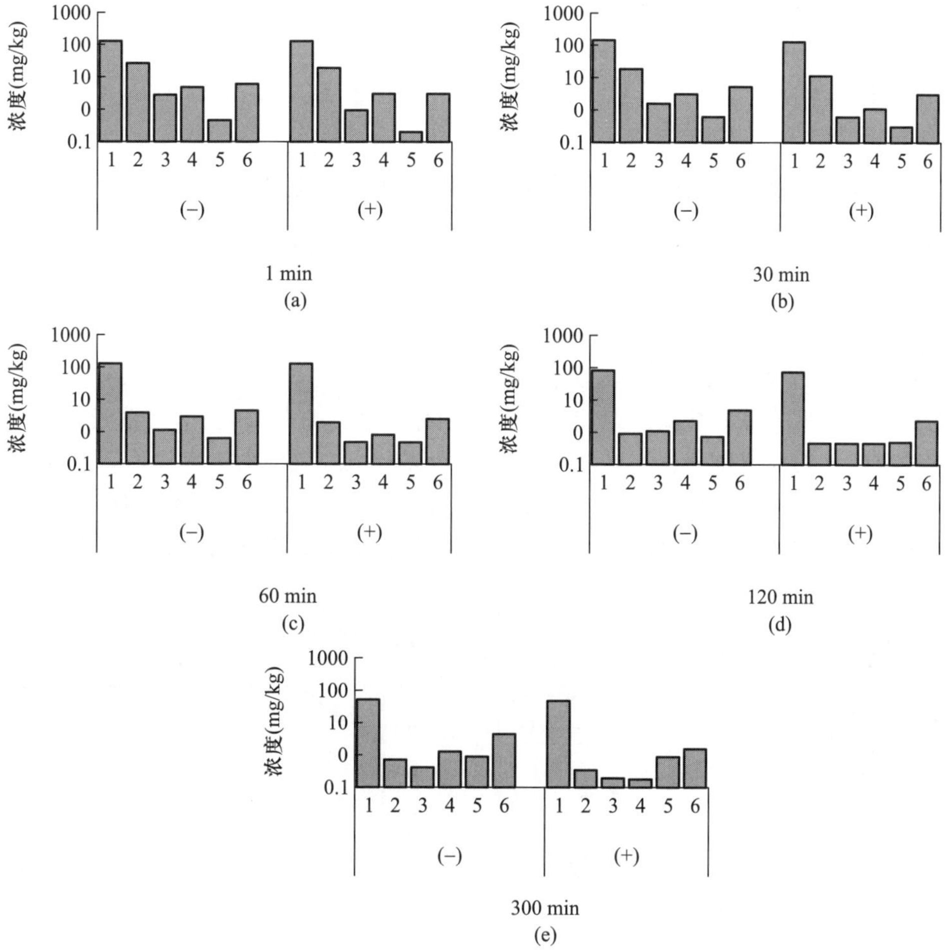

图 4-6　反式氯氰菊酯对映体在家兔不同组织中降解半衰期
(1. 心脏,2. 肝,3. 肾,4. 肺,5. 脾)

图 4-7　反式氯氰菊酯对映体在家兔不同组织残留差异(1. 肺,2. 肝,3. 肾,4. 心脏,5. 肌肉,6. 脾;a~e 分别代表第 1、30、60、120、300 min 时的样本)

(3) 反式氯氰菊酯对映体在家兔体内不同样本中立体选择性差异

反式氯氰菊酯对映体在家兔血浆及部分组织中呈立体选择性行为。图 4-8 中列出在不同取样时间点，各样本中的 EF 值。在所有时间点，两对映体在血浆中的选择性是最明显的，在肺组织中是最不明显的。在处理后初期，心脏、脾与肌肉中 EF 值相对较高，但随时间增加，心脏组织中两对映体的立体选择性逐渐增加，在最后一个时间点，EF 值高于其他组织，其次为脾、肝、肾，肺及肌肉中的 EF 值相对较小。

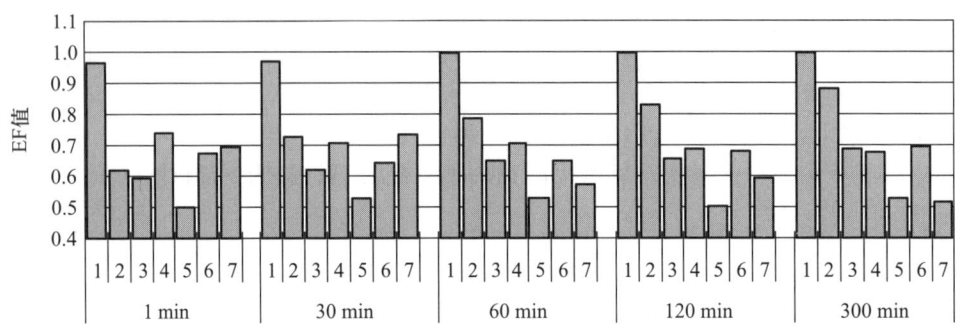

图 4-8　家兔血浆及不同组织中 EF 值（1. 血浆，2. 心脏，3. 肝，4. 肾，5. 肺，6. 脾，7. 肌肉）

4.2.8　反式氯氰菊酯对映体在大鼠体内的立体选择性行为

采用尾静脉注射外消旋体以及单一对映体的给药方式研究反式氯氰菊酯左右旋对映体在大鼠体内的立体选择性药代动力学、降解及转化行为，考察给药后不同时间点的血药浓度以及心脏、肝、肾、肺、脾、脑、肌肉及脂肪组织中左右旋体的残留量。

4.2.8.1　反式氯氰菊酯对映体在大鼠体内的药代动力学

大鼠静脉注射反式氯氰菊酯外消旋体后两对映体的平均血药浓度-时间曲线见图 4-9(a)。血浆中两种对映体的残留量存在明显差异，在每一个采样点左旋体的量都显著高于右旋体；在注射后 1 min 采集的血浆样品中，(−)-反式氯氰菊酯含量就已明显高于其对映体；在第 30 min 的样品中，(+)-反式氯氰菊酯的含量已处于定量限以下，在样品中只能检测到(−)-反式氯氰菊酯。

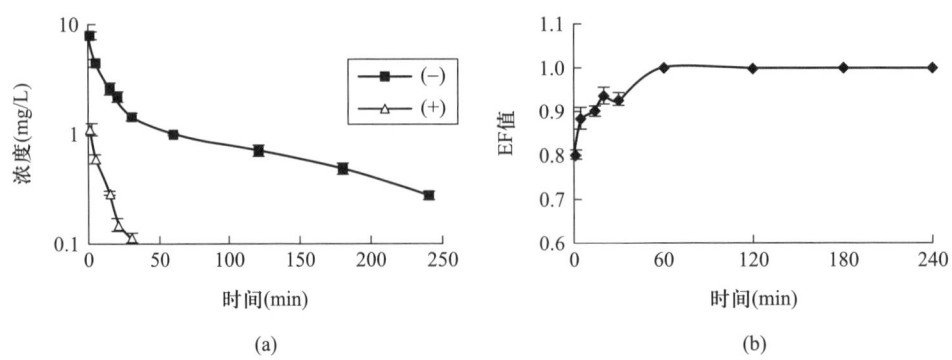

图 4-9　(a) 大鼠血浆中反式氯氰菊酯对映体药-时曲线；(b) 大鼠血浆中 EF 值变化动态

从图 4-9(b)中用药后 1 min,血浆中 EF 值就在 0.8 左右,并且随着时间增加 EF 值增加;到处理后 60 min,EF 值达到 1,随时间增加,反式氯氰菊酯对映体在血浆中的选择性是逐渐增大的。

反式氯氰菊酯在大鼠体内的药代动力学呈立体选择性。两对映体的药代动力学参数见表4-9。通过反式氯氰菊酯静脉给药后,在大鼠体内的血药浓度变化符合一级消除的二室静脉推注模型,(−)-反式氯氰菊酯的分布半衰期($T_{1/2\alpha}$)、消除半衰期($T_{1/2\beta}$)分别是(+)-反式氯氰菊酯的 3.81、6.52 倍,(+)-反式氯氰菊酯在大鼠体内分布、消除都比其对映体快;(+)-反式氯氰菊酯的中室的表观分布容积(V_1)、清除率(CL)分别是(−)-反式氯氰菊酯的 5.85、16.93 倍;而(−)-反式氯氰菊酯的血药浓度-时间曲线下面积($AUC_{0-\infty}$)是其对映体的 17.06 倍。

表 4-9 大鼠静注外消旋反式氯氰菊酯 15 mg/kg 后药代动力学参数

参数	(−)-反式氯氰菊酯	(+)-反式氯氰菊酯	参数	(−)-反式氯氰菊酯	(+)-反式氯氰菊酯
$T_{1/2},T_{1/2\alpha}$(min)	3.084	0.809	k_{21}(min^{-1})	0.009	0.49
$T_{1/2\beta}$(min)	59.749	9.158	T_{max}(min)	1.000	1.000
V_1(L·kg^{-1})	1.062	6.208	C_{max}(mg/L)	8.028	1.113
CL[L/(min·kg)]	0.041	0.694	A	6.916	0.757
AUC_{0-240}[mg/(L·min)]	220.414	—	α,ke	0.225	0.857
AUC_{0-30}[mg/(L·min)]	—	11.963	B	2.496	0.854
$AUC_{0-\infty}$[mg/(L·min)]	245.907	14.412	β	0.012	0.076
k_{10}(1/min)	0.168	0.112	R^2	0.993	0.996
k_{12}(1/min)	0.020	0.331			

4.2.8.2 反式氯氰菊酯对映体在大鼠体内的转化

大鼠尾静脉注射(+)-反式氯氰菊酯后,在血浆中检测到(−)-反式氯氰菊酯。处理后 1 min及 15 min 后血浆中反式氯氰菊酯的 EF 值分别为 0.742 与 0.884。但是在注射(−)-反式氯氰菊酯后,在血浆中却没有检测到(+)-反式氯氰菊酯。在大鼠体内,会发生右旋对映体向左旋对映体转化的现象,但不会发生左旋体向右旋体的转化。

4.2.8.3 反式氯氰菊酯对映体在大鼠组织中的降解动力学

(1) 反式氯氰菊酯对映体在大鼠不同组织中降解速率差异

反式氯氰菊酯对映体在大鼠各组织中的降解速率不同。图 4-10 中列出两对映体在各组织中降解半衰期,(−)-反式氯氰菊酯在大鼠心脏中降解最快,其

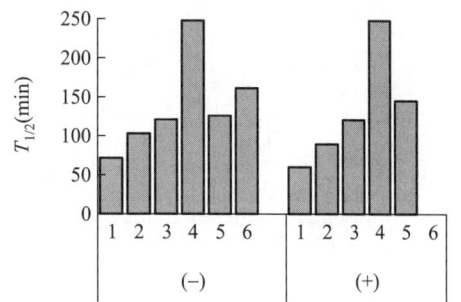

图 4-10 反式氯氰菊酯对映体在大鼠组织中降解半衰期
(1. 心脏,2. 肝,3. 肾,4. 肺,5. 脾,6. 肌肉)

次为肝、肾、脾、肌肉,在肺中降解最慢;(+)-反式氯氰菊酯在各组织中降解速率快慢变化趋势与(−)-反式氯氰菊酯类似,大小顺序:心脏＞肝＞肾＞脾＞肺。

(2) 反式氯氰菊酯对映体在大鼠不同组织中残留量差异

图 4-11 列出在不同取样时间点反式氯氰菊酯对映体在各组织中的残留差异。在所有取样点,两对映体都是在肺中残留量最多,在肌肉组织中最少。对于其他组织来说,在用药后 1 min,心脏及脾中两对映体残留量相对其他组织较高;从处理后 20 min 开始,心脏组织中两对映体的

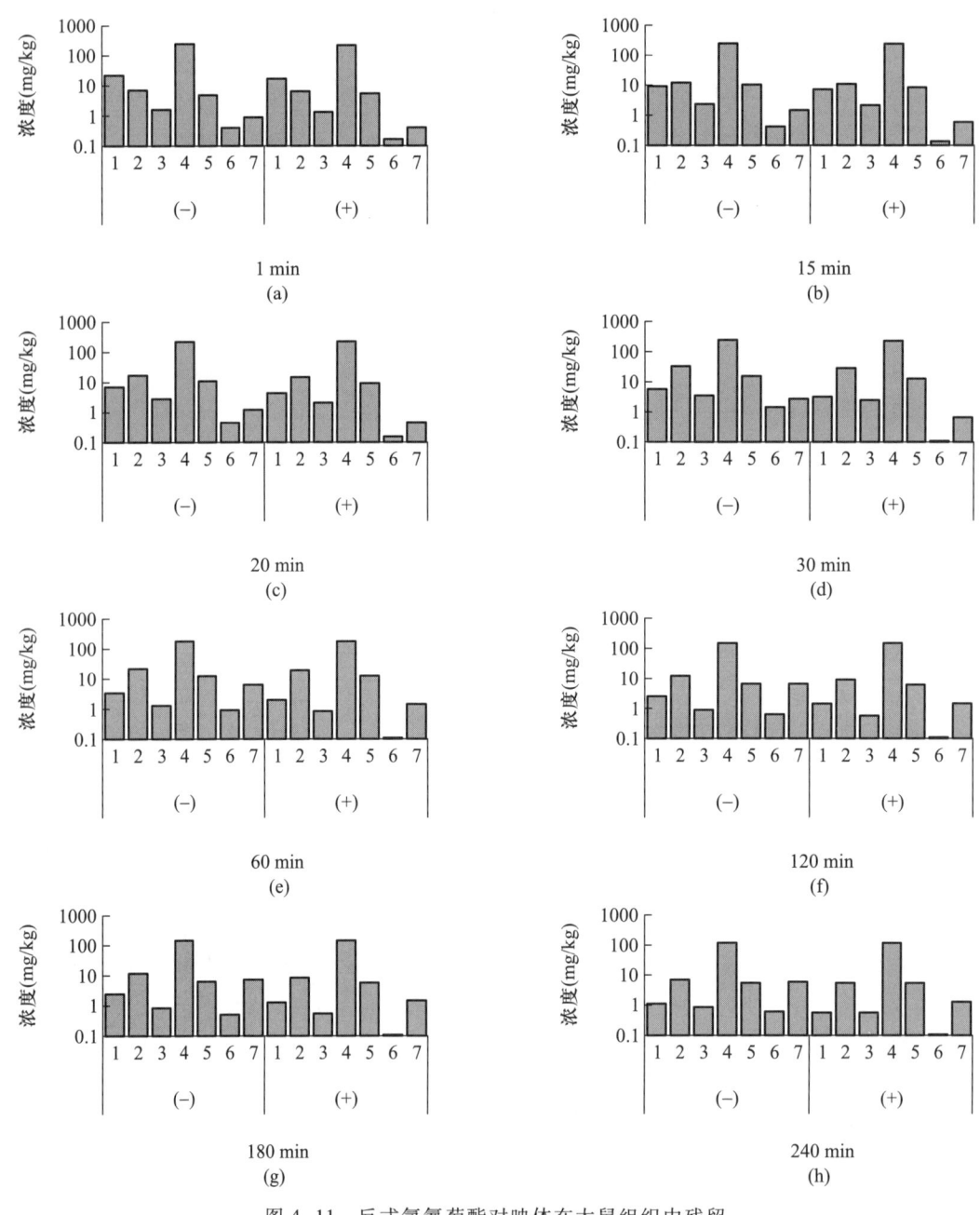

图 4-11 反式氯氰菊酯对映体在大鼠组织中残留
(1. 心脏,2. 肝,3. 肾,4. 肺,5. 脾,6. 肌肉,7. 脂肪;a~h 代表不同时间)

浓度高于其他组织；随时间增加脂肪中两对映体的浓度与其他组织中浓度的差异逐渐减小；在最后一个取样时间点，(-)-反式氯氰菊酯在肺中的浓度最大，其次为肝、脾、脂肪，这三个组织中浓度差异不大，最后为心脏、肾与肌肉；(+)-反式氯氰菊酯在各组织中的浓度大小排序为：肺>肝、脾>脂肪>心脏、肾>肌肉。

（3）反式氯氰菊酯对映体在大鼠体内不同样本中的立体选择性差异

反式氯氰菊酯对映体在大鼠血浆及部分组织中的降解呈立体选择性，图4-12中列出在不同取样时间点，各样本中的EF值。在所有时间点，两对映体在血浆、肌肉、脂肪中的EF值相对较高，两对映体在它们中的选择性行为较为明显。在肺及脾中，EF值在0.5左右浮动，两对映体在这两种组织中的立体选择性行为不明显。在各组织中两对映体选择性大小顺序为：血浆、肌肉>脂肪>心脏>肾>肝>肺、脾。

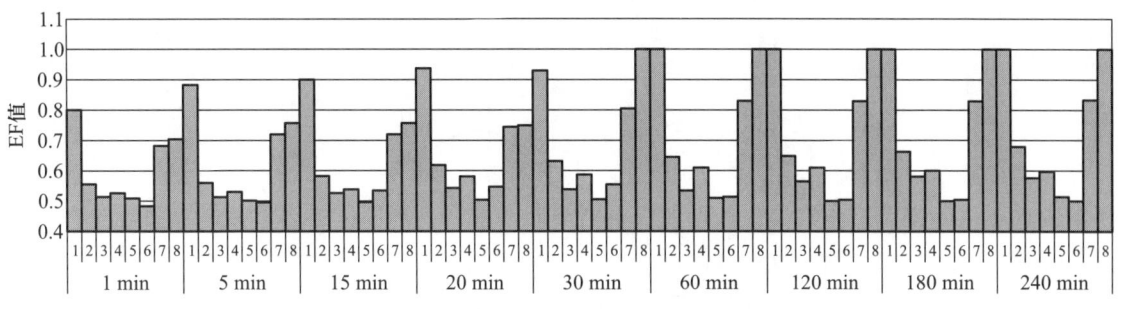

图4-12　在大鼠血浆及不同组织中不同时间下的EF值
(1.血浆,2.心脏,3.肝,4.肾,5.肺,6.脾,7.肌肉,8.脂肪)

4.2.9　氟虫腈对映体在大鼠体内的立体选择性行为

采用灌胃外消旋体的给药方式研究氟虫腈左右旋对映体在大鼠体内的立体选择性药代动力学及降解行为，考察给药后不同时间点的血药浓度以及肝、肾、肺、脾、脑、脂肪组织中左右旋体的残留量，并对其主要代谢物进行定量分析。

4.2.9.1　氟虫腈对映体在大鼠体内的药代动力学

大鼠灌胃氟虫腈外消旋体后两对映体的平均血药浓度-时间曲线见图4-13(a)。左右旋对映体均以相似的方式进行降解，浓度都是先增加后降低，在180 min时达到最大，在所有取样点(-)-氟虫腈的浓度始终低于其对映体。

图4-13(b)列出氟虫腈对映体分数EF值随时间变化趋势，在用药后初期，EF值是小于外消旋体的EF值(0.5)的，随着时间变化，EF值先增加后减小，而后又增加再减小，但始终低于0.5。

大鼠灌胃氟虫腈外消旋体后其代谢物的浓度时间曲线见图4-14。从血浆中代谢物浓度变化趋势在用药后360 min，其浓度是逐渐增加的，在360 min时达到最大值，随后浓度逐渐降低，是一个先富集后降解的过程。

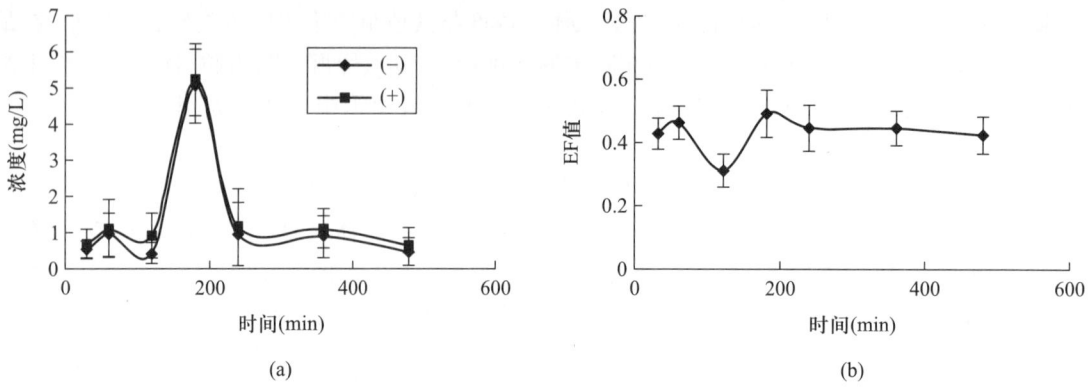

图 4-13 (a) 大鼠血浆中氟虫腈对映体药-时曲线;(b) 大鼠血浆中 EF 值变化动态

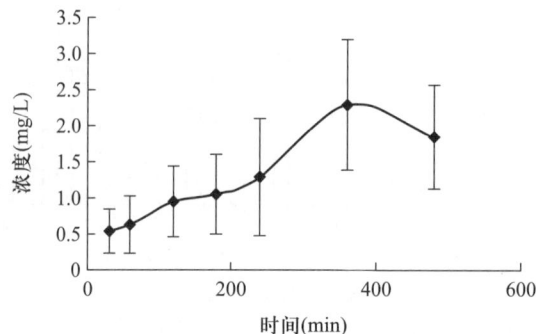

图 4-14 大鼠血浆中氟虫腈代谢物药-时曲线

两对映体的药代动力学参数见表 4-10,(-)-氟虫腈的生物半衰期($T_{1/2}$)是(+)-氟虫腈 0.95 倍,分别为 2.95 h 和 3.10 h,说明(-)-氟虫腈在血浆中降解比其对映体稍快;(-)-氟虫腈的最大血药浓度(c_{max})是(+)-氟虫腈的 0.97 倍,但最大达峰时间(T_{max})没有差异;(+)-氟虫腈血药浓度-时间曲线下面积($AUC_{0\sim\infty}$)是其对映体的 1.20 倍,大鼠对(+)-氟虫腈的生物利用度大于(-)-氟虫腈。而(-)-氟虫腈的平均血浆清除率(CL)是(+)-氟虫腈的 1.20 倍,大鼠清除(-)-氟虫腈的能力大于其对映体。氟虫腈在大鼠体内的药代动力学是具有一定的立体选择性的。

表 4-10　大鼠静注外消旋氟虫腈 30 mg/kg 后药代动力学参数

参数	R-(-)-氟虫腈	S-(+)-氟虫腈
C_{max}(mg/L)	5.06	5.23
T_{max}(h)	3.00	3.00
$AUMC_{0\sim 8}$	36.93	43.78
$AUMC_{0\sim\infty}$	46.58	58.97
$AUC_{0\sim 8}$[mg/(L·h)]	10.11	11.89
$AUC_{0\sim\infty}$[mg/(L·h)]	10.96	13.20
MRT^*(h)	4.25	4.47

续表

参数	R-($-$)-氟虫腈	S-($+$)-氟虫腈
$T_{1/2}$(h)	2.95	3.10
CL[L/(h·kg)]	7.30	6.06
V_{ss}(L/kg)	31.03	27.09

4.2.9.2 氟虫腈对映体在大鼠组织中的降解动力学

(1) 氟虫腈对映体在大鼠不同组织中降解速率差异

氟虫腈对映体在大鼠各组织中的降解速率不同,两对映体在各组织中的降解半衰期见图4-15。除肝外,相对而言($+$)-氟虫腈的降解半衰期要比其对映体小,在这些组织中($+$)-氟虫腈降解的要快些;两种对映体都是在肾中降解最快,在脂肪中降解最慢;($-$)-氟虫腈在各种组织中的降解速率大小为:肾>脾>脑>肝>脂肪;而($+$)-氟虫腈在肝和脂肪中的降解速率接近,其在各种组织中的降解速率大小为:肾>脾>脑>肝、脂肪。

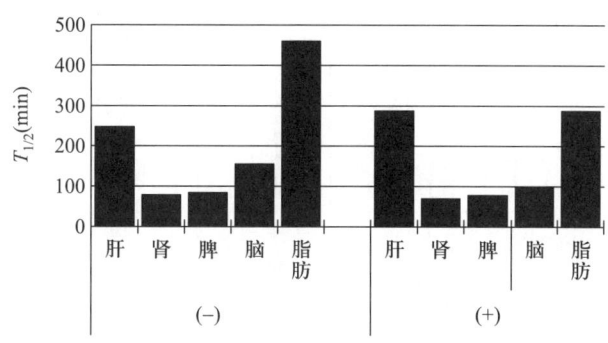

图4-15 氟虫腈对映体在大鼠不同组织中降解半衰期

(2) 氟虫腈对映体在大鼠不同组织中的残留量差异

在用药后30 min,氟虫腈两对映体在肝中浓度明显大于其他组织,其次是脂肪,在脾、肺、脑和肾中的浓度相对较低;用药后60 min,肝中的浓度虽然有所减少但仍然比较高,脂肪中的浓度迅速上升以超过肝中的浓度,其余组织中的浓度仍较低;用药后120 min,脂肪中的浓度仍在上升,肺中也有所增加,肝中继续减少,其余组织变化不大;此时($-$)-氟虫腈在各组织中残留量大小顺序为:脂肪>肝>肺>脾>肾>脑,($+$)-氟虫腈在各组织中残留量大小顺序为:脂肪>肝>肺>肾>脾>脑;而用药后240 min、360 min、480 min和120 min有些类似,脂肪和肺中的浓度上升,肝中减少,肾、脾、脑中先增大后减少,但浓度依然较低,480 min时脾中已检测不到。

(3) 氟虫腈对映体在大鼠体内不同样本中立体选择性差异

氟虫腈对映体在大鼠血浆及所有组织中都具有立体选择性行为。在30 min,血浆和脂肪的EF值是一致的,其值都低于0.5,肺中约为0.5,其余组织都高于0.5;60 min时,除肾EF值降低外,其余组织的EF值都有所增大,其中脾中最明显超过0.7;120 min时,肾的EF值降低到外消旋值0.5,血浆和脾的EF值也较60 min有所降低,其余组织EF值继续增加;240 min时,肝和脑中选择性最为明显,其他组织选择性有所降低;360~480 min,血浆的EF值变化不大,肺中稍降低一些,其他组织的 EF 值都在增加,到 480 min 时,氟虫腈对映体在血浆和所有组织中都有明显的立体选择性。

4.2.10 氟虫腈对映体在蚯蚓体内的立体选择性行为

用人工土壤法和自然土壤法研究蚯蚓对氟虫腈对映体的选择性富集及代谢行为。

4.2.10.1 氟虫腈对映体在蚯蚓体内的富集及代谢行为(人工土壤法)

(1) 氟虫腈对映体在蚯蚓体内的富集行为

人工土壤中氟虫腈在蚯蚓体内的浓度变化过程见图 4-16,氟虫腈在蚯蚓体内的浓度逐渐增加,在第 10 天左右达到最大浓度,并基本保持平衡,加药后 10 天氟虫腈在蚯蚓体内的浓度基本达到平衡。蚯蚓体内浓度较土壤浓度高,证明氟虫腈在蚯蚓体内有富集现象,生物富集因子见表 4-11。

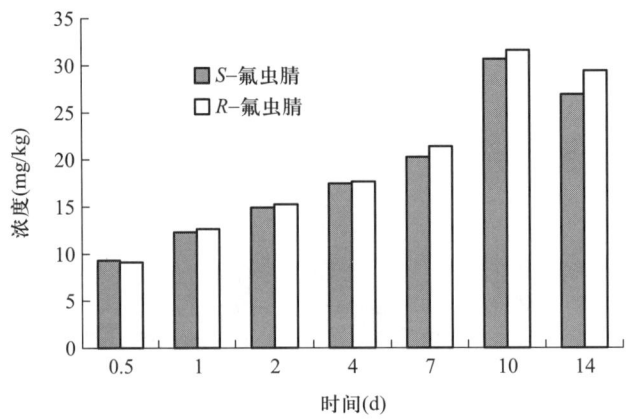

图 4-16 氟虫腈对映体在蚯蚓体内的浓度变化(人工土壤)

表 4-11 氟虫腈对映体在蚯蚓体内的生物富集因子

对映体	生物富集因子 BCF
S-氟虫腈	1.23
R-氟虫腈	1.27

(2) 氟虫腈对映体在蚯蚓体内的降解行为

当蚯蚓体内的氟虫腈浓度基本达到平衡后(14 d),将蚯蚓转至没有药剂的空白土壤,氟虫腈在蚯蚓体内的降解符合一级反应动力学规律,拟合方程、降解半衰期及 ES 值列于表 4-12。氟虫腈两对映体的半衰期分别为 1.46 d 和 2.16 d,ES 值为 0.30,差异达到系统学显著水平,说明氟虫腈在蚯蚓体内中存在立体选择性降解。

表 4-12 氟虫腈对映体在蚯蚓体内降解动态的回归方程

对映体	回归方程	相关系数 R^2	半衰期 $T_{1/2}(h)$	ES 值
S-氟虫腈	$C=26.578e^{-0.4737t}$	0.9282	1.46	0.30
R-氟虫腈	$C=29.334e^{-0.321t}$	0.9067	2.16	

随着施药后时间延长,两种对映体的 EF 比值从开始的 0.52 逐渐增大,在第 5 天达到 0.69,氟虫腈对映体在供试蚯蚓体内存在明显的立体选择性降解现象。

4.2.10.2　氟虫腈对映体在蚯蚓体内的富集及代谢行为(自然土壤法)

(1) 氟虫腈对映体在蚯蚓体内的富集行为

自然土壤中氟虫腈在蚯蚓体内的浓度变化过程见图 4-17。氟虫腈在蚯蚓体内的浓度逐渐增加,在第 15 天左右达到最大浓度,并基本保持平衡。氟虫腈在蚯蚓体内有富集现象,生物富集因子见表 4-13。

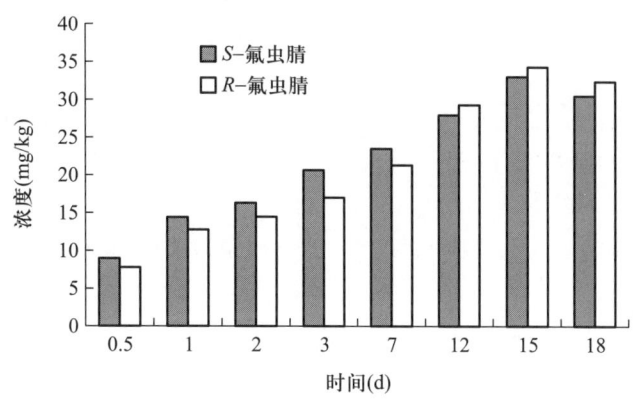

图 4-17　氟虫腈对映体在蚯蚓体内的浓度变化(自然土壤)

表 4-13　氟虫腈对映体在蚯蚓体内的生物富集因子

对映体	生物富集因子 BCF
S-氟虫腈	1.32
R-氟虫腈	1.33

氟虫腈对映体在蚯蚓体内的富集过程没有发现明显的立体选择性,EF 值在 0.5 左右。在药剂处理前期(7 天以内),蚯蚓体内 S-氟虫腈浓度略高于 R-氟虫腈,而 7 天以后,R 体又略高于 S 体。

(2) 氟虫腈对映体在蚯蚓体内的降解行为

当蚯蚓体内的氟虫腈浓度达到平衡后(18 天),将蚯蚓转至没有药剂的空白自然土壤,氟虫腈在蚯蚓体内的降解符合一级反应动力学规律,拟合方程、降解半衰期及 ES 值列于表 4-14。氟虫腈两对映体的半衰期分别为 2.49 d 和 3.36 d,ES 值为 0.24,氟虫腈在蚯蚓体内中存在立体选择性降解。

表 4-14　氟虫腈对映体在蚯蚓体内降解动态的回归方程

对映体	回归方程	相关系数 R^2	半衰期 $T_{1/2}$(d)	ES 值
S-氟虫腈	$C=30.42e^{-0.2781t}$	0.9606	2.49	0.24
R-氟虫腈	$C=33.97e^{-0.206t}$	0.9859	3.36	

残留量及其 EF 值见图 4-18。随着施药后时间延长,两种对映体的 EF 比值从开始的 0.53 逐渐增大,在第 7 天达到 0.64,氟虫腈对映体在供试蚯蚓体内存在明显的立体选择性降解现象,S 体降解速率快于 R 体,导致 S 体被优先降解,R 体相对过量。

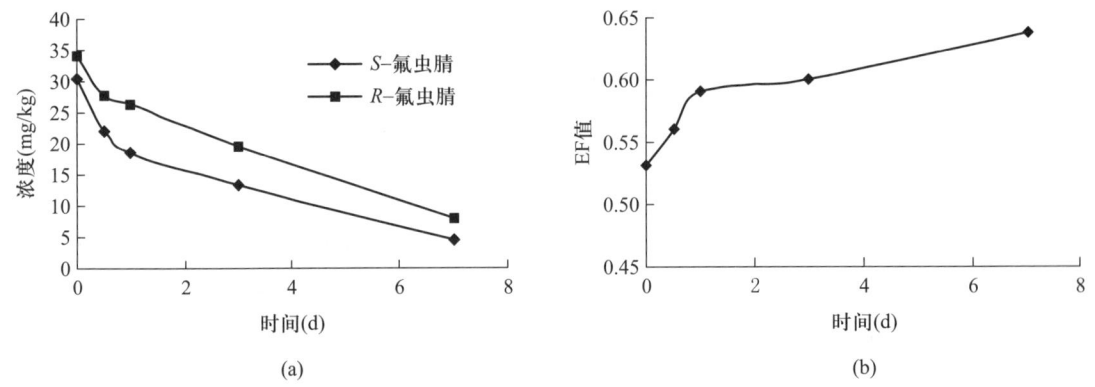

图 4-18 (a) 氟虫腈对映体在蚯蚓体内的降解曲线;(b) 氟虫腈对映体在蚯蚓体内 EF 值变化曲线

4.2.11 氟虫腈对映体在颤蚓体内的立体选择性富集

4.2.11.1 水体染毒

将颤蚓加入到氟虫腈染毒的水溶液中培养,每天更换新鲜药溶液半静态培养 9 天。利用高效液相色谱法测定供试颤蚓体内氟虫腈对映体的残留量。氟虫腈对映体在颤蚓体内的浓度在培养初期呈现出逐渐增加的趋势,5 天后都达到了峰值。在培养 5~7 天时间段内颤蚓体内氟虫腈的浓度有所降低。暴露 7 天后,颤蚓体内的氟虫腈达到稳定水平。在整个富集过程中,颤蚓体内 R-(−)-氟虫腈的浓度显著高于 S-(+)-氟虫腈,氟虫腈经水在颤蚓体内的富集表现出对映体选择性,见表 4-15。

表 4-15 水体染毒试验中颤蚓体内氟虫腈对映体的 EF 值 [EF=R/($R+S$)]

	暴露时间(d)							
	1	2	3	5	6	7	8	9
EF	0.56	0.56	0.58	0.57	0.56	0.58	0.60	0.59

4.2.11.2 土壤染毒

将颤蚓暴露在含氟虫腈外消旋体的土壤中,加入干净的自来水,暴露培养共持续 14 天。氟虫腈可迅速被颤蚓富集,第 4 天浓度达到峰值。颤蚓体内氟虫腈对映体浓度在经历短暂降低后又恢复到逐渐增加的模式。在整个富集过程中,颤蚓体内 R 体的浓度显著高于 S 体,氟虫腈在颤蚓体内的富集表现出了对映体立体选择性。经土壤染毒暴露培养,氟虫腈对映体在颤蚓体内选择性富集的水平高于经水富集的结果,见表 4-16。

表 4-16　土壤染毒实验中颤蚓体内氟虫腈对映体的 EF 值 [$EF=R/(R+S)$]

	暴露时间(d)								
	1	2	3	4	5	7	9	11	14
EF	0.57	0.56	0.58	0.61	0.59	0.60	0.61	0.58	0.59

4.2.12　水胺硫磷对映体在颤蚓体内的立体选择性富集

4.2.12.1　水体染毒

将颤蚓加入到含水胺硫磷外消旋体的水溶液中,水胺硫磷对映体在颤蚓体内的浓度在培养初期呈显著增加的趋势,第 5 天时浓度出现下降,7 天时又恢复到上升趋势。富集 10 天后颤蚓体内水胺硫磷的浓度达到平衡态。水胺硫磷经染毒水培养在颤蚓体内的富集表现出了对映体立体选择性,颤蚓体内(−)-水胺硫磷的浓度显著高于(+)-水胺硫磷。

富集过程中颤蚓体内水胺硫磷对映体 EF 的值从培养第二天开始显著偏离 0.5($p<0.05$,t-检验),见表 4-17。

表 4-17　水体染毒实验中颤蚓体内水胺硫磷对映体的 EF 值

	暴露时间(d)						
	1	2	3	5	7	10	14
EF	0.507	0.465	0.453	0.448	0.467	0.475	0.482

4.2.12.2　土壤染毒

选取农田土及沉积物两种底层基质,模拟颤蚓自然生长条件中的底层沉积物,比较底层基质性质的差异对颤蚓富集水胺硫磷造成的影响。两种培养基质中的水胺硫磷均可以被颤蚓富集,但在两组处理中的颤蚓体内均未检测到水胺硫磷对映体的选择性行为。在以农田土为底层基质的培养体系中,水胺硫磷在颤蚓体内的浓度随时间增加呈持续增长的趋势。在培养第 7 天时,颤蚓体内水胺硫磷的浓度达到最高值,并且富集进入到稳定阶段。在以沉积物为底层基质的培养体系中,颤蚓对水胺硫磷的富集呈现出不同的模式。在富集前三天,颤蚓体内农药的浓度持续增加,但在第 5 天时出现了显著的降低,在第 3 天时达到稳定状态。

4.2.13　苯霜灵对映体在家兔体内的立体选择性行为

采用耳静脉注射苯霜灵外消旋体的给药方式研究左右旋对映体在家兔体内的立体选择性药代动力学及降解行为,考察给药后不同时间点的血药浓度以及心脏、肝、脾、肺、肾、脑及肌肉等组织中两对映体的残留量。

4.2.13.1　苯霜灵对映体在家兔血浆中的药代动力学

家兔耳静脉注射苯霜灵外消旋体后两对映体的平均血药浓度-时间曲线见图 4-19(a)。血浆中两种对映体的浓度随时间增加而降低;两对映体浓度差异随时间的增加先增大而后又降低。

血浆中苯霜灵对映体的 EF 值随时间变化趋势见图 4-19(b),在用药 5 min 后 EF 值开始低于 0.5,并随着时间的增加 EF 值呈降低的趋势;到 60 min 后 EF 值又开始增加直到 180 min。随时间增加苯霜灵对映体在血浆中的立体选择性先升高后又降低。

两对映体的药代动力学参数见表4-18。S-苯霜灵的生物半衰期是R-苯霜灵($T_{1/2}$)的1.26倍,说明R-对映体在血浆中的降解要比S-对映体快;S-苯霜灵的平均滞留时间(MRT)以及最大浓度(C_{max})和R-对映体没有显著的差异,而R-对映体的平均血浆清除率(CL)是S-对映体的1.31倍,家兔清除R-对映体的能力大于S-对映体。S-苯霜灵的血药浓度-时间曲线下面积($AUC_{0-\infty}$)是其对映体的1.31倍,家兔对S-苯霜灵的生物利用度大于R-苯霜灵。苯霜灵在家兔体内的药代动力学呈立体选择性。

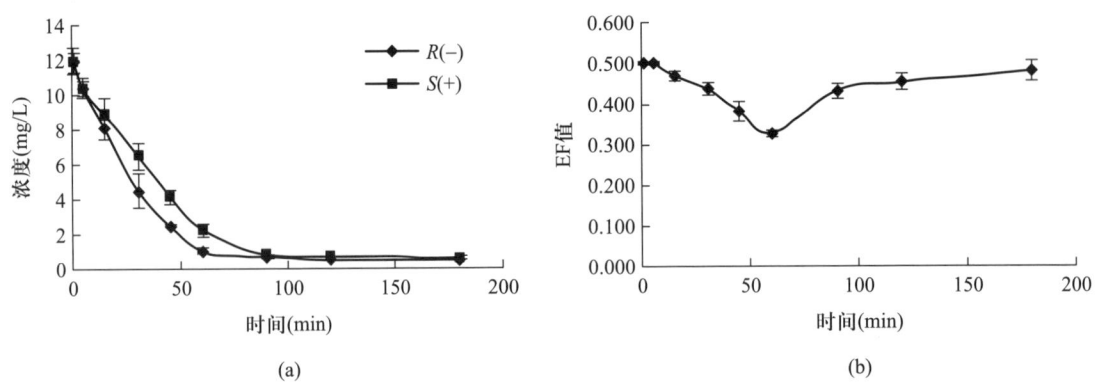

图4-19 (a)家兔血浆中苯霜灵对映体药-时曲线;(b)家兔血浆中EF值变化动态

表4-18 家兔静注外消旋苯霜灵40 mg/kg后药代动力学参数

参数	$R(-)$-苯霜灵	$S(+)$-苯霜灵
C_{max}(mg/L)	11.95	11.88
T_{max}(h)	0.017	0.017
$AUMC_{0\sim3}$	4.08	5.55
$AUMC_{0\sim\infty}$	7.46	7.55
$AUC_{0\sim3}$[mg/(L·h)]	6.65	8.39
$AUC_{0\sim\infty}$[mg/(L·h)]	7.05	9.25
MRT(h)	1.06	1.32
$T_{1/2}$(h)	0.73	0.92
CL[L/(h·kg)]	2.85	2.17
V_{ss}(L/kg)	3.03	3.03

4.2.13.2 苯霜灵对映体在家兔组织中的降解动力学

(1) 苯霜灵对映体在家兔不同组织中降解速率差异

苯霜灵对映体在家兔各组织中的降解速率不同,R-苯霜灵的降解半衰期要比其对映体小,在家兔体内R-苯霜灵降解得快;而两种对映体都是在肝中降解最快,在肺中降解最慢;R-苯霜灵在肾和肌肉中的降解速率相似,在各种组织中的降解速率大小为:肝>肾、肌肉>脾>脑>心脏>肺;而 S-苯霜灵在脾、肌肉和脑中的降解速率相似,在各种组织中的降解速率大小为:肝>肾>脾、肌肉、脑>心脏>肺。

(2) 苯霜灵对映体在家兔不同组织中残留量差异

在用药后 15 min,苯霜灵两对映体在肺中浓度远远大于其他组织,其次是脑、心脏和脾,在肝中的浓度相对较低;用药后 30 min,肺中的浓度仍然明显高于其他组织,脾中两对映体降解相对较快,比脑和心脏中的残留浓度相对要低;用药后 60 min,苯霜灵对映体在各组织中残留量继续减少,各组织之间的浓度差异与 30 min 时相似,此时 R-苯霜灵在各组织中残留量大小顺序为:肺>>脑>心脏>脾>肌肉>肾>肝,S-苯霜灵在各组织中残留量大小顺序与 R-苯霜灵一致;而用药后 120 min,在肝组织中已不能检出苯霜灵残留,在肌肉组织中则只能检测到 S-对映体,两对映体在各组织中的残留量大小也发生变化,其大小顺序为:肺>>心脏>脑>脾>肾>肌肉。

(3) 苯霜灵对映体在家兔血浆及组织中的立体选择性差异

苯霜灵对映体在家兔血浆及部分组织中的降解呈立体选择性。在用药后 15 min 时,苯霜灵对映体在家兔血浆及各组织中的 EF 值均小于苯霜灵外消旋体标样的 EF 值 0.5,随着时间的增加,肝、脾、肾、脑、肌肉中的 EF 值也相应减小,随着时间的增加苯霜灵对映体在这些组织中的立体选择性增强;血浆和心脏中的 EF 值则是先减小后增加,两对映体在其中的立体选择性呈先增大后减小的趋势;而肺中的 EF 值几乎保持不变,说明两对映体在肺的立体选择性不明显。对比各样本中的 EF 值可知在所有时间点,苯霜灵对映体在肺中的立体选择性最小,在肾中的立体选择性相对最为明显;在用药后 60 min 苯霜灵对映体在血浆及各组织中立体选择性的大小顺序为:肾>肝>脾、肌肉>血浆、脑、心脏>肺。

4.2.14 苯霜灵对映体在家兔肝微粒体中的立体选择性降解

采用体外肝微粒体孵育方式研究苯霜灵外消旋体及其单体在家兔肝微粒体中的立体选择性降解行为。

家兔肝微粒体体外孵育外消旋体苯霜灵 60 μmol/L 后两对映体均以相似的方式进行降解,但是可以很清楚地看出微粒体中两种对映体的浓度存在明显差异,在孵育后 10 min 采集的微粒体样品中,S-苯霜灵含量就已明显高于 R-苯霜灵;随着时间增长,R-苯霜灵降解速率明显快于 S-苯霜灵;孵育苯霜灵单体 30 μmol/L 后两对映体也以相似的方式进行降解,S-苯霜灵的浓度始终高于 R-苯霜灵,单体降解速率明显快于外消旋体降解速率,两对映体浓度在 5 min 时就存在明显差异,随着时间增长,R-苯霜灵降解速率明显快于 S-苯霜灵。同时,在单体降解实验中没有发现苯霜灵对映体间的相互转化。

在兔肝微粒体体外孵育苯霜灵外消旋体后,EF 值均小于 0.5,随着时间变化,EF 值逐渐减小,由 EF 值的变化趋势可以看出苯霜灵在兔肝微粒体中的降解呈立体选择性。

苯霜灵两对映体在兔肝微粒体中的降解符合一级反应动力学,苯霜灵外消旋体和单体降解半衰期列于表 4-19。兔肝微粒体体外孵育苯霜灵外消旋体后其对映体的降解速率慢于单体孵育后相应对映体的速率,这可能是由于外消旋体两对映体之间存在竞争作用;同时,家兔肝微粒体体外孵育苯霜灵外消旋体及其单体后,S-苯霜灵的降解半衰期($T_{1/2}$)分别是 R-苯霜灵的 1.30 和 1.70 倍,S-苯霜灵在兔肝微粒体中降解要慢于 R-苯霜灵,同样也说明苯霜灵在兔肝微粒体中的降解呈立体选择性。

表 4-19 苯霜灵对映体在家兔肝微粒体中的降解结果

暴露农药	对映体	半衰期 $T_{1/2}$(min)	$T_{1/2(S)}/T_{1/2(R)}$
rac-苯霜灵	S-苯霜灵	15.26	1.30
	R-苯霜灵	11.75	
苯霜灵单体对映体	S-苯霜灵	9.63	1.70
	R-苯霜灵	5.66	

4.2.15 苯霜灵对映体在虹鳟鱼体内的立体选择性行为

采用水体添加苯霜灵外消旋体的给药方式研究左右旋对映体在家养虹鳟鱼体内体外的生物富集和立体选择性降解行为,考察给药后不同时间点苯霜灵在肝、鳃、鱼体及微粒体混合体系中两对映体的残留量。

4.2.15.1 苯霜灵对映体在虹鳟鱼中的富集

在 100 mg/L 的水中进行虹鳟鱼的苯霜灵富集实验,富集 1 天后将虹鳟鱼转入清水中。分别在 2 小时,6 小时,12 小时,24 小时取虹鳟鱼样本。在肝、鳃和鱼体三种组织中苯霜灵均有不同程度富集,富集速率均较快。苯霜灵在虹鳟鱼三种组织内的富集不存在一个稳定态,而是出现一个峰值后开始迅速降解。在三种组织中,鱼体的富集浓度最小,而且随着时间的推移增加并不显著。而在肝和鳃中的富集浓度随时间的变化增加明显,到 12 小时时富集浓度接近鱼体的两倍。

4.2.15.2 苯霜灵对映体在虹鳟鱼体内的立体选择性

(1) 富集过程中的立体选择性

在虹鳟鱼对苯霜灵的富集过程中苯霜灵对映体发生不同程度的立体选择性,且随着时间的增加逐渐出现明显的对映体浓度比值差异。苯霜灵在虹鳟鱼各个组织不同取样点的 ER(c_S/c_R) 见表 4-20,给药处理后各个组织中苯霜灵的 ER 值逐渐减小,24 小时后鱼体中 ER 值从给药时的 1.02 减小至 0.54,肝中从 1.02 减小至 0.40,鳃中从 0.99 减小至 0.61,在各个组织中富集过程中 R 体始终高于 S 体。

表 4-20 苯霜灵对映体在虹鳟鱼体内的 ER 值变化

给药时间(h)	鱼体	肝	鳃	水	对照水
0	1.02	1.02	0.99	1.0	1.0
2	0.73	0.40	0.68	0.98	0.99
6	0.63	0.38	0.71	0.97	0.99
12	0.59	0.33	0.72	0.96	0.99
24	0.54	0.40	0.61	0.95	0.99
48	0.41	0.31	0.56	—	—
72	0.33	0.25	0.37	—	—

续表

给药时间(h)	鱼体	肝	鳃	水	对照水
96	0.21	0.10	0.26	—	—
120	0.13	0.09	0.26	—	—

（2）降解过程中的立体选择性

苯霜灵两对映体的降解符合一级动力学，整个降解过程分为快速降解的初期阶段和相对平缓的后期阶段。苯霜灵两种对映体在虹鳟鱼肝、鳃和鱼体中降解的回归方程、半衰期和 ES 值见表 4-21 中。苯霜灵对映体在鱼体、肝和鳃中的 ER 值拟合方程分别为 $y=0.734\,7e^{-0.013\,4t}$ ($R^2=0.976\,0$)、$y=0.452\,2e^{-0.012\,7t}$ ($R^2=0.953\,2$) 和 $y=0.452\,2e^{-0.012\,7t}$ ($R^2=0.879\,2$)，苯霜灵在各个组织中的 ER 变化符合一级动力学，k_{ER} 约等于两种对映体 k 值之差 (k_S-k_R)。降解过程中，S 体在三个组织样本中的残留量始终小于 R 体，ER 值随降解时间的增长而逐渐减小。在供试的三种组织中，S 体的半衰期在 20 h 左右，而 R 体的半衰期均大于 30 h，约为 S 体半衰期的 1.5 倍，苯霜灵的 ES 值都小于 0，鱼体、肝和鳃的 ES 值分别为 -0.254、-0.321 和 -0.216。苯霜灵在虹鳟鱼体内发生立体选择性降解，S-苯霜灵降解的比 R-苯霜灵快，三种组织中均优先降解 S 体。

表 4-21　苯霜灵对映体在供试组织中的降解回归方程

供试组织	对映体	回归方程	相关系数 R^2	半衰期(h)	ES 值
鱼体	S-(+)	$y=34.012e^{-0.037t}$	0.986 8	18.73	-0.254
	R-(-)	$y=40.444e^{-0.022t}$	0.997 1	31.50	
肝	S-(+)	$y=42.912e^{-0.035t}$	0.996 9	19.80	-0.321
	R-(-)	$y=63.979e^{-0.018t}$	0.930 9	38.50	
鳃	S-(+)	$y=58.038e^{-0.031t}$	0.991 6	22.35	-0.216
	R-(-)	$y=68.310e^{-0.020t}$	0.971 5	34.65	
微粒体	S-(+)	$y=16.410e^{-0.270t}$	0.970 3	2.57	-0.517
	R-(-)	$y=20.271e^{-0.086t}$	0.996 4	8.06	

4.2.16　苯霜灵对映体在虹鳟鱼体外肝微粒体中的降解

4.2.16.1　雌性虹鳟鱼体外肝微粒体对苯霜灵外消旋体的降解

苯霜灵两对映体在微粒体混合体系中的降解符合一级动力学，整个降解过程分为快速降解的初期阶段和相对平缓的后期阶段。

苯霜灵对映体在雌性虹鳟鱼肝微粒体混合体系中的 ER 值符合一级动力学。降解过程中，S 体在混合体系中的浓度始终小于 R 体，如表 4-22 所示，经孵育 8 小时，ER 值从初始的 1.02 变为 0.24。在肝微粒体混合体系中 S 体的半衰期为 2.57 h，R 体的半衰期为 8.06 h，多于 S 体半衰期的 3 倍。孵育反应 8 小时后，S-苯霜灵的浓度从 9.98 mg/L 降到 1.10 mg/L，R-苯霜灵的浓度从 9.96 mg/L 下降到 5.03 mg/L。

表 4-22 苯霜灵对映体在雌性虹鳟鱼肝微粒体中的 ER 值变化

时间(h)	ER 值	ER 值回归方程	R^2
0	1.02		
1	0.68		
2	0.46	$ER = 0.8189e^{-0.1929t}$	0.9323
4	0.35		
6	0.34		
8	0.24		

苯霜灵在虹鳟鱼肝微粒体混合体系中发生立体选择性降解,苯霜灵 S 体降解速率明显快于 R 体,优先降解 S 体。

4.2.16.2 雄性虹鳟鱼肝微粒体对苯霜灵外消旋体的降解

表 4-23 列出各个时间点两对映体的浓度。雄性虹鳟鱼肝微粒体代谢苯霜灵的能力明显低于雌性虹鳟鱼:8 小时后雄性肝微粒中 R 体仅降解 21.8%,S 体降解 30.5%,而雌性虹鳟鱼肝微粒体中 R 体和 S 体分别降解 57.5% 和 90%。

数据表明雄性虹鳟鱼肝微粒体对苯霜灵对映体产生一定的立体选择性代谢,孵育 8 小时后 ER 值从 1 减小到 0.93,在雌性肝微粒体中 ER 值从 1.02 减小到 0.24,表明雄性虹鳟鱼肝微粒体对苯霜灵对映体的选择能力也低于雌性虹鳟鱼。

表 4-23 苯霜灵对映体在雄性虹鳟鱼体外代谢的结果

时间(h)	(R)-苯霜灵(mg/L)	(S)-苯霜灵(mg/L)	ER
0	10.03	10.02	1
1	9.70	8.82	0.95
2	8.92	8.09	0.95
4	8.19	7.36	0.94
6	8.02	7.21	0.94
8	7.84	6.97	0.93

4.2.17 苯霜灵对映体在蚯蚓体内的立体选择性行为

利用自然土壤法研究苯霜灵对映体在蚯蚓体内的富集及代谢的立体选择性。

4.2.17.1 苯霜灵对映体在蚯蚓体内的富集

苯霜灵对映体在蚯蚓体内的浓度在培养初期逐渐增加,在第 7~14 天左右达到最大浓度,14 天以后,蚯蚓体内苯霜灵对映体浓度有一定程度下降并在 19~32 天达到平衡期。

T 检验显示,富集过程中蚯蚓体内 EF 偏离 0.5 非常显著($p<0.001$);土壤样本中 EF 值基本维持在 0.5 左右,变化不显著($p=0.060$)。配对 T 检验显示,蚯蚓体内 EF 值与土壤样本中 EF

值也存在显著差异($p=0.00002$),表明蚯蚓对苯霜灵对映体的富集存在显著的立体选择性,优先富集 R-(-)-苯霜灵。

富集过程中蚯蚓体内苯霜灵对映体的生物-土壤富集因子(BSAF)见表4-24。富集过程中,R-(-)-苯霜灵的 BSAF 值高于 S-(+)-苯霜灵。表4-24表明蚯蚓对苯霜灵对映体的富集过程存在立体选择性。

表 4-24　富集过程中蚯蚓体内苯霜灵对映体的 BSAF 值

	暴露时间(d)								
	1	3	5	7	10	14	19	25	32
BSAF R-(-)-苯霜灵	0.70	0.49	0.72	1.21	1.05	1.33	0.67	0.58	0.53
BSAF S-(+)-苯霜灵	0.46	0.33	0.48	0.80	0.74	0.94	0.53	0.49	0.46

4.2.17.2　苯霜灵对映体在蚯蚓体内的代谢

当蚯蚓体内的苯霜灵浓度达到平衡后(19天),将蚯蚓转至没有药剂的空白土壤,观察代谢情况。苯霜灵在蚯蚓体内的代谢过程符合一级反应动力学规律,拟合方程、降解半衰期列于表4-25。苯霜灵两对映体的半衰期分别为 0.88 d 和 0.64 d。

表 4-25　苯霜灵对映体在蚯蚓体内代谢动态的回归方程

对映体	回归方程	相关系数 R^2	半衰期 $T_{1/2}$(d)
R-(-)-苯霜灵	$y=19.56e^{-0.79x}$	0.943	0.88
S-(+)-苯霜灵	$y=12.26e^{-1.08x}$	0.914	0.64

4.2.18　苯霜灵对映体在大鼠肝微粒体中的降解

鼠肝微粒体体外孵育外消旋体苯霜灵 80 μmol/L 后两对映体均以相似的方式进行降解,但两种对映体的浓度存在明显差异,在孵育后 5 min 采集的微粒体样品中,S-苯霜灵含量就已明显低于 R-苯霜灵;随着时间增长,S-苯霜灵降解速率明显快于 R-苯霜灵;孵育苯霜灵单体 40 μmol/L 后两对映体也以相似的方式进行降解,S-苯霜灵的浓度始终低 R-苯霜灵,同时降解速率明显快于外消旋体降解速率,随着时间增长,S-苯霜灵降解速率明显快于 R-苯霜灵。同时,在单体降解实验过程中没有发现苯霜灵对映体间的相互转换。

在大鼠肝微粒体体外孵育苯霜灵外消旋体后,EF 值都大于 0.5,随着时间变化,EF 值逐渐增大,由 EF 值的变化趋势可以看出苯霜灵在大鼠肝微粒体中的降解呈立体选择性。

苯霜灵两对映体在大鼠肝微粒体中的降解符合一级降解动力学,降解呈立体选择性,苯霜灵外消旋体和单体降解半衰期列于表4-26。大鼠肝微粒体体外孵育苯霜灵外消旋体后其对映体的降解速率慢于单独以单体孵育的速率,S-苯霜灵在微粒体中降解速率明显快于 R-苯霜灵。

表 4-26 苯霜灵对映体在大鼠肝微粒体内降解半衰期

孵育形式	对映体	半衰期 $T_{1/2}$(min)	$T_{1/2(S)}/T_{1/2(R)}$
rac-苯霜灵	S-苯霜灵	10.66	0.48
	R-苯霜灵	22.35	
S-苯霜灵	S-苯霜灵	4.03	0.74
R-苯霜灵	R-苯霜灵	5.42	

4.2.19 甲霜灵对映体在家兔体内的立体选择性行为

采用耳静脉注射甲霜灵外消旋体的给药方式研究左右旋对映体在家兔体内的立体选择性药代动力学及降解行为,考察给药后不同时间点的血药浓度以及心脏、肝、脾、肺、肾、脑、肌肉及脂肪等组织中两对映体的残留量。

4.2.19.1 甲霜灵对映体在家兔血浆中的药代动力学

家兔耳静脉注射甲霜灵外消旋体后两对映体的平均血药浓度-时间曲线见图 4-20(a)。血浆中两种对映体的浓度随时间增加而降低,R-甲霜灵的血药浓度在监测时间范围内始终大于S-甲霜灵,两对映体浓度差异则随时间的增加而增大。

血浆中甲霜灵对映体的 EF 值随时间变化趋势见图 4-20(b)。在用药 5 min 后 EF 值开始低于甲霜灵外消旋体标样的 EF 值 0.5,并随着时间的增加 EF 值呈降低的趋势;到 180 min 时 EF 值达到 0.274。随时间增加甲霜灵对映体在血浆中的立体选择性是逐渐增强的。

两对映体在血浆中的药代动力学参数见表 4-27。S-甲霜灵在血浆中降解比其对映体快,R-甲霜灵的生物半衰期($T_{1/2}$)是 S-甲霜灵的 1.52 倍,分别为 0.64 h 和 0.42 h。R-甲霜灵的最大血药浓度(c_{max})及最大达峰时间(T_{max})和 S 体没有显著的差异,而 S 体的平均血浆清除率(CL)是 R 体的 1.28 倍,家兔清除 S 体的能力大于 R 体。R-甲霜灵的血药浓度-时间曲线下面积($AUC_{0-\infty}$)是其对映体的 1.28 倍,家兔对 R-甲霜灵的生物利用度大于 S-甲霜灵。甲霜灵在家兔体内的药代动力学呈立体选择性。

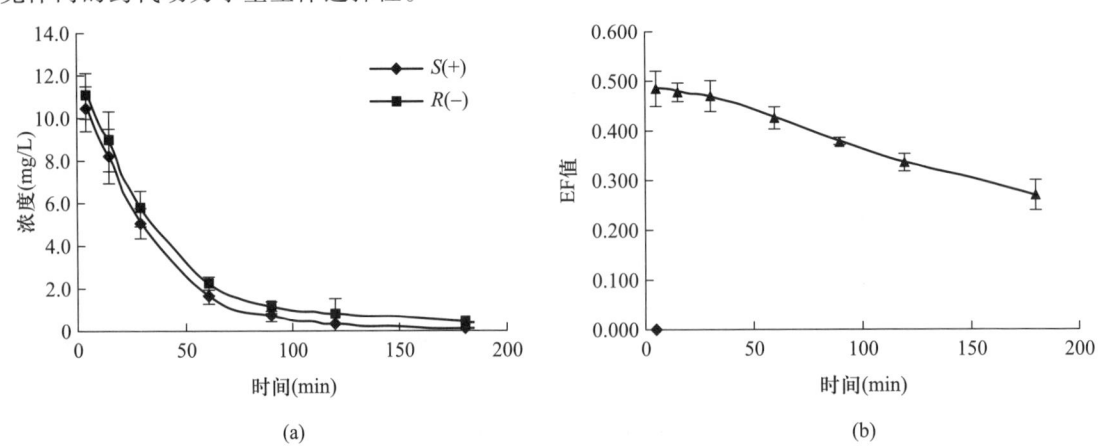

图 4-20 (a)家兔血浆中甲霜灵对映体药-时曲线;(b)家兔血浆中 EF 值变化动态

表 4-27　家兔静脉注射外消旋甲霜灵 40 mg/kg 后药代动力学参数

参数	R-(−)-甲霜灵	S-(+)-甲霜灵
C_{max}(mg/L)	11.11	10.46
T_{max}(h)	0.08	0.08
$AUMC_{0-3}$	5.44	3.65
$AUMC_{0-\infty}$	8.37	4.29
AUC_{0-3}[mg/(L·h)]	8.44	6.97
$AUC_{0-\infty}$[mg/(L·h)]	9.08	7.12
MRT(h)	0.92	0.60
$T_{1/2}$(h)	0.64	0.42
CL[L/(h·kg)]	2.20	2.81
V_{ss}(L/kg)	2.03	1.69

4.2.19.2　甲霜灵对映体在家兔组织中的降解动力学

(1) 甲霜灵对映体在家兔不同组织中降解速率差异

甲霜灵对映体在家兔各组织中的降解速率不同。大部分组织中 R-甲霜灵的降解半衰期与其对映体相近,这些组织中 R-甲霜灵与 S-甲霜灵降解速率差异不大;而肺和脂肪中 R-甲霜灵的降解半衰期比 S-甲霜灵大些,其降解速率比 S-甲霜灵要慢一些。两种对映体都是在肺中降解最快,在脾中降解最慢;R-甲霜灵在各种组织中的降解速率大小顺序为:肺>脑>脂肪、心脏>肌肉、肾>肝>脾,S-甲霜灵在各种组织中的降解速率与 R-甲霜灵相似。

(2) 甲霜灵对映体在家兔不同组织中残留量差异

在用药后 5 min,甲霜灵两对映体在心脏、肺和脑中的浓度明显高于其他组织,在脾、肌肉和脂肪中的浓度则很低;用药后 30 min,甲霜灵两对映体在脾、肌肉和脂肪中的浓度大幅增加,其中脂肪中的浓度明显大于其他组织,肌肉中的浓度仍最低;用药后 60 min,脂肪中的浓度仍然明显高于其他组织,肺中两对映体降解相对较快,比其他组织中的残留浓度相对低;用药后 90 min,甲霜灵对映体在各组织中残留量继续减少,其中脂肪中浓度仍然最高,肺中浓度仍最低,此时两对映体在各组织之间的浓度差异与 60 min 时相似,其残留量大小顺序为:脂肪>肝>心脏、肾>脑、脾>肌肉>肺;用药后 120 min,甲霜灵对映体残留量继续减少,其在各组织中的大小顺序没有发生明显变化;而用药后 240 min,在肺组织中已不能检出甲霜灵残留,两对映体在各组织中的残留量大小也发生变化,此时的大小顺序为:脾>肝>心脏>脂肪、肾>脑、肌肉。

(3) 甲霜灵对映体在家兔血浆及组织中立体选择性差异

甲霜灵对映体在家兔血浆及部分组织中的降解呈立体选择性。在用药后 5 min 时,甲霜灵对映体在家兔血浆及各组织中的 EF 值均小于 0.5,到 240 min 时已不能在血浆和肺中检出对映体;随着时间的增加血浆、心脏、肺、脂肪中的 EF 相应逐渐减小,随着时间的增加甲霜灵对映体在血浆和这些组织中的立体选择性逐渐增强;而肝中的 EF 值则是随时间增加而增大,两对映体在其中的立体选择性呈逐渐减小的趋势;脾中的 EF 值是先减小后增大,两对映体在其中的立体选择性先增强后减弱;而肌肉和脑中的 EF 值变化不明显,说明两对映体在其中的立体选择性不明显。对比各样本中的 EF 值可知在所有时间点,甲霜灵对映体在肌肉和脑中的立体选择性最小,在肺中的立体选择性相对最为明显;在用药后 120 min 甲霜灵对映体在血浆及各组织中立体选择性的大小顺序为:肺>血浆>肾>心脏、肝、脂肪>脾>肌肉、脑。

4.2.20 甲霜灵对映体在家兔肝微粒体中的选择性降解

甲霜灵对映体在家兔肝微粒体中的降解具有立体选择性。S-(+)-甲霜灵和 R-(-)-甲霜灵的半衰期分别是 41.5 min 和 56.9 min。S-(+)-甲霜灵比 R-(-)-甲霜灵降解得快,在用 40 μmol 的外消旋甲霜灵孵育 60 min 后,EF 值是 0.26。

甲霜灵对映体在家兔肝微粒体内的表观动力学常数见表 4-28,S-(+)-甲霜灵的表观动力学常数比 R-(-)-甲霜灵大。

表 4-28 甲霜灵在兔肝微粒体中降解的酶代动力学参数

	V_{max}[nmol/(min·mg 蛋白)]	K_m(μmol)	CL_{int}[mL/(min·mg)]
S-(+)-甲霜灵	1 423.3	58.4	24.37
R-(-)-甲霜灵	1 095.4	48.0	22.82

4.2.21 甲霜灵对映体在大鼠体内的立体选择性行为

采用尾静脉注射甲霜灵外消旋体的给药方式研究左右旋对映体在大鼠体内的立体选择性药代动力学及降解行为,考察给药后不同时间点的血药浓度以及心脏、肝、脾、肺、肾、脑、肌肉和脂肪等组织中两对映体的残留量。

4.2.21.1 甲霜灵对映体在大鼠血浆中的药代动力学

大鼠尾静脉注射甲霜灵外消旋体后两对映体的平均血药浓度-时间曲线见图 4-21(a)。血浆中两种对映体的浓度随时间增加而降低;两对映体浓度差异并不随时间的增加而明显增大。

甲霜灵在大鼠体内的药代动力学没有明显的立体选择性。血浆中甲霜灵对映体的 EF 值随

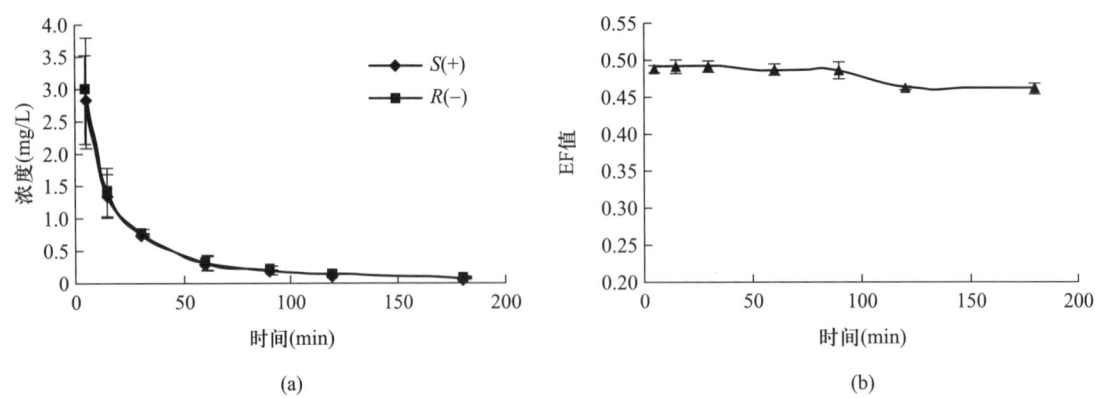

图 4-21 (a) 大鼠血浆中甲霜灵对映体药-时曲线;(b) 大鼠血浆中 EF 值变化动态

时间变化趋势见图 4-21(b),在用药 5 min 后 EF 值开始低于 0.5,由 30 min 时的 0.490 降至 180 min 时的 0.460,随着时间的增加 EF 值只有轻微降低的趋势。随时间增加甲霜灵对映体在血浆中的立体选择性不明显。两对映体的药代动力学参数见表 4-29。R-和 S-甲霜灵的生物半衰期($T_{1/2}$)分别为 0.58 h 和 0.53 h,没有明显差异;R-甲霜灵的平均滞留时间(MRT)、最大血浆浓度(C_{max})和 S 体都没有显著的差异,同时其平均血浆清除率(CL)也没有显著差异,大鼠清除 R 体的能力与 S 体相似。R-甲霜灵的血药浓度-时间曲线下面积($AUC_{0-\infty}$)是其对映体的 1.07 倍,大鼠对 R-甲霜灵的生物利用度与 S-甲霜灵差别不大。

表 4-29　大鼠静脉注射外消旋甲霜灵 20 mg/kg 后药代动力学参数

参数	R-(−)-甲霜灵	S-(+)-甲霜灵
C_{max}(mg/L)	2.98	2.81
T_{max}(h)	0.08	0.08
$AUMC_{0-3}$	0.90	0.82
$AUMC_{0-\infty}$	1.33	1.14
AUC_{0-3}[mg/(L·h)]	1.51	1.43
$AUC_{0-\infty}$[mg/(L·h)]	1.59	1.48
MRT(h)	0.84	0.77
$T_{1/2}$(h)	0.58	0.53
CL[L/(h·kg)]	6.29	6.75
V_{ss}(L/kg)	5.25	5.20

4.2.21.2　甲霜灵对映体在大鼠组织中的降解

(1) 甲霜灵对映体在大鼠不同组织中降解速率差异

甲霜灵对映体在大鼠各组织中的降解速率不同。S-甲霜灵的降解半衰期在大多数组织中要比其对映体小,在这些组织中 S-甲霜灵降解快;而两种对映体都是在脂肪中降解最慢,在心脏中次之;R-甲霜灵在肝、脑和肌肉中的降解速率相近,在各种组织中的降解速率大小为:肝、脑、肌肉>肾>肺>脾>心脏>脂肪;而 S-甲霜灵在肝、脾和脑中的降解速率接近,在各种组织中的降解速率大小为:脑、肝、脾>肌肉>肾>心脏>肺>脂肪。

(2) 甲霜灵对映体在大鼠不同组织中残留量差异

在用药后 15 min,甲霜灵两对映体在脂肪中浓度明显大于其他组织,其次是肾,在脾中的浓度相对较低;用药后 30 min,脂肪中的浓度仍然明显高于其他组织,肾中两对映体降解相对较慢,比其他组织的残留浓度相对要高;用药后 60 min,甲霜灵对映体在各组织中残留量继续减少,各组织之间的浓度差异与 30 min 时相似,此时 R-甲霜灵在各组织中残留量大小顺序为:脂肪>肾>肌肉>肺>脑>心脏>脾、肝,S-甲霜灵在各组织中残留量大小顺序与 R-甲霜灵相似;而用药后 90 min,在肝组织只能检测到 R-对映体,但两对映体在各组织中的残留量大小未发生明显变化。

4.2.21.3 甲霜灵对映体在大鼠血浆及组织中立体选择性差异

甲霜灵对映体在大鼠血浆及大部分组织中的降解不具有立体选择性。在用药后 15 min 时，甲霜灵对映体在大鼠血浆及大部分组织中的 EF 值小于 0.5，而肺和脂肪中的 EF 值则大于 0.5。随着时间的增加血浆、心脏、肺、肾、肌肉和脂肪中的 EF 值没有明显的变化，只有轻微的上下波动，甲霜灵对映体在这些组织中的降解并不具有立体选择性。而肝、脾和脑中的 EF 值则随着时间增加相应的减小，表明甲霜灵对映体在这些组织中的立体选择性随时间而增强。对比各样本中的 EF 值可知在所有时间点，R-甲霜灵在肺和脂肪中的降解要稍快于 S-甲霜灵，与其他组织中的降解相反。

4.2.22 甲霜灵对映体在大鼠肝微粒体中的立体选择性降解

甲霜灵对映体在大鼠肝微粒体中的降解具有立体选择性。S-(+)-甲霜灵和 R-(-)-甲霜灵的半衰期分别是 7.71 min 和 15.58 min，用 60 μmol 外消旋甲霜灵孵育 60 min 后的 EF 值是 0.15。

甲霜灵对映体在家兔肝微粒体内的表观动力学常数见表 4-30，S-(+)-甲霜灵的表观动力学常数比 R-(-)-甲霜灵大。

表 4-30 甲霜灵在大鼠肝微粒体中降解的酶代动力学参数

	V_{max}[nmol/(min·mg 蛋白)]	K_m(μmol)	CL_{int}[mL/(min·mg)]
S-(+)-甲霜灵	1 715.8	53.2	32.25
R-(-)-甲霜灵	1 247.3	42.7	29.21

4.2.23 甲霜灵对映体在蚯蚓体内的立体选择性行为

利用自然土壤法研究甲霜灵对映体在蚯蚓体内的选择性富集及代谢，考察不同暴露浓度对富集的影响。

4.2.23.1 甲霜灵对映体在蚯蚓体内的富集

蚯蚓对甲霜灵对映体的富集过程非常快，在初始的 6 小时取样点就有甲霜灵检出，在 10 mg/kg 低浓度暴露的土壤中，S-(+)-甲霜灵、R-(+)-甲霜灵的浓度分别为 1.93 mg/kg 和 1.25 mg/kg；在 50 mg/kg 高浓度暴露的土壤中，S-(+)-甲霜灵、R-(+)-甲霜灵的浓度分别为 2.66 mg/kg 和 1.83 mg/kg。此外，蚯蚓在富集过程中，在 12 小时达到最高富集浓度，在 50 mg/kg 低浓度暴露的土壤中，S-(+)-甲霜灵、R-(+)-甲霜灵的浓度分别为 8.41 mg/kg 和 6.05 mg/kg，达到最高浓度的时间非常短。在 1 天以后对映体浓度下降，达到稳定的平衡期，对映体的富集模式为峰型富集曲线，见图 4-22。

富集过程中蚯蚓体内和土壤样本中甲霜灵对映体的 EF 值变化见图 4-23。配对 T 检验显示，蚯蚓体内 EF 值偏离 0.5 非常显著（$p<0.001$）；土壤样本中 EF 值基本维持在 0.5 左右，变化不显著（$p>0.05$）。蚯蚓对甲霜灵对映体的富集存在显著的立体选择性，优先富集 S-(+)-甲霜灵。

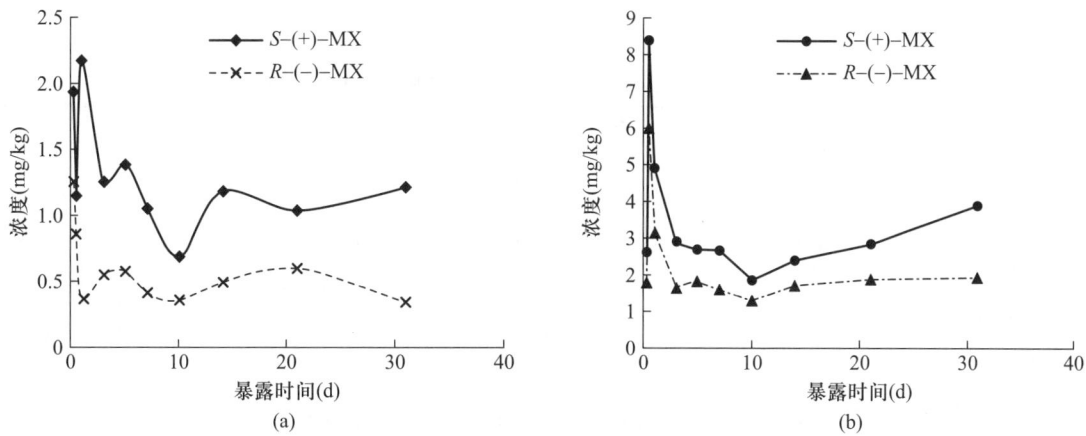

图 4-22 甲霜灵对映体在蚯蚓体内的富集曲线图：
(a) 暴露浓度 10 mg/kg；(b) 暴露浓度 50 mg/kg

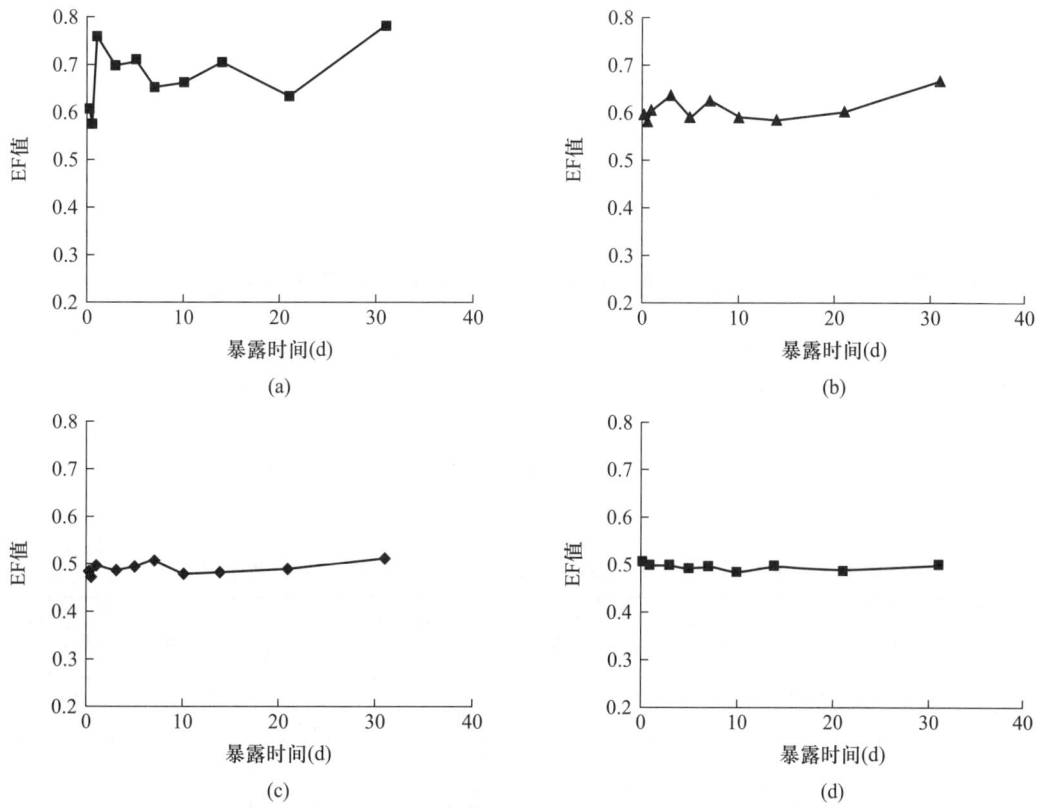

图 4-23 富集过程中蚯蚓和土壤样本中 EF 值的变化：
(a) 低浓度暴露蚯蚓样本；(b) 高浓度暴露蚯蚓样本；(c) 低浓度暴露土壤样本；(d) 高浓度暴露土壤样本

富集过程中蚯蚓体内甲霜灵对映体的生物-土壤富集因子(BSAF)见表 4-31。富集过程中，S-(+)-甲霜灵的 BSAF 值高于 R-(−)-甲霜灵。配对 T 检验显示，对映体 BSAF 值间存在显著差异($p=0.001$)，表明蚯蚓对甲霜灵对映体的富集过程存在立体选择性。此外，低浓度暴露下甲霜灵对映体的 BSAF 值高于高浓度暴露。

表 4-31　富集过程中蚯蚓体内甲霜灵对映体的 BSAF 值

BSAFs	暴露时间（d）									
	0.25	0.5	1	3	5	7	10	14	21	31
S-(+)-甲霜灵（10 mg/kg）	0.351	0.239	0.556	0.289	0.332	0.123	0.129	0.220	0.235	0.264
R-(−)-甲霜灵（10 mg/kg）	0.285	0.160	0.077	0.121	0.133	0.103	0.069	0.087	0.130	0.078
S-(+)-甲霜灵（50 mg/kg）	0.125	0.370	0.222	0.142	0.130	0.121	0.072	0.105	0.140	0.197
R-(−)-甲霜灵（50 mg/kg）	0.089	0.268	0.144	0.081	0.088	0.072	0.047	0.072	0.089	0.099

注：BSAF 为生物土壤浓缩因子。

4.2.23.2　甲霜灵对映体在蚯蚓体内的代谢行为

当蚯蚓体内的甲霜灵浓度达到平衡后（7 天），将蚯蚓转至没有药剂的空白土壤，定期取样，观察甲霜灵对映体在蚯蚓体内的代谢情况。甲霜灵对映体在蚯蚓体内的降解代谢过程非常快，$T_{1/2}$<0.5 天。

4.2.24　甲霜灵对映体在颤蚓体内的选择性累积效应

4.2.24.1　水体染毒模式下甲霜灵对映体在颤蚓体内的选择性累积

甲霜灵对映体在颤蚓体内有一定的富集，但体内的富集浓度并不大。在富集过程发现较明显的对映体选择性，在颤蚓体内 R 体的浓度高于 S 体。

富集过程中各取样时间点颤蚓体内甲霜灵对映体 EF 值如表 4-32 所示，统计结果得出 EF 值显著偏离 0.5。

表 4-32　富集过程中甲霜灵对映体在颤蚓体内 EF 值的变化（水体染毒）

	暴露时间（d）						
	1	3	5	7	9	12	16
EF 值	0.46	0.46	0.4	0.4	0.46	0.47	0.47

4.2.24.2　土壤染毒模式下甲霜灵对映体在颤蚓体内的选择性累积

颤蚓在土壤染毒培养下对甲霜灵对映体有一定的富集，在高浓度时，颤蚓体内 R 体明显高于 S 体，低浓度时对映体富集没有选择性。取样点颤蚓体内甲霜灵对映体的 EF 值变化情况如表 4-33 所示，统计结果显示高浓度时甲霜灵在颤蚓体内的富集有立体选择性，R 体被优先富集。

表 4-33 富集过程中甲霜灵对映体在颤蚓体内 EF 值的变化（土壤染毒）

	暴露时间（d）				
	1	3	5	9	14
土壤（10 mg/kg）EF 值	0.52	0.50	0.50	0.49	0.51
土壤（20 mg/kg）EF 值	0.46	0.46	0.44	0.45	0.48

4.2.24.3 沉积物染毒模式下甲霜灵对映体在颤蚓体内的选择性累积

颤蚓在沉积物染毒培养下对甲霜灵对映体有一定的富集。颤蚓体内 R 体明显高于 S 体。各取样点颤蚓体内甲霜灵对映体的 EF 值变化情况如表 4-34 所示，甲霜灵在颤蚓体内的富集有明显的立体选择性，R 体被优先富集。

表 4-34 富集过程中甲霜灵对映体在颤蚓体内 EF 值的变化（沉积物染毒）

	暴露时间（d）						
	1	3	5	7	9	11	14
EF 值	0.48	0.48	0.48	0.49	0.49	0.49	0.49

4.2.25 粉唑醇对映体在家兔体内的立体选择性行为

采用家兔静脉注射粉唑醇外消旋体研究粉唑醇在两种性别的家兔中的立体选择性代谢及其在血浆中的药物蛋白结合。

4.2.25.1 粉唑醇对映体在家兔血浆中的药代动力学

兔静脉注射粉唑醇外消旋体后两对映体的平均血药浓度-时间曲线见图 4-24。以 DAS 药代动力学程序计算的两对映体的药代动力学参数见表 4-35。在两种性别中，R-粉唑醇具有更长的消除半衰期，这意味着兔子体内 S-粉唑醇的清除速率较快。雌性兔子中粉唑醇的清除率较高，意味着雄性兔子对粉唑醇的代谢或排泄能力较弱。

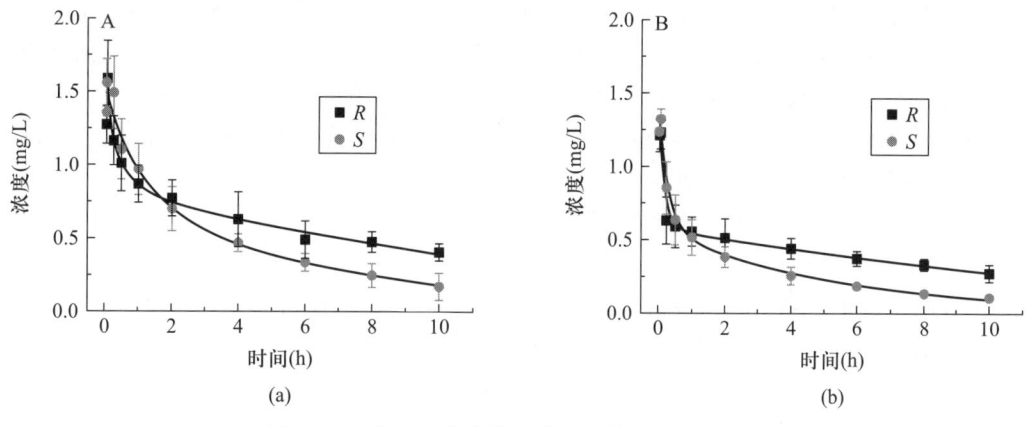

图 4-24 家兔血浆中粉唑醇对映体的药-时曲线：
（a）成年雄性；（b）成年雌性

表 4-35　家兔静脉注射己唑醇外消旋体后的药代动力学参数

参数	单位	雄性			雌性		
		R-粉唑醇	S-粉唑醇	R/S	R-粉唑醇	S-粉唑醇	R/S
$AUC_{0\sim10}$	mg/(L·h)	6.26	4.97	1.26	4.30	2.82	1.54
$AUC_{0\sim\infty}$	mg/(L·h)	11.53	5.92	1.95	8.96	3.50	2.23
MRT	h	4.10	3.27	1.26	4.21	3.25	1.30
$T_{1/2\alpha}$	h	0.28	0.68	0.45	0.09	0.18	0.50
$T_{1/2\beta}$	h	8.63	4.58	2.31	9.51	3.82	2.34
V	L/kg	1.66	1.62	1.00	1.53	1.69	0.91
CL	L/(h·kg)	0.22	0.42	0.52	0.30	0.72	0.41

血浆中,粉唑醇对映体的 EF 值在开始的一段时间内低于 0.5,很快变高于 0.5,同时雌性和雄性兔子对粉唑醇的选择性代谢速率略有差异,使得不同时间点的 EF 值差异较大。

表 4-36　血浆蛋白结合率测定结果

浓度(mg/L)	血浆蛋白结合率(%)			
	雄性		雌性	
	R-粉唑醇	S-粉唑醇	R-粉唑醇	S-粉唑醇
1.00	83.29	91.59	83.10	87.90
1.75	83.65	90.08	80.85	89.12
2.50	74.90	82.38	70.66	83.78

利用超滤法测定药物蛋白结合率见表 4-36。在测定的浓度下 S 体的结合率均高于 R 体,但是在性别间并无明显差异。外消旋体注射入兔子体内后发生蛋白结合,游离 S-粉唑醇在血浆中的浓度低于 R 体,由此 R 体透过血管壁的量大于 S 体。所以分布半衰期 R 体较小,并且初始时间内血浆中 S 体含量高于 R 体,EF 值小于 0.5。由于 S 体的体内消除率较高,S 体的浓度降低速率高于 R 体,EF 值开始变大,所以在经过一段时间后 R 体的含量高于 S 体,EF 值大于 0.5。随之时间的推移,EF 值持续增大。EF 值的变化是分布与代谢的选择性相反造成的。血药蛋白结合可以极大地影响手性药物选择性降解。

4.2.25.2　粉唑醇对映体在家兔组织中的残留

给药 10 小时后,粉唑醇在家兔组织中 R 体的残留量高于 S 体。肾、肝、脂肪和肺中粉唑醇的残留量明显高于其他组织,尤其是肺部由于首过效应有较高的粉唑醇残留。另外肝、肾作为主要的代谢排泄器官也有较高的残留量,这与其脏器的结构和功能有关。另外粉唑醇的脂溶性较高,所以在脂肪中也有较高的残留。脑同样具有较高的脂肪含量,但是由于血脑屏障的存在,其粉唑醇浓度低于其他脂肪位置。

4.2.26 己唑醇对映体在家兔体内的立体选择性行为

采用静脉注射外消旋体的给药方式研究己唑醇左右旋对映体在家兔体内的立体选择性药代动力学及降解行为,考察给药后不同时间点的血药浓度以及心脏、肝、肾、肺、脾及脑组织中左右旋体的残留量。

4.2.26.1 己唑醇对映体在家兔体内的药代动力学

兔静脉注射己唑醇外消旋体后两对映体的平均血药浓度-时间曲线见图4-25(a)。血浆中两种对映体的浓度随时间增加而降低;在用药后初期两对映体浓度差异不大,但随时间增加,两对映体浓度差异逐渐增大,左旋体浓度大于右旋体。

血浆中,己唑醇对映体的EF值随时间变化如图4-25(b),在用药后1 min,EF值接近0.5,但随着时间增加血浆中EF值逐渐降低,到240 min,EF值已经降低到0.37。随时间增加己唑醇对映体在血浆中的立体选择性越来越明显。

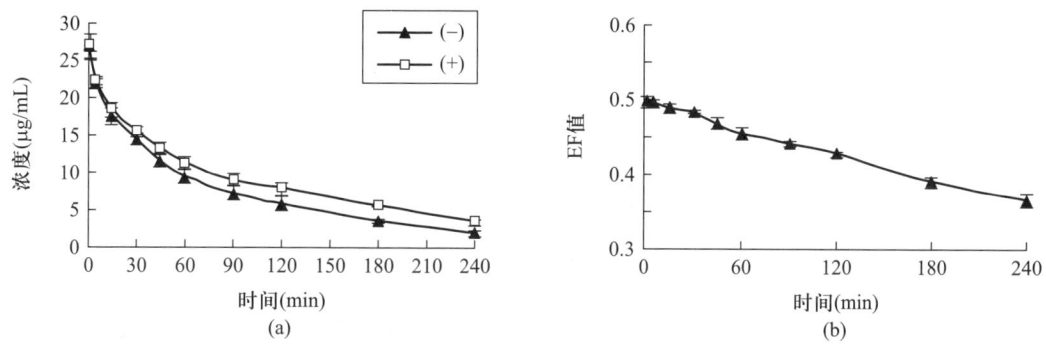

图4-25　(a)家兔血浆中己唑醇对映体药-时曲线;(b)家兔血浆中EF值变化动态

以DAS药代动力学程序计算两对映体的药代动力学参数,结果见表4-37。己唑醇静脉给药后,两对映体在大鼠体内的血药浓度变化符合一级消除的二室静脉推注模型,(−)-己唑醇的分布半衰期($T_{1/2\alpha}$)、消除半衰期($T_{1/2\beta}$)分别是(+)-己唑醇的0.88倍、1.32倍,(−)-己唑醇在家兔体内分布快于其对映体,但消除比其对映体慢;(+)-己唑醇的分布容积(V_1)、清除率(CL)分别是(−)-己唑醇的1.01倍、1.4倍,家兔清除(+)-己唑醇的能力大于(−)-己唑醇;而(−)-己唑醇的血药浓度-时间曲线下面积($AUC_{0-\infty}$)是其对映体的1.35倍,家兔对(−)-己唑醇的生物利用度大于(+)-己唑醇。己唑醇在家兔体内的药代动力学呈立体选择性。

4.2.26.2 己唑醇对映体在家兔组织中的降解动力学

(1) 己唑醇对映体在家兔不同组织中降解速率差异

己唑醇对映体在家兔各组织中的降解速率不同。两对映体在各组织中降解半衰期见图4-26。总体上(+)-己唑醇的降解半衰期小于其对映体,在家兔体内(+)-己唑醇降解的快;己唑醇对映体在家兔脾中降解最快,在肾中降解最慢;(+)-己唑醇在家兔各组织中降解速率大小顺序为:脾>肝>心脏>脑>肺>肾;(−)-己唑醇在各组织中降解速率快慢变化趋势与(+)-己唑醇有差异之处,大小顺序为:脾>心脏>肺>肝>脑>肾。

表 4-37　家兔静注己唑醇外消旋体 30 mg/kg 后药代动力学参数

参数	(+)-己唑醇	(−)-己唑醇	参数	(+)-己唑醇	(−)-己唑醇
$T_{1/2}, T_{1/2\alpha}(\min)$	9.783	8.644	$k_{21}(1/\min)$	0.018	0.015
$T_{1/2\beta}(\min)$	81.552	107.639	$T_{\max}(\min)$	1.000	1.000
$V_1(L/kg)$	0.563	0.556	$C_{\max}(mg/L)$	26.822	26.978
$CL[L/(\min \cdot kg)]$	0.007	0.005	A	10.497	9.969
$AUC_{0\sim240}[mg/(L\cdot\min)]$	1 801.104	2 203.001	α, ke	0.071	0.080
$AUC_{0\sim\infty}[mg/(L\cdot\min)]$	2 048.196	2 766.021	B	16.149	17.011
$k_{10}(1/\min)$	0.033	0.034	β	0.008	0.006
$k_{12}(1/\min)$	0.028	0.038	R^2	1.000	1.000

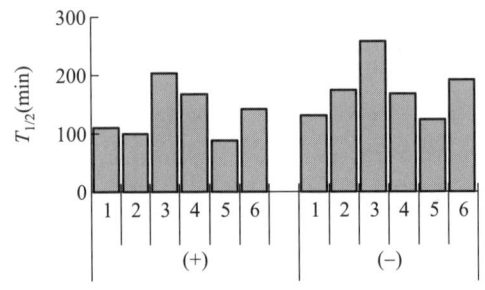

图 4-26　己唑醇对映体在家兔组织中降解半衰期
(1. 心脏,2. 肝,3. 肾,4. 肺,5. 脾,6. 脑)

(2) 己唑醇对映体在家兔不同组织中残留量差异

不同取样时间点己唑醇对映体在各组织中的残留差异见图 4-27。在所有取样点,两对映体都是在心脏中残留量最多,其次在肺中较多,而在肝中浓度相对较小。在用药后初期,己唑醇对映体浓度在心脏组织中明显较高,而在其他组织中的浓度差异不是很大;但随着时间增加己唑醇对映体在各组织中的浓度差异逐渐增加;在处理后 240 min,(+)-己唑醇在各组织中残留量大小排序为:心脏>肺>肾>脑>脾>肝;(−)-己唑醇在各组织中残留量大小排序与(+)-己唑醇一致,只是在各组织中的浓度差异小于(+)-己唑醇。

(3) 己唑醇对映体在家兔体内不同样本中立体选择性差异

己唑醇对映体在家兔血浆及部分组织中的降解呈立体选择性,不同取样时间点,各样本中的 EF 值见图 4-28。在用药后初期,己唑醇对映体在家兔血浆及各组织中的立体选择性很小,但随时间增加选择性增大;在所有时间点,己唑醇对映体在肺中的立体选择性最小,在肝中的立体选择性最明显;在用药后 240 min 己唑醇对映体在血浆及各组织中立体选择性的大小顺序为:肝>血浆>脾>脑>肾>心脏>肺。

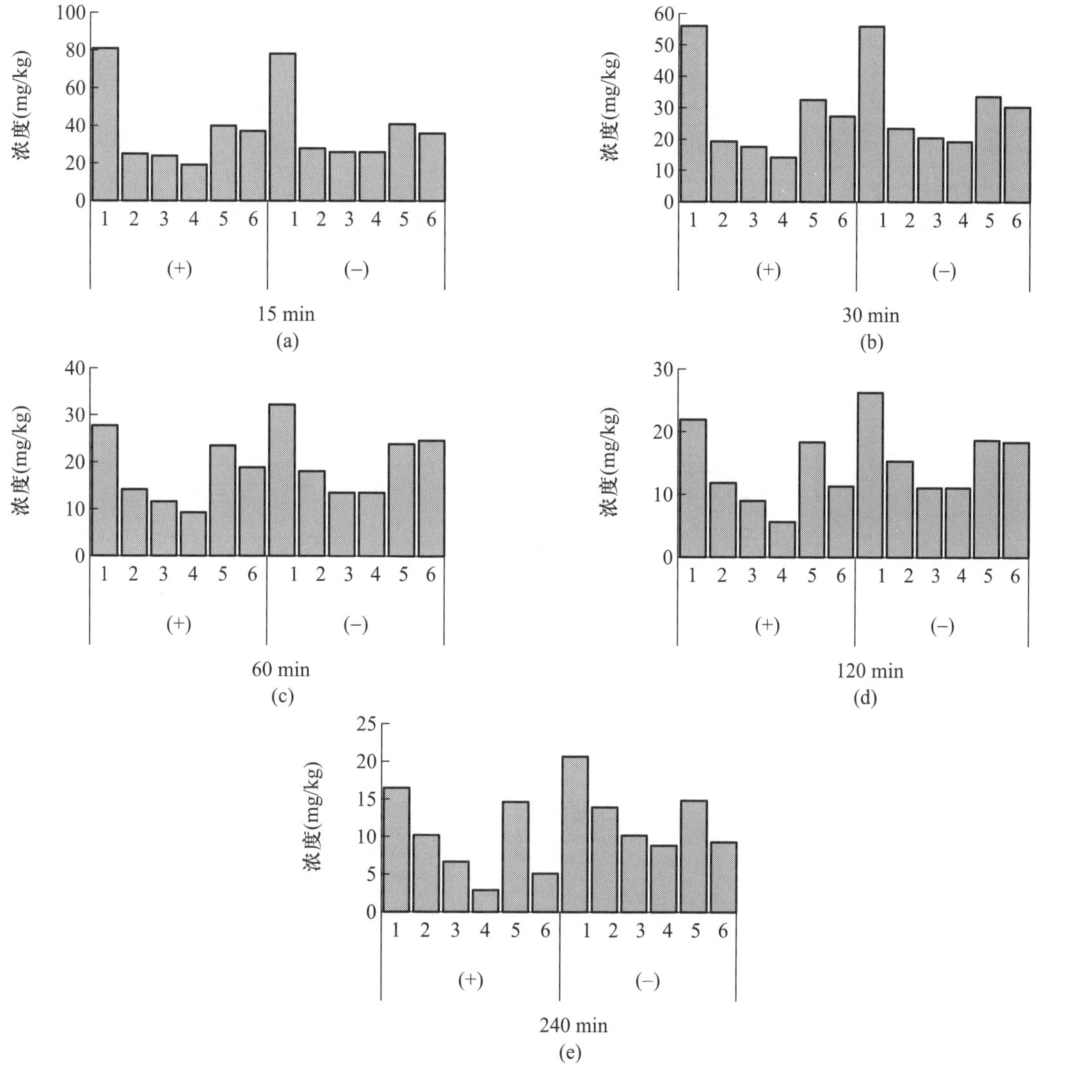

图 4-27 己唑醇对映体在家兔组织中残留
（1. 心脏，2. 肾，3. 脑，4. 肝，5. 肺，6. 脾；a~e 分别代表不同的时间）

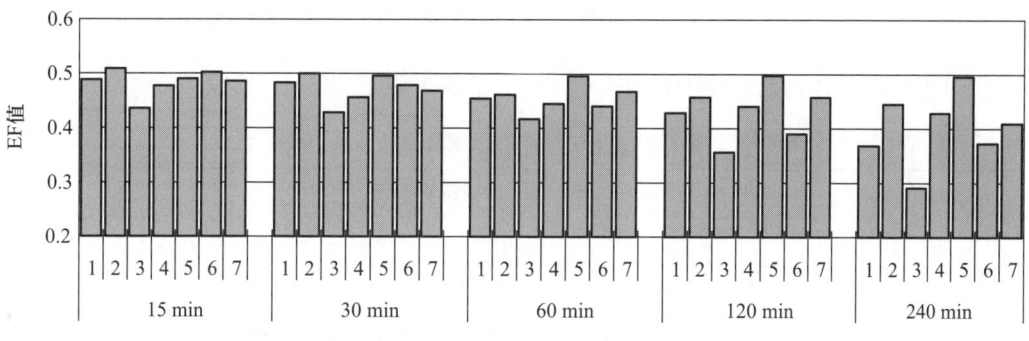

图 4-28 家兔血浆及不同组织中 EF 值
（1. 血浆，2. 心脏，3. 肝，4. 肾，5. 肺，6. 脾，7. 脑）

4.2.27 己唑醇对映体在蚯蚓体内的立体选择性行为

利用自然土壤法进行己唑醇对映体在蚯蚓体内的选择性富集及代谢研究。

4.2.27.1 己唑醇对映体在蚯蚓体内的富集

己唑醇对映体在蚯蚓体内的浓度在整个富集过程中一直增加,在初始的 0.5~10 天,蚯蚓体内己唑醇对映体浓度增加较快,而在 10~32 天富集速率放缓。富集曲线见图 4-29。

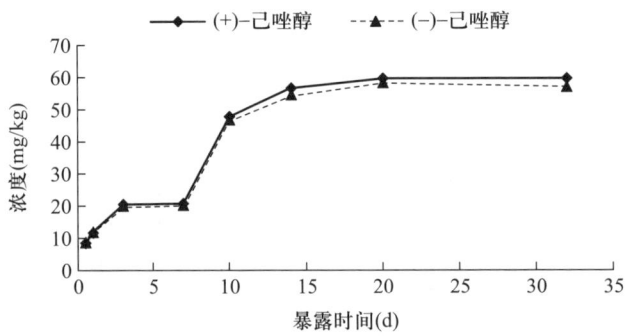

图 4-29　己唑醇对映体在蚯蚓体内的富集曲线图

富集过程中蚯蚓体内和所在土壤中的己唑醇对映体 EF 值基本维持在 0.5 左右,变化不显著,见图 4-30。蚯蚓对己唑醇对映体的富集过程不存在显著的立体选择性。

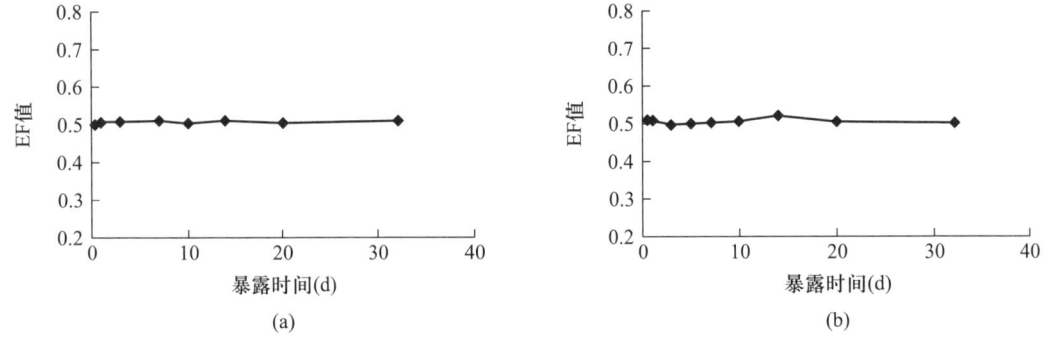

图 4-30　富集过程中蚯蚓体内和土壤样本中 EF 值的变化
(a) 蚯蚓样本, (b) 土壤样本

富集过程中蚯蚓体内己唑醇对映体的生物-土壤富集因子(BSAF)见表 4-38。

表 4-38　富集过程中蚯蚓体内己唑醇对映体的 BSAF 值

	暴露时间(d)							
	0.5	1	3	7	10	14	20	32
(+)-己唑醇	0.41	0.71	1.29	1.28	3.10	3.65	3.94	4.10
(−)-己唑醇	0.43	0.72	1.26	1.26	3.13	3.85	4.00	4.01

4.2.27.2 己唑醇对映体在蚯蚓体内的代谢

当蚯蚓富集己唑醇对映体 7 天后,将蚯蚓转至没有药剂的空白土壤,观察己唑醇对映体在蚯蚓体内的代谢情况。

己唑醇在蚯蚓体内的代谢过程符合一级反应动力学规律,拟合方程、降解半衰期列于表 4-39。(+)-己唑醇和(-)-己唑醇的半衰期分别为 7.7 d 和 6.9 d。降解曲线图见图 4-31。

表 4-39　己唑醇对映体在蚯蚓体内代谢动态的回归方程

对映体	回归方程	相关系数 R^2	半衰期 $T_{1/2}$(d)
(+)-己唑醇	$y = 26.65e^{-0.09x}$	0.874	7.7
(-)-己唑醇	$y = 26.73e^{-0.10x}$	0.918	6.9

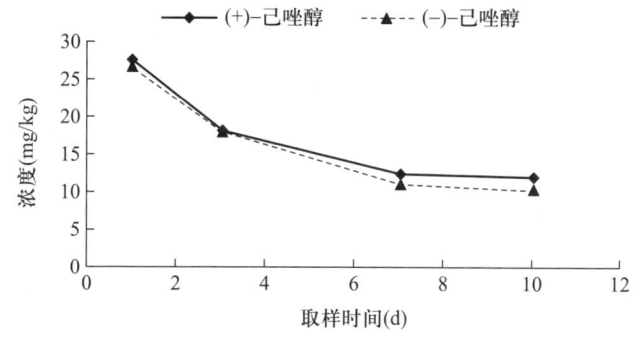

图 4-31　蚯蚓体内己唑醇对映体的降解曲线

4.2.28　己唑醇对映体在鼠肝微粒体中的立体选择性降解

采用体外肝微粒体培养的方式研究己唑醇在鼠肝微粒体中的降解动力学,分析两种对映体的降解差异。

4.2.28.1　己唑醇对映体在鼠肝微粒体中的降解动力学

在鼠肝微粒体中孵化己唑醇外消旋体 60 μmol/L 后,两对映体在各个时间点的平均浓度都不相同。(-)-己唑醇和(+)-己唑醇降解的半衰期($T_{1/2}$)的分别是 23.7 min 和 13.95 min,(+)-己唑醇的降解速率几乎是(-)-己唑醇降解速率的 2 倍。两对映体单体进行孵育 60 μmol/L 时,选择性和外消旋体基本相同,(-)-己唑醇和(+)-己唑醇降的半衰期($T_{1/2}$)的分别是 44.18 min 和 23.54 min。

鼠肝微粒体降解己唑醇必须要有 NADPH 的参与。外消旋体孵化并且在不加入 NADPH 时 EF 值维持在 0.50,当加入 NADPH 时,EF 值降到 0.50 以下,并且随着时间的推移不断减小。

4.2.28.2　己唑醇对映体在鼠肝微粒体中的酶代动力学

己唑醇两对映体都能被鼠肝微粒体降解,而且降解具有明显的选择性。在孵化外消旋体 20 min 后得到酶速反应常数 K_m 和 V_{max},鼠肝微粒体中(+)-己唑醇的内在清除率大于(-)-己唑醇,见表 4-40。

表 4-40　己唑醇对映体在鼠肝微粒体中降解的酶代动力学参数(孵育外消旋体)

	V_{max}[nmol/(min·mg)]	K_m(μmol)	CL_{int}[mL/(min·mg 蛋白)]	相关系数 R^2
(+)-己唑醇	2 048.8	43.47	47.13	0.979
(-)-己唑醇	1 679.9	40.08	41.91	0.990

4.2.29　戊唑醇对映体在家兔体内的立体选择性行为

采用静脉注射外消旋体的给药方式对戊唑醇左右旋对映体在家兔体内的立体选择性药代动力学及降解行为进行研究,考察给药后不同时间点的血药浓度以及心脏、肝、肾、肺、脾、脑、肌肉、脂肪组织中左右旋体的残留量。

4.2.29.1　戊唑醇对映体在家兔血浆中的药代动力学

家兔静脉注射戊唑醇外消旋体后两对映体的平均血药浓度-时间曲线见图 4-32(a)。左右旋对映体均以相似的方式进行降解,但是可以很清楚地看出血浆中两种对映体的残留量存在明显差异,在注射后 5 min 采集的血浆样品中,(+)-戊唑醇含量明显高于其对映体;但随着时间增长,(+)-戊唑醇降解速率明显快于(-)-戊唑醇;在第 120 min 的样品中,(+)-戊唑醇的含量已经低于其对映体;120 min 以后,(-)-戊唑醇的浓度始终高于(+)-戊唑醇;480 min 以后,两对映体浓度均低于其检测限。

戊唑醇对映体分数 EF 值随时间变化趋势见图 4-32(b),在用药后初期,EF 值是小于外消旋体的 EF 值(0.5),随着时间变化,EF 值逐渐增大,480 min 时 EF 值达到 0.98。

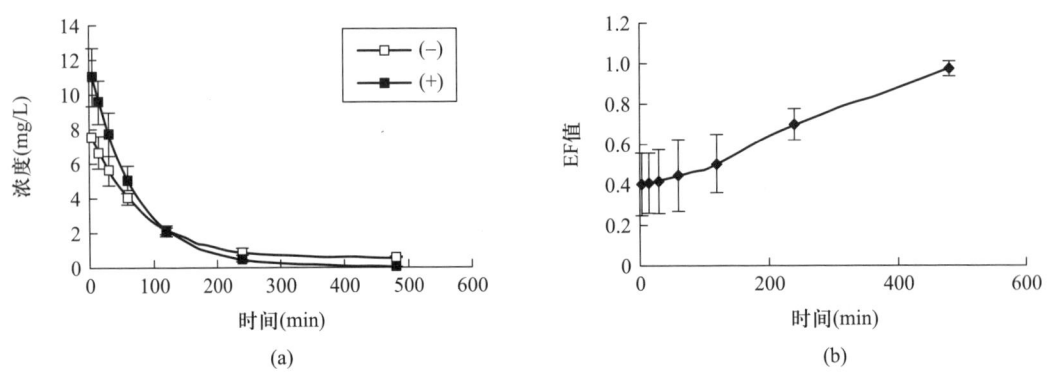

图 4-32　(a)家兔血浆中戊唑醇对映体的血药浓度-时间曲线;(b)家兔血浆中 EF 值变化动态

两对映体的药代动力学参数见表 4-41。药代动力学参数反映戊唑醇两对映体在家兔体内吸收、分布及消除的一些差异。(-)-戊唑醇的生物半衰期($T_{1/2}$)是(+)-戊唑醇 1.65 倍,分别为 1.93 h 和 1.17 h,说明(+)-戊唑醇在血浆中降解比其对映体快;(-)-戊唑醇的最大血药浓度(c_{max})是(+)-戊唑醇的 0.66 倍,但最大达峰时间(T_{max})、血药浓度-时间曲线下面积($AUC_{0\sim\infty}$)以及平均血浆清除率(CL)与其对映体没有显著的差异,家兔清除两对映体的能力以及对两对映体的生物利用度差异不大。戊唑醇在家兔体内的药代动力学呈立体选择性。

表 4-41　家兔静注外消旋戊唑醇 30 mg/kg 后药代动力学参数

参数	(−)-R-戊唑醇	(+)-S-戊唑醇
C_{max}(mg/L)	7.57	11.45
T_{max}(h)	0.25	0.25
$AUMC_{0\sim 8}$	30.66	21.84
$AUMC_{0\sim \infty}$	41.87	25.85
$AUC_{0\sim 8}$[mg/(L·h)]	14.82	15.29
$AUC_{0\sim \infty}$[mg/(L·h)]	15.01	15.3
MRT(h)	2.79	1.69
$T_{1/2}$(h)	1.93	1.17
CL[L/(h·kg)]	1.00	0.98
V_{ss}(L/kg)	2.79	1.66

4.2.29.2　戊唑醇对映体在家兔组织中的降解动力学

(1) 戊唑醇对映体在家兔不同组织中降解速率差异

戊唑醇对映体在家兔各组织中的降解速率不同,除肝外,(+)-戊唑醇的降解半衰期要比其对映体小,在家兔体内(+)-戊唑醇降解的要快些;而两种对映体都是在脑和肺中降解最快,在肌肉中降解最慢;(+)-戊唑醇在脑和肺、肾和脾中的降解速率相似,在各种组织中的降解速率大小为:肺、脑、脂肪>肾、脾>肝>心脏>肉;而(−)-戊唑醇在脾、脂肪和肾中的降解速率相似,在各种组织中的降解速率大小为:脑>肺>肝>肾、脂肪、脾>心脏>肌肉。

(2) 戊唑醇对映体在家兔不同组织中残留量差异

在用药后 15 min,戊唑醇两对映体在肺中浓度明显大于其他组织,在肉中的浓度相对较低,其余组织中浓度相差不大;用药后 30 min,肺中的浓度仍然明显高于其他组织,肉中的浓度略有增加,但还是相对较低,其余组织中的浓度都较 15 min 有明显增加;用药后 60 min,戊唑醇对映体在肾、肺、心脏、脑、脾中的含量开始减少,而肝、肉、脂肪中的药物浓度继续增加,此时(−)-戊唑醇在各组织中残留量大小顺序为:肺>脂肪>肝>脾>肾>脑>心脏>肉,(+)-戊唑醇在各组织中残留量大小顺序为:脂肪>肺>肝>脾>肾>脑>心脏>肉;而用药后 120 min,除脂肪外,其余组织中的残留量都在减小。

(3) 戊唑醇对映体在家兔体内不同样本中立体选择性差异

戊唑醇对映体在家兔血浆及所有组织中都具有立体选择性行为。在所有时间点,两对映体都有一定的选择性,且随着时间增长选择性呈明显增加趋势,血浆及所有组织中的最高 EF 值都超过 0.6。两对映体在血浆中的选择性是最明显的,在脂肪组织中是最不明显的。在处理后初期,血浆和脂肪的 EF 值低于 0.5,其余组织高于 0.5,后期血浆中的 EF 值已达到 0.7,在脂肪中也超过 0.5,其他组织中的 EF 值则始终高于 0.5。

4.2.30 烯唑醇对映体在家兔体内的立体选择性行为

采用烯唑醇静脉注射外消旋体的给药方式研究左右旋对映体在家兔体内的立体选择性药代动力学及降解行为,考察给药后不同时间点的血药浓度以及心脏、肝、脾、肺、肾、脑、肌肉和脂肪等组织中两对映体的残留量。

4.2.30.1 烯唑醇对映体在家兔血浆中的药代动力学

家兔静脉注射烯唑醇外消旋体后两对映体的平均血药浓度-时间曲线见图 4-33(a)。血浆中两种对映体的浓度随时间增加而降低;在用药后 15 min 内两对映体浓度差异不大,但从 15 min 开始随时间增加,两对映体浓度差异有逐渐增大的趋势,R-烯唑醇的浓度大于其对映体的浓度。

血浆中,烯唑醇对映体的 EF 值随时间变化如图 4-33(b),在用药后 5 min,EF 值接近 0.5,但随着时间变化血浆中 EF 值呈增加的趋势;到 240 min,EF 值已经增加到 0.68。随时间增加烯唑醇对映体在血浆中的立体选择性越来越明显。

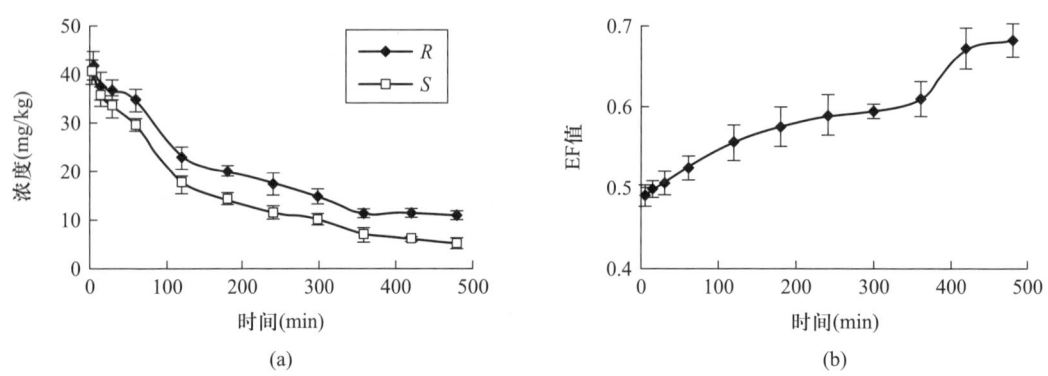

图 4-33 (a)家兔血浆中烯唑醇对映体的药-时曲线;(b)家兔血浆中 EF 值变化动态

两对映体的药代动力学参数见表 4-42。烯唑醇静脉给药后,两对映体在家兔体内的血药浓度变化符合一级消除的二室静脉推注模型,R-烯唑醇的分布半衰期($T_{1/2\alpha}$)、消除半衰期($T_{1/2\beta}$)分别是 S-烯唑醇的 1.50、1.00 倍,R-烯唑醇在家兔体内分布慢于其对映体,但消除速率两对映体没有差异;S-烯唑醇的分布容积(V_1)、清除率(CL)分别是(-)-烯唑醇的 1.01 倍、1.57 倍,家兔清除 S-烯唑醇的能力大于 R-烯唑醇;而 R-烯唑醇的血药浓度-时间曲线下面积($AUC_{0\sim\infty}$)是其对映体的 1.52 倍,家兔对 R-烯唑醇的生物利用度大于 S-烯唑醇。烯唑醇在家兔体内的药代动力学呈立体选择性。

4.2.30.2 烯唑醇对映体在家兔组织中的降解

(1) 烯唑醇对映体在家兔不同组织中降解速率差异

烯唑醇对映体在家兔各组织中的降解速率不同。两对映体在各组织中降解半衰期见图 4-34。总体上 S-烯唑醇的降解半衰期小于其对映体,在家兔体内 S-烯唑醇降解得快;烯唑醇对映体在家兔肺中降解最快,在脾中降解最慢;R-烯唑醇在肺中降解最快,其次在脑、肾,然后为心脏、肝及肌肉,降解最慢的是在脾中;S-烯唑醇在各组织中降解速率差异不大,大小顺序为:肺>脑>肾>肌肉、心脏、肾>肝。

表 4-42　家兔静注外消旋体烯唑醇 20 mg/kg 后药代动力学参数

参数	R-烯唑醇	S-烯唑醇	参数	R-烯唑醇	S-烯唑醇
$T_{1/2},T_{1/2\alpha}(\min)$	69.315	46.131	$k_{21}(1/\min)$	0.010	0.013
$T_{1/2\beta}(\min)$	69.315	69.315	$T_{\max}(\min)$	5.000	5.000
$V_1(\mathrm{L\cdot kg^{-1}})$	2.363	2.378	$C_{\max}(\mathrm{mg/L})$	4.189	4.064
$CL[\mathrm{L/(\min\cdot kg)}]$	0.007	0.011	A	3.337	1.913
$AUC_{0\sim490}[\mathrm{mg/(L\cdot\min)}]$	957.595	711.777	α,ke	0.01	0.015
$AUC_{0\sim\infty}[\mathrm{mg/(L\cdot\min)}]$	1 443.145	946.825	B	0.895	2.292
$k_{10}(1/\min)$	0.003	0.004	β	0.01	0.01
$k_{12}(1/\min)$	0.007	0.008	R^2	0.998	0.998

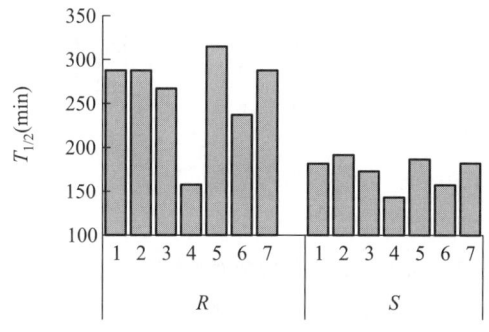

图 4-34　烯唑醇对映体在家兔组织中降解半衰期
(1. 心脏,2. 肝,3. 肾,4. 肺,5. 脾,6. 脑,7. 肌肉)

(2) 烯唑醇对映体在家兔不同组织中残留量差异

不同取样时间点烯唑醇对映体在各组织中的残留差异见图 4-35。在用药后 15 min,烯唑醇两对映体在肺中浓度最大,其次在肝中的浓度也显著大于在其他组织,在肌肉及脂肪中的浓度相对较低;用药后 30 min,肺中的浓度还是显著高于其他组织,肝中两对映体浓度相对其他组织较高,而脂肪中两对映体的浓度与其他组织的差异逐渐减小;用药后 240 min,烯唑醇对映体在各组织中残留量大小与用药前期相比发生变化,两对映体在脂肪中的残留量最大,其次在肝及肺中浓度也较高,在肌肉中浓度最低;用药后 480 min,R-烯唑醇在各组织中残留量大小排序为:肺>肝>脂肪>心脏>肾>脑>脾>肌肉;S-烯唑醇与 R-烯唑醇相似。

(3) 烯唑醇对映体在家兔体内不同组织中立体选择性差异

烯唑醇对映体在家兔血浆及部分组织中具有立体选择性行为,不同取样时间点,各样本中的 EF 值见图 4-36。烯唑醇对映体在家兔血浆及各组织中的 EF 值小于 0.5,但随时间增加而增大。在所有时间点,烯唑醇对映体在肺中的立体选择性最小,在血浆及脾中的立体选择性相对较为明显;在用药后 480 min 烯唑醇对映体在血浆及各组织中立体选择性的大小顺序为:血浆>脾、脑>心脏、肾、肌肉>脂肪>肝>肺。

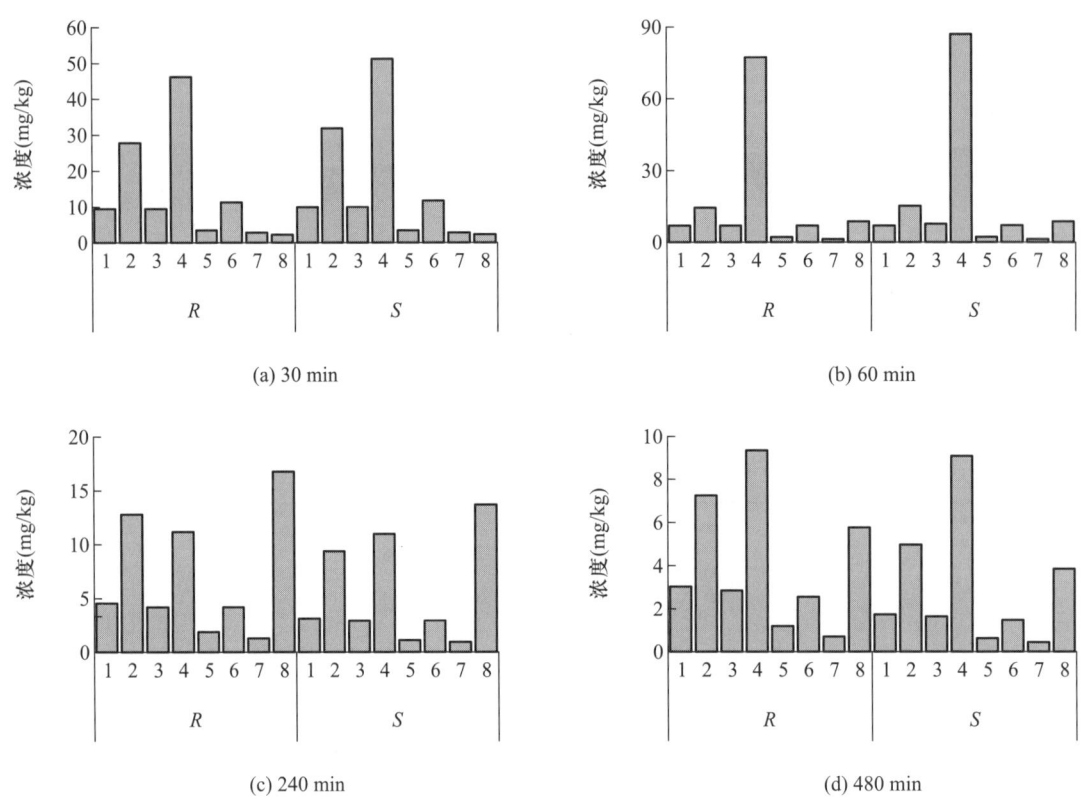

图 4-35　不同时间点烯唑醇对映体在家兔组织中残留
(1. 心脏,2. 肝,3. 肾,4. 肺,5. 脾,6. 脑,7. 肌肉,8. 脂肪)

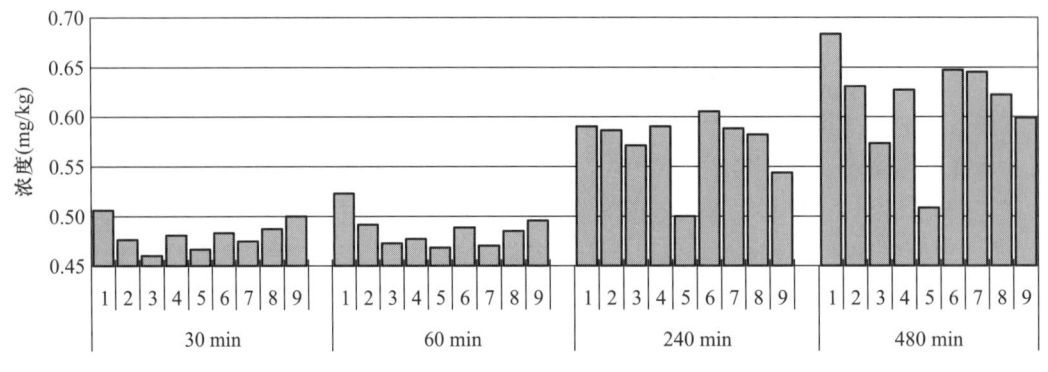

图 4-36　不同时间点家兔血浆及组织中 EF 值
(1. 血浆,2. 心脏,3. 肝,4. 肾,5. 肺,6. 脾,7. 脑,8. 肌肉,9. 脂肪)

4.2.31 三唑酮对映体在颤蚓体内的立体选择性富集代谢

4.2.31.1 水体染毒暴露模式

将颤蚓暴露在含三唑酮外消旋体的水溶液中,每天更换新鲜药溶液,半静态培养14天。颤蚓体内三唑酮及代谢物三唑醇对映体的浓度呈持续升高的趋势。但在整个富集过程中,S-(+)-三唑酮的浓度显著高于 R-(−)-三唑酮。代谢产物三唑醇异构体在颤蚓组织中的相对含量不同,(1R,2R)体>(1S,2S)体>(1R,2S)体,(1S,2R)体的生成量低于检出限。

富集过程中颤蚓体内三唑酮对映体 EF 的值显著偏离0.5,见表4-43。颤蚓经水对三唑酮对映体的富集存在显著的立体选择性,S-(+)-三唑酮被优先富集。

表4-43 水体染毒颤蚓体内三唑酮对映体的 EF 值

暴露浓度	暴露时间(d)						
	1	2	3	5	7	10	14
5 mg/L	0.470	0.479	0.480	0.488	0.479	0.483	0.475
1 mg/L	0.471	0.473	0.472	0.474	0.475	0.480	0.478

将经三唑酮水溶液暴露7天后的颤蚓转移至不加农药的干净水中,定期取样,考察降解行为。三唑酮及三唑醇的降解均符合一级降解动力学模式(表4-44)。三唑酮在颤蚓体内的降解速率快于三唑醇,在降解过程中未发生对映体选择性。三唑醇(1S,2R)对映体在颤蚓体内的浓度小于检出限。

表4-44 水体染毒颤蚓体内三唑酮和三唑醇对映体降解的回归方程

对映体	回归方程	相关系数 R^2	半衰期 $T_{1/2}$(d)
(R)-三唑酮	$y=0.319e^{-1.270x}$	0.991	0.54
(S)-三唑酮	$y=0.352e^{-1.244x}$	0.990	0.56
(1R,2S)-三唑醇	$y=0.124e^{-0.430x}$	0.918	1.61
(1R,2R)-三唑醇	$y=0.109e^{-0.506x}$	0.989	1.37
(1S,2S)-三唑醇	$y=0.567e^{-0.429x}$	0.974	1.62

4.2.31.2 土壤染毒暴露模式

颤蚓暴露在含三唑酮外消旋体的土壤中,颤蚓对三唑酮对映体的富集过程非常快,在初始的1天取样点三唑酮的浓度已达到较高水平,三唑酮的富集未发生对映体选择性,三唑醇的生成具有立体选择性。

经三唑酮(20 mg/kg)染毒土壤暴露养7天后的颤蚓转移至含干净土壤的培养体系中,定期取样,考察降解行为。三唑酮及三唑醇的降解均符合一级降解动力学模式,拟合方程及降解半衰期列于表4-45。三唑酮在颤蚓体内的降解速率快于三唑醇,三唑酮在降解过程中未发生对映体选择性。三唑醇(1S,2R)对映体在颤蚓体内的浓度小于检出限。

表 4-45 土壤染毒三唑酮及三唑醇对映体在颤蚓体内的降解动力学参数

对映体	回归方程	相关系数 R^2	半衰期 $T_{1/2}$(d)
(R)-三唑酮	$y=1.209e^{-1.956x}$	0.981	0.35
(S)-三唑酮	$y=1.261e^{-1.244x}$	0.958	0.36
$(1R,2S)$-三唑醇	$y=0.234e^{-0.414x}$	0.795	1.67
$(1R,2R)$-三唑醇	$y=0.152e^{-0.504x}$	0.966	1.38
$(1S,2S)$-三唑醇	$y=1.146e^{-0.497x}$	0.894	1.39

4.2.32 噁唑禾草灵及其代谢物噁唑禾草灵酸对映体在家兔体内的立体选择性行为

采用静脉注射外消旋体的给药方式研究噁唑禾草灵及噁唑禾草灵酸对映体在家兔体内和体外的立体选择性行为,考察给药后不同时间点的血药浓度以及在心脏、肝、肾、肺、脾、脑、肌肉、脂肪组织中对映体的残留量。通过体外培养试验研究血浆、肝微粒体及肝微粒体酶对外消旋噁唑禾草灵的立体选择性行为。

4.2.32.1 噁唑禾草灵及噁唑禾草灵酸对映体在家兔体内的药代动力学

（1）噁唑禾草灵

给药方式为静脉注射外消旋体噁唑禾草灵。外消旋体噁唑禾草灵在家兔血浆中迅速水解,对映体选择性生成代谢物噁唑禾草灵酸,R体噁唑禾草灵酸是S体噁唑禾草灵酸的13.35倍,血浆中两种对映体的残留量存在明显差异。消除过程符合一级动力学,S-噁唑禾草灵酸优先降解,在12小时时就已经低于检测限,但是R噁唑禾草灵酸仍然有很高的浓度(18.92 μg/mL),说明噁唑禾草灵酸在家兔体内的降解呈立体选择性。

（2）噁唑禾草灵酸

给药方式为静脉注射外消旋体噁唑禾草灵酸。噁唑禾草灵酸在家兔体内的降解呈立体选择性。消除过程符合一级动力学,两对映体的回归方程及消除半衰期见表4-46。S-噁唑禾草灵酸优先降解,导致R-噁唑禾草灵酸富集。

表 4-46 家兔静注外消旋噁唑禾草灵(30 mg/kg)和外消旋噁唑禾草灵酸(30 mg/kg)后药代动力学参数

参数	噁唑禾草灵		噁唑禾草灵酸	
	(S)-$(-)$-噁唑禾草灵酸	(R)-$(+)$-噁唑禾草灵酸	(S)-$(-)$-噁唑禾草灵酸	(R)-$(+)$-噁唑禾草灵酸
$T_{1/2\alpha}$(h)	0.060	0.033	0.126	1.576
$T_{1/2\beta}$(h)	0.883	3.080	0.734	9.342
$T_{1/2\gamma}$(h)	69.315	69.315	36.015	9.345
V_1(L/kg)	0.215	0.197	0.123	0.093

续表

参数	噁唑禾草灵		噁唑禾草灵酸	
	$(S)-(-)$-噁唑禾草灵酸	$(R)-(+)$-噁唑禾草灵酸	$(S)-(-)$-噁唑禾草灵酸	$(R)-(+)$-噁唑禾草灵酸
$CL[\text{L}/(\text{h}\cdot\text{kg})]$	0.773	0.023	0.352	0.012
$T_{1/2z}(\text{h})$	11.929	6.216	7.555	6.517
$AUC_{(0\sim t)}[\text{mg}/(\text{L}\cdot\text{h})]$	10.230	436.083	23.851	807.424
$AUC_{(0\sim\infty)}[\text{mg}/(\text{L}\cdot\text{h})]$	15.418	580.813	28.674	1 097.899
$MRT_{(0\sim t)}(\text{h})$	2.642	4.498	2.371	4.292
$MRT_{(0\sim\infty)}(\text{h})$	11.538	9.505	7.197	8.819

(3) 对映体转化

S-噁唑禾草灵或S-噁唑禾草灵酸可以转化为R-噁唑禾草灵酸,但是R-噁唑禾草灵或R-噁唑禾草灵酸不会转化为S-噁唑禾草灵酸,存在的手性翻转是单向的,从而导致R-噁唑禾草灵酸的富集。噁唑禾草灵酸在血浆中的翻转可能是生物作用的结果,立体选择性的蛋白结合可能在快速的手性翻转过程中起主要作用。

4.2.32.2 噁唑禾草灵和噁唑禾草灵酸对映体在家兔组织中的残留行为

(1) 噁唑禾草灵

静脉注射外消旋噁唑禾草灵,除在肺中检测到噁唑禾草灵外,在心脏、肺、肝、肾及胆汁中均只检测到噁唑禾草灵酸,无母体存在,见表4-47。在肺中噁唑禾草灵两对映体的浓度明显大于其他组织,母体和代谢物都没有明显的立体选择性差异;S-噁唑禾草灵酸的浓度比R-噁唑禾草灵酸的浓度略低。噁唑禾草灵酸在家兔体内的降解和分布具有明显的立体选择性,在检测到噁唑禾草灵酸的组织中,都是S-噁唑禾草灵酸的残留量远小于R-噁唑禾草灵酸的残留量,S-噁唑禾草灵酸在12小时的残留残留量大小顺序为:肺>肾>胆汁>心脏>>肝,R-噁唑禾草灵酸在各组织中残留量大小顺序为:肾>胆汁>心脏>肺>肝。

表4-47 家兔静注外消旋噁唑禾草灵(30 mg/kg)和外消旋噁唑禾草灵酸(30 mg/kg)
12小时后血浆和组织中噁唑禾草灵酸对映体的浓度和EF值

	静脉注射噁唑禾草灵			静脉注射噁唑禾草灵酸		
	$(S)-(-)$-噁唑禾草灵酸 (mg/kg)	$(R)-(+)$-噁唑禾草灵酸 (mg/kg)	EF值	$(S)-(-)$-噁唑禾草灵酸 (mg/kg)	$(R)-(+)$-噁唑禾草灵酸 (mg/kg)	EF值
血浆	ND	18.92		0.60	30.89	0.019
肾	1.68	81.16	0.020	0.81	84.30	0.010
胆汁	1.26	35.65	0.034	1.97	44.27	0.043
肺	5.47	7.72	0.415	9.94	18.31	0.352

续表

	静脉注射噁唑禾草灵			静脉注射噁唑禾草灵酸		
	(S)-(-)-噁唑禾草灵酸(mg/kg)	(R)-(+)-噁唑禾草灵酸(mg/kg)	EF 值	(S)-(-)-噁唑禾草灵酸(mg/kg)	(R)-(+)-噁唑禾草灵酸(mg/kg)	EF 值
心脏	0.20	4.95	0.039	0.89	7.91	0.101
肝	0.31	2.77	0.101	0.88	6.62	0.117

（2）噁唑禾草灵酸

静脉注射外消旋噁唑禾草灵酸后,噁唑禾草灵酸对映体主要残留在心脏、肺、肝、肾及胆汁中,见表 4-47。噁唑禾草灵酸在家兔体内的降解和分布有明显的立体选择性。在检测到噁唑禾草灵酸的组织中,都是 S-噁唑禾草灵酸的残留量明显小于 R-噁唑禾草灵酸的残留量,S-噁唑禾草灵酸在 12 小时的残留残留量大小顺序为:肺>肾>胆汁>心脏>肝,R-噁唑禾草灵酸在各组织中残留量大小顺序为:肾>胆汁>心脏>肺>肝。

4.2.33 噁唑禾草灵及噁唑禾草灵酸对映体在家兔肝微粒体中的降解

家兔肝微粒体体外培养外消旋体噁唑禾草灵及外消旋体噁唑禾草灵酸（30 μmol/L）,对映体的平均浓度-时间曲线见图 4-37。在孵育外消旋体噁唑禾草灵的试验中,母体很快转化为噁唑禾草灵酸,得不到母体的代谢曲线,生成的噁唑禾草灵酸含量在各个取样点基本相同,EF 值从 0.504 到 0.523,没有显著性差异。外消旋噁唑禾草灵酸对映体家兔肝微粒体中的代谢没有显著性差异,EF 值从 0.506 到 0.521。这与体内肝中的立体选择性结果不一致。

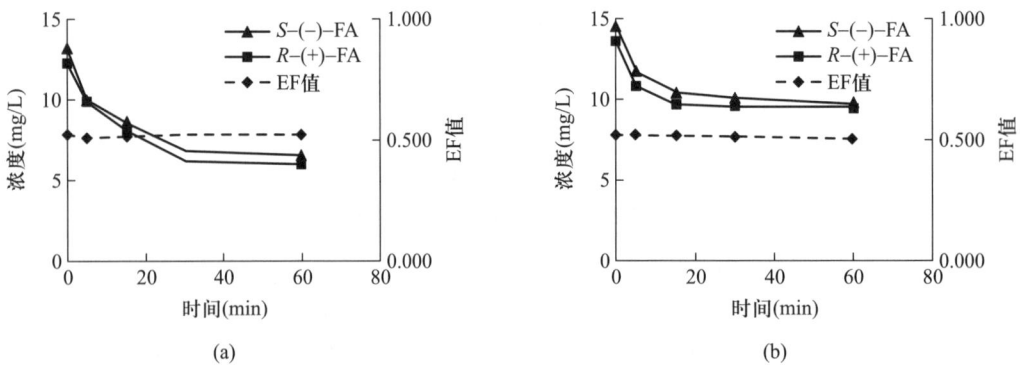

图 4-37 家兔肝微粒体中噁唑禾草灵（a）和噁唑禾草灵酸（b）对映体药-时曲线及 EF 值变化动态

4.2.34 乳氟禾草灵对映体在大鼠肝细胞中的立体选择性行为

4.2.34.1 外消旋乳氟禾草灵对映体在大鼠肝细胞中的代谢

外消旋乳氟禾草灵在大鼠肝细胞中的消除伴随着其代谢产物的生成,其降解的立体选择性不显著。非线性拟合分析表明在 150 μmol/L 外消旋乳氟禾草灵处理组中,S-(+)-及 R-(-)-

乳氟禾草灵的半衰期分别为 166.2 min 和 180.9 min，S 对映体的降解略快于其对映体。培养过程中的 EF 值在 0.46~0.49 范围内变化，见表 4-48。

表 4-48 外消旋乳氟禾草灵在大鼠肝细胞中降解的 EF 值

时间(min)	EF 值	
	孵育浓度 150 μmol/L	孵育浓度 50 μmol/L
5	0.49	0.46
60	0.46	0.49
120	0.45	0.48
300	0.49	0.46
480	0.48	0.46
720	0.49	0.49

4.2.34.2 乳氟禾草灵对映体单体在大鼠肝细胞中的代谢

在细胞培养的过程中，乳氟禾草灵保持构型稳定。乳氟禾草灵酯键断裂生成去乙基乳氟禾草灵的过程是保持构型稳定的，三氟羧草醚是两对映体共同的代谢产物。S-(+)-乳氟禾草灵代谢生成 S-(+)-去乙基乳氟禾草灵和三氟羧草醚，R-(−)-乳氟禾草灵则代谢生成 R-(−)-去乙基乳氟禾草灵和三氟羧草醚。S-(+)-及 R-(−)-乳氟禾草灵母体的降解率相差并不大，但 S-(+)-乳氟禾草灵代谢生成的 S-(+)-去乙基乳氟禾草灵比 R-(−)-乳氟禾草灵代谢生成的 R-(−)-去乙基乳氟禾草灵明显更多。同时，S-(+)-乳氟禾草灵代谢生成的三氟羧草醚的量也明显要少。

4.2.34.3 代谢产物在大鼠肝细胞中的生物转化

以去乙基乳氟禾草灵两对映体单体及三氟羧草醚分别为底物进行细胞培养。S-(+)-和 R-(−)-去乙基乳氟禾草灵进一步降解生成三氟羧草醚。三氟羧草醚在细胞培养过程中是相对稳定的。去乙基乳氟禾草灵在细胞培养过程中是保持构型稳定的，没有发生对映体转化。此外，S-(+)-去乙基乳氟禾草灵代谢生成的三氟羧草醚比 R-(−)-去乙基乳氟禾草灵生成的三氟羧草醚的量稍多。在 R-(−)-乳氟禾草灵处理组中，生成的较高浓度的三氟羧草醚主要来源于 R-(−)-乳氟禾草灵直接代谢。

由于去乙基乳氟禾草灵和三氟羧草醚的生成均来源于乳氟禾草灵酯键的断裂，而对映体的比例主要由生物转化酶的立体选择性和定向选择性决定，因此酯酶的立体选择性应该是造成 S-(+)-和 R-(−)-乳氟禾草灵代谢物生成差异的主要原因。酯酶选择性地与 S-(+)-乳氟禾草灵结合，并且连接乙基与其余部分的酯键优先断裂；而对 R-(−)-乳氟禾草灵，酯键断裂直接生成三氟羧草醚则占优势。

4.2.35 禾草灵对映体在泥鳅肝微粒体中降解

禾草灵在泥鳅肝微粒体中发生快速降解，生成禾草灵酸，催化禾草灵降解的酶可能来自有活性的微粒体中的酯酶。

禾草灵两对映体在微粒体混合体系中的降解符合一级动力学,且两对映体转化速率有显著差异,S-禾草灵的转化较 R-禾草灵快。在初始的 5 分钟内,S-禾草灵降解超过 80%,而相应的 R-禾草灵只降解了约 20%;30 min 后 S-禾草灵的量已降至检出限以下。在前 20 min 内可以明显看出生成的 S-禾草灵酸。由一级动力学模型得出禾草灵两对映体在微粒体中的降解回归方程,表 4-49 中列出了禾草灵两种对映体的半衰期等动力学参数。可以看出,S-禾草灵的降解速率是 R-禾草灵的 4 倍左右。禾草灵在泥鳅肝微粒体体外降解具有明显的选择性。

表 4-49 禾草灵及其对映单体在肝微粒体中的降解动力学参数

孵育形式	对映体	$T_{1/2}$(min)	K(min^{-1})	R^2
外消旋体	R-禾草灵	20.04	0.034 6	0.927 4
	S-禾草灵	3.64	0.190 4	0.857 3
	R-禾草灵酸	37.61	0.018 4	0.934 0
	S-禾草灵酸	7.75	0.089 4	0.801 9
R-禾草灵	R-禾草灵	21.17	0.032 8	0.980 2
	R-禾草灵酸	25.79	0.026 9	0.956 7
S-禾草灵	S-禾草灵	5.27	0.131 4	0.928 8
	S-禾草灵酸	17.32	0.040 0	0.709 2

微粒体体外孵育禾草灵外消旋体的初期,体系中对映体的量便偏离外消旋形式。由于 S-禾草灵的迅速降解,从第 5 分钟开始,EF 值从 0.81 升至 0.96。优先生成的 S-禾草灵酸使禾草灵酸的 EF 值明显低于 0.5。随着 R-禾草灵的逐渐降解,生成的 R-禾草灵酸开始累积,而 S-禾草灵酸的量基本保持不变,因而禾草灵酸的 EF 值也逐渐升高,从 0.15 升至 0.47。

禾草灵单体孵育实验结果表明,在整个孵育反应过程中,禾草灵与禾草灵酸保持构型稳定。禾草灵在肝微粒体中降解的对映体选择性是由于优先降解 S-禾草灵产生的。

4.2.36 乙氧呋草黄对映体在家兔体内的立体选择性行为

采用耳静脉注射外消旋体的给药方式研究乙氧呋草黄左右旋对映体在家兔体内的立体选择性药代动力学及降解行为,考察给药后不同时间点的血药浓度以及心脏、肝、肾、肺、脾、脑、肌肉、脂肪组织中左右旋体的残留量。

4.2.36.1 乙氧呋草黄对映体在家兔体内的药代动力学

家兔静脉注射乙氧呋草黄外消旋体后两对映体的平均血药浓度-时间曲线见图 4-38。左右旋对映体均以相似的方式进行降解,在血浆中的残留量存在明显差异,血浆样品中(+)-乙氧呋草黄含量明显高于其对映体。

两对映体的药代动力学参数见表 4-50。(+)-乙氧呋草黄的生物半衰期($T_{1/2}$)是(−)-乙氧呋草黄的 1.06 倍,分别为 0.37 h 和 0.35 h,说明(−)-乙氧呋草黄在血浆中降解要比其对映体快;(+)-乙氧呋草黄的最大血药浓度(C_{max})是(−)-乙氧呋草黄的 1.55 倍,但最大达峰时间(T_{max})没有差异;(+)-乙氧呋草黄血药浓度-时间曲线下面积($AUC_{0\sim\infty}$)是其对映体的 1.59 倍,

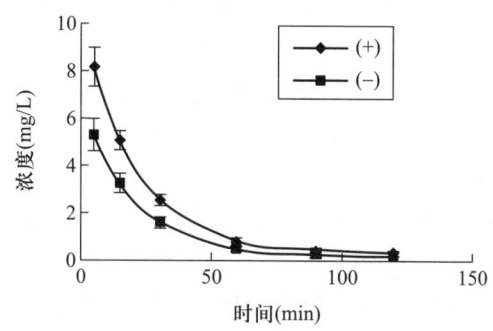

图 4-38 家兔血浆中乙氧呋草黄对映体药-时曲线

家兔对(+)-乙氧呋草黄的生物利用度大于(-)-乙氧呋草黄。而(-)-乙氧呋草黄的平均血浆清除率(CL)是(+)-乙氧呋草黄的 1.59 倍,家兔清除(-)-乙氧呋草黄的能力大于其对映体。乙氧呋草黄在家兔血浆中的药代动力学呈立体选择性。

表 4-50 家兔静注外消旋乙氧呋草黄 30 mg/kg 后药代动力学参数

参数	(+)-乙氧呋草黄	(-)-乙氧呋草黄
C_{max}(mg/L)	8.11	5.22
T_{max}(h)	0.083	0.083
$AUMC_{0\sim 2}$	1.77	1.07
$AUMC_{0\sim \infty}$	2.32	1.36
$AUC_{0\sim 2}$[mg/(L·h)]	4.21	2.65
$AUC_{0\sim \infty}$[mg/(L·h)]	4.31	2.71
MRT(h)	0.54	0.50
$T_{1/2}$(h)	0.37	0.35
CL[L/(h·kg)]	3.48	5.54
V_{ss}(L/kg)	1.88	2.77

4.2.36.2 乙氧呋草黄对映体在家兔组织中的降解动力学

乙氧呋草黄对映体在家兔各组织中的降解速率不同。除肌肉外,(+)-乙氧呋草黄的降解半衰期要比其对映体大,在家兔体内(+)-乙氧呋草黄降解要慢些;两种对映体都是在肝中降解最快,其次是肉和脑,在脂肪中降解最慢;(+)-乙氧呋草黄在脑和肉中的降解速率相似,在各种组织中的降解速率大小为:肉、脑>心脏>肾>脾>肺>脂肪;(-)-乙氧呋草黄在各种组织中的降解速率大小为:脑>肉>心脏>肾>脾>肺>脂肪。

4.2.36.3 乙氧呋草黄对映体在家兔不同组织中残留量差异

在用药后 5 min,乙氧呋草黄两对映体在肺中浓度明显大于其他组织,在肝和肉中的浓度相对较低,其余组织中浓度相对高一些;用药后 15 min,肺中的浓度仍然明显高于其他组织,肉、心脏、脂肪中的浓度有所增加,肝、脑、脾、肾、肺中的含量有所降低,其中肝中的浓度下降较为显著;用药后 30 min,肉、心脏、脂肪中的残留量开始减少,其余组织中的含量继续减少,肺中的浓度仍然最高,肝中最低,此时(+)-乙氧呋草黄在各组织中残留量大小顺序为:肺>脂肪>肾>心脏、肉>脾>脑>肝,(−)-乙氧呋草黄在各组织中残留量大小顺序为:肺>脂肪>脑>心脏>肾>肉>脾>肝;而用药后 60 min,除脂肪中的残留量稍有增加外,其余各组织中的残留量都在减少,肝中的残留量已低于检测限;120 min 时,心脏和脑中的残留量也低于检出限,除肺和脂肪外,其余组织中的残留量已很低。

4.2.36.4　乙氧呋草黄对映体在家兔体内不同样本中立体选择性差异

乙氧呋草黄对映体在家兔血浆及部分组织中具有立体选择性行为。在所有时间点,肝中的选择性最为明显,且随着时间增长选择性呈增加趋势;血浆中的 EF 值超过 0.6,随时间增长也有增加趋势;在肺、脾、肉中选择性是最不明显的,在血浆、肝、肾和脂肪的 EF 值都是大于 0.5 的,心脏和脑中则低于 0.5。

4.2.37　乙氧呋草黄对映体在家兔肝微粒体中的代谢研究

外消旋乙氧呋草黄(80 μmol/L)左右旋对映体均以相似的方式进行降解,但其浓度存在明显差异,孵育后 5 min,(+)-乙氧呋草黄含量就已明显高于其对映体,(−)-乙氧呋草黄降解速率明显快;30 min 以后,(−)-乙氧呋草黄已低于检测限。

乙氧呋草黄在兔肝微粒体中的降解呈立体选择性。在孵育初期,EF 值均大于 0.5,随着时间变化,EF 值逐渐增大。两对映体的降解符合一级降解动力学,拟合方程及降解半衰期列于表 4-51。家兔肝微粒体体外孵育乙氧呋草黄外消旋体后其对映体的降解速率要快于单体(40 μmol/L)孵育的速率,(+)-乙氧呋草黄在肝微粒体中降解要慢于(−)-乙氧呋草黄。

表 4-51　乙氧呋草黄对映体在家兔肝微粒体内降解动态的回归方程

孵育形式	对映体	回归方程	相关系数 R^2	半衰期 $T_{1/2}$(min)	$T_{1/2(+)}/T_{1/2(-)}$
外消旋体	右旋体(+)	$y = 32.01e^{-0.0570x}$	0.975 8	12.16	2.58
	左旋体(−)	$y = 21.26e^{-0.1468x}$	0.985 9	4.72	
右旋体(+)	右旋体(+)	$y = 31.28e^{-0.0277x}$	0.983 1	25.96	3.87
左旋体(−)	左旋体(−)	$y = 28.26e^{-0.1033x}$	0.965 9	6.71	

4.2.38　乙氧呋草黄对映体在蚯蚓体内的立体选择性行为

利用自然土壤法研究乙氧呋草黄对映体在蚯蚓体内的选择性富集及代谢。

4.2.38.1　乙氧呋草黄对映体在蚯蚓体内的富集

在两个不同暴露浓度下,蚯蚓对乙氧呋草黄对映体的都有一定程度富集,在 0.5~10 天蚯蚓体内乙氧呋草黄对映体浓度不断增加,在第 10 天达到最高值,10 天以后又有所下降,呈现峰型富集曲线(图 4-39)。

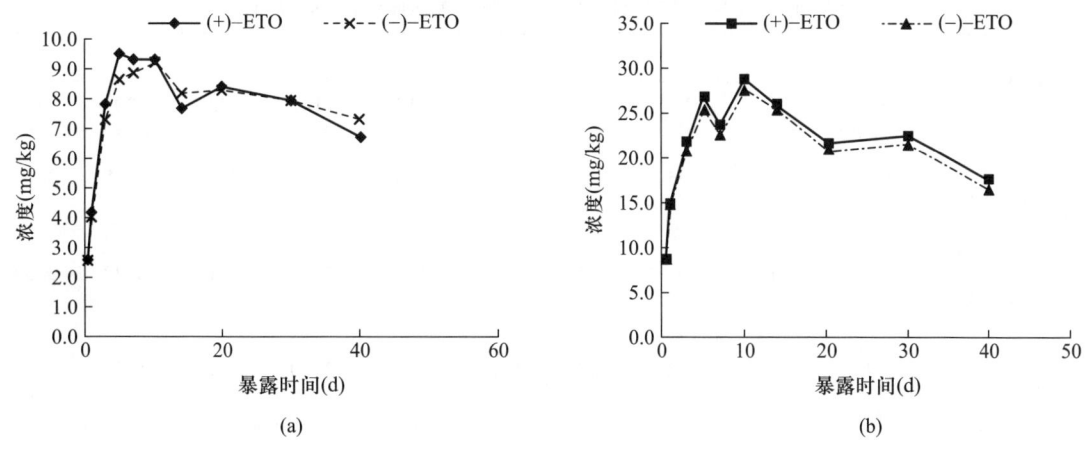

图 4-39 乙氧呋草黄对映体在蚯蚓体内的富集曲线图:
(a) 土壤低浓度暴露(10 mg/kg);(b) 土壤高浓度暴露(50 mg/kg)

蚯蚓对乙氧呋草黄对映体的富集不存在显著的立体选择性。蚯蚓体内乙氧呋草黄对映体的 EF 值变化见图 4-40,在两个暴露浓度下,蚯蚓体内 EF 值维持在 0.5 左右,变化不显著。富集过程中蚯蚓体内乙氧呋草黄对映体的生物-土壤富集因子(BSAF)见表 4-52,对映体 BSAF 值间差异不显著。

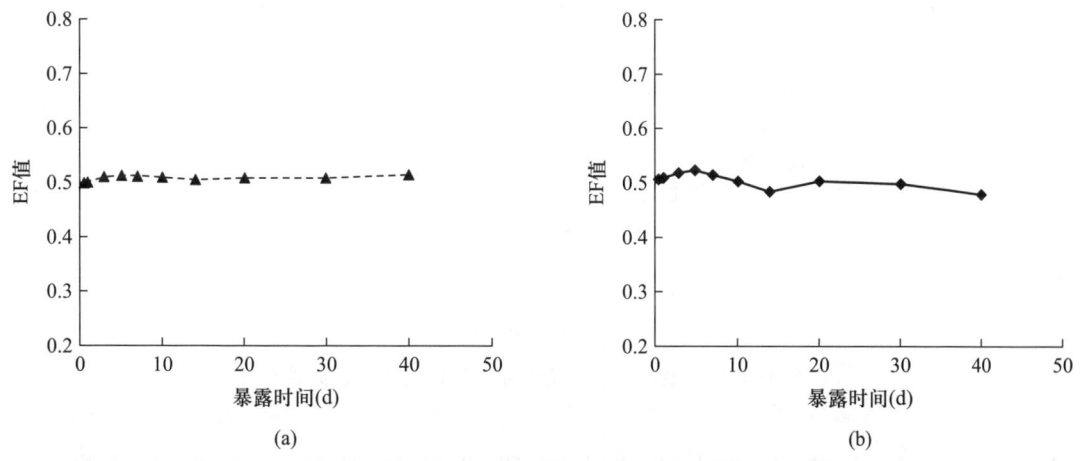

图 4-40 富集过程中蚯蚓体内 EF 值的变化:
(a) 低浓度暴露(10 mg/kg);(b) 高浓度暴露(50 mg/kg)

4.2.38.2 乙氧呋草黄对映体在蚯蚓体内的代谢

乙氧呋草黄在蚯蚓体内的代谢过程符合一级反应动力学规律,拟合方程、降解半衰期列于表 4-53。蚯蚓体内乙氧呋草黄两对映体的降解代谢速率较快,(+)-乙氧呋草黄和(-)-乙氧呋草黄的半衰期均为 1.8 天。降解曲线图见图 4-41。

表 4-52 富集过程中蚯蚓体内乙氧呋草黄对映体的 BSAF 值

BSAFs	暴露时间(d)									
	0.5	1	3	5	7	10	14	20	30	40
(+)-乙氧呋草黄 (10 mg/kg)	0.53	1.07	1.83	2.57	2.71	2.80	2.35	2.55	2.25	2.20
(−)-乙氧呋草黄 (10 mg/kg)	0.51	1.03	1.61	2.30	2.50	2.77	2.47	2.45	2.22	2.37
(+)-乙氧呋草黄 (40 mg/kg)	0.48	0.97	1.32	1.86	1.77	2.11	2.20	1.41	1.73	1.42
(−)-乙氧呋草黄 (40 mg/kg)	0.46	0.94	1.20	1.75	1.68	2.06	2.12	1.35	1.67	1.36

表 4-53 乙氧呋草黄对映体在蚯蚓体内代谢动态的回归方程

对映体	回归方程	相关系数 R^2	半衰期 $T_{1/2}$(d)
(+)-乙氧呋草黄	$y = 19.60e^{-0.38x}$	0.904	1.8
(−)-乙氧呋草黄	$y = 18.57e^{-0.38x}$	0.884	1.8

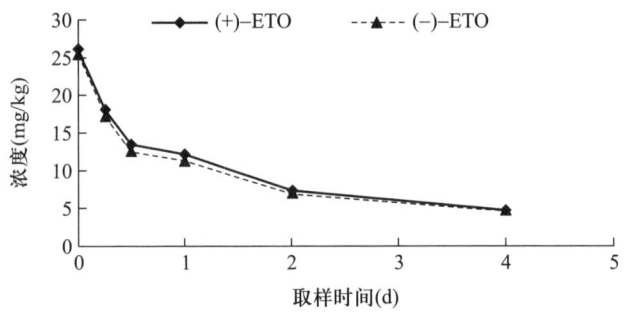

图 4-41 乙氧呋草黄对映体在蚯蚓体内的降解曲线

4.2.39 乙氧呋草黄对映体在大鼠肝微粒体中的立体选择性代谢

大鼠肝微粒体体外分别孵育外消旋乙氧呋草黄(80 μmol/L)和乙氧呋草黄单体(40 μmol/L)后左右旋对映体均以相似的方式进行降解,但其浓度存在明显差异,(+)-乙氧呋草黄降解速率明显快于(−)-乙氧呋草黄。乙氧呋草黄在大鼠肝微粒体中的降解呈立体选择性。体外孵育乙氧呋草黄初期,EF 值都是低于 0.5,随着时间变化,EF 值逐渐减小。乙氧呋草黄在大鼠肝微粒体中的降解符合一级降解动力学,拟合方程及降解半衰期列于表 4-54,大鼠肝微粒体体外孵育乙氧呋草黄外消旋体后其对映体的降解速率快于单体孵育后相应对映体的速率,(+)-乙氧呋草黄在微粒体中降解要快于(−)-乙氧呋草黄。

表 4-54　乙氧呋草黄对映体在大鼠肝微粒体内降解动态的回归方程

孵育形式	对映体	回归方程	相关系数(R^2)	半衰期($T_{1/2}$)(min)	$T_{1/2(+)}/T_{1/2(-)}$
外消旋体	右旋体(+)	$y=19.59e^{-0.1297x}$	0.9349	5.34	0.90
	左旋体(−)	$y=25.01e^{-0.1173x}$	0.9191	5.91	
右旋体(+)	右旋体(+)	$y=25.72e^{-0.0886x}$	0.9771	7.82	0.74
左旋体(−)	左旋体(−)	$y=26.66e^{-0.0652x}$	0.9871	10.63	

4.2.40　喹禾灵在大鼠体内的立体选择性代谢

重 180~220 g 的雄性 SD 大鼠,禁食 12 小时,将喹禾灵溶解于 DMSO 中,之后转溶于玉米油,经口灌胃玉米油使喹禾灵终浓度为 10 mg/kg 大鼠体重。在灌胃之后的 1、3、7、9、10、12、15、24、48、72 以及 120 小时断尾取血。于灌胃后 12 小时及 120 小时分别收集脑、肝、肾以及肺。

HPLC 法检测喹禾灵及喹禾灵酸对映体,色谱柱为 chiralpak IC(250×4.6 mm)柱,流动相为正己烷-异丙醇=80∶20,添加 0.5% 的 TFA,流量为 0.6 mL/min,柱温为 15 ℃,检测器波长为 230 nm。

大鼠经口灌胃喹禾灵后血液中药物浓度-时间曲线如图 4-42 所示。结果显示喹禾灵(QE)在大鼠体内会迅速降解为喹禾灵酸(QA),所有血液样本中未有喹禾灵检出,而喹禾灵酸在体内直至 120 小时仍在样本中检出。在血液中检出的喹禾灵酸表现出了明显的选择性,血液中(+)-喹禾灵酸的浓度最大时是(−)-喹禾灵酸的 10 倍以上。血浆中喹禾灵酸对映体的 EF 值随时间变化的趋势见图 4-43,在给药后 5 min 时 EF 值略高于 0.5,并且随着时间的增加,EF 值快速上升;到 48 小时后 EF 值又开始缓慢下降,最终稳定在 0.8 附近。两对映体的药代动力学参数见表 4-55,大鼠经口灌胃药喹禾灵后,(−)-喹禾灵酸的表观分布容积(V_d)远高于(+)-喹禾灵酸,说明(+)-喹禾灵酸较(−)-喹禾灵酸更容易分布于血浆中。(−)-喹禾灵酸的清除率(CL)约为(+)-喹禾灵酸的 5 倍,表明在体内,大鼠清除(−)-喹禾灵酸的能力大于(+)-喹禾灵酸。(+)-喹禾灵酸的血药浓度-时间曲线下面积(AUC)约为其对映体的 7 倍。喹禾灵酸在大鼠体内的分布是具有选择性的。大鼠经口灌胃喹禾灵后在血液中只能检出喹禾灵酸的原因可能是因为喹禾

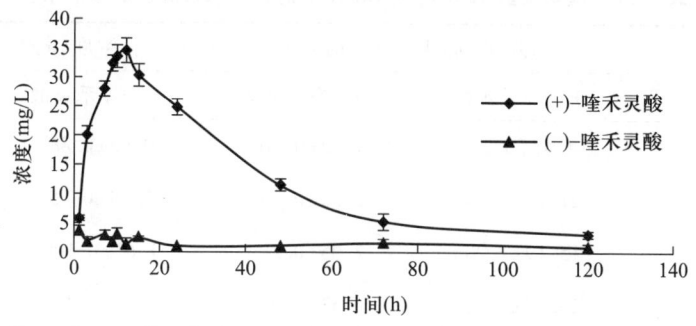

图 4-42　大鼠经口给药后血液中喹禾灵酸的浓度-时间曲线。血液中未检测到喹禾灵

灵会在小肠及血液中迅速水解。而选择性吸收、选择性转运以及选择性降解都可能是(+)-喹禾灵酸在体内富集的原因。

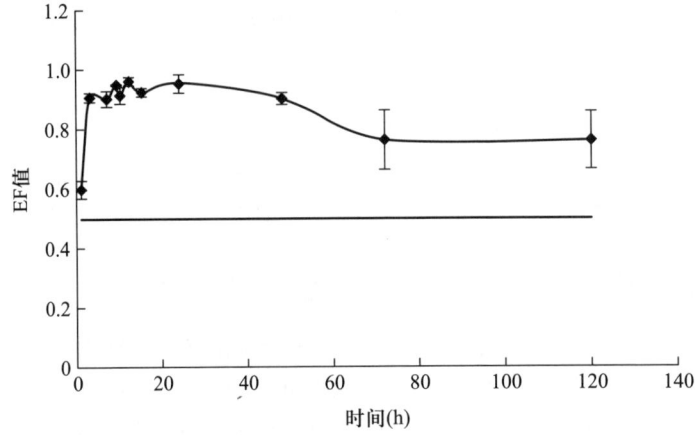

图 4-43　经口给药后喹禾灵酸在大鼠血液中的 EF 值-时间曲线

表 4-55　大鼠经口给药后喹禾灵酸的药代动力学参数

药代动力学参数	(+)-喹禾灵酸	(−)-喹禾灵酸
V_d(mL/kg)	0.289±0.02	3.302±0.591
CL[mL/(min·kg)]	0.147±0.005	0.742±0.271
AUC[mg/(h·L)]	1 631.202±241.038	246.571±70.677

　　在大鼠的各个组织中都未有喹禾灵的检出。喹禾灵酸在 12 小时及 120 小时在各组织中的分布如表 4-56 所示,喹禾灵酸在各组织中的 EF 值如图 4-44 所示。在各组织中同样是(+)-喹禾灵酸的浓度要远高于(−)-喹禾灵酸的浓度。除了在 120 小时时未在脑中检出(−)-喹禾灵酸外,在肝、肾、肺及脑的 12 小时及 120 小时均有喹禾灵酸的检出。(+)-喹禾灵酸在 12 小时各组织中的检出浓度由大到小依次为:肝>肾>肺>脑,而在 120 小时的顺序为:肾>肝>肺>脑。

表 4-56　喹禾灵酸 12 小时及 120 小时时在脑、肾、肺及肝中的浓度

组织	浓度(mg/kg,12 小时)		浓度(mg/kg,120 小时)	
	(+)-喹禾灵酸	(−)-喹禾灵酸	(+)-喹禾灵酸	(−)-喹禾灵酸
脑	1.48±0.23	1.12±0.30	0.93±0.88	未检出
肾	21.77±1.39	1.35±0.25	5.29±0.15	0.60±0.06
肺	15.19±1.20	2.05±0.38	1.65±0.109	0.45±0.07
肝	25.58±1.28	2.53±0.62	4.54±0.23	0.98±0.14

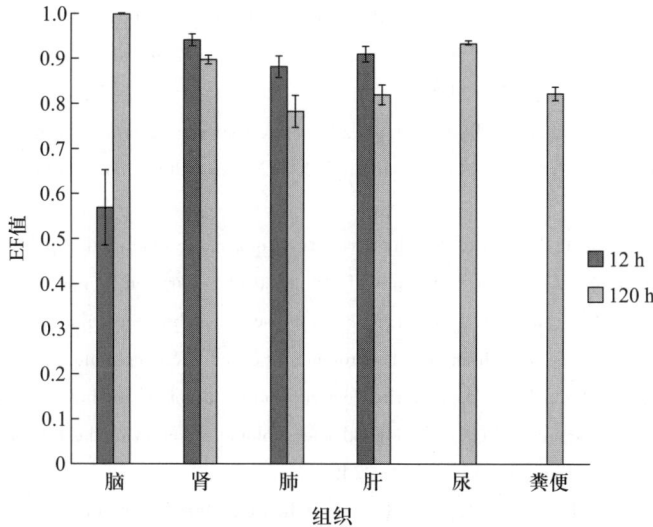

图 4-44　喹禾灵酸在 12 小时及 120 小时时在各组织中的 EF 值

参 考 文 献

[1] 刘昌孝. 实用药代动力学[M]. 北京:中国医学科技出版社,2003.

[2] 章立,姚彤炜,曾苏. 手性药物对映体的药物代谢动力学[J]. 中国现代应用药学,1999,16(2):4-7.

[3] 尤启冬,林国强. 手性药物——研究与应用[M]. 北京:化学工业出版社,2004,50.

[4] 郭涛. 新编药代动力学[M]. 北京:中国科学技术出版社,2005,226.

[5] Hegeman W J M, Laane R W P M. Enantiomeric enrichment of chiral pesticides in the environment[J]. Reviews Environmental Contamination Toxicology,2002,173(2):85-116.

[6] Hummert K,Vetter W,Luckas B. Levels of alpha-HCH,lindane and enantiomeric ratios of alpha-HCH in marine mammals from the northern hemisphere[J]. Chemosphere,1995,31(6):3489-3500.

[7] Kallenborn R,Huhnerfuss H,Konig W A. Enantioselective metabolism of (±)-α-hexachlorocyclohexane in organs of the eider duck[J]. Angewandte Chemie International Edition in English,1991,30:320-321.

[8] Wiberg K,Letcher R,Sandau C, et al. Enantioselective anlysis of organochlorines in the Arctic marine food chain:chiral biomagnification factors and relationships of enantiomeric ratios,chemical residues and biological data[J]. Organohalogen Compounds,1998,35:371-374.

[9] Tanabe S,Kumaran P,Iwata H, et al. Enantiomeric ratios of α-hexachlorocyclohexane in blubber of small cetaceans[J]. Marine Pollution Bulletin,1996,32(1):27-31.

[10] Pfaffenberger B,Hühnerfuss H,Kallenborn R. Chromatographic-separation of the enantiomers of marine pollutants. Part 6:comparison of the enantioselective degradation of alpha-hexachlorocyclohexane in marine biota and water [J]. Chemosphere,1992,25(92):719-725.

[11] Pfaffenberger B,Hardt I,Huhnerfuss H. Enantioselective degradation of alpha-hexachlorocyclohexane and cyclodiene insecticides in roe-deer liver samples from different regions of Germany[J]. Chemosphere,1994,29(7):1543-1554.

[12] Mossner S, Spraker T R, Becker P R, et al. Ratios of enantiomers of alpha-HCH and deter mination of alpha-HCH, beta-HCH, and gramma-HCH isomers in brain and other tissues of neonatal northern furseals (callorhinus-ursinus)[J]. Chemosphere, 1992, 24(9):1171-1180.

[13] Konig W A, Hardi I H, Gehreke B, et al. Optically-active reference compounds for environmental-analysis obtained by preparative enantioselective gas–chromatography[J]. Angewandte Chemie International Edition, 2010, 33(20):2085-2087.

[14] Moller K, Huhnerfuss H, Rimkus G. On the diversity of enzymatic degradation pathways of alpha-hexachlorocyclohexane as determined by chiral gas-chromatogrphy[J]. Journal of Separation Science, 1993, 16(11):672-673.

[15] Wiberg K, Letcher R J, Sandau C D, et al. The enantioselective bioaccumulation of chiral chlordane and α-HCH contaminants in the polar bear food chain[J]. Environmental Science & Technology, 2000, 34(13):2668-2674.

[16] Iwata H, Tanabe S, Lida T, et al. Enantioselective accumulation of α-hexachlorocyclohexane in northern furseals and double-crested cormorants: effects of biological and ecological factors in the higher trophic levels[J]. Environmental Science & Technology, 1998, 32(15):2244-2249.

[17] Ulrich E M, Willett K L, Grant A C, et al. Understanding enantioselective processes: a laboratory rat model for alpha-hexachlorocyclohexane accumulation[J]. Environmental Science & Technology, 2001, 35(8):1604-1609.

[18] Fisk A T, Moisey J, Hobson K A, et al. Chlordane components and metabolites in seven species of Arctic seabirds from the Northwater Polynya: relationships with stable isotopes of nitrogen and enantiomeric fractions of chiral components[J]. Environmental Pollution, 2001, 113(2):225-238.

[19] Karlsson H, Oehme M, Skopp S, et al. Enantiomer ratios of chlordane congeners are gender specific in cod (*Gajus morhua*) from the Barents Sea[J]. Environmental Science & Technology, 2000, 34(11):2126-2130.

[20] Wiberg K, Oehme M, Haglund P, et al. Enantioselective analysis of organochlorine pesticides in herring and seal from the Swedish marine environment[J]. Marine Pollution Bulletin, 1998, 36(5):345-353.

[21] Buser H R, Müller M D, Rappe C. Enantioselective deter mination of chlordane components using chiral high-resolution gas-chromatography mass-spectrometry with application to environmental-samples[J]. Environmental Science & Technology, 1992, 26(8):1533-1540.

[22] Buser H R, Muller M D. Enantiomer separation of chlordane components and metabolites using chiral high-resolution gas chromatography and detection by mass spectrometric techniques[J]. Analytical Chemistry, 1992, 64(24):3168-3175.

[23] Wong C S, Garrison A W, et al. Enantiomeric composition of chiral polychlorinated biphenyl atropisomers in aquatic and riparian biota[J]. Environmental Science & Technology, 2001, 35(12):2448-2454.

[24] 刘维屏. 农药环境化学[M]. 北京:化学工业出版社, 2006.

[25] Lee P W, Allahyari R, Fukuto T R. Studies on the chiral isomers of fonofos and fonofosd oxon organophosphorus insecticide. II. In vitro metabolism[J]. Pesticide Biochemistry & Physiology, 1978, 8(2):158-169.

[26] Lee P W, Allahyari R, Fukuto T R. Studies on the chiral isomers of fonofos and fonofosd oxon in the house fly, *Musca domestica*, and white mouse. III. In vivo metabolism[J]. Pesticide Biochemistry & Physiology, 1978, 9:23-32.

[27] Ueji M, Omizawa C. Metabolism of chiral isomers of isofenphos in the rat liver micriosomeal system[J]. Journal of Pesticide Science, 1987, 12:269-271.

[28] Yang D B, Li X Q, et al. Enantioselective behavior of α-HCH in mouse and quail tissues[J]. Environmental Science & Technology, 2010, 44(5):1854-1859.

第5章 手性农药在植物体中的选择性降解行为

5.1 前 言

随着生活水平的提高和科学技术的发展,食品安全越来越受到重视。因此,与人类健康有密切关系的手性物质在植物体内的行为开始被广泛关注。人们对植物体内源性手性物质如生物碱天仙子胺,植物雌激素类物质如木质体以及一些亚油酸类在植物体内的代谢进行了研究,并已经明确在苹果、胡萝卜、曼陀罗、烟草等植物体内或体外培养过程中上述手性物质存在明显的对映体选择性降解,这些研究结果表明植物体对内源性手性物质的选择性降解非常普遍[1-4]。

一项涉及 18 种常见植物和杂草如向日葵、绿豆、甜瓜、葡萄、藜、蓼、飞蓬等的研究结果表明,所有供试植物细胞培养体系均可将苯乙酮、2-戊酮、乙酰乙酸乙酯等酮类有机物选择性降解为相应的具有 S 构型的醇,产物的光学纯度在 65%~99% 之间,表明植物体在一些非手性物质的生物转化过程中也可通过立体选择性降解方式产生具有光学性质的代谢产物[5]。同样地,Akakabe 和 Naoshima 在其研究中也发现,胡萝卜、烟草和栀子细胞培养液可将苯乙酮立体选择性地还原为 S-苯乙醇,这种生物转化得到的 S-苯乙醇的光学纯度超过 99%[6,7]。Dave 等也通过实验得到相似的结论,在胡萝卜细胞培养液中,可将苯乙酮、芳香族酮等一种单一脂肪族酮类选择性地还原成 S-苯乙酮[8]。

外源手性化合物在植物体内的选择性降解研究还处于较初步的阶段。Okamoto 和 Nakazawa 于 1993 年率先报道了人工合成植物生长激素外消旋脱落酸在鳄梨果实内的选择性降解情况[9]。向果实中加入外消旋脱落酸后,在鳄梨果实脱落酸氧化酶的作用下,(-)-R-脱落酸优先生成二氢红花菜豆酸和红花菜豆酸(这两种代谢物中,前者无生理活性,后者活性很低),而 S-(+)体的转化率却很小,这可能是 S-(+)体脱落酸具有高活性的原因,而且这也可能正是植物内源性脱落酸都是 S-(+)体的原因。Schneiderheinze 等报道了 2,4-滴丙酸和氯苯氧丙酸在植物体内选择性降解的结果。外消旋体经茎叶喷雾处理后,在供试的蒲公英、大叶车前和车前草体内均发生明显的选择性降解,S 体的降解速率平均为 R 体的 2 倍,相比较而言,供试土壤中 S 体的降解速率是 R 体的 3 倍,但是整体的降解速率远远低于在植物体中的降解速率;而在其他几种供试植物如红车轴草、羊茅、早熟禾和黑麦草体内则没有选择性[10]。

由于发现植物可以吸收并富集土壤中存在多年的有机氯农药氯丹(1988 年在当地被禁用),Mattina 等[11]和 White 等[12]于 2000 年着手研究进入植物体中的这些有机氯化合物的组成情况。结果表明,在栉瓜(一种夏季产的南瓜)根区附近的土壤中氯丹残留量大大低于非根区土壤,表明大量残留农药被南瓜从根区土壤中吸收进体内;另外与非根区土壤相比,根区土壤中顺式、反式氯丹各自对映体的 ER 值及顺、反式异构体的比例并未有所变化,这说明栉瓜从土壤中吸收氯丹时没有立体选择性,或者说在吸收阶段无选择性的物理过程占主导地位;不同组织部位中,果实的残留量最小,根部最大,是果实中的 18.7 倍;各组织中不仅残留量差异较大,而且异构体比例变化也较大,如反式氯丹 ER 值在果实中为 0.7,而在根部则为 1.2,表明在植物体内发生的各种生物降解、转化反应中存在立体选择性。也有报道显示植物体对手性化合物的降解过程中未表现出立体选择性的例子。如 Garrison 等关于水生植物对水体中 DDT 降解影响的研究显示,供试水体系中伊乐藻(*Elodea canadensis*)和野葛(*Pueraria thunbergiana*)的存在可以加速 DDT 的降解速率;但是经 X 射线处理杀死伊乐藻后,整个体系依然保持还原活力;而且具有一对对映体的 o,p'-DDT 的还原脱氯过程没有选择性;用部分纯化的伊乐藻提取物进行 o,p'-DDT 的脱氯还原反应,与活体试验类似,也没有对映体选择性,根据这些结果作者推测该试验中研究的反应过程是由非手性辅酶因子催化的[13]。

Zadra 等[14]研究了酰胺类杀菌剂甲霜灵在向日葵体内的选择性降解行为,结果表明:在叶片中 R 体的半衰期为 24 天,S 体半衰期为 21 天;外消旋体在叶片中的降解显示,前 25 天 S 体含量高于 R 体,ee 值在-0.14~0.02 之间,而 25 天后,ee 值逐渐增加,在 85 天 ee 值为 0.65,R 体含量远大于 S 体,可能是由于向日葵存在有对 S 体优先转化的酶系统。乙氧呋草黄在两种草坪草高羊茅和草地早熟禾内的选择性降解行为显示在供试草坪草体内存在选择性降解现象,左旋体被优先降解,导致体内右旋体过量,随着时间的延长 ER 值逐渐增大,在 5 天达到最大值 3.0 左右[15]。手性化合物在不同的植物体内可以发生不同的选择性降解方式;植物体的存在和生长状态也会对环境中的手性化合物的降解产生影响,因此对手性化合物环境行为的研究,必须包括植物这一生态系统和食物链中重要的环节。

5.2 几种典型手性农药对映体在植物体内选择性降解研究实例

5.2.1 苯霜灵对映体在葡萄中的立体选择性降解行为

利用高效液相色谱手性固定相法对供试葡萄体内苯霜灵对映体的残留量进行分析,色谱柱为 Chiralcel OD,流动相正己烷-异丙醇(90:10),波长 230 nm,流量 1.0 mL/min。先流出对映体为 R 体,具有左旋光特性;后流出对映体为 S 体,具有右旋光特性。

葡萄果实喷雾苯霜灵后定期采样,苯霜灵在葡萄体内的浓度呈现出先增加后减少的过程,施药后第二天两对映体达到最大浓度,而后被逐渐降解,两对映体的降解趋势符合假一级反应(pseudo first-order kinetic reaction)动力学规律。拟合方程、降解半衰期及 ES 值列于表 5-1 中。R 体和 S 体苯霜灵的半衰期分别为 1.02 天和 1.30 天,ES 值为 0.122,说明苯霜灵在葡萄中降解非常快,同时存在立体选择性。

5.2 几种典型手性农药对映体在植物体内选择性降解研究实例

表 5-1 苯霜灵对映体在葡萄体内降解动态的回归方程

对映体	回归方程	相关系数 R^2	半衰期(d)	ES 值
R	$C=12.475e^{-0.6811t}$	0.8832	1.02	0.122
S	$C=9.9713e^{-0.5326t}$	0.8958	1.30	

各个取样时间点苯霜灵对映体在葡萄样品的残留量及其 EF 值见表 5-2。随着施药后时间延长,两对映体的浓度呈先增加后减小的趋势(图 5-1)。在增加过程中两种对映体的浓度没有明显的差异,两种对映体的 EF 比值始终保持在 0.5 左右,直到施药第二天两对映体的浓度均达到最大值,此时的 EF 值仍为 0.5。从第二天开始,两对映体的浓度逐渐减小,EF 值也逐渐减小,给药后第八天 EF 减小到 0.39,呈现了明显的选择性差异,而且随着用药后时间的延长,两种对映体的选择性降解趋势越来越明显(图 5-2)。

表 5-2 施药后葡萄中苯霜灵对映体的浓度和 EF 值

时间(d)	(R)-苯霜灵(mg/kg)	(S)-苯霜灵(mg/kg)	EF 值
0	—	—	0.50
1	1.34	1.37	0.49
2	3.79	3.86	0.50
3	2.94	3.27	0.47
4	2.34	2.79	0.46
8	0.36	0.57	0.39
10	0.01	0.04	—

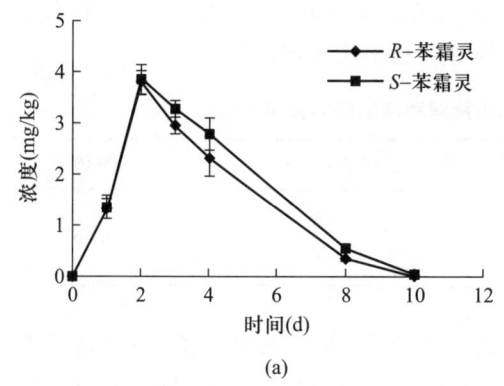
(a)

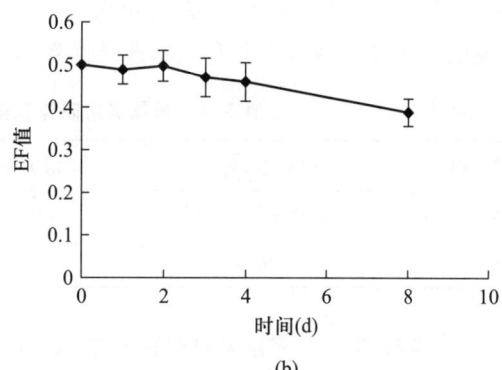
(b)

图 5-1 苯霜灵对映体在葡萄中的残留动态(a)及 EF 值变化曲线(b)

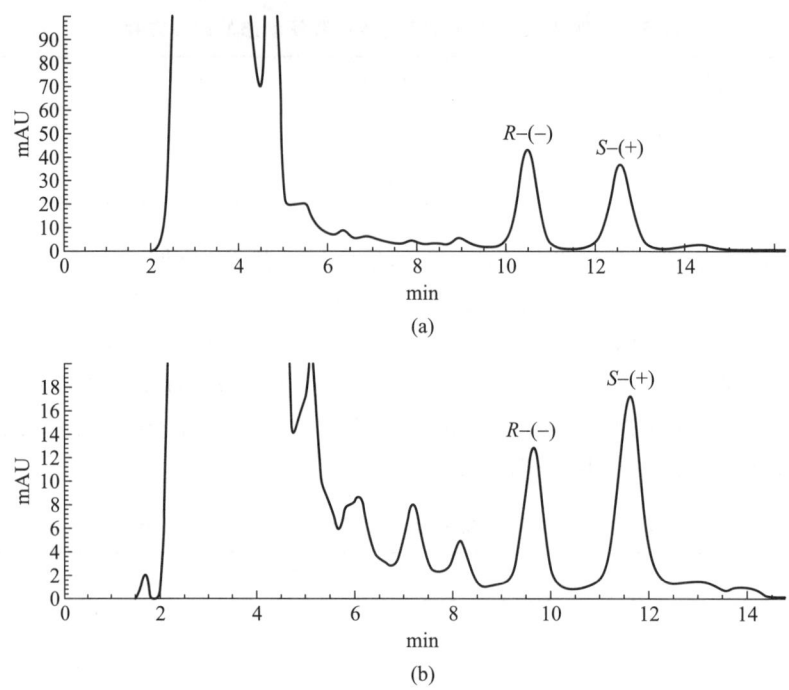

图 5-2 苯霜灵对映体在葡萄体内选择性降解的典型色谱图:(a) 施药后 1 天样品;(b) 施药后 8 天样品

5.2.2 苯霜灵对映体在辣椒中的立体选择性降解行为

利用高效液相色谱正相条件下对供试辣椒体内苯霜灵对映体的残留量进行分析[16],色谱条件:Chiralcel OD 色谱柱,流动相正己烷-异丙醇(90∶10),波长 230 nm,流量 1.0 mL/min。先流出对映体为 R 体,具有左旋光特性;后流出对映体为 S 体,具有右旋光特性。

辣椒茎叶喷雾后定期采样,苯霜灵两对映体在辣椒体内的浓度呈先增加后减少的趋势,降解趋势符合假一级反应动力学规律。拟合方程、降解半衰期及 ES 值列于表 5-3 中。R-苯霜灵和 S-苯霜灵的半衰期分别为 0.63 天和 0.45 天,R 体半衰期是 S 体的 1.4 倍,ES 值为 -0.167,小于零,说明苯霜灵在辣椒中存在立体选择性降解,且 R 体降解速率比 S 体慢。

表 5-3 苯霜灵对映体在辣椒体内降解动态的回归方程

对映体	回归方程	相关系数 R^2	半衰期(d)	ES 值
(R)-(-)	$C=12.803e^{-1.0926t}$	0.997 3	0.63	-0.167
(S)-(+)	$C=10.060e^{-1.5314t}$	1.000 0	0.45	

各个取样时间点苯霜灵对映体在辣椒样品中的残留量及其 EF 值见表 5-4。随着施药时间延长,两对映体的浓度呈先增加后减小的趋势(图 5-3),施药后第二天两对映体达到最大浓度而后被逐渐降解。在增加过程中两对映体的浓度就呈现出明显的差异,施药后第 2 天两对映体的 EF 值从 0.5 增大到 0.58。从第二天开始,两对映体的浓度逐渐减小,EF 值继续增加,而且随着用药时间的延长,两对映体的选择性降解趋势越来越明显(图 5-4a 和 b)。

表 5-4　药剂处理后不同时间辣椒植株中苯霜灵对映体的浓度和 EF 值[16]

时间(d)	(R)-苯霜灵(mg/kg)	(S)-苯霜灵(mg/kg)	EF 值
0	—	—	0.50
1	4.95	4.77	0.51
2	13.70	10.09	0.58
3	4.29	2.16	0.67
4	1.26	0.47	0.73
6	0.17	—	—

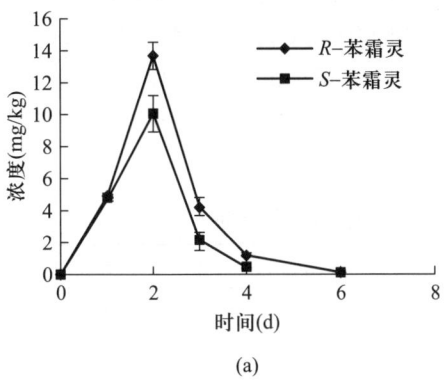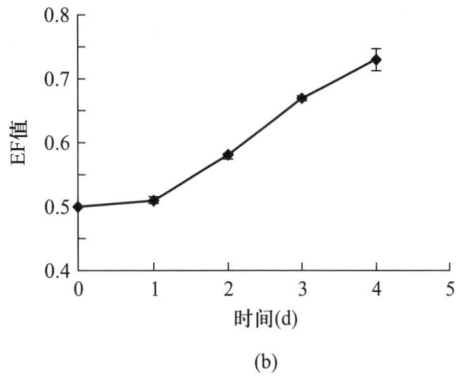

图 5-3　苯霜灵对映体在辣椒中残留动态(a)和 EF 值变化曲线(b)

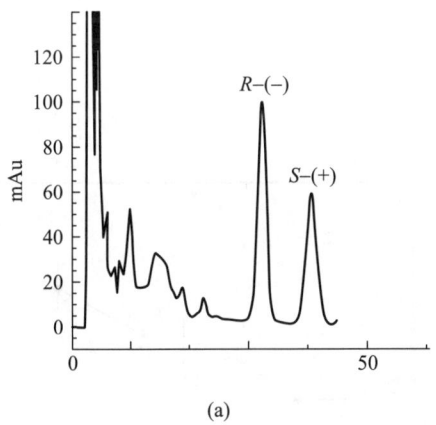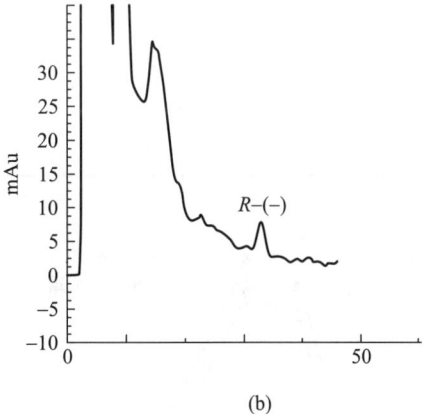

图 5-4　苯霜灵对映体在辣椒体内降解典型色谱图:(a)施药后第 2 天;(b)施药后第 6 天

5.2.3　苯霜灵对映体在烟草中的立体选择性降解行为

利用高效液相色谱法对供试烟草体内苯霜灵对映体的残留量进行分析,色谱条件:Chiralcel OD 色谱柱,流动相正己烷-异丙醇(90∶10),检测波长 230 nm,流量 1.0 mL/min。

烟草叶片喷雾后定期采样,苯霜灵两对映体在烟草体内的浓度呈先增加后减少的趋势,降解符合假一级反应动力学规律。拟合方程、半衰期及 ES 值分别列于表 5-5。R 体苯霜灵和 S 体苯霜灵的半衰期分别为 4.60 天和 3.44 天,ES 值为 -0.144,说明苯霜灵在烟草中存在立体选择性降解,且 S 体降解速率快于 R 体。

表 5-5　苯霜灵对映体在烟草体内降解动态的回归方程

对映体	回归方程	相关系数 R^2	半衰期(d)	ES 值
$(R)-(-)$	$C = 16.125 e^{-0.1505t}$	0.9973	4.60	-0.144
$(S)-(+)$	$C = 14.952 e^{-0.2013t}$	0.9955	3.44	

各个取样时间点苯霜灵对映体在烟草样品中的残留量及其 EF 值见表 5-6。两对映体的浓度随着施药时间延长呈先增加后减小的趋势(图 5-5)。在增加过程中两对映体的浓度差异越来越明显,施药后第 8 天两种对映体的 EF 值从外消旋体的 0.5 减小到 0.45。而从两对映体的浓度逐渐减小(施药后第 12 天)开始,两对映体出现了与之前相反的立体选择性差异,EF 值随时间的延长而逐渐增大,给药后第 25 天,EF 值从第 8 天的 0.45 增大至 0.69,随着用药时间的延长,两种对映体的选择性降解趋势逐渐明显(图 5-6)。

表 5-6　药剂处理后不同时间烟草植株中苯霜灵对映体的浓度和 EF 值

时间(d)	(R)-苯霜灵(mg/kg)	(S)-苯霜灵(mg/kg)	EF 值
0	—	—	0.50
1	1.40	1.37	0.49
5	6.54	5.49	0.46
8	14.34	11.92	0.45
12	15.80	13.86	0.53
16	9.36	7.31	0.56
19	5.39	3.76	0.59
25	2.29	1.05	0.69

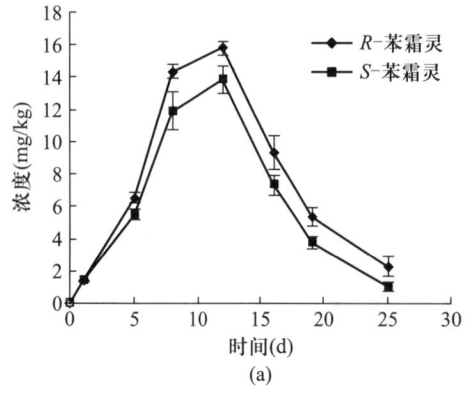
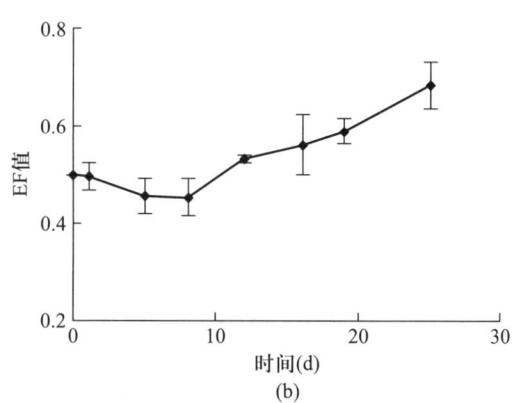

图 5-5　苯霜灵对映体在烟草中的残留动态(a)和 EF 值变化曲线(b)

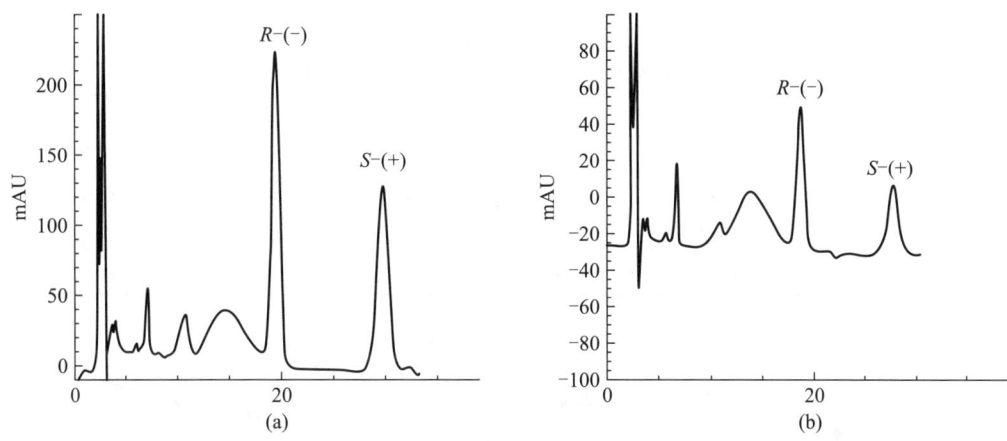

图 5-6 苯霜灵对映体在烟草体内降解典型色谱图:(a) 施药后第 12 天;(b) 施药后第 19 天

5.2.4 苯霜灵对映体在甜菜中的立体选择性降解行为

利用高效液相色谱法对甜菜体内苯霜灵对映体的残留量进行分析[16],色谱条件:色谱柱 Chiralcel OD,流动相正己烷-异丙醇(90∶10),检测波长 230 nm,流量 1.0 mL/min。先流出对映体为 R 体,具有左旋光特性;后流出对映体为 S 体,具有右旋光特性。

甜菜叶片喷雾后定期采样,苯霜灵两对映体在甜菜体内浓度呈先增加后减少的趋势,降解趋势符合假一级反应动力学规律,降解拟合方程、半衰期及 ES 值如表 5-7 所示。R 体苯霜灵和 S 体苯霜灵的半衰期分别为 2.52 天和 2.31 天,ES 值为-0.04,降解期间两对映体之间存在微小差异,说明苯霜灵在甜菜中的降解存在立体选择性,但并不十分明显,因此两对映体在甜菜植株中产生的浓度差异可能是由于选择性地富集了 R 体。

表 5-7 苯霜灵对映体在甜菜体内降解动态的回归方程

对映体	回归方程	相关系数 R^2	半衰期(d)	ES 值
(R)-$(-)$	$C=8.821\,1e^{-0.275\,3t}$	0.973 0	2.52	-0.04
(S)-$(+)$	$C=5.726\,6e^{-0.300\,0t}$	0.972 4	2.31	

各个取样时间点苯霜灵对映体在甜菜样品中的残留量及其 EF 值见表 5-8。随着施药后时间延长,两对映体的浓度呈先增加后减小的趋势(图 5-7),施药后第 5 天与第 9 天两对映体分别达到最大浓度,而后被逐渐降解。从 EF 值变化可以看出,在增加过程中两对映体的浓度呈现出明显的差异,施药后第 9 天两对映体的 EF 值从 0.5 增大到 0.61。但从第 9 天起 EF 增加幅度很小,施药后第 19 天增加至 0.67,这段时间选择性差异不明显(图 5-8)。

表 5-8 药剂处理后不同时间甜菜中苯霜灵对映体的浓度和 EF 值

时间(d)	(R)-苯霜灵(mg/kg)	(S)-苯霜灵(mg/kg)	EF 值
0	—	—	0.50
1	2.84	2.61	0.52

续表

时间(d)	(R)-苯霜灵(mg/kg)	(S)-苯霜灵(mg/kg)	EF 值
2	4.92	4.43	0.53
5	6.18	4.94	0.56
9	7.53	4.80	0.61
13	3.82	2.31	0.62
19	0.51	0.25	0.67

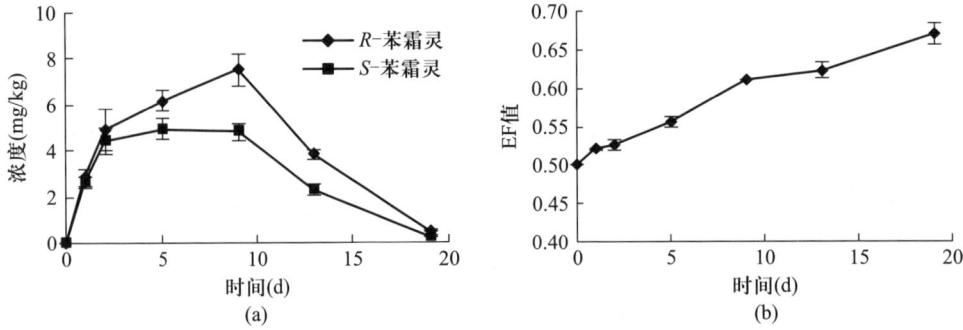

图 5-7　苯霜灵对映体在甜菜中的残留动态(a)和 EF 值变化曲线(b)

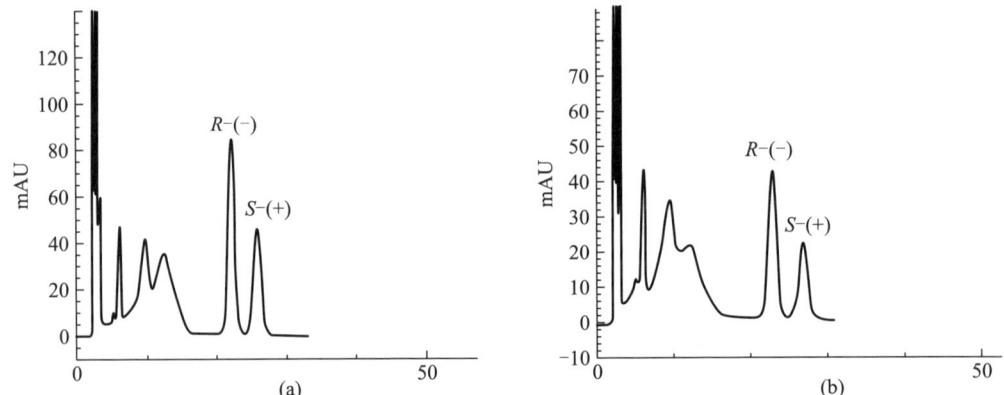

图 5-8　苯霜灵对映体在甜菜体内选择性降解的典型色谱图：(a) 施药后第 9 天；(b) 施药后第 13 天

5.2.5　苯霜灵对映体在番茄中的立体选择性降解行为

利用高效液相色谱法对番茄植株体内苯霜灵对映体的残留量进行分析，色谱条件：色谱柱 Chiralcel OD，流动相正己烷-异丙醇(90∶10)，检测波长 230 nm，流量 1.0 mL/min。先流出对映体为 R 体，具有左旋光特性；后流出对映体为 S 体，具有右旋光特性。

番茄茎叶喷雾后定期采样，苯霜灵两对映体的浓度呈先增加后减少的趋势，在番茄体内的降解趋势符合假一级反应动力学规律，如图 5-9 所示。拟合方程、降解半衰期及 ES 值列于表 5-9 中。R 体苯霜灵和 S 体苯霜灵的半衰期分别为 2.59 天和 0.85 天，R 体半衰期约是 S 体半衰期的 3 倍，ES 值为-0.54。说明苯霜灵在番茄中存在着明显的立体选择性降解，且 S 体降解速率明显快于 R 体。

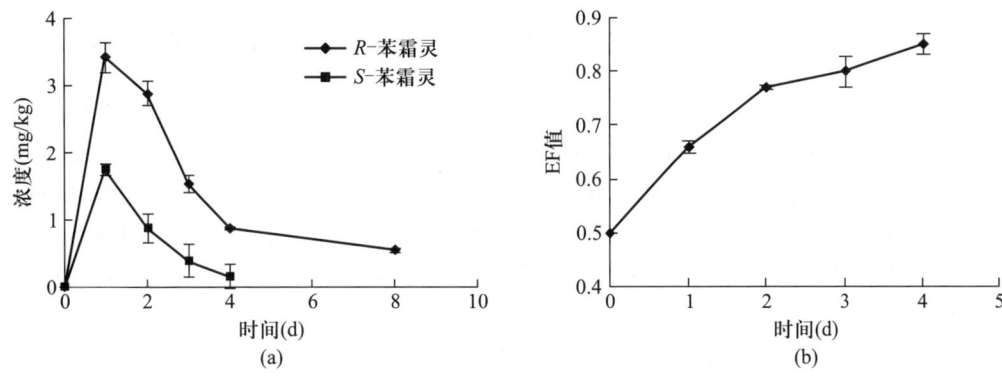

图 5-9 苯霜灵对映体在番茄中的残留动态(a)和 EF 值变化曲线(b)

表 5-9 苯霜灵对映体在番茄体内降解动态的回归方程

对映体	回归方程	相关系数 R^2	半衰期(d)	ES 值
$(R)-(-)$	$C=2.984e^{-0.268\,0t}$	0.902 7	2.59	-0.54
$(S)-(+)$	$C=1.850e^{-0.812\,6t}$	0.995 1	0.85	

表 5-10 所示是各个取样时间点苯霜灵对映体在番茄样品中的残留量及其 EF 值。施药后第 1 天两对映体达到最大浓度,此时 R 体在植株中的浓度为 S 体的两倍,而后两对映体随着时间延长被逐渐降解,EF 值从 0.50 增加至 0.85,给药后第 4 天 R 体浓度约为 S 体的 6 倍,而且随着用药时间的延长,两对映体的选择性降解趋势越来越明显(图 5-10)。

表 5-10 药剂处理后不同时间番茄植株中苯霜灵对映体的浓度和 EF 值

时间(d)	(R)-苯霜灵(mg/kg)	(S)-苯霜灵(mg/kg)	EF 值
0	—	—	0.50
1	3.42	1.74	0.66
2	2.88	0.87	0.77
3	1.54	0.39	0.80
4	0.87	0.15	0.85
8	0.55	—	—

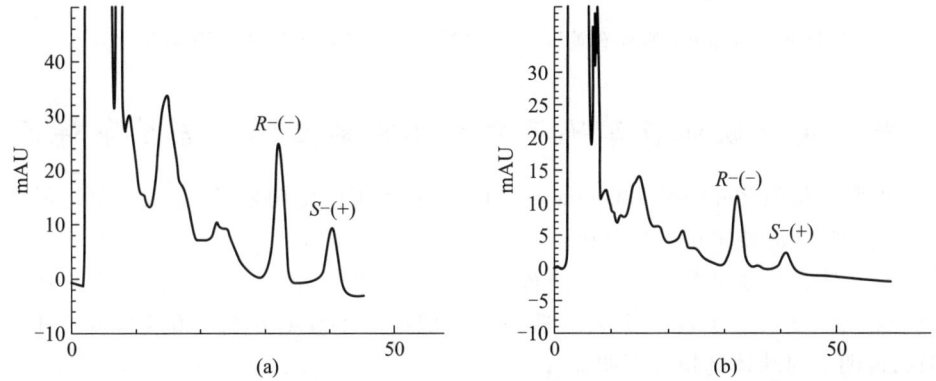

图 5-10 苯霜灵对映体在番茄体内选择性降解典型色谱图:(a) 施药后第 1 天;(b) 施药后第 4 天

5.2.6 苯霜灵对映体在黄瓜叶片中的立体选择性降解行为

苯霜灵可湿性粉剂茎叶喷雾240g(a.i.)/hm² 后10天内定期采样,利用高效液相色谱手性固定相法对供试黄瓜植株体内苯霜灵左右旋对映体的残留量进行分析[17]。色谱柱为色谱条件:色谱柱 Chiralcel OD,流动相正己烷-异丙醇(99:1),检测波长230 nm,流量1.0 mL/min。先流出对映体为 R 体,呈右旋光特性,后流出对映体为 S 体,呈左旋光特性。流动相正己烷-异丙醇(96:4),波长220 nm,流量1.0 mL/min。先流出对映体为 R 体,具有左旋光特性;后流出对映体为 S 体,具有右旋光特性。

苯霜灵两对映体的降解趋势符合一级反应动力学规律。拟合方程、降解半衰期及 ES 值见表5-11,苯霜灵两对映体的半衰期分别为2.7天和1.8天,ES 值为-0.19,说明苯霜灵在黄瓜叶片中存在立体选择性降解,(-)-R-苯霜灵降解速率慢于(+)-S-苯霜灵。

表5-11 苯霜灵对映体在黄瓜叶片内降解动态的回归方程

对映体	回归方程	相关系数 R^2	半衰期(d)	ES 值
(-)-R-苯霜灵	$\ln(C_0/C) = 0.2544t - 0.0825$	0.9870	2.7	-0.19
(+)-S-苯霜灵	$\ln(C_0/C) = 0.3751t - 0.1432$	0.9742	1.8	

各取样时间点左右旋对映体残留量的 EF 值结果见图5-11。随着施药后时间延长,两种对映体的选择性降解趋势越来越明显,两种对映体的残留量出现明显差异,(+)-S-体的量显著低于(-)-R-体,这种趋势一直持续到用药后第10天。两种对映体的 EF 比值从开始的0.5逐渐增大,在第7天达到0.726,此后至采样结束一直保持在该比值附近。

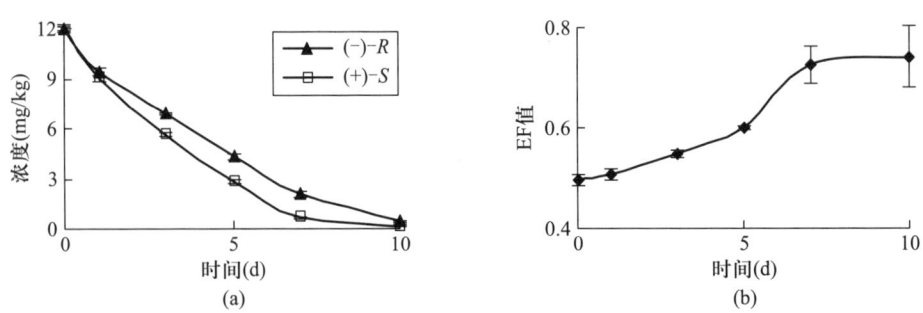

图5-11 苯霜灵对映体在黄瓜叶片中的残留动态(a)和 EF 值变化曲线(b)

5.2.7 苯霜灵对映体在草地早熟禾体内的立体选择性降解行为

苯霜灵可湿性粉剂茎叶喷雾 240 g(a.i.)/hm² 后25天内定期采样,对供试草地早熟禾体内苯霜灵左右旋对映体的残留量进行分析。

左右旋对映体在草地早熟禾体内的降解趋势基本一致,符合一级反应动力学规律。拟合方程、降解半衰期及 ES 值列于表5-12。苯霜灵两对映体的半衰期分别为6.9天和7.1天,ES 值仅为0.018,说明其对映体选择性不明显。

表 5-12　苯霜灵对映体在草地早熟禾体内降解动态的回归方程

对映体	回归方程	相关系数 R^2	半衰期(d)	ES 值
(−)-R-苯霜灵	$\ln(C_0/C) = 0.100\ 4t + 0.053\ 3$	0.960 3	6.9	0.018
(+)-S-苯霜灵	$\ln(C_0/C) = 0.097\ 6t - 0.072\ 4$	0.952 2	7.1	

在草地早熟禾体内,苯霜灵左右旋对映体降解速率基本一致,苯霜灵对映体在草地早熟禾中的降解曲线及 EF 值随时间变化趋势见图 5-12。在整个降解周期内 EF 值在 0.5 上下浮动,且随时间增加变化趋势不明显。

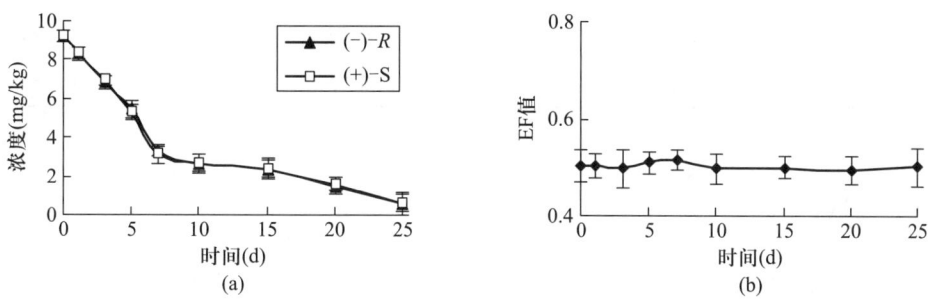

图 5-12　苯霜灵对映体在草地早熟禾中的残留动态(a)和 EF 值变化曲线(b)

5.2.8　氟虫腈对映体在白菜中的立体选择性降解行为

白菜茎叶喷雾后定期采样,利用高效液相色谱法对供试白菜体内氟虫腈对映体的残留量进行分析[18]。色谱柱为(R,R)Whelk-O 1 column,流动相正己烷-异丙醇(95∶5),波长 225 nm,流量 1.0 mL/min。先流出对映体为 S 体,具有右旋光特性;后流出对映体为 R 体,具有左旋光特性。

氟虫腈对映体在白菜体内的浓度呈现出先增加后减少的趋势,两对映体的降解趋势符合假一级反应动力学规律。拟合方程、降解半衰期及 ES 值列于表 5-13。氟虫腈两对映体的半衰期分别为 3.99 天和 2.52 天,ES 值为 0.23,说明氟虫腈在白菜中存在立体选择性降解。

表 5-13　氟虫腈对映体在白菜体内降解动态的回归方程

对映体	回归方程	相关系数 R^2	半衰期(d)	ES 值
S-氟虫腈	$C = 5.599\ 1e^{-0.173\ 6t}$	0.987 3	3.99	0.23
R-氟虫腈	$C = 5.496\ 3e^{-0.275\ 4t}$	0.992 7	2.52	

各取样时间点氟虫腈对映体残留量及其 EF 值见表 5-14。随着施药后时间延长,两种对映体的 EF 值从开始的 0.5 逐渐减小,在第 10 天达到 0.264,而且随着用药后时间的延长,两种对映体的选择性降解趋势越来越明显(图 5-13),最终残留于白菜样本的 R-氟虫腈的量显著低于 S 体,残留物以 S 体为主。

表 5-14 药剂处理后不同时间白菜中氟虫腈对映体的浓度和 EF 值

时间(h)	(S)-氟虫腈(mg/kg)	(R)-氟虫腈(mg/kg)	EF 值
0	—	—	0.500
16	2.45	2.17	0.469
40	4.19	3.47	0.453
64	3.20	2.33	0.422
112	2.30	1.40	0.378
160	1.84	0.94	0.339
196	1.39	0.58	0.294
240	0.98	0.35	0.264

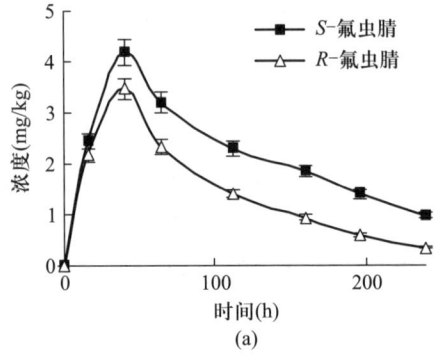 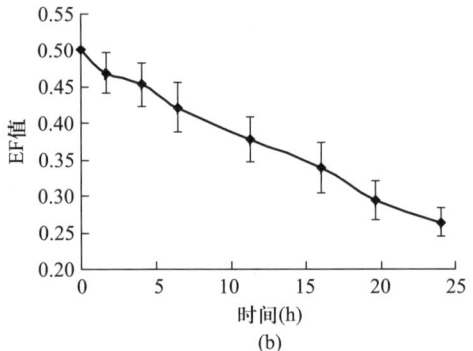

图 5-13 氟虫腈对映体在白菜中的残留动态(a)和 EF 值变化曲线(b)

5.2.9 禾草灵对映体在白菜中的立体选择性降解行为

白菜茎叶喷雾后定期采样,利用高效液相色谱法对供试白菜体内禾草灵对映体的残留量进行分析[19]。色谱条件:色谱柱 Chiralcel OD,流动相正己烷-异丙醇(90∶10),检测波长 210 nm,流量 1.0 mL/min。先流出对映体为 S 体,呈左旋光特性,后流出对映体为 S 体,呈右旋光特性。

禾草灵对映体在白菜植株内的浓度呈现出先增加后减少的趋势,且两对映体的降解趋势符合假一级反应动力学规律。拟合方程、降解半衰期及 ES 值列于表 5-15。R-禾草灵和 S-禾草灵灵体的半衰期分别为 1.7 天和 1.4 天,ES 值为 0.082,说明禾草灵在白菜中存在立体选择性降解,S 体降解得快。

表 5-15 禾草灵对映体在白菜体内降解动态的回归方程

对映体	回归方程	相关系数 R^2	半衰期(d)	ES 值
(R)-(+)	$C = 4.105\,0e^{-0.016\,6t}$	0.979 8	1.7	0.082
(S)-(−)	$C = 2.078\,1e^{-0.019\,6t}$	0.939 3	1.4	

各个取样时间点禾草灵对映体残留量及其 EF 值结果见表 5-16。随着施药后时间延长,两对映体的浓度先增加后减小,在增加过程中 R 体的浓度高于 S 体,在 28 小时 R 体浓度高出 S 体 2.3 倍,EF 值从 0.50 逐渐减小到 0.33;从第 28 小时开始两对映体的浓度逐渐减小,在第 184 小时,R-禾草灵浓度低于检出限,EF 值仍保持减小趋势,在第 160 小时达到 0.23,而且随着用药后时间的延长,两种对映体的选择性降解趋势越来越明显(图 5-14 和图 5-15)。

表 5-16 药剂处理后不同时间白菜中禾草灵对映体的浓度和 EF 值

时间(h)	(S)-禾草灵(mg/kg)	(R)-禾草灵(mg/kg)	EF 值
0	—	—	0.50
4	1.31	1.66	0.44
28	1.56	3.60	0.33
52	1.43	3.03	0.32
112	0.68	1.18	0.37
160	0.12	0.41	0.23
184	0.09	—	—

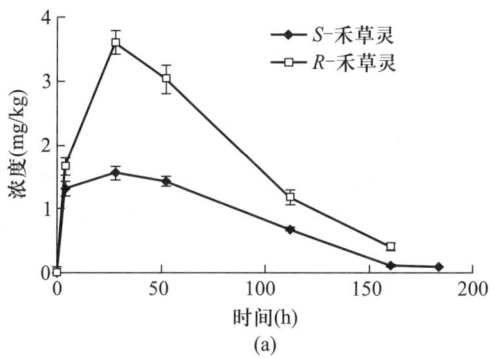
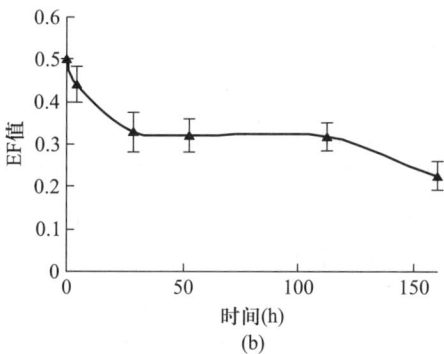

图 5-14 禾草灵对映体在白菜中的残留动态(a)和 EF 值变化曲线(b)

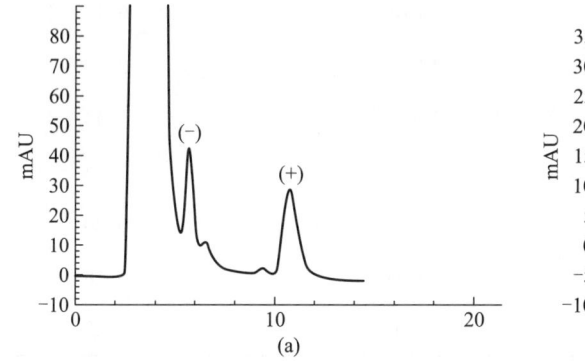
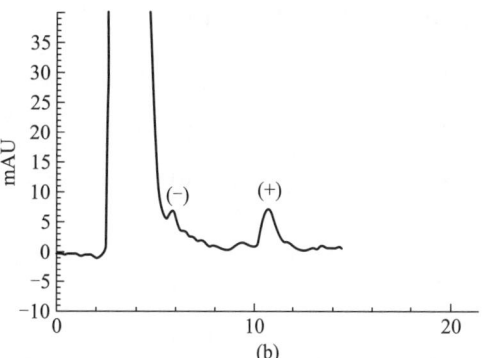

图 5-15 禾草灵对映体在白菜体内降解典型色谱图:(a) 施药后 28 h;(b) 施药后 160 h

5.2.10 禾草灵对映体在油菜中的立体选择性降解行为

油菜茎叶喷雾施药处理后定期采样,利用高效液相色谱法对供试油菜体内禾草灵及代谢物禾草酸对映体的残留量进行分析[20]。色谱条件:色谱柱 Chiralcel OD,流动相正己烷-异丙醇(90∶10),检测波长 210 nm,流量 1.0 mL/min。该条件下,禾草灵和禾草酸对映体都可以同时得到分析,流出顺序 S-禾草灵(S-DM)—S-禾草酸(S-DC)—R-禾草灵(R-DM)—R-禾草酸(R-DC)。

禾草灵对映体在油体内的残留量呈现出先增加后减少的趋势,两对映体的降解趋势符合假一级反应动力学规律,拟合方程、降解半衰期及 ES 值列于表 5-17。R 体禾草灵和 S 体禾草灵的半衰期分别为 2.21 天和 1.87 天,ES 值为 0.083,说明禾草灵在供试油菜植株中的降解存在立体选择性,优先降解 S 体。

表 5-17 禾草灵与禾草酸对映体在油菜体内降解动态的回归方程

对映体	回归方程	相关系数 R^2	半衰期(d)	ES 值
R-DM	$C=37.932e^{-0.314t}$	0.985 3	2.21	0.083
S-DM	$C=16.034e^{-0.371t}$	0.975 6	1.87	
R-DC	$C=18.069e^{-0.256t}$	0.980 7	2.71	0.144
S-DC	$C=47.382e^{-0.342t}$	0.979 9	2.03	

各个取样时间点禾草灵对映体残留量和 EF 值结果见表 5-18。施药后随着时间的延长,两对映体的浓度先增加后减小,在整个检测过程中 R 体的浓度始终高于 S 体,两种对映体的 EF 值从 0.50 逐渐减小,到施药后第 15 天 EF 值减小到 0.22,呈现了明显的立体选择性差异,而且随着用药后时间的延长,两种对映体的选择性降解趋势越来越明显(图 5-16 和图 5-17)。

表 5-18 药剂处理后不同时间油菜中禾草灵对映体的浓度和 EF 值

时间(d)	(S)-禾草灵(mg/kg)	(R)-禾草灵(mg/kg)	EF 值
0	—	—	0.50
0.02	4.61	6.05	0.43
1	7.84	17.78	0.40
2	11.66	30.04	0.43
4	19.64	37.37	0.34
9	1.71	6.86	0.20
11	1.22	5.41	0.18
15	0.32	1.09	0.22

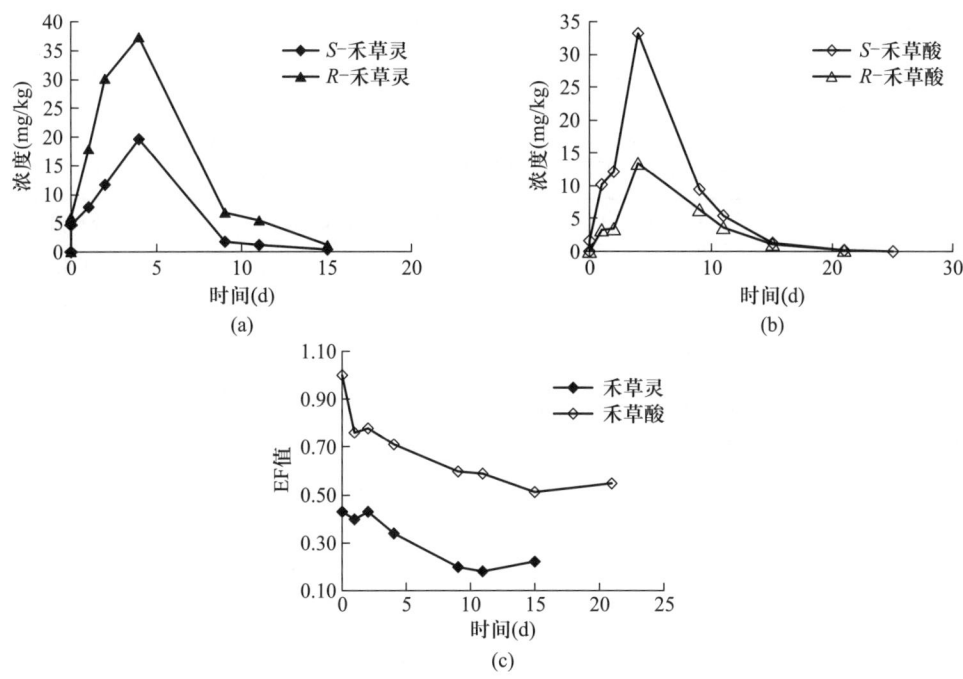

图 5-16　(a) 禾草灵对映体在油菜中的浓度变化曲线；(b) 禾草酸对映体在油菜中的浓度变化曲线；
(c) 禾草灵与禾草酸在油菜中 EF 值变化曲线

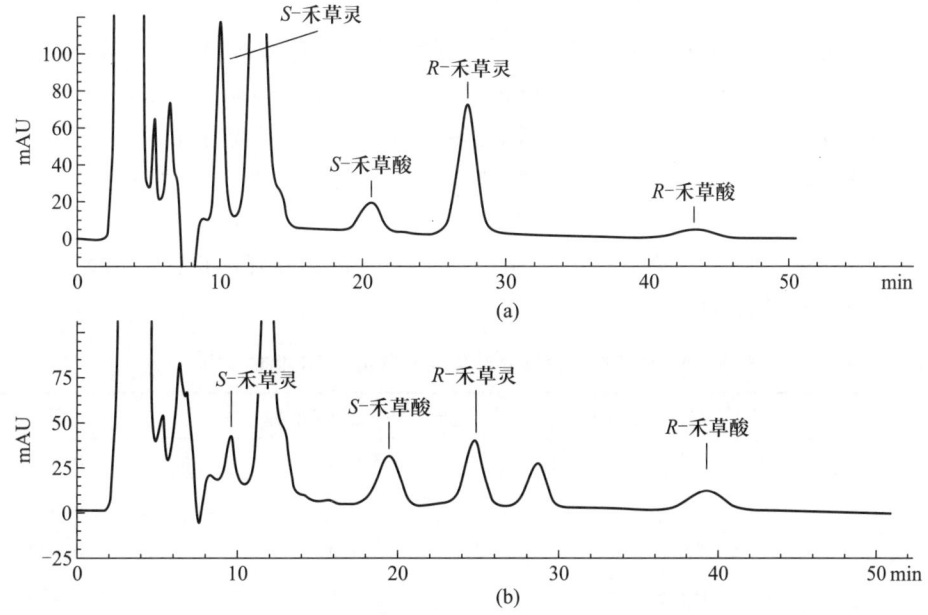

图 5-17　禾草灵对映体在油菜体内降解典型色谱图：(a) 施药后第 2 天；(b) 施药后第 9 天

禾草酸是禾草灵的水解产物，具有一个手性中心，两种对映体。禾草酸在油菜体内的生成和降解过程呈现出先增加后减少的趋势，与禾草灵相同，施药后第 4 天两对映体在油菜中的浓度同时达到最大而后逐渐减少，两对映体的降解趋势符合一级反应动力学规律。拟合方程、降解半衰期及 EF 值列于表 5-19。施药 0.02 天时仅有 S-禾草酸生成而并未检测到 R-禾草酸。两种对映体的 EF 比值随着施药时间的延长从 0.02 天的 1.00 逐渐减小到第 21 天的 0.55,呈现了明显的立体选择性差异。

表 5-19　药剂处理后不同时间油菜中禾草酸对映体的浓度和 EF 值

时间(d)	(S)-禾草酸(mg/kg)	(R)-禾草酸(mg/kg)	EF 值
0	—	—	0.50
0.02	1.68	—	1.00
1	10.15	3.25	0.76
2	12.17	3.49	0.78
4	33.24	13.48	0.71
9	9.38	6.28	0.60
11	5.36	3.65	0.59
15	1.21	1.16	0.51
21	0.24	0.19	0.55
25	0.02	—	—

5.2.11　腈菌唑对映体在草莓(果实)中的立体选择性降解行为

草莓喷雾后定期采样,利用高效液相色谱串联质谱法对草莓果实内腈菌唑对映体的残留量进行分析[21]。色谱条件:色谱柱 Lux Cellulose-1,流动相乙腈-0.1%甲酸水(60∶40,V/V),流量 0.2 mL/min。先流出对映体呈右旋光特性,后流出对映体呈左旋光特性。

对映体的降解趋势符合假一级反应动力学规律。降解的结果和 EF 值见表 5-20。腈菌唑在草莓上施药的第一天,EF 值接近 0.5,而后随着施药时间的推移在第 21 天减小为 0.371。拟合方程和降解半衰期见表 5-21。草莓中(+)-腈菌唑比(-)-腈菌唑降解得快。图 5-18 为腈菌唑对映体在草莓中的残留色谱图。

表 5-20　草莓中腈菌唑对映体的残留量及 EF 值的变化

时间(d)	(+)-腈菌唑(μg/kg)	(-)-腈菌唑(μg/kg)	EF
0	332.2	329.6	0.502
1	446.0	450.9	0.497
3	280.0	294.4	0.488
5	181.5	201.6	0.473
7	119.0	149.2	0.446
9	68.0	88.0	0.436
15	25.7	40.6	0.387
21	9.8	16.6	0.371

表 5-21　腈菌唑对映体在草莓中的降解回归方程

对映体	回归方程	相关系数 R^2	降解半衰期(d)
(+)-腈菌唑	$C_t = 472.9e^{-0.1908t}$	0.975 8	3.63
(-)-腈菌唑	$C_t = 468.6e^{-0.1631t}$	0.977 0	4.25

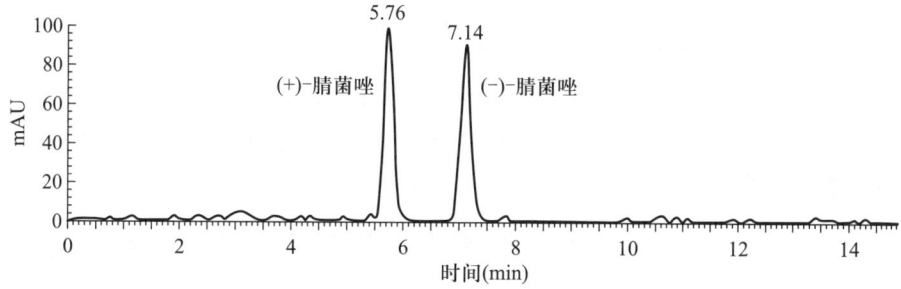

图 5-18　腈菌唑对映体在草莓中残留的典型色谱图(第 21 天)

5.2.12　腈菌唑对映体在黄瓜中的立体选择性降解行为

对黄瓜进行茎叶喷雾和根部灌溉两种方法后定期采样,利用高效液相色谱串联质谱法对供试黄瓜体内腈菌唑对映体的残留量进行分析[22]。色谱条件:色谱柱 Chiralcel OD-RH column,流动相乙腈-水(70∶30),流量 0.5 mL/min。先流出对映体呈右旋光特性,后流出对映体呈左旋光特性。

腈菌唑两对映体的降解趋势符合一级反应动力学规律(图 5-19)。拟合方程、降解半衰期见表 5-22。用茎叶喷雾方法处理的黄瓜对(+)-腈菌唑和(-)-腈菌唑的降解半衰期分别为 2.30 天和 2.56 天,根部灌溉为 3.93 天和 5.11 天。对黄瓜叶部喷药 2 个小时后 EF 值近似为 0.5,而后持续减小,在施药处理第 10 天降至 0.41。对黄瓜根部灌溉药物处理 1 天后 EF 值为 0.42,而后逐渐减小,在施药处理第 14 天降至 0.32,说明对于外消旋腈菌唑,以不同施药方法在黄瓜中的降解行为都有明显的立体选择性。

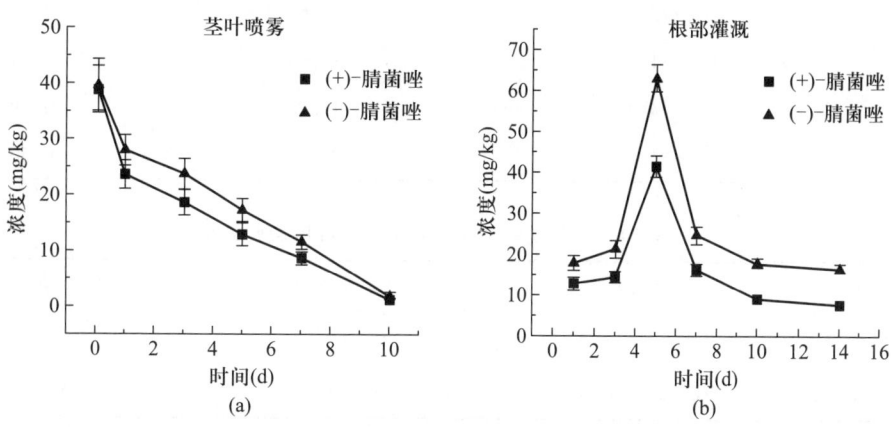

图 5-19　腈菌唑对映体通过茎叶喷雾(a)、根部灌溉(b)处理后在黄瓜及土壤中的浓度曲线

表 5-22　腈菌唑对映体在黄瓜样本中的降解方程[22]

施药方式	对映体	降解方程	相关系数 R^2	半衰期(d)
茎叶喷雾	(+)-腈菌唑	$C_t = 42.925e^{-0.3008t}$	0.9039	2.30
	(−)-腈菌唑	$C_t = 47.662e^{-0.2704t}$	0.8759	2.56
根部灌溉	(+)-腈菌唑	$C_t = 71.86e^{-0.1765t}$	0.8167	3.93
	(−)-腈菌唑	$C_t = 86.485e^{-0.1335t}$	0.7148	5.11

(+)-腈菌唑在黄瓜中有优先降解,(−)-腈菌唑会相对的富集。随着用药后时间的延长,两种对映体的选择性降解趋势越来越明显,并且腈菌唑对映体在黄瓜中降解的立体选择性强,根部灌溉处理强于茎叶喷雾处理。

5.2.13　腈苯唑对映体在草莓(果实)中的立体选择性降解行为

草莓喷雾后定期采样,利用高效液相色谱串联质谱法对草莓中腈苯唑对映体的残留量进行分析[21]。色谱条件:色谱柱 Lux Cellulose-1,流动相乙腈-0.1%甲酸水(60∶40),流量 0.2 mL/min。先流出对映体呈右旋光特性,后流出对映体呈左旋光特性。

对映体的降解趋势符合假一级反应动力学规律。降解的结果和 EF 值见表 5-23。腈苯唑对映体没有显著的选择性降解行为,在施药处理的各个时间点上腈苯唑在草莓上的降解 EF 值都近似等于 0.5。拟合方程和降解半衰期见表 5-24。腈苯唑在草莓上的降解,两对映体的半衰期近似相等。图 5-20 为腈苯唑对映体在草莓中的残留色谱图。

表 5-23　草莓中腈苯唑对映体的残留量及 EF 值的变化

时间(d)	(+)-腈苯唑(μg/kg)	(−)-腈苯唑(μg/kg)	EF 值
0	195.2	198.2	0.496
1	284.3	279.9	0.504
3	210.2	203.4	0.508
5	161.0	163.3	0.497
7	112.5	111.6	0.502
9	81.5	81.9	0.49
15	44.4	45.2	0.49
21	25.0	24.7	0.50

表 5-24　腈苯唑对映体在草莓中的降解回归方程

对映体	回归方程	相关系数 R^2	降解半衰期(d)
(+)-腈苯唑	$C_t = 288.2e^{-0.1218t}$	0.9749	5.69
(−)-腈苯唑	$C_t = 284.9e^{-0.1210t}$	0.9769	5.73

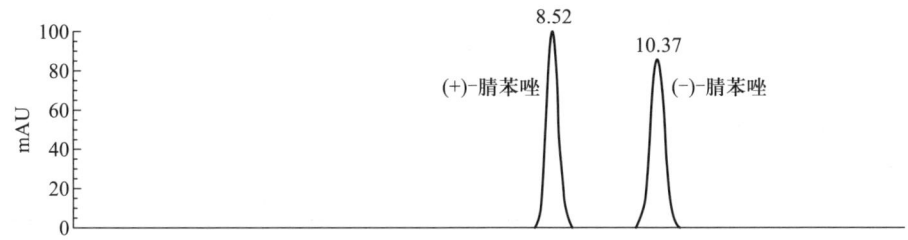

图 5-20　腈苯唑对映体在草莓中的残留典型色谱图(施药第 21 天)

5.2.14　己唑醇对映体在番茄中的立体选择性降解行为

番茄茎叶喷雾后定期采样,利用高效液相色谱法对供试白菜体内禾草灵对映体的残留量进行分析[19]。色谱条件:色谱柱 Chiralcel OD,流动相正己烷-异丙醇(93∶7,v/v),检测波长 225 nm,流量 1.0 mL/min。先流出对映体呈右旋光特性,后流出对映体呈左旋光特性。

己唑醇两对映体在番茄体内的降解趋势符合一级反应动力学规律[23]。拟合方程、降解半衰期及第 14 天 EF 值列于表 5-25。己唑醇两对映体的半衰期分别为 3.38 天和 2.96 天,第 14 天 EF 值为 1,说明己唑醇在番茄中存在立体选择性降解。(+)-体降解速率慢于(-)-体,导致(-)-体被优先降解,(+)-体相对过量(图 5-21)。

表 5-25　己唑醇对映体在番茄体内降解动态的回归方程

对映体	回归方程	相关系数 R^2	半衰期(d)	EF 值
(+)-己唑醇	$y = 16.5e^{-0.205x}$	0.973 4	3.38	1
(-)-己唑醇	$y = 15.865e^{-0.234x}$	0.941 8	2.96	

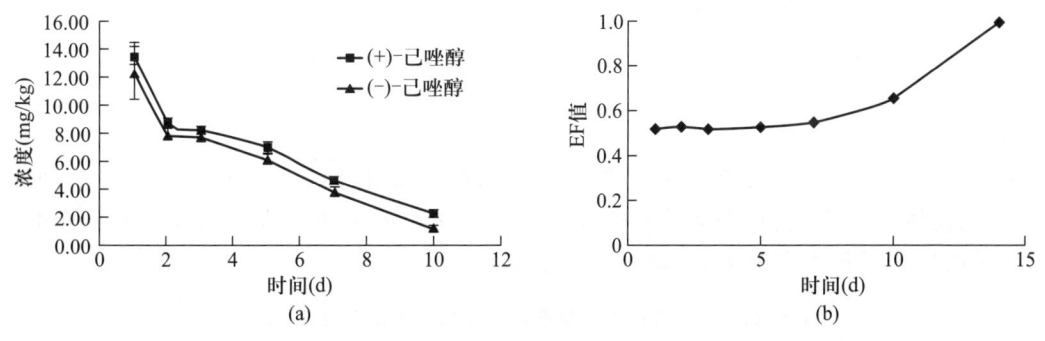

图 5-21　己唑醇对映体在番茄中的降解曲线(a)和 EF 值变化曲线(b)

5.2.15　己唑醇对映体在辣椒中的立体选择性降解行为

己唑醇两对映体在辣椒上的降解趋势符合假一级反应动力学规律[23]。拟合方程、降解半衰期及第 10 天 EF 值列于表 5-26。己唑醇两对映体的半衰期分别为 4.39 天和 4.36 天,第 10 天 EF 值为 0.49,说明己唑醇在辣椒中不存在立体选择性降解。随着施药后时间延长,两种对映体的 EF 值基本没有变化,表明在供试辣椒内不存在立体选择性降解现象(图 5-22)。

表 5-26　己唑醇对映体在辣椒体内降解动态的回归方程

对映体	回归方程	相关系数 R^2	半衰期(d)	EF 值
(+)-己唑醇	$y=7.5452e^{-0.158x}$	0.9936	4.39	0.49
(−)-己唑醇	$y=7.7651e^{-0.159x}$	0.9857	4.36	

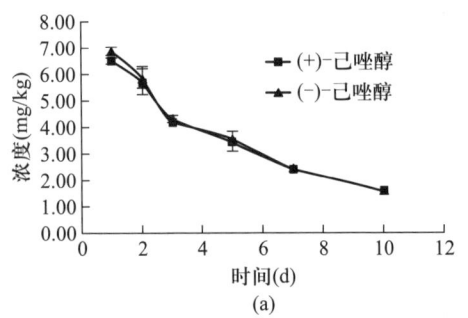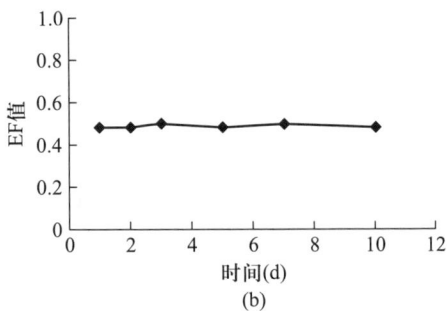

图 5-22　己唑醇对映体在辣椒中的降解曲线(a)和 EF 值变化曲线(b)[23]

5.2.16　马拉硫磷对映体在水稻中的立体选择性降解行为

水稻茎叶喷雾后定期采样,利用高效液相色谱法对供试水稻体内马拉硫磷对映体的残留量进行分析[24]。色谱条件:色谱柱 Chiralcel OD,流动相正己烷-异丙醇(99∶1),检测波长 230 nm,流量 1.0 mL/min。先流出对映体为 R 体,呈右旋光特性,后流出对映体为 S 体,呈左旋光特性。

马拉硫磷两对映体在水稻中的降解趋势符合一级动力学反应(first-order kinetic reaction)规律。拟合方程、降解半衰期及 ES($ES=(k_S-k_R)/(k_S+k_R)$)值列于表 5-27。马拉硫磷两对映体的半衰期分别为 1.02 天和 0.98 天,ES 值为 0.047,说明马拉硫磷在水稻中存在立体选择性降解。

S 体降解速率快于 R 体,导致 S 体被优先降解,R 体相对过量。而且随着用药后时间的延长,两种对映体的选择性降解趋势越来越明显(图 5-23 和图 5-24),最终残留于水稻样本的 S-马拉硫磷的量低于 R-马拉硫磷,残留物以 R 体为主。

表 5-27　马拉硫磷对映体在水稻体内降解动态的回归方程

对映体	回归方程	相关系数 R^2	半衰期(d)	ES 值
R-马拉硫磷	$C=21.075e^{-0.6828t}$	0.9512	1.02	0.047
S-马拉硫磷	$C=21.609e^{-0.7166t}$	0.9505	0.98	

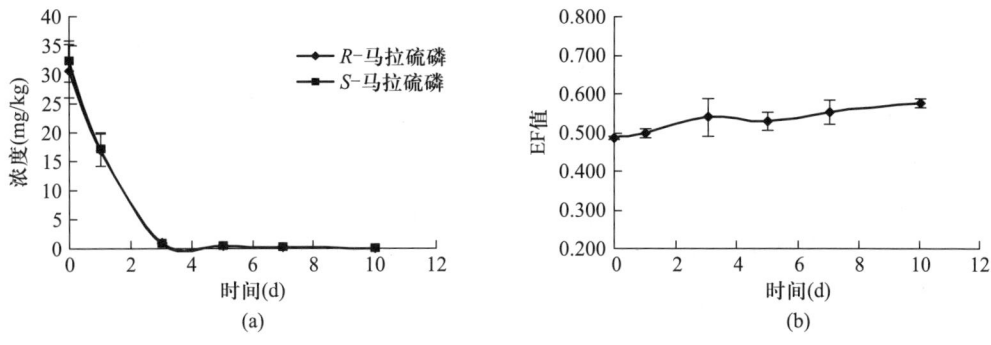

图 5-23　马拉硫磷对映体在水稻中的残留动态(a)和 EF 值变化曲线(b)

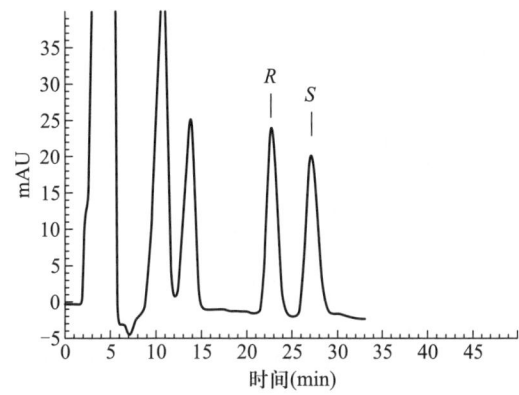

图 5-24　马拉硫磷对映体在水稻体内选择性降解的典型色谱图(施药第 3 天)

5.2.17　马拉硫磷对映体在油菜中的立体选择性降解行为

油菜茎叶喷雾后定期采样,利用高效液相色谱法对供试油菜体内马拉硫磷对映体的残留量进行分析[24]。色谱条件:色谱柱 Chiralcel OD,流动相正己烷-异丙醇(99∶1),检测波长 230 nm,流量 1.0 mL/min。先流出对映体为 R 体,呈右旋光特性,后流出对映体为 S 体,呈左旋光特性。

马拉硫磷两对映体在油菜中的降解趋势符合一级反应动力学规律。拟合方程、降解半衰期及 ES 值列于表 5-28。马拉硫磷两对映体的半衰期分别为 1.01 天和 0.87 天,ES 值为 0.070,说明马拉硫磷在油菜中存在立体选择性降解。

R 体降解速率慢于 S 体,导致 S 体被优先降解,R 体相对过量。而且随着用药后时间的延长,两种对映体的选择性降解趋势越来越明显(图 5-25 和图 5-26),最终残留于油菜样本的 S-马拉硫磷的量低于 R-马拉硫磷体,残留物以 R 体为主。

表 5-28　马拉硫磷对映体在油菜体内降解动态的回归方程

对映体	回归方程	相关系数 R^2	半衰期(d)	ES 值
R-马拉硫磷	$C = 16.883e^{-0.6906t}$	0.969 3	1.01	0.070
S-马拉硫磷	$C = 16.846e^{-0.7941t}$	0.971 4	0.87	

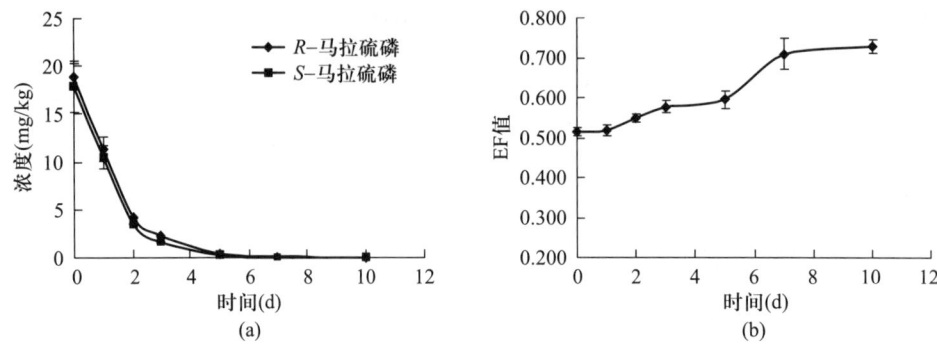

图 5-25　马拉硫磷对映体在油菜中的残留动态(a)和 EF 值变化曲线(b)

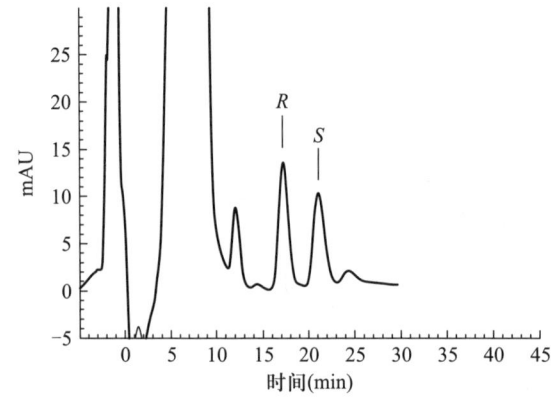

图 5-26　马拉硫磷对映体在油菜体内选择性降解的典型色谱图(施药第 3 天)

5.2.18　马拉硫磷对映体在甜菜中的立体选择性降解行为

甜菜茎叶喷雾后定期采样,利用高效液相色谱法对供试甜菜体内马拉硫磷对映体的残留量进行分析[24]。色谱条件:色谱柱 Chiralcel OD,流动相正己烷-异丙醇(99∶1),检测波长 230 nm,流量 1.0 mL/min。先流出对映体为 R 体,呈右旋光特性,后流出对映体为 S 体,呈左旋光特性。

马拉硫磷两对映体在甜菜中的降解趋势符合一级反应动力学规律。拟合方程、降解半衰期及 ES 值列于表 5-29。马拉硫磷两对映体的半衰期分别为 0.95 天和 1.16 天, ES 值为 -0.098,说明马拉硫磷在甜菜中存在立体选择性降解。

R 体降解速率快于 S 体,导致 R 体被优先降解, S 体相对过量。而且随着用药后时间的延长,两种对映体的选择性降解趋势越来越明显(图 5-27 和图 5-28)。最终残留于油菜样本的 R 体的量低于 S 体,残留物以 S 体为主。

表 5-29　马拉硫磷对映体在甜菜体内降解动态的回归方程

对映体	回归方程	相关系数 R^2	半衰期(d)	ES 值
R-马拉硫磷	$C=23.086e^{-0.728t}$	0.974 1	0.95	-0.098
S-马拉硫磷	$C=23.597e^{-0.597 6t}$	0.970 2	1.16	

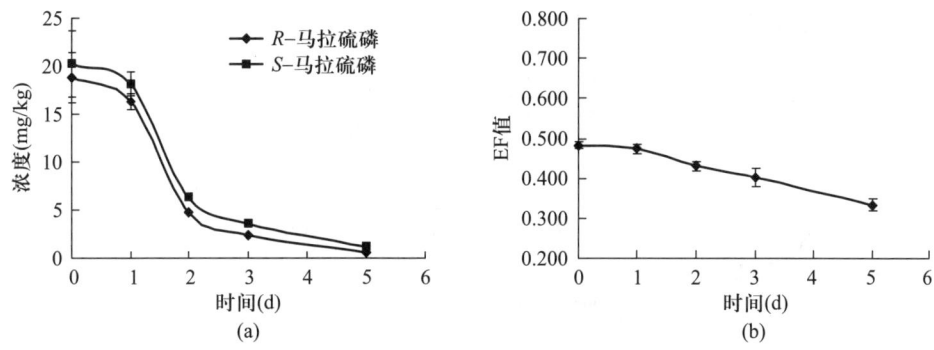

图 5-27 马拉硫磷对映体在甜菜中的残留动态(a)和 EF 值变化曲线(b)

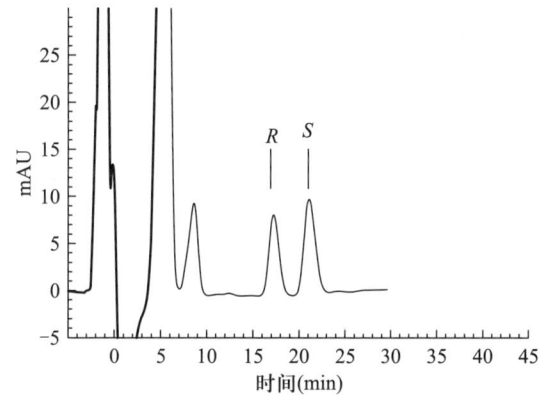

图 5-28 马拉硫磷对映体在甜菜体内选择性降解的典型色谱图(施药第 3 天)

5.2.19 乙氧呋草黄对映体在甜菜中的立体选择性降解行为

甜菜茎叶喷雾后定期采样(宁夏和内蒙古两地),利用高效液相色谱法对供试甜菜体内乙氧呋草黄进行残留分析。色谱条件:色谱柱 Chiralcel OD,流动相正己烷-异丙醇(90∶10),检测波长 230 nm,流量 0.5 mL/min,柱温 20 ℃。

乙氧呋草黄对映体在宁夏和内蒙古两地甜菜中的降解具有选择性。图 5-29 是乙氧呋草黄对映体在甜菜植株中选择性降解曲线。图 5-30 为乙氧呋草黄对映体在宁夏和内蒙古甜菜植株中降解的 EF 值变化曲线。

在宁夏甜菜植株中,(+)-乙氧呋草黄的半衰期为 2.10 天,而(−)-乙氧呋草黄的半衰期为 1.50 天(表 5-30)。乙氧呋草黄在宁夏甜菜的植株中的降解的 EF 值由实验最初的 0.50 逐渐上升,在 14 天时达到了 0.82,表明乙氧呋草黄在宁夏甜菜植株中的降解具有选择性,(−)-乙氧呋草黄降解较快,从而导致(+)-乙氧呋草黄相对富集。

在内蒙古甜菜植株中,(+)-乙氧呋草黄的半衰期为 0.58 天,而(−)-乙氧呋草黄的半衰期为 0.71 天(表 5-30)。从图 5-30 中可以看出,乙氧呋草黄在内蒙古甜菜的植株中的降解的 EF 值在实验最初为 0.49,随后开始逐渐下降,在第 7 天时达到了 0.39,实验结果表明,乙氧呋草黄对映体在内蒙古甜菜植株中的降解也具有选择性。乙氧呋草黄的选择性降解趋势与宁夏甜菜植株中相反,(+)-乙氧呋草黄降解较快,导致(-)-乙氧呋草黄相对富集。

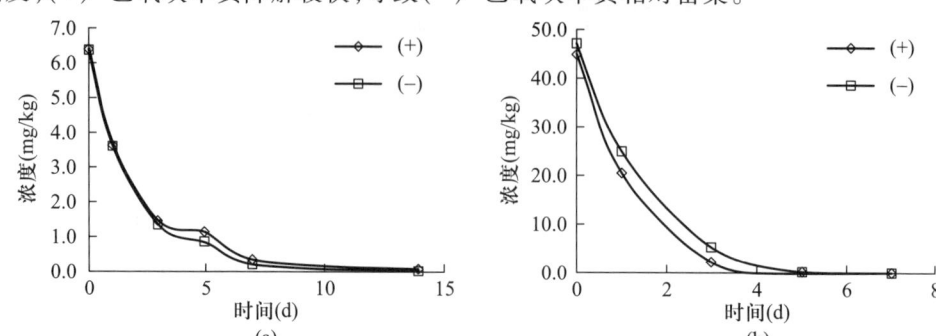

图 5-29　乙氧呋草黄对映体在宁夏(a)和内蒙古(b)甜菜植株中的降解曲线

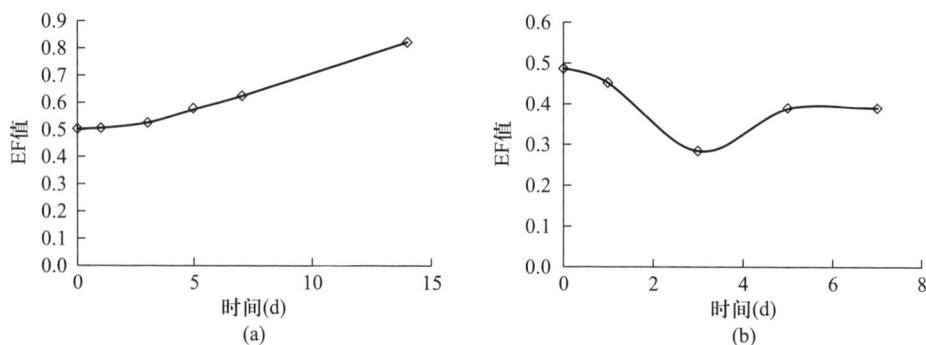

图 5-30　乙氧呋草黄对映体在宁夏(a)和内蒙古(b)甜菜植株中的 EF 值变化曲线

表 5-30　乙氧呋草黄对映体在宁夏和内蒙古甜菜植株中的降解回归方程

地区	对映体	回归方程	相关系数 R^2	半衰期(d)
宁夏	(+)	$y = 4.945\,7e^{-0.33x}$	0.976 5	2.10
	(−)	$y = 6.049\,8e^{-0.462x}$	0.978 1	1.50
内蒙古	(+)	$y = 56.951e^{-1.194x}$	0.990 6	0.58
	(−)	$y = 56.714e^{-0.974x}$	0.963 6	0.71

5.2.20　敌草胺对映体在甘蓝中的立体选择性降解行为

甘蓝在出苗后 30 天施药,茎叶喷雾后定期采样。利用高效液相色谱法对供试甜菜体内敌草胺进行残留分析。色谱条件:Chiralpak IC 色谱柱(250 mm×4.6 mm I.D.),流动相正己烷-异丙醇(85∶15,V/V),检测波长 220 nm,流量 0.8 mL/min,柱温 15 ℃。

敌草胺对映体在甘蓝中的降解半衰期是 1.13~1.14 天之间(左旋体 $y = 60.202e^{-0.614x}$,$R^2 = 0.974\,3$,$T_{1/2} = 1.13$ 天;右旋 $y = 62.84e^{-0.61x}$,$R^2 = 0.976\,6$,$T_{1/2} = 1.14$ 天)。如图 5-31 所示,在施药后第 5 天时,敌草胺对映体的降解率达到了 95%以上;在 9 天时,敌草胺对映体的含量在检出限以下。随着施药后时间延长,在第 5 天时,敌草胺两种对映体的 EF 值由最初的 0.50 下降至

0.46,表明敌草胺对映体在供试甘蓝植株中存在明显的立体选择性降解现象,表现为(-)-敌草胺降解速率稍快于(+)-敌草胺,导致(-)-敌草胺被优先降解,(+)-敌草胺相对过量。

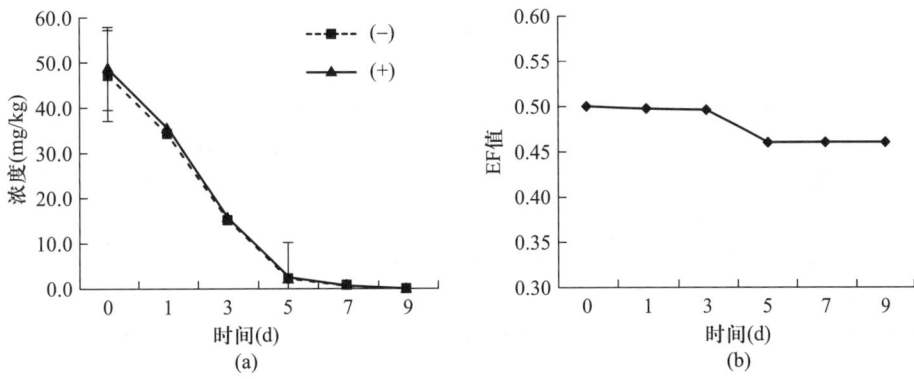

图5-31　敌草胺对映体在甘蓝中的降解曲线(a)及EF值变化(b)

参 考 文 献

[1] Beuerle T,Schwab W. Metabolic profile of linoleic acid in stored apples:formation of 13(R)-hydroxy-9(Z),11(E)-octadecadienoic acid[J]. Lipids,1999,34(4):375-380.

[2] Kato M J,Chu A,Davin L B,et al. Biosynthesis of antioxidant lignans in sesamum indicum seeds[J]. Phytochemistry,1998,47(4):583-591.

[3] Mesnard F,Girard S,Fliniaux O,et al. Chiral specificity of the degradation of nicotine by nicotiana plumbaginifolia cell suspension cultures[J]. Plant Science,2001,161(5):1011-1018.

[4] Chesters N C J E,O'hagan D,Robins R J,et al. The biosynthesis of tropic acid:the stereochemical course of the mutase involved in hyoscyamine biosynthesis in datura stramonium[J]. Cheminform,1995,26(24):129-130.

[5] Villa R,Molinari F,Levati M,et al. Stereoselective reduction of ketones by plant cell cultures[J]. Biotechnology Letters,1998,20(12):1105-1108.

[6] Akakabe Y,Naoshima Y. Biotransformation of acetophenone with immobilized cells of carrot,tobacco and gardenia[J]. Phytochemistry,1994,35(3):661-664.

[7] Naoshima Y. Biotransformations by plant cell cultures:preparation of chiral alcohols by enantioselective reduction of organic compounds with immobilized cells of carrot[J]. Recent Research Developments in Phytochemistry,1998,2(1):11-21.

[8] Caron D,Coughlan A P,Simard M,et al. Stereoselective reduction of ketones by daucus carota hairy root cultures[J]. Biotechnology Letters,2005,27(10):713-716.

[9] Okamoto M,Nakazawa H. Stereoselectivity of abscisic acid-oxygenase in avocado fruits[J]. Journal of the Agricultural Chemical Society of Japan,1993,57(10):1768-1769.

[10] Schneiderheinze J,Armstrong D,Berthod A. Plant and soil enantioselective biodegradation of racemic phenoxyalkanoic herbicides[J]. Chirality,1999,11(4):330-337.

[11] Mattina M J I,White J,Eitzer B,et al. Cycling of weathered chlordane residues in the environment:compositional and chiral profiles in contiguous soil,vegetation,and air compartments[J]. Environmental Toxicology & chemistry,

2002,21(2):281-288.

[12] White J C,Mattina M J I,Eitzer B D,et al. Tracking chlordane compositional and chiral profiles in soil and vegetation[J]. Chemosphere,2002,47(6):639-646.

[13] Garrison A W,Nzengung V A,Avants J K,et al. Phytodegradation of p,p'-DDT and the enantiomers of o,p'-DDT[J]. Environmental Science & Technology,2000,34(9):1663-1670.

[14] Zadra C,Marucchini C,Zazzerini A. Behavior of metalaxyl and its pure R-enantiomer in sunflower plants(*Helianthus annus*)[J]. Journal of Agricultural & Food Chemistry,2002,50(19):5373-5377.

[15] Wang P,Jiang S R,Qiu J,et al. Stereoselective degradation of ethofumesate in turfgrass and soil[J]. Pesticide Biochemistry & Physiology,2005,82(3):197-204.

[16] Gu X,Wang P,Liu D,et al. Stereoselective degradation of benalaxyl in tomato,tobacco,sugar beet,capsicum,and soil[J]. Chirality,2008,20(2):125-129.

[17] Wang X,Jia G,Qiu J,et al. Stereoselective degradation of fungicide benalaxyl in soils and cucumber plants[J]. Chirality,2007,19(4):300-306.

[18] Liu D,Wang P,Zhu W,et al. Enantioselective degradation of fipronil in chinese cabbage(*Brassica pekinensis*)[J]. Food Chemistry,2008,110(2):399-405.

[19] Gu X,Wang P,Liu D,et al. Stereoselective degradation of diclofop-methyl in soil and chinese cabbage[J]. Pesticide Biochemistry and Physiology,2008,92(1):1-7.

[20] Gu X,Lu Y,Wang P,et al. Enantioselective degradation of diclofop-methyl in cole(*Brassica chinensis* L.)[J]. Food Chemistry,2010,121(1):264-267.

[21] Zhang H,Wang X,Qian M,et al. Residue analysis and degradation studies of fenbuconazole and myclobutanil in strawberry by chiral high-performance liquid chromatography-tandem mass spectrometry[J]. Journal of Agricultural & Food Chemistry,2011,59(22):12012-12017.

[22] Dong F,Cheng L,Liu X,et al. Enantioselective analysis of triazole fungicide myclobutanil in cucumber and soil under different application modes by chiral liquid chromatography/tandem mass spectrometry[J]. Journal of Agricultural & Food Chemistry,2012,60(8):1929-1936.

[23] Han J,Jiang J,Su H,et al. Bioactivity,toxicity and dissipation of hexaconazole enantiomers[J]. Chemosphere,2013,93(10):2523-2527.

[24] Sun M,Liu D,Dang Z,et al. Enantioselective behavior of malathion enantiomers in toxicity to beneficial organisms and their dissipation in vegetables and crops[J]. Journal of Hazardous Materials,2012,237-238(6):140-146.

郑重声明

高等教育出版社依法对本书享有专有出版权。任何未经许可的复制、销售行为均违反《中华人民共和国著作权法》，其行为人将承担相应的民事责任和行政责任；构成犯罪的，将被依法追究刑事责任。为了维护市场秩序，保护读者的合法权益，避免读者误用盗版书造成不良后果，我社将配合行政执法部门和司法机关对违法犯罪的单位和个人进行严厉打击。社会各界人士如发现上述侵权行为，希望及时举报，本社将奖励举报有功人员。

反盗版举报电话　（010）58581999　58582371　58582488
反盗版举报传真　（010）82086060
反盗版举报邮箱　dd@hep.com.cn
通信地址　北京市西城区德外大街4号
　　　　　高等教育出版社法律事务与版权管理部
邮政编码　100120